KB211520

세 개의 쿼크

일러두기

- 외래어는 국립국어원의 외래어 표기 규정과 용례를 따랐다.
  일부 용어는 익숙한 표현과 원어 발음을 감안해 조정했다.
- 물리학 용어는 2022년 한국물리학회가 발행한 '물리학 용어집'을 기준으로 표기했다.
  확정되지 않은 용어와 일부 개념은 학계에서 주로 사용하는 표현을 적용했다.
- 연구소와 대학 명칭은 자주 사용하는 표현과 가독성을 감안해 표기했다.

THREE QUARKS

세 개의 쿼크

강력의 본질,
양자색역학은 어떻게 태어났는가

김현철 지음

계단

차례

1897년, 타이티에 머물던 프랑스 화가 폴 고갱은 딸의 죽음을 전해 들었다. 열아홉 살밖에 되지 않은 딸이 죽은 것이다. 슬픔에 압도당한 고갱은 엎친 데 덮친 격으로 건강까지 나빠졌다. 숨도 쉬기 힘들었고 피를 토하기도 했던 그는 한동안 침대에서 누워 지내야 했다. 겨우 몸을 추스른 그는 1897년 말, 높이가 1미터 40센티미터에 폭이 4미터나 되는 거친 삼베 천에 훗날 걸작이라고 불리게 될 그림을 그렸다. 그림 왼쪽 구석에는 그가 적어놓은 글이 있다. "우리는 어디서 오는가? 우리는 무엇인가? 우리는 어디로 가는가?(D'où venons-nous? Que sommes-nous? Où allons-nous?)" 그림은 상징으로 가득했다. 고갱은 화가이자 그림 수집가인 조르주-다니엘 드 몽프레(Georges-Daniel de Monfreid)에게 보낸 편지에서 이 작품을 자세히 설명했다. 이 그림에서 보여주는 이야기는 오른쪽 아래에 있는 갓 태어난 아이의 잠자는 모습에서 시작해 왼쪽 아래에 있는 죽어가는 여인의 체념한 듯한 모습으로 끝난다. 그림을 완성한 고갱은 독약을 마시고 자살을 시도했지만, 자살은 미수에 그쳤다. 몽프레에게 보내는 편지의 마지막에 고갱은 이 그림의 가치를 이렇게 표현했다. "우리는 어디서 오는 걸까요? 우리는 무엇일까요? 우리는 어디로 가는 걸까요? 그들은 무엇을 할까요? 이 작품으로 저는 성서의 복음서에 버금갈 만한 철학적 작업을 마쳤습니다."

《고갱의 잃어버린 낙원(Gaugin's Paradise Lost)》을 쓴 MIT의 예술사학자 웨인 앤더슨(Wayne V. Anderson)은 이렇게 말했다.

"과학자가 과학을 창조하며 자신의 자아를 드러내듯, 예술가는 예술 작품으로 예술가의 이미지를 창조한다."

이 말은 이렇게 표현할 수도 있다.

"예술가가 예술 작품으로 질문을 던지듯, 과학자는 답을 찾기 위해 과학에 헌신한다."

《세 개의 쿼크》는 고갱이 던진 세 가지 질문의 답을 찾기 위해 수십 년 동안 분투한 물리학자들의 이야기다. 자연에는 네 가지 근본적인 힘이 있다. 이 중에서 전자기력과 중력은 우리가 매일 경험하는 익숙한 힘이지만, 강력과 약력은 낯설기 짝이 없는 힘이다. 그러나 전자기력과 중력 덕분에 우리가 존재할 수 있듯이, 강력과 약력 또한 우리가 존재하고 살아가기 위해서는 반드시 있어야 할 힘이다. 강력과 약력은 느낄 수 없지만, 매일 아침 떠오르는 태양의 따사로운 햇볕은 강력과 약력이 실재함을 매 순간 보여준다. 미국 가수 스키터 데이비스(Skeeter Davis)는 〈세상의 끝(The End of the World)〉으로 유명해졌다. 이 노래는 〈태양은 왜 끝없이 빛날까요?(Why does the sun go on shining?)〉라는 질문으로 시작한다. 답은 강력과 약력이 쥐고 있다. 약력 덕에 태양은 서서히 타오르고, 강력이 있어 우리는 따뜻한 햇살을 누릴 수 있다. 이 두 힘은 우리에게 참 낯선 힘처럼 보이지만, 알고 보면 우리는 전자기력, 중력과 더불어 매일 강력과 약력의 도움으로 살아간다.

앞서 출간한 《강력의 탄생》에서는 1895년에 뢴트겐이 엑스선을 발견하며 원자로 들어가는 문을 여는 것에서 시작했다. 그 후로 앙리 베크렐은 방사선을 발견하고, 마리 퀴리는 방사선이 원자 속 깊숙한 곳에서 온다는 사실을 알아냈다. 어니스트 러더퍼드는 모든 원자 속에는 원자핵이 존재하고, 방사선은 원자핵이 다른 원자핵으로 바뀌며 나온다는 것을 밝혔다. 그의 제자 제임스 채드윅이 양성자의 형제 격인 중성자를 발견했을 때 비로소 원자핵이 양성자와 중성자로 이루어져 있음을 알게 되었다. 1935년, 유카와 히데키가 핵자들 사이에서 힘을 매개하는 새로운 입자가 존재해야 한다는 사실을 예견하면서 자연에는 전자기력과 중력 외에 또 하나의 힘이 존재한다는 것을 세상에 알렸다. 양성자와 중성자가 원자핵을 이루려면 강력은 반드시 존재해야 할 힘이었다. 원자핵이 베타 붕괴를 하는 것은 약력이라는 새로운 힘 때문이라는 사실을 비슷한 시기에 엔리코 페르미가 찾아냈다. 이로써 자연에는 네 가지 근본적인 힘인 중력, 전자기력, 약력, 강력이 존재한다는 사실이 밝혀졌다. 그러나 강력도 약력도 이제 막 태어났을 뿐, 두 힘의 정체를 제대로 아는 사람은 아무도 없었다.

1947년 영국의 세실 파월 그룹이 우주선에서 유카와가 예언한 입자인 파이온을 찾아내면서 비로소 강력이 존재함을 믿게 되었다. 파월은 파이온을 처음 발견했을 때의 기분을 이렇게 표현했다.

"그곳은 완전히 새로운 세상이었다. 마치 과수원의 벽을 뚫고 들어가 잘 보존된 나무에 열린, 탐스럽게 익어가는 온갖 이국적인 과일을 보는 것만 같았다."

여기서 모든 이야기가 끝났다면 완벽했을는지도 모른다. 파이온이 이국적인 과일의 전부였다면, 헝가리의 문학비평가 루카치 죄르지(Lukács György)의 말처럼 "별이 총총한 하늘이, 갈 수 있고 또 가야만 하는 길의 지도인 시대, 하늘의 별이 길을 훤히 밝혀주는 시대는 복되도다"라고 고백할 만큼 사람들은 완결된 시대가 도래했다고 믿었을 것이다. 그러나 으레 그랬듯이 물리학에서 새로운 발견은 서막에 불과했다.

이 책에서는 1947년 낯선 입자가 발견될 때부터 1979년 쿼크들 사이에서 힘을 전달하는 게이지 입자인 글루온을 발견하며 양자색역학이 강력의 오롯한 이론으로 세워질 때까지의 이야기를 다룬다. 이 시간은 혼돈과 질서가 뒤얽힌 세월이었다. 프리드리히 니체는 《차라투스트라는 이렇게 말했다》에서 "춤추는 별을 낳으려면 마음속에 혼돈을 품고 있어야 한다"고 선언했다. 니체의 이 말보다 이 시간을 정확하게 표현한 말은 아마 없을 것이다. 혼돈을 이겨낸 물리학자들은 결국 춤추는 별을 손아귀에 움켜쥘 수 있었다.

《세 개의 쿼크》는 지난 사십여 년 동안 물리학을 공부하며 걸어온 나의 여정을 정리하는 책이기도 하다. 그 긴 세월 동안 많은 사람들의 도움을 받았다. 물리학이란 무엇인지 보여준 차동우 교수와 박사 학위 지도교수로 핵자의 상호작용을 함께 연구한 고(故) 카를 홀린데(Karl Holinde) 교수, 어려울 때마다 손을 내밀어 주었던 요제프 슈펫(Josef Speth) 교수께 우선 감사드린다. 내겐 학문적 스승이자 아버지와 같은 분이었던 고(故) 클라우스 괴케(Klaus Goeke) 교수는 물리학을 넘어 이론물리학자로 산다는 것이 무엇인지 보여주었다.

삼십여 년 동안 이론물리학자로 살면서 훌륭한 물리학자들과 함께 일할 수 있었던 것은 크나큰 행운이었다. 고(故) 막심 폴야코프 (Maxim V. Polyakov) 교수는 지난 삼십 년 동안 내게 친구이자 물리학의 형제였고, 스승이었다. 그의 때 이른 죽음 앞에서 사랑했던 형제를 잃는 아픔을 느꼈다. 고(故) 드미트리 디아코노프(Dmitri Diakonov)와 고(故) 빅토르 페트로프(Viktor Petrov)는 비섭동 양자색역학이 무엇인지 가르쳐 준 분들이었다. 비록 두 분을 직접 사사하지는 않았지만, 마음속에서 늘 스승으로 여긴 분들이었다. 인생의 선배이자 비섭동 양자색역학을 함께 연구하며 많은 걸 가르쳐 주신 미르자유수프 무사카노프(Mirzayusuf Musakhanov) 교수와 SU(3) 군론과 대수를 가르쳐 주신 스승 미하우 프라샤워비치(Michał Praszałowicz) 교수를 만난 것도 큰 행운이었다, 오랜 친구이자 동료인 호사카 아추시(保坂淳) 교수, 오카 마코토(岡真) 교수, 히야마 에미코(肥山詠美子) 교수와 함께 연구하며 물리학을 배웠던 것 역시 큰 즐거움이었다. 윤진희 교수, 권민정 교수와 함께 인하대학교 물리학과 학생들에게 핵물리학을 가르칠 수 있었던 것은 더할 나위 없이 소중한 기회였다. 두 분께 감사드린다. 국내에서는 거의 유일하게 이십여 년 동안 한국 강입자 물리학의 미래를 함께 고민했던 안정근 교수, 유인권 교수에게도 많은 걸 배웠다.

지난 이십여 년 동안 함께 연구해 온 옛 제자이자 친구인 양길

석 교수와 이정한 박사, 그리고 오랫동안 함께 연구한 형제 같은 울룩벡 약시브(Ulugbek Yakhshiev) 교수와 함께 나눈 나날은 돌이켜 보니 행복한 순간들이었다. 강입자 물리학 분야를 이어 갈 김남용, 김상호 박사, 김준영 박사, 김희진, 서정민 박사, 손현동 박사, 심상인 박사, 원호연, 이휘재, 최기석 교수, 최용우 박사, 샘슨 클라임튼(Samson Clymton), 홍기훈은 그야말로 내게는 별과 같은 존재였고, 영감의 원천이었다.

《세 개의 쿼크》의 첫 번째 독자이자 책을 쓰는 내내 조언과 비판을 아끼지 않았던 사랑하는 아내 김경에게 깊이 감사한다. "가치 있는 책을 쓰라"는 그의 격려가 있었기에 책을 끝낼 수 있었다. 물리학을 연구하면서 사랑하는 두 딸 유진, 혜진과 많은 시간을 함께 하지 못한 것이 늘 미안했다. 두 딸에게 아버지가 평생 무엇을 위해 살았는지 알려 주고 싶은 마음도 이 책을 쓰게 된 동기 중 하나였다.

이 책을 의형제이자 스승이자 동료였던 막심 폴야코프의 영전에 바친다.

프롤로그

Three Quarks

0

prologue

아일랜드 출신의 소설가 제임스 조이스는 십
칠 년에 걸쳐 한 권의 책을 썼다. 거기에는 아일랜드의 신화와 민요
가 있고, 수십 종의 언어와 익살이 가득 했다. 그리고 현실인지 환
상인지 농담인지 꿈인지 모를 시공을 초월한 이야기가 담겨 있다.
이 책이 바로 영문학 역사상 가장 읽기 힘들다는 소설, 《피네건의
경야》다. 이 책의 2부 4장 맨 앞에는 시가 한 편 나온다. 이 시는 "마
크 대왕에게 세 개의 쿼크를(Three quarks for Muster Mark!)"이라는, 뜻
모를 외침으로 시작한다. 마크 대왕은 누구이며, 세 개의 쿼크는 또
무엇인가? 그리고 하필이면 왜 세 개인가? 그건 마치 더블린의 후
미진 어느 선술집에서 잔뜩 취한 술꾼이 술집 주인에게 호기롭게
외치는 소리처럼 들린다.

"어이! 여기, 마크 씨에게 에일 맥주 세 잔만!"

그러나 맥주 세 잔이 아니라 세 개의 쿼크라니. 쿼크는 어차피 그
런 말이었다. 위스키에 곁들여 먹는 치즈 세 조각이었을지도 모르
고, 술꾼이 혀가 꼬여 내뱉는 의미 없는 말일지도 모른다. 그런데
"마크 대왕에게 세 개의 쿼크를!"로 시작하는 이 시에는 아주 오래
전부터 전해 오는 애절한 사랑의 전설이 깃들어 있다.

트리스탄과 이졸데의 전설

오래전 지금의 영국 서남쪽에는 마크 왕이 다스리는 콘월이라는 나라가 있었다. 콘월은 아일랜드와 오랫동안 사이가 좋지 않았다. 아일랜드는 콘월에 조공을 요구했고, 두 나라는 급기야 전쟁으로 치달았다. 마크 왕에게는 용감하고 뛰어난 기사인 조카 트리스탄이 있었다. 왕의 명령을 받은 트리스탄은 군대를 이끌고 아일랜드군과 맞서 싸웠다. 전투 끝에 그는 아일랜드의 최고 기사 모런트를 죽였지만 그만 독약에 중독되고 말았다. 모런트는 죽으면서 펜던트를 떨어뜨렸는데, 그 안에는 아름다운 여인의 초상화가 들어 있었다. 그 여인은 아일랜드의 이졸데라는 아리따운 공주였다. 전쟁에서 돌아온 트리스탄은 고된 몸을 이끌고 마크 왕을 알현해 펜던트를 건넸다. 그러자 이졸데가 탐이 난 왕은 아일랜드로 가서 이졸데를 데려오라고 트리스탄에게 명령을 내렸다.

아일랜드의 공주를 차지하려는 자는 누구든 아일랜드를 위협하는 용을 죽여야 했다. 중독된 몸을 이끌고 아일랜드로 간 트리스탄은 용을 죽이고는 정신을 잃고 말았다. 죽어 가던 트리스탄을 발견한 사람은 이졸데였다. 그녀는 그를 아일랜드 왕궁으로 데려와 지극한 정성으로 간호했다. 이졸데의 간호를 받아 다시 살아난 트리스탄은 아일랜드 왕에게 자신이 용을 죽였으니, 이졸데를 콘월로 데려가 마크 왕과 결혼하게 해달라고 요청했다. 아일랜드의 왕은 이졸데가 마크 왕과 결혼하면 두 나라 사이가 평화로워질 것이라며 반겼다. 왕비가 가기 싫어하는 이졸데의 마음을 달랬다. 이졸데의 하녀 브렝웨인에게 사랑의 묘약을 몰래 건네며 결혼식이 끝나면 마크 왕과 이졸데가 나눠 마실 포도주에 넣으라고 지시했다.

배를 타고 아일랜드를 떠나 콘월로 가는 동안, 이졸데는 멀미에 시달렸다. 브렝웨인은 포도주라도 한 모금 마시면 멀미가 가실 거라며 이졸데에게 포도주를 가져다 주겠다고 했다. 그녀는 사랑의 묘약이 담긴 병을 포도주 병으로 착각하고 이졸데에게 건넸다. 그 약을 마시자 이졸데의 멀미가 사라졌다. 트리스탄은 자기도 멀미 때문에 힘드니 나눠달라고 부탁했다. 트리스탄이 사랑의 묘약을 마시자, 트리스탄을 바라보던 이졸데의 눈빛이 변했다. 트리스탄도 이졸데를 보자마자 사랑에 빠졌다. 그렇게 두 사람은 영원히 헤어날 수 없는 사랑에 빠지고 말았다. 콘월에 도착한 이졸데는 어쩔 수 없이 마크 왕과 결혼했지만, 그녀는 깊이 사랑하는 트리스탄을 잊을 수 없었다. 두 사람의 밀회를 목격한 신하는 그 사실을 왕에게 고했고, 분노한 왕은 트리스탄을 프랑스 브르타뉴로 쫓아버렸다. 이졸데를 잊으려고 트리스탄은 다른 여인과 결혼했지만, 여전히 이졸데를 잊을 수 없었다.

몇 년 후 마크 왕을 내쫓으려는 반란이 일어났다. 그 소식을 들은 트리스탄이 마크 왕을 돕겠다고 나섰다. 트리스탄은 반란군의 대장에게 결투를 신청했고, 결국 승리했지만 치명상을 입고 말았다. 그는 이졸데만이 자기를 구원할 수 있다며 반지와 함께 이졸데를 데려오라고 사람을 보냈다. 그리고 "이졸데와 함께 돌아오게 되면 배에 흰 돛을 달고, 이졸데가 오지 않으면 검은 돛을 달아 내가 알 수 있게 해 달라"고 부탁했다. 그 이야기를 몰래 들은 트리스탄의 아내는 질투심에 치를 떨었다.

트리스탄의 부상 소식을 들은 이졸데는 서둘러 배에 올랐다. 트리스탄이 누워 있는 침실 창가에 서면 바다가 보였다. 아내에게 배가 보이느냐고 물었다. 배가 보인다는 말을 듣자, 트리스탄은 돛의 색깔이 무슨 색이냐고 물었다. 배의 돛은 흰색이었지만, 그의 아내는 검은색이라고 거짓말을 했다. 그 소리에 크게 낙심한 트리스탄은 피를 토하며 그 자리에서 죽고 말았다. 성에 도착한 이졸데가 트리스탄의 침실로 갔지만, 트리스탄은 이미 이 세상 사람이 아니었다. 실망한 이졸데는 트리스탄 옆에서 하룻밤을 지새우고는 독약을 마시고 그의 침대 옆에 쓰러져 숨을 거뒀다. 두 사람이 죽고 나자 마크 왕은 그제야 두 사람을 함께 묻어 주었다.

트리스탄과 이졸데의 전설은 수많은 비극적 사랑 이야기의 원형이 되었다. 로미오와 줄리엣 역시 트리스탄과 이졸데의 전설이 바탕이었다. 제임스 조이스는 자신이 쓴 《피네건의 경야》의 한 문구 "마크 대왕에게 세 개의 쿼크!"가 물리학에서 쓰일 거라고는 상상도 못 했을 것이다. 머리 겔만이 쿼크라는 말을 입자물리학에 쓸 때까지 살았더라면, 조이스는 아마 흐뭇하게 웃으며 말했을지도 모른다. "그것참 딱 어울리는 이름입니다. 결코 떨어질 수 없는, 그런 신비로운 입자에 쿼크라니, 정말 근사합니다."

조이스의 시에 나오는 "세 개의 쿼크"라는 말은 물리학에서 물질의 근본을 상징하는 용어가 되었다. 그러나 겔만은 왜 "세 개의 쿼크"라는 말을 이 어려운 책에서 찾아내 물리학에 도입했을까? 그리고 왜 두 개도 아니고 네 개도 아닌 세 개의 쿼크였을까? 그 옛날 데모크리토스는 세상은 더는 쪼갤 수 없는 원자, 아토모스(atomos)로 이루어져 있다고 말했다. 그리고 그 원자가 움직일 수 있는 터전을 공허라고 불렀다. 다른 말로는 진공이라고 부를 수 있을 것이다. 쿼크가 세상에 나오자, 진정한 아토모스는 쿼크가 되었고, 공허는 빈터가 아니라 상상을 초월할 만큼 복잡한 곳이 되었다. 실체는 있지만 세상 밖으로 끄집어낼 수 없는 입자, 쿼크는 쿼크를 알기 전의 물리학과 그 이후의 물리학을 나누는 물리학의 포스트모더니즘이었고, BQ(Before quark)와 AQ(Anno quark)라 불리며 시대를 나누는 기준이 되었다. 존재하지만, 아무도 볼 수 없는 쿼크. 양성자는 쿼크로 이루어져 있지만, 쿼크는 눈에 보이지 않았다. 양성자 바깥으로 끄집어낼 수도 없었다. 세 개의 쿼크는 영원히 양성자 안에 머물렀다. 마치 트리스탄과 이졸데의 사랑을 기억하는 듯, 세 개의 쿼크는 서로 영원히 함께했다.

쿼크의 전설은 진리가 되어 우리 곁에 왔다. 쿼크의 발견까지 가려면 우선 1947년부터 시작하는 게 좋겠다. 하늘에서 낯선 입자들이 쏟아지던 그날 밤으로 돌아가 함께 밤하늘을 쳐다보자.

George Dixon Rochester
1908~2001

낯선
입자들

Three Quarks
1

Strange
Particles

meson
baryon
hadron

V particles

Clifford Charles Butler
1922~1999

빅토르 헤스(Victor F. Hess)가 우주선(cosmic ray)의 존재를 알아내기 전에도 우주선은 존재했다. 백 년 전에도 만 년 전에도 지구가 처음 생겨나는 순간에도 우주선은 매 순간 저 우주 바깥에서 지구로 쏟아져 들어왔다. 우주는 누가 자신을 찾기 전까지는 자신을 보여주지 않았다. 부지런히 찾는 사람에게만 감춰진 모습을 내비쳤다. 사람들이 우주의 비밀을 하나씩 찾아내면 그때마다 혼돈도 함께 따라왔다.

전자, 양성자, 중성자면 충분했다. 그 세 개의 입자면, 원자를 만들 수 있었고, 원자는 다시 분자를 이루고, 분자로 물질을 창조할 수 있었다. 이 셋 말고 다른 입자들이 존재할 이유가 있을까? 1928년, 폴 디랙이 전자의 반입자인 양전자가 존재한다는 걸 처음으로 예언했다. 그는 발견되지도 않는 입자가 존재할 수 있다는 것을 예언한 첫 번째 물리학자였다. 사람들의 반응은 싸늘했다. 볼프강 파울리는 자신이 쓴 물리 핸드북에서 디랙의 양전자를 신랄하게 비판했다. 파울리의 비판이 무색하게 1932년에 캘리포니아 공과대학(칼텍)의 칼 앤더슨(Carl Anderson)이 양전자를 발견했다. 반입자가 존재한다는 것을 처음으로 알린 사건이었다.

1935년에 유카와 히데키(湯川秀樹)는 핵자들 사이에서 강력을 매개하는 입자가 존재한다고 예언했다. 1937년에 칼 앤더슨과 세스 네더마이어(Seth Nedermeyer)가 우주선에서 뮤온을 발견했을 때 이시도어 라비(Isidor Rabi)는 "그건 누가 주문했는가"라고 물었다. 그래서 뮤온은 한 번씩 "그건 누가 주문했는가 입자"로 불리기도 했다. 사람들은 뮤온이 유카와가 예언한 바로 그 입자인 줄 알았다. 그러나 뮤온은 유카와의 입자가 아니었다. 십이 년 동안 우여곡절을 겪고 나서야 1947년에 세실 파월(Cecil Powell)이 이끄는 그룹에서 유카와가 예언한 파이온을 발견했다. 파이온이 발견되면서 비로소 네 가지 근본 힘의 하나인 강력이 존재한다는 사실이 확증되었다.

그리고 1947년, 두 명의 영국인이 지금까지 본 적 없는 입자 두 개를 우주선에서 발견했다. 낯설고 기묘했다. 존재할 이유도 목적도 없어 보이는 입자였다. 이 낯선 입자는 시작에 불과했다. 새로운 입자가 하나둘씩 발견되더니, 얼마 안 있어 두 손으로 다 헤아리기 힘들 만큼 많이 등장했다. 1962년까지 우주선과 가속기에서 발견된 입자는 백 개가 훌쩍 넘었다. 난감했다. 이 많은 입자가 몰고 온 것은 또 다른 혼돈이었다. 누군가 이렇게 이야기했다.

"전에는 새로운 입자를 발견하면 노벨상을 받았지만, 이제는 발견할 때마다 만 달러의 벌금을 물게 해야 합니다."

발견된 입자 중에는 파이온을 닮은 것도 있었고, 양성자를 닮은 것도 있었지만, 그런 입자가 존재할 이유를 찾을 수는 없었다. 양성자와 중성자처럼 원자핵을 이룰 수 있는 것도 아니고, 파이온처럼 핵자들 사이에서 힘을 매개하는 것도 아니었다. 게다가 아주 짧은

낯선 입자들

시간 동안 생겨났다가 붕괴했다. 이것들은 왜 존재한단 말인가? 그때 몰랐다. 새롭게 발견된 입자들이 우주에 숨겨진 강력의 본 모습을 드러낼 퍼즐 조각이었음을. 얼마나 혼란스러웠으면 1956년에 우주선 물리학자들 사이에서 이런 노래가 다 유행했을까. 제목은 "중간자 노래"였다.

"파이온도 있고, 뮤온도 있지
파이온은 핵력의 접착제라네

타우 중간자가 있으리라 의심하지만
아직 찾지 못한 중간자들이 더 많다네

전혀 볼 수 없니?
응, 거의 볼 수 없지

수명이 짧고
미치는 범위가 작아서 그래

질량은 작을 수도, 클 수도 있고
양전하나 음전하를 띨 수도 있지
어떤 중간자는 스크린에 나타나지 않는다네
전하는 영이지만 질량은 꽤 크니까"

그때는 혼돈이라 여겼지만 낯선 입자들이야말로, 파월이 말한 바로 그, 과수원 안쪽의 탐스럽게 익은 이국적인 과일이었다.

두 명의 영국인

1937년 10월, 캐번디시 연구소를 이끌던 핵물리학의 아버지 어니스트 러더퍼드(Ernest Rutherford)가 세상을 떠나자, 대대적인 자리 이동이 있었다. 맨체스터 대학에서 석좌교수로 있던 로런스 브래그는 러더퍼드의 뒤를 이어 캐번디시 연구소의 소장이 되었다. 그는 1915년에 엑스선 회절 실험으로 아버지와 함께 노벨상을 받은 물리학자였다. 브래그의 뒤를 이어 패트릭 블래킷(Patrick Blackett)이 맨체스터 대학으로 왔다. 블래킷은 해군 장교로 제1차 세계대전에 참전해서 유틀란트 해전에서 독일 해군에 맞서 싸웠던 참전용사였다. 전쟁이 끝나자, 전역해서 캐번디시 연구소의 박사 과정 학생이 되었다. 그는 1932년에 이탈리아 출신의 주세페 오키알리니와 전자와 양전자가 동시에 생겨나는 쌍생성을 발견한 공로로 1948년에 노벨물리학상을 받았다. 그는 버크벡 대학을 떠나 맨체스터로 오면서 무게가 11톤이나 나가는 전자석을 가지고 왔다. 전자석의 세기는 1.4테슬라였다. 이 엄청난 전자석을 둘 곳이 필요해서 목조 건물을 따로 지어야 했다.

브래그가 이끌던 맨체스터 물리학과는 원래 엑스선 회절을 이용해 물질의 격자 구조를 연구하던 곳이었다. 블래킷은 맨체스터에 도착하자마자 이곳에서 연구할 가장 중요한 주제는 침투 우주선 (penetrating cosmic ray)이라고 못 박았다. 침투 우주선이란 우주선 중에서도 에너지가 무척 커서 얇은 납판 정도는 가볍게 통과할 수 있는 우주선을 말한다. 몇 달 후 엑스선 회절을 연구하던 사람들은 대부분 다른 곳으로 떠났고, 그 자리는 버크벡에서 온 사람들로 채워졌다.

조지 로체스터(George Rochester)도 원래는 브래그의 회절 실험을 도우러 맨체스터에 온 젊은 물리학자였다. 그는 결혼을 앞두고 있어서 다른 연구소로 옮기는 것도 여의찮았다. 분광학으로 박사 학위를 했고 엑스선 회절의 전문가였지만, 미국의 캘리포니아 대학 버클리 캠퍼스(이하 '버클리')의 방사선 연구소(Radiation Laboratory)에서 이 년 동안 머물며 핵물리학을 접한 적이 있었다. 그래서 우주선 연구에도 관심이 있었다. 로체스터는 블래킷의 연구실에 합류하기로 했다. 그땐 몰랐지만, 탁월한 결정이었다. 그는 침투 우주선을 연구하다가 앞으로 십 년 가까이 물리학자들을 괴롭힐 낯선 입자를 발견한다.

1939년 9월 1일 새벽 4시 50분, 나치 독일이 선전포고도 없이 폴란드를 침공하며 제2차 세계대전이 발발했다. 삼 일 뒤인 9월 3일, 영국과 프랑스는 독일에 선전포고를 했다. 전쟁은 사람들의 삶을 바꿔 놓는다. 물리학자도 전쟁을 피해 갈 순 없었다. 전쟁이 나자, 해군 대위 출신이었던 블래킷은 해군성을 돕기 위해 기꺼이 과학 고문 역할을 맡았다. 그는 물리학자와 수학자를 모아 레이더로 적기를 효과적으로 탐지해 방공포를 조준할 방법을 찾았다. 전쟁에서 승리하려면 물리학에서처럼 정량적인 데이터에 의존해야 한다고 여겼다. 블래킷이 제안한 방법은 오늘날 운영연구(Operational Research, OR)라고 불리는 새로운 분야를 열었다. 영국 방공을 위해 각 지역에 레이더망을 어떻게 분산시킬지, 독일 잠수함을 어떻게 효과적으로 찾아내 격침시킬 수 있을지, 군수 물자는 어떤 방법으로 적시에 운송할 수 있을지, 이 모든 것이 데이터를 기반으로 결정되었다. 제2차 세계대전 동안 블래킷은 운영연구 집단을 이끌었다.

로체스터도 전쟁을 피할 순 없었다. 유럽 본토로 가는 원정부대의 군인이 되어 전투에 참전할 수도 있었지만, 국내 방어를 담당하는 쪽에서 일하게 되었다. 처음에는 영국 북동부에 있는 스카버러의 레이더망을 담당했다. 영국 공군에서는 원래 레이더망으로 방공을 담당하고 있던 공군 인력을 물리학자들로 바꿀 계획이었지만, 육 주쯤 지나 레이더를 군이 숙련된 물리학자가 다룰 필요가 없음을 알게 되었다. 그래서 물리학자에게는 다른 임무가 주어졌다. 로체스터는 맨체스터로 돌아가 이 년 동안 집중 학위 과정을 도우라는 명령을 받았다. 대학 내 소방 담당관 역할도 그에게 주어진 임무였다. 대학 소방서 일은 대부분 저녁과 주말에만 있었다. 블래킷은 로체스터에게 저녁과 주말 외에는 연구를 계속해도 좋다고 허락했다. 전쟁 중에 연구를 할 수 있다는 것은 크나큰 행운이었다. 그러나 밤에는 소방서 일로 바쁠 수밖에 없었다. 맨체스터에는 폭격기를 만드는 군수공장이 있었다. 독일 공군은 1940년 8월부터 맨체스터 공습을 시작했다. 공습은 육 개월 넘게 이어졌다. 독일 폭격기는 크리스마스를 앞둔 1940년 12월 23일과 24일 밤에 고성능 폭탄 300톤과 2000개가 넘는 소이탄을 쏟아부었다. 이 공습으로 700명 가까이 죽고 2000여 명의 부상자가 발생했다.

블래킷 그룹에는 러요시 야노시(Lajos Jánossy)라는 헝가리인이 있었다. 그의 양아버지는 헝가리를 대표하는 마르크스주의 문예사상가 루카치 죄르지(Lukács György)였다. 야노시는 베를린에 있는 카이저 빌헬름 제국연구소에서 베르너 콜회르스터와 함께 연구하다가 나치를 피해 영국으로 왔다. 블래킷이 런던의 버크벡 대학에 있을 때 그와 함께 우주선을 연구한 적이 있었다. 야노시는 발터 보테와 콜회르스터가 개발한 동시 측정 방법(coincidence method)을 잘 알고 있었다. 블래킷이 맨체스터 대학으로 옮길 때 야노시도 함께 왔다. 야노시는 우주선을 좀 더 정확하게 측정하기 위해 동시 측정 방법을 안개상자에 적용했다. 이 방법은 블래킷이 오키알리니와 함께 양전자를 발견할 때 썼던 방법과 비슷했지만 훨씬 정교했다. 야노시는 안개상자 안에 둔 납판 위아래에 가이거 계수기 여러 개를 나란히 설치해서 우주선이 납판을 통과하며 생성하는 침투 우주선 소나기를 효과적으로 측정할 수 있었다. 로체스터는 야노시에게 동시 측정 방법을 배웠다.

로체스터는 학교와 소방서 일로 시간도 없고, 새로운 장비를 살 돈도 부족했지만, 실험을 이어갔다. 다행히 러더퍼드가 맨체스터에 있을 때부터 도움을 받았던 유리관 제작자가 로체스터에게 가이거 계수기에 필요한 유리관을 싼값에 만들어 주었다. 로체스터는 전쟁이 끝날 때까지 틈날 때마다 우주선 실험을 계속하며 측정 기술과 우주선 관련 지식을 쌓아갔다.

가이거-뮐러 계수기만 써서 우주선을 측정하던 로체스터는 블래킷이 맨체스터 대학으로 옮길 때 가져온 안개상자와 전자석을 이용하고 싶었다. 이 전자석은 쇳덩어리만 해도 8톤가량 되었고, 거기에 감겨있는 코일은 3톤이나 나갔다. 전자석의 세기는 당시로서는 어마어마했는데, 최대출력이 2테슬라였다. 이 정도면 요즘 병원의 MRI에서 쓰는 전자석의 세기와도 맞먹는다. 우주선 중에서도 에너지가 무척 높은 입자들을 측정하려면 이렇게 강력한 전자석이 꼭 있어야만 했다. 자기장이 세지 않으면 대단히 빠른 우주선을 휘게 만들 수 없기 때문이었다.

로체스터는 함께 일할 사람을 찾아 나섰다. 물망에 오른 첫 번째 사람은 클리포드 버틀러(Clifford Butler)였다. 그가 맨체스터 대학에 지원했을 때 면접관 세 명 중 한 사람이 로체스터였다. 버틀러는 원래 블래킷의 실험에 참여하기로 되어 있었지만, 어쩌다 버나드 러벌(Bernard Lovell)과 일하게 되었다. 그러다 러벌이 라디오파 천문학으로 관심을 돌리면서 우주선 연구에 관심이 있던 버틀러는 어중간한 처지에 놓이고 말았다. 로체스터는 버틀러와 함께 안개상자와 전자석을 써서 실험할 수 있게 해달라고 블래킷을 설득했다.

전쟁 전에 썼던 안개상자는 새로운 연구에 적당하지 않았다. 로체스터와 버틀러는 안개상자를 새로 만들기로 했다. 전쟁은 역설적으로 과학 연구에 필요한 새로운 기술을 끌어냈다. 두 사람은 전쟁 중에 개발한 기술을 이용해 우주선의 궤적이 더 선명하게 보이도록 안개상자 내부의 압력을 대기압보다 높게 유지했다. 지멘스에서 만든 사진 촬영용 플래시도 달아 안개상자 속 궤적을 분명하게 찍을 수 있었다. 안개상자에 우주선의 궤적을 자동으로 찍을 수 있는 사진기도 달았다. 상자의 위와 아래에는 가이거 계수기를 빈틈없이 촘촘하게 설치해 동시 측정 방법을 이용할 수 있도록 했다. 이로써 우주선의 궤적이 어떤 입자인지 손쉽게 분석할 수 있었다. 상자 안에 3센티미터 두께의 납판을 넣고 계수기로 둘렀다. 그것은 우주선이 납판을 뚫고 지나가면서 생성할 침투 우주선 중에서 분석할 것만 골라내는 데 필요했다. 이 모든 것을 로체스터는 야노시와 함께 일하며 배웠다. 마지막으로 안개상자에 강한 자기장을 가해줄 11톤이나 되는 전자석을 설치했다. 로체스터와 버틀러는 새로 꾸민 검출기를 침투 우주선을 측정할 수 있게 최적화했다. 블래킷은 로체스터와 버틀러가 업그레이드한 장비를 보더니 무척 마음에 들어 했다.

낯선 입자의 발견

로체스터와 버틀러는 새로 만든 장비로 안개상자를 지나는 궤적을 찍기 시작했다. 몇 개월 동안 수천 장의 사진을 찍어 우주선의 궤도를 꼼꼼히 분석했다. 1946년 9월부터 영국은 대서양에서 불어오는 극심한 폭풍으로 막심한 피해를 봤지만, 다행히 하늘에서 내려오는 우주선은 날씨에 큰 영향을 받지 않았다. 1946년 10월 15일, 로체스터는 안개상자에서 찍은 사진을 분석하다가 이상한 궤적 하나를 발견했다. 궤적의 모양은 마치 로마자

로체스터와 버틀러가 발견한 V자 모양의 궤적(a,b)

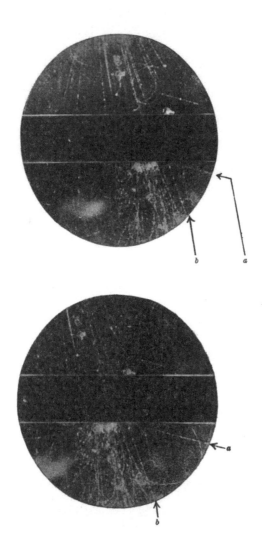

그림: G. D. Rochester & C. C. Butler, *Nature* 160 (1947) 855-857

V를 뒤집어 놓은 것 같았다. 수천 장의 사진 중에서 이런 모양이 찍힌 것은 처음이었다. 로체스터는 버틀러를 쳐다보며 말했다.

"V자 모양을 거꾸로 뒤집어 놓은 것 같은 이런 궤적을 본 적 있어?"

"아니요. 혹시 두 입자가 서로 교차해서 지나갔거나 아니면 입자들이 서로 충돌해서 생긴 것은 아닐까요?"

"우주선을 찍은 사진 수천 장을 봤지만, 이런 모양은 처음이야."

이 V자가 무얼 의미하는지 해석하는 것은 쉽지 않았다. 혹시 입자들이 충돌하면서 만든 궤적일지 몰라 자세히 살펴봤지만, 새로 생겨난 입자가 붕괴하며 만든 자취일 가능성이 높았다. 여러 가설을 세워가며 궤적을 분석했다. 로체스터와 버틀러는 납판 바로 아래 수 밀리미터 떨어진 곳에 있는 V자는 새로 생겨난 입자가 전하가 다른 두 개의 파이온으로 갈라지며 붕괴하는 궤적이라는 결론에 이르렀다. 입자의 총 전하는 붕괴 전후에 변함이 없어야 하므로 새로 발견된 입자에는 전하가 없어야 했다. 입자의 질량은 전자보다 1000배 남짓 무거웠다. 궤적의 모양도 그렇고 길이도 그렇고 이런 입자는 여태 본 적이 없었다. 로체스터와 버틀러는 이 입자를 '낯선 입자(strange particle)'라고 불렀다.

그전에도 사람들이 우주선 관측을 많이 했는데, 이제야 이 낯선 입자가 발견된 이유는 무엇일까? 그 뒤에는 두 가지 기술이 숨어 있었다. 위대한 발견 뒤에는 늘 위대한 기술이 있었다. 침투 우주선 소나기는 대부분 전자, 뮤온, 양성자, 광자였다. 파이온도 있지만, 수명이 짧아서 아주 높은 산에 올라가야 발견할 수 있었다. 낯선 입자와 같이 드문 궤적을 찾아내려면, 우선 전자 소나기를 걸러내야 했다. 그러려면 가이거-뮐러 계수기를 이용한 정교한 동시 측정 방법이 필요했다. 로체스터가 야노시에게서 이 방법을 배우지 않았더라면, 이 낯선 입자를 찾아내지 못했을 것이다. 훗날 양전자와 뮤온을 발견한 앤더슨은 야노시의 논문을 읽지 않은 걸 통탄해 했다. 만약에 그가 야노시의 동시 측정 방법을 알았더라면, 로체스터와 버틀러보다 먼저 이 낯선 입자를 발견했을 것이다.

낯선 입자를 발견하는 데 결정적이었던 또 하나의 이유는 새롭게 만든 안개상자에 있었다. 이 안개상자는 가이거-뮐러 계수기를 둘러서 원하는 반응만 골라낼 수 있었다. 거기에 안개상자의 크기도 한몫했고, 밝은 플래시와 강력한 전자석도 제 역할을 했다. 낯선 입자의 수명은 대략 10^{-8}초에서 10^{-10}초 사이였다. 아주 짧게 살다 가는 입자 같지만, 입자물리학에서 입자의 수명이 이 정도면 안정하다고 부를 만큼 오래 사는 입자였다. 로체스터와 버틀러가 만든 안개상자의 크기는 이런 낯선 입자가 만드는 궤적을 측정하기에 안성맞춤이었다.

로체스터는 블래킷과 몇몇 동료들에게 아무래도 새로운 입자를 발견한 것 같다고 말했다. 블래킷은 두 사람의 결과에 큰 관심을 보였다. 문제는 이 입자가 어떤 입자로 붕괴하느냐였다. 그걸 알아야 새로 발견한 입자의 질량이 얼마인지 가늠할 수 있었다. 이 입자의 질량을 알려면 우선 이 입자가 붕괴하면서 생겨난 입자의 질량을 알아야 했다. 로체스터와 버틀러는 붕괴해서 나온 입자가 전자보다 200배 더 무거우면, 새로 발견한 입자의 질량이 전자의 800배 정도 될 것이고, 400배 더 무거우면, 그 입자는 전자보다 1100배 정도 더 무거울 거라고 보았다. 그러나 이제 달랑 하나 찾은 입자만으로는 의미 있는 결론을 내릴 수 없었다. 로체스터와 버틀러는 비슷하게 생긴 궤적을 찾으려고 안개상자에 나타난 궤적을 찍은 사진을 매일 열심히 살펴봤다. 아무리 찾아봐도 그런 입자는 보이지 않았다. 둘은 멈추지 않았다. 두 사람은 이 V 모양을 다시 볼 수 있길 간절히 바랐다.

1947년 초, 영국의 겨울은 혹심한 피해를 몰고 왔다. 이백 년 만에 닥친 폭설로 기차가 끊겼다. 연료 부족으로 가정집의 난방도 쉽지 않았다. 웨일스에서는 양들조차 강추위를 이기지 못해 사백만 마리가 얼어 죽었다. 영국 총 산업 생산량의 10퍼센트가 감소했고, 밀과 감자의 생산량도 20퍼센트나 떨어졌다. 사람들은 전쟁으로 입은 피해가 다 복구되기도 전에 불어 닥친 한파로 다시 고통을 겪어야 했다. 정전도 자주 있었다. 대학도 형편은 비슷했다. 한 번씩 전기가 나가 실험하기도 쉽지 않았다. 로체스터와 버틀러는 V 모양의 입자를 발견하려고 추위와 정전을 견디며 실험을 계속했다.

칠 개월이 지나서야 두 사람은 비슷하게 생긴 입자를 하나 더 발견했다. 오래 기다린 보람이 있었다. 그런데 이번에 발견한 입자는 양전하를 띠고 있었다. 앞서 발견한 입자도 그렇고 이 입자도 그렇고 전자보다 1000배 정도 무거웠다. 파이온은 전자보다 200배 남짓 무거웠고, 양성자는 대략 2000배 정도 무거웠으니, 이 낯선 입자는 파이온보다는 무겁고, 양성자보다는 가벼웠다. '낯선 입자'라는 명칭은 핵자 그리고 파이온과 구분 지으려고 쓰기 시작했지만, 시간이 지나면서 새로 발견된 입자를 분류하는 공식 용어로 굳어졌다. 블래킷과 앤더슨은 이 입자를 V 입자라고 불렀다. 오늘날 이 두 입자는 전하가 없는 중성 케이온(K^0)과 전하를 띤 케이온(K^+)이라고 불린다.

두 사람은 이 낯선 입자의 발견을 논문으로 발표하려고 했지만 블래킷이 제동을 걸었다. 그는 두 사람이 측정한 데이터를 유심히 살펴보고 있었다. 행여 두 사람이 놓친 부분이 있는지도 꼼꼼히 따져보았다. 그는 설익은 발견을 논문으로 내는 걸 용납하지 않았다. 두 사람에게 V 입자의 질량과 운동량 분석을 좀 더 정량적으로 하라고 조언했다.

두 사람은 블래킷이 제안한 대로 낯선 입자의 성질을 심도 있게 분석했다. 두 갈래의 궤적은 질량이 대략 전자의 200배 남짓 하는 파이온으로 보였다. 궤적이 시작된 점은 전자보다 질량이 980배 정도 되는 입자임을 뜻했다. 두 사람은 "새롭고 불안정한 기본입자의 존재에 대한 증거"라는 제목으로 예비 논문을 작성해서 선명한 우주선 궤적 사진과 함께 저명한 물리학자들에게 보냈다. 하지만 야노시와 페르미를 비롯한 몇 명만 무척 관심 가는 측정이라는 답신을 보냈을 뿐이었다. 야노시는 그 궤적으로 판단하건대, 이 입자의 질량은 확실히 파이온보다 무겁다는 답신을 보내왔다. 두 사람은 논문을 《네이처(Nature)》에 보냈고, 1947년 12월 20일에 나왔다. 낯선 입자를 발견한 지 15개월이 지나서였다.

그러나 두 사람이 찾은 V 입자는 달랑 두 개뿐이었다. 이것만으로는 V 입자가 존재한다는 걸 증명하기에 턱없이 부족했다. 이듬해

낯선 입자들

여름, 블래킷은 로체스터를 캘리포니아 공대에서 열리는 심포지엄에 보냈다. 로버트 밀리컨의 80세 생일을 기념하는 학회였다. 그 학회의 주요 관심사는 프랑스의 우주선 물리학자 루이 르프랑스-링귀(Louis Leprince-Ringuet)가 1944년에 핵 건판을 이용해 발견한 입자였다. 이 입자도 질량이 파이온보다는 크고 양성자보다는 작았는데, 전자보다 1000배 정도 무거웠다. 르프랑스-링귀는 자기가 발견한 입자를 그리스 문자 타우(τ)에서 따와 타우 입자라고 불렀다. 로체스터와 버틀러가 V 입자를 발견하기 삼 년 전에 타우 입자를 발견했음에도 그는 왜 낯선 입자를 발견한 사람이 되지 못했을까? 그는 타우 입자를 발견했지만, 이 입자가 무엇인지 정확하게 분석하지 못했다. 타우 입자의 정체는 몇 년 더 지나서야 밝혀진다. 로체스터도 자신이 발견한 V 입자에 대해 발표했다. 로체스터의 발표를 듣던 아브라함 파이스(Abraham Pais)는 그런데 왜 데이터가 달랑 두 개뿐이냐고 물었다. 로체스터는 대답할 말이 없었다. V 입자를 더 찾아야만 했다.

계속 발견되는 새로운 입자들

1948년 9월 27일에는 솔베이 학술회의가 브뤼셀에서 엿새 동안 열렸다. 여덟 번째 솔베이 학회였다. 일곱 번째 학회까지는 양자역학을 주로 다뤘다. 이번 학회의 주제는 기본입자였다. 솔베이 학회의 주제는 으레 당시 물리학에서 가장 중요한 연구에 맞춰졌다. 매번 그랬듯이 이번에도 초대받은 사람들만 모였다. 발표자는 열한 명이었다. 첫 번째 발표는 파이온을 발견한 브리스틀 대학의 세실 파월이 했다. 그는 파이온과 뮤온이 서로 다른 입자라는 사실을 다시 한번 짚고 넘어갔다. 버클리에서 온 로버트 서버도 만약에 뮤온의 스핀이 1/2이면, 전자와 두 개의 중성미자로 붕괴해야 한다고 예측했다. 르프랑스-링귀가 발견한 타우 입자와, 로체스터와 버틀러가 찾은 V 입자 이야기도 나왔다. 마지막으로 네덜란드에서 온 헨드릭 카시미르(Hendrik Casimir)는 장난스러운 시를 지어 학회에서 발표된 주제를 하나씩 요약했다. 이 시의 마지막 연은 낯선 입자가 중요한 관심사가 되었음을 암시했다.

"르프랑스-링귀의 타우 입자가 실재하는지 모르지만
그저 당신을 기쁘게 하려 믿고 싶을 뿐
그것이 솔베이 학회의 목적이었네"

로체스터와 맨체스터 그룹은 그다음 V 입자를 1950년 여름에 다시 발견했다. 이제 맨체스터에서만 V 입자를 찾고 있는 게 아니었다. 브리스틀 대학에 있는 파월의 연구팀은 감도가 높은 핵 건판을 이용해 V 입자와 비슷한 궤적의 입자를 1949년 1월에 찾아냈다. 그것은 르프랑스-링귀가 발견했던 타우 입자였다, V 입자와 달리 타우는 파이온 세 개로 붕괴했다. 그러나 질량은 V 입자와 비슷했다.

지상에서 V 입자를 찾는 것은 어려웠다. 1949년 어느 일요일 저녁, 블래킷은 주세페 오키알리니(Giuseppe Ochialini)와 저녁 식사를 함께하며 이야기를 나눴다.

"V라는 녀석은 어지간해서는 자기 모습을 보여주질 않아. 뭔 수줍음이 그리 많은지, 참."

오키알리니는 블래킷의 눈을 똑바로 바라보며 말했다.

"뮤온도 그렇고 파이온도 그렇고 높은 산에 가야 많이 볼 수 있잖아요. V 입자도 마찬가지에요. V 입자를 더 찾고 싶다면, 안개상자와 전자석을 챙겨 피레네 산맥에 있는 피크 뒤 미디 드 비고르(Pic du Midi de Bigorre) 관측소로 올라가세요."

1947년에 파월은 해발 2877미터의 피크 뒤 미디에서 유카와가 예언한 강력의 입자 파이온을 발견했다. 블래킷도 이 관측소를 몰랐던 것은 아니었다. 그곳은 세상에서 가장 위험한 관측소였다. 매년 한 명 이상이 사고로 죽는 곳이었다. 올라가는 길도 가파르기 그지없어 11톤이나 되는 전자석을 영국에서 그 꼭대기까지 옮기는 건 예삿일이 아니었다. 그러나 오키알리니의 이야기를 듣고 보니 진작 피크 뒤 미디에 갔어야 했다. 다음 날 이른 아침, 연구소에 도착한 블래킷은 버틀러와 브래딕에게 당장 짐을 꾸려 피크 뒤 미디로 올라가라고 지시했다. 그러나 그 무거운 전자석을 바로 해체해서 그곳으로 떠날 수는 없는 노릇이었다. 11톤이나 되는 전자석이라 해체하는 데만 해도 제법 시간이 걸렸다. 전자석은 1949년 8월이 되어서야 해체가 끝났고 피크 뒤 미디 꼭대기에 다시 설치한 것은 그해 10월이었다.

맨체스터 그룹이 피크 뒤 미디에서 V 입자를 측정하려고 준비하는 동안, 다른 그룹에서도 놀고만 있지 않았다. 캘리포니아 공대에는 우주선 연구로 이골이 난 앤더슨이 있었다. 그해 11월에 앤더슨한테서 편지가 왔다. 편지를 한참 읽어나가던 블래킷의 얼굴이 붉어졌다. 약이 올랐다. 앤더슨은 편지의 마지막에 마치 지나가는 말투로 이렇게 적었다.

"로체스터와 버틀러가 들으면 좋아할 만한 소식이 있어요. 두 사람이 이 년 전에 봤던 것과 비슷한 그 포크 모양의 궤적을 여기서는 한 서른 개 정도 봤습니다."

앤더슨이 학생들과 얻은 결과는 1950년 초에 발표되었다. 거기에는 전하가 없는 V 입자는 서른 개를 봤고, 전하를 띤 V 입자는 네 개를 봤다는 소식이 실려 있었다. 앤더슨은 동료들과 함께 캘리포니아 공대가 있는 패서디나에서 찍은 3000장의 사진 중에서 여섯 개의 V 입자를 찾아냈고, 3200미터 높이의 캘리포니아 화이트산에서 8000장이 넘는 사진을 찍었는데, 그중에서 스물여덟 개의 V 입자를 발견했다. 로체스터와 버틀러는 1950년 7월부터 이듬해 1월까지 피크 뒤 미디에서 우주선 관측을 계속했다. 과연 높은 곳에서는 V 입자를 더 많이 찾아낼 수 있었다. 전하가 없는 V^0 입자는 서른여섯 개, V^+와 V^-는 모두 일곱 개를 관측했다. 1951년에는 우주선에서 더 많은 V 입자를 찾아냈다.

한편, 오스트레일리아 멜버른 대학의 호퍼(V. D. Hopper)와 비스워스(S. Biswas)는 기상학자의 도움을 받아 일포드에서 제작한 매우 민감한 핵 건판을 2만 1000킬로미터 높이까지 올려 우주선을 관측했다. 건판에는 길이가 조금 더 긴 V자 궤적이 찍혀 있었다. 이번 V 입자의 질량은 양성자보다 무거웠다. 전자보다 2200배나 무거운 입

낯선 입자들

자였다. 사람들은 이 입자를 파이온 두 개로 붕괴하는 V 입자와 구분하려고 V_1^0라고 불렀다. 훗날 이 입자는 람다(Λ)라고 불리게 된다. 람다는 중간자가 아니라 양성자와 파이온으로 붕괴하는 중입자였다. 파이온으로만 붕괴하는 V 입자는 V_2^0라는 다른 이름으로 구분했다. 이는 곧 세타(θ)라는 이름으로 불리게 된다. 그러나 이 입자는 타우 입자와 질량과 수명이 거의 같다는 사실이 알려지며 혼란을 불러온다. 이 둘은 같은 입자일까, 다른 입자일까? 만약 이 두 입자가 같은 입자라면, 기존에 알려진 사실이 전면 수정되어야 함을 의미했다.[*]

입자물리학의 탄생

새로운 입자들이 발견되자 학회도 연이어 열렸다. 1950년에 미국의 로체스터에서 고에너지 핵물리학 학술회의(International Conference on High Energy Nuclear Physics)가 처음으로 열렸다. 7회까지는 로체스터에서 열려 로체스터 학회라고 불렸는데, 제네바에 유럽 입자물리 연구소(CERN)가 생기면서 1958년의 8회부터는 CERN에서 열렸다. 32회 학회가 2018년 서울에서 열렸으니, 고에너지 물리학 분야에서는 역사가 가장 오랜 학회다. 1950년부터 1952년까지 이 학회에서 그때까지 새롭게 발견된 낯선 입자의 정체

[*] 타우-세타 퍼즐은 '5장 왼손잡이 신'에서 자세히 설명한다.

를 논의하기 시작했다. 원래 로체스터 학회에는 '핵(nuclear)'이라는 단어가 들어 있었는데, CERN에서 열린 8회부터는 고에너지 물리학이라는 단어만 학회 이름에 남았다. 이로써 1958년부터 입자물리학이라는 분야가 핵물리학에서 갈라져 나와 공식적으로 물리학의 한 분야로 자리 잡게 되었다.

물리학자들은 새롭게 발견된 입자들 때문에 겪고 있는 혼란을 한번은 정리할 필요가 있다고 여겼다. 1952년 3월, 블래킷이 국제 순수 및 응용물리학 협회(International Union of Pure and Applied Physics, IUPAP)의 우주선 분과장을 맡았다. 분과의 간사는 르프랑스-링귀였다. 1950년 인도 뭄바이에서 열린 우주선 학회 때 차기 학회는 1953년에 열기로 했지만, 1952년까지 정해진 것은 아무것도 없었다. 블래킷과 르프랑스-링귀는 다음 우주선 학술회의를 피크 뒤 미디 아래에 있는 도시 바네레 드 비고르(Bagnères de Bigorre)에서 1953년 7월에 열기로 했다. 피크 뒤 미디 관측소는 근처에 있는 툴루즈 대학에서 관리했으므로 학회도 툴루즈 대학이 IUPAP과 함께 주관하기로 했다. 문제는 학술회의를 여는 데 필요한 돈이었다. 두 사람은 IUPAP의 이름으로 유네스코에서 미화 2850불을 지원받았다. 당시로서는 제법 큰돈이었다. 회의는 원래 사흘간 열기로 했지만 르프랑스-링귀는 우주선 실험물리학자들을 더 많이 초청하고 싶었다. 그래서 하루 쉬며 유람하러 가는 목요일을 빼고는 월요일부터 금요일까지 일정을 짰다. 발표는 대부분 실험물리학자들로 채워졌다. 르프랑스-링귀는 소련의 물리학자들도 초청하고 싶었지만, 파리의 소련 대사관으로부터 정중한 거절 편지를 받았다. 유럽과 소련이 냉전으로 치닫던 터라 소련의 학자들을 유럽에서 열리는 학술회의에 초청하는 건 불가능했다.

바네레 드 비고르에서 열린 학술회의는 역사적으로 대단히 중요하다. 여기서 물리학자들은 새로 발견한 낯선 입자를 어떻게 정리할지 결정했다. 입자의 정체는 여전히 알 수 없었지만, 마치 생물학자들이 새로 발견한 동식물을 학명으로 분류하듯, 낯선 입자도 이름을 정하고 갈래를 지었다. 브루노 로시(Bruno Rossi)는 학회에서 논의한 내용을 정리해 학회 논문집 뒤에 부록으로 실었다. 우주선에서 발견된 입자들은 질량에 따라 크게 세 종류로 나누었다.

- L-중간자: 파이온, 뮤 중간자(이 입자는 나중에 뮤온으로 이름이 바뀌고, 전자와 마찬가지로 렙톤*에 속하게 된다), 그 외 가벼운 중간자들
- K-중간자: 질량이 파이온과 양성자 사이쯤 되는 입자
- H-입자(하이퍼론): 질량이 양성자와 중양자 사이쯤 되는 입자. (중양자보다 무거운 기본입자가 발견되면 이 정의는 바뀐다)

로체스터와 버틀러가 발견한 V 입자가 나중에 케이온이라고 불리게 된 것도 K-중간자라는 이름 때문이었다. 이 외에도 입자들이 어떻게 붕괴하는지 분류하고, 중간자는 그리스 문자 중에서 골라 소문자로 표현하고, 하이퍼론은 그리스 대문자를 써서 나타내기로 의견을 모았다. 이제 1947년부터 1953년까지 발견된 입

* 렙톤은 전자, 뮤온, 중성미자처럼 강력의 영향을 받지 않는 입자를 말한다.

자들은 한 차례 정리가 된 셈이었다. 이 약속은 전통이 되어 오늘날까지 내려오고 있다. 로시를 비롯한 몇몇 참가자는 이 결과를 널리 알리려 논문을 《네이처》, 이탈리아 학회지 《일 누오보 시멘토(Il Nuovo Cimento)》, 독일 학술지 《디 나투어비센샤프텐(Die Naturewissenschaften)》에 발표했다. 똑같은 내용의 논문이 학술지 세 곳에 실리는 것은 이례적인 일이었다.

1954년에 파이스는 핵자와 하이퍼론을 한데 묶어 중입자(baryon)라고 불렀다. 그리스어에서 '무겁다'라는 뜻을 가진 '바로스(βαρύς)'에서 따왔다. 그리고 강력의 영향을 받는 중간자와 중입자를 합쳐 강입자(hadron)라고 불렀다. 이 분류에 따라 지금까지 발견된 입자에 이름을 붙이면, 로체스터와 버틀러가 발견한 V 입자는 케이온 중간자이고, 호퍼와 비스워스가 본 V_1^0는 람다 중입자다.

가속기의 출현

바네레 드 비고르 학술회의는 파월이 회의에서 나온 결과를 요약하며 마무리되었다. 파월은 발표 마지막에 이런 말을 했다.

"여러분, 이제 가속기가 쳐들어왔습니다."

1912년 8월에 헤스가 우주선을 발견하자 사람들은 우주선을 관측해서 새로운 입자를 발견했다. 디랙이 예측했던 양전자도, 앤더슨과 네더마이어가 발견한 뮤온도, 유카와가 예언했던 파이온도 모두 우주선에서 발견했다. 게다가 1947년에서 1953년 사이에는 그전까지는 상상조차 해본 적이 없던 케이온과 람다 입자를 우주선에서 찾아냈다. 가속기가 등장한 뒤에는 새로운 입자가 훨씬 많이 발견되었다. 새로운 입자를 발견하는 일은 가속기가 이어받았다. 사람들은 수동적으로 우주선을 관측하는 것을 넘어 가속기를 이용해 입자를 직접 생성할 수 있었다. 버클리에 있는 사이클로트론에서 파이온을 발견했으니, 더 높은 에너지의 가속기만 있다면 새로운 입자를 더 많이 찾아내는 것은 시간문제였다.

가속기가 본격적으로 움직이기 전까지 한동안은 우주선에서 새로운 입자를 찾아냈다. 맨체스터 연구팀은 1952년에 또 다른 하이퍼론을 발견했다. 이번에 발견한 입자는 계단처럼 생긴 절벽을 타고 흐르는 폭포 모양으로 연이어 붕괴하기 때문에 '폭포 입자(cascade)'라고 불렀다. 이 입자는 음의 전하를 띠고 있었다. 그리스 문자로 크시(Ξ)를 붙여, 크시-마이너스라고 불렀다. 이듬해에는 캘리포니아 공대의 우주선 연구팀에서 안개상자를 이용해 시그마(Σ)라는 하이퍼론을 발견했다. 이탈리아의 밀라노 그룹에서도 핵건판을 이용해 시그마를 관측했다. 당시 이 입자는 양성자처럼 양의 전하를 띠고 있지만 그보다 무거워 슈퍼 양성자라고 불렀다. 나중에 사람들은 가속기에서 슈퍼 양성자라고 불리던 시그마-플러스에게 형제 둘이 더 있다는 사실을 알아냈다. 이 중에서 음전하를 띤 시그마-마이너스는 1953년 브룩헤이븐에 있는 코스모트론에서 발견했다. 파이온이 그렇듯 시그마도 각각 양전하와 음전하를 띤 입자 하나씩과 전하가 없는 입자 하나를 합쳐 총 세 종류가 있었다.

혼돈의 시작

　　가속기에서 새로운 입자가 속속 발견되면서 우주선을 연구하던 사람들도 서서히 가속기로 관심을 돌렸다. 파월의 말마따나 사람들은 이제 더는 하늘을 쳐다보지 않았다. 가속기에서 새로운 입자를 찾는 일에 나섰다. 가속기는 우주선보다 월등했다. 핵 건판을 쓰든 안개상자를 쓰든 우주선에서 침투 소나기를 찾는 것은 수동적일 수밖에 없었다. 그러나 가속기에서는 상황이 달랐다. 양성자나 핵 과녁에 양성자를 쏘아주거나, 충돌에서 생긴 파이온을 또 다른 과녁에 충돌시키면 새로운 입자를 찾는 일이 훨씬 수월했다. 바야흐로 가속기의 시대가 도래한 것이었다.

　우주선과 가속기에서 새로운 입자가 연이어 발견되면서 사람들은 혼돈에 빠졌다. 낯선 입자는 왜 존재하는가? 왜 낯선 입자의 수는 이렇게 많은가? 그리고 무엇보다 중요한 질문이 있었다. 도대체 발견된 입자 중에서 어느 것이 더 근본적인 입자란 말인가? 입자 하나하나가 퍼즐 조각이었다. 이런 질문은 곧 입자물리학의 두 학파 사이에 치열한 투쟁을 불러왔다. 근본 입자는 처음부터 존재하지 않았다고 주장하는 이들과, 핵자와 파이온과 낯선 입자들 가운데 무언가 근본적인 것이 있다고 믿는 이들이 팽팽하게 맞섰다. 처음에는 '모든 입자는 동등하다'고 주장하는 이들이 승리하는 것처럼 보였지만, 1970년대에 들어서자 상황이 역전된다. 이 치열한 투쟁을 거치면서 그 많던 입자가 깔끔하게 정리되고 강력이 진정한 모습을 드러냈다. 머리 겔만이라는 천재가 그 중심에 있었지만, 누가 승자일지에 대한 최종적인 판정은 가속기와 검출기로 무장한 실험물리학자들의 몫이었다.

Cyclotron
Linear Accelerator
Alternating Gradient
Synchrotron

가속기의
시대

Three Quarks

2

The Age of
Accelerators

Ernest Lawrence,
1901~1958

Big Science
Big Budgets, Staffs,
& Machines

1928년, 러더퍼드는 영국 왕립학회의 회장이 되었다. 취임사에서 그는 자신의 꿈을 드러냈다.

"여러분, 저는 오랫동안 자연 방사성 물질에서 나오는 알파입자보다 에너지가 더 큰 방사선 원천이 있길 바랐습니다. 그것만 있다면 지금보다 훨씬 놀라운 연구를 할 수 있을 겁니다."

원자핵 안을 좀 더 깊이 들여다보려면, 비스무트-214나 폴로늄에서 나오는 알파입자만으로는 부족했다. 알파입자도 양전하를 띠지만, 무거운 원자핵은 양전하 덩어리였다. 알루미늄만 해도 양전하가 열세 개나 있고, 중금속인 납은 여든두 개나 있었다. 양전하가 두 개인 알파입자는 척력 때문에 양전하가 많은 핵에는 닿기도 전에 되튀어 나갈 확률이 높았다. 그래서 원자핵 안으로 들어가려면, 척력을 이겨낼 높은 에너지가 필요했다. 자연 방사성 물질에서 나오는 알파입자보다 더 큰 에너지의 입자가 있다면, 더 무거운 원자핵도 다른 핵으로 변환시킬 수 있을 테고, 원자핵의 구조를 좀 더 정확하게 알 수 있을 터였다. 그러므로 인공적으로 양성자나 알파입자의 에너지를 대폭 높일 수 있는 장치인 가속기가 필요했다.

1928년이면 이미 양자역학이 세상에 나왔고, 원자를 넘어 원자핵에 관심이 쏠리기 시작할 때였다. 양자전기역학을 집대성한 프리먼 다이슨은 이런 말을 했다.

"과학에서 놀라운 일은 종종 새로운 개념보다는 새로운 기술에서 온다."

1930년대에 들어서면서 새로운 기술이 물리학의 발전을 이끌었다. 러더퍼드의 강연에 자극받은 캐번디시 연구소의 존 콕크로프트(John Cockcroft)와 어니스트 월턴(Ernest Walton)은 삼 년에 걸쳐 정류기와 축전기를 이용해 가속기를 만들었다. 이 가속기로는 양성자를 연속해서 가속하지 못하고 마치 펄스처럼 전원을 켤 때마다 한 번씩 가속할 수 있었다. 그래도 이 가속기는 양성자가 진공관을 지나 과녁을 때리는 순간에 710킬로볼트의 정전압을 얻을 수 있었다. 이제 방사성 물질에서 나오는 알파입자를 사용하지 않고서도 핵을 가를 수 있었다.

당시 물리학의 변방인 미국에서도 가속기를 지으려고 애쓴 사람이 있었다. 그는 어니스트 로런스(Ernest Lawrence)였다. 로런스는 사이클로트론이라는 가속기를 역사상 처음으로 만들었다. 그가 등장하기 전에는 물리학은 소규모의 사람들이 모여 실험하거나 연구실에 틀어박혀 고독하게 연구하는 학문이었다. 물론 아서 콤프턴이 우주선 연구를 하며 오대양 육대주를 누빌 사람을 모으기도 했고, 아서 에딩턴은 아인슈타인의 일반 상대성 이론을 확인하려 일식을 관측할 탐험대를 꾸리기도 했지만, 거대과학의 문을 연 사람은 로런스였다. 그는 원자핵을 연구하는 방법을 통째로 바꿨다. 양자역학과 맞물려 거대과학은 톱니바퀴처럼 굴러갔다. 원자핵 속 깊숙한 곳에 들어가려면 한두 사람의 힘으로는 불가능했다. 가속기를 지으려면 더 넓은 공간과 더 큰돈과 더 많은 손이 필요했다.

어니스트 로런스

어니스트 로런스, 거대과학은 그의 손에서 태어났다. 오늘날에는 수천 명의 물리학자와 공학자들이 힘을 합쳐 거대한 가속기를 만들고 그곳에서 함께 실험한다. 1930년대 후반부터 1990년대까지 미국이 입자물리학을 이끄는 나라가 된 것도 어니스트 로런스 덕이었다. 사우스다코타 대학에 입학한 로런스는 원래 의학을 전공할 요량이었다. 그러나 그의 인생은 루이스 애컬리 (Lewis E. Ackeley)라는 물리학자를 만나면서 바뀐다. 공대 학장이었던 애컬리는 학생들에게 폭넓은 시야를 갖도록 가르쳤다. 애컬리는 로런스의 재능을 알아보았다. 그는 학생들 앞에서 자주 로런스를 칭찬했다. 그리고 로런스를 개인적으로 지도하기도 했다. 그건 마치 로런스가 물리학을 전공하도록 촘촘히 짜놓은 애컬리의 그물 같았다. 애컬리는 학부를 졸업한 로런스가 미네소타 대학에서 박사 과정을 밟도록 주선했다. 결국, 로런스는 애컬리의 계획대로 물리학자가 되는 길로 들어섰다. 세월이 지난 후, 로런스는 자신에게 가장 영향을 많이 끼친 사람으로 애컬리를 들곤 했다. 그의 연구실 벽에는 몇몇 유명한 물리학자와 함께 애컬리의 사진이 나란히 걸려 있었다. 훌륭한 학자 뒤에는 언제나 훌륭한 선생이 있는 법이다.

로런스는 미네소타 대학에서 박사 과정에 진학해 자신의 인생을 바꿔 놓을 또 한 사람의 물리학자를 만났다. 그가 대학원에 입학했을 때, 윌리엄 스완(William Swann)이 미네소타 대학에 교수로 부임해 왔다. 스완은 물리학이 단지 지금까지 발견된 사실만을 가르치는 학문이 아니라고 여겼다. 그에게 물리학이란 생각의 태도를 익히는 것이었다. 지금까지 알게 된 사실은 교과서나 논문을 뒤지면 다 찾을 수 있다고 했다. 그래서 학생들이 물리학을 배우면서 익혀야 할 것은 사실 그 자체가 아니라 새로운 걸 창조할 수 있는 능력이라고 보았다. 배운 사실은 다 잊어도 생각하는 태도는 없어지지 않는다고 말하곤 했다. 이런 스완의 가르침은 로런스의 머릿속에 깊숙이 각인되었다. 로런스는 스완 밑에서 배우기로 결심했다.

스완은 미네소타 대학에 온 지 일 년 남짓 지났을 무렵 시카고 대학으로 자리를 옮겼다. 로런스 역시 지도교수를 따라 시카고로 갔다. 스완은 다시 예일 대학으로 떠났다. 로런스는 이번에도 스완을 따라갔고, 그는 스완 밑에서 공부하며 1925년에 예일에서 박사 학위를 받았다. 로런스는 스완에게 물리학자로서 독창적인 연구가 얼마나 중요한지도 배웠지만, 실험 기술도 많이 배웠다. 그는 박사 학위를 마친 뒤 스완을 따라 유럽에 잠시 다녀온 적이 있었다. 유럽의 여러 대학을 방문하며 본 작은 규모의 연구실과 낡은 장비들은 별로였다. 그래서 그는 당시 박사 학위를 받은 미국 과학자들이 으레 그랬듯이 정부에서 주는 돈을 받아 유럽으로 연수를 떠날 수 있었지만 그러지 않고 예일에 머물기로 했다. 그는 학부에서 박사 과정까지 모두 미국에서 공부한 1세대 토종 물리학자였다. 유럽에서 별다른

가속기의 시대

연구 경험을 쌓지 않고도 예일 대학 물리학과의 조교수가 되었다.

당시 미국 서부의 버클리 물리학과에서는 뛰어난 과학자들을 모아 세계적인 학과로 거듭나려고 안간힘을 쓰고 있었다. 그 중심에는 학과장 레이먼드 버지(Raymond T. Berge)가 있었다. 그는 로런스를 어떻게 해서든지 자기 학과로 데려가고 싶었다.

"버클리는 미국 어느 대학보다 교수의 강의 시간이 적어요. 예일 대학보다 더 적습니다. 월급은 다른 곳보다 더 많이 줄 겁니다. 더구나 젊은 나이에 영구직인 부교수가 될 수 있는 곳도 우리 대학 말고는 없을 겁니다."

로런스에게 버지의 제안은 매력적이었다. 예일 대학에서는 그를 부교수로 승진시키는 걸 미루고 있던 터라 로런스는 버지의 말에 솔깃했다. 게다가 스승인 스완이 또다시 자리를 옮겨 필라델피아로 갔다. 예일 대학에서는 그가 조교수로 있으면서 그곳에 머물기를 원했지만, 로런스는 버클리로 가기로 마음먹었다. 그때만 해도 로런스가 명문 예일 대학을 떠나 버클리로 가는 것은 모험이었다. 그러나 그곳에서는 자신의 꿈과 비전을 마음껏 펼칠 수 있을 것 같았다. 예일 대학에서는 사람의 잠재력을 제대로 살펴보지 못했다. 버클리에 도착한 로런스는 거기서 유명해지기로 결심했다. 누가 그에게 장래에 관해 물을 때마다 그는 "저는 유명해질 겁니다!"라고 답했다. 그의 마음속은 야망으로 들끓었다. 그때 그의 나이 스물여섯이었다. 로런스는 버클리를 자신만의 '사이클로트론 제국'으로 탈바꿈시킨다.

롤프 비데뢰

　　1919년, 러더퍼드는 역사상 처음으로 질소를 산소로 바꿨다. 연금술사들이 그토록 오랫동안 갈망하던 꿈을 비스무트-214에서 나오는 알파입자로 이뤄냈을 때, 신문과 잡지마다 이 놀라운 소식을 전했다. 알파입자와 질소 원자핵이 부딪히며 하나가 된 뒤, 양성자 하나를 내놓았다. 질소가 산소가 된 것이었다.[*]

　　노르웨이의 젊은이 롤프 비데뢰(Rolf Widerøe)는 신문과 잡지에서 러더퍼드의 실험 결과를 읽으며 깊이 감동했다. 그리고 비데뢰는 구 년 후에나 있을 러더퍼드의 왕립학회 강연을 미리 들은 것과 같은 생각을 했다. 이제 막 고등학교를 졸업할 나이였지만, 높은 전압만 걸어준다면, 전자든 양성자든 핵이든 가속시킬 수 있다고 여겼다. 문제는 그런 입자를 가속하려면 꽤 높은 전압이 필요했다. 지금까지 그런 장치는 없었다. 완전히 새로운 기술이 필요했다. 꿈을 이루려면 노르웨이에서 공부하는 것만으로는 부족했다. 그래서 이듬해 비데뢰는 독일 카를스루에 공대로 유학을 떠났다.

　　1922년에 비데뢰는 이미 구리 도선을 쓰지 않고 전자가 원형 진공관을 지나며 높은 전압을 얻을 수 있는 장치를 고안했다. 그러니까 전하를 띤 입자가 원형 진공관 속을 한번 돌 때마다 엉덩이를 한번 차이듯, 전압 때문에 에너지를 받아 점점 더 높은 에너지를 얻는 것이었다. 이 장치는 가속기의 원형이었다. 고전압을 걸어주지 않

---

[*] 정작 실험을 한 러더퍼드는 변환되어 나오는 원자핵이 산소 원자핵의 동위원소인 줄 몰랐다. 육 년이 지나 그의 제자 패트릭 블래킷이 그 사실을 알아냈다.

아도 전자가 높은 에너지를 얻을 수 있으니 참으로 멋진 아이디어 였다. 그의 목표는 러더퍼드가 말했던 대로 자연 방사성 물질에서 나오는 알파입자보다 더 높은 에너지의 입자를 얻는 것이었다. 그 러려면 적어도 천만 볼트의 전압이 필요했다. 1925년 가을, 비데뢰 는 자신의 생각과 계산 결과를 정리해 카를스루에 공과대학 전기공 학과의 슐라이어마허 교수에게 보여주었다. 슐라이어마허 교수는 비데뢰의 노트를 꼼꼼히 살펴보더니, 이렇게 말했다.

"박사 학위 논문이 여기에 다 있네요."

이 말에 자신감을 얻은 비데뢰는 진공 펌프의 대가인 물리학과 교수 볼프강 개데(Wolfgang Gaede)에게 자신의 학위 논문을 보여줬 다. 그리고 며칠 후 다시 개데를 찾아가서 자신의 학위 논문에 대한 의견을 구했다. 개데의 대답은 비관적이었다.

"이런 장치는 잊는 게 좋겠어요. 원형 유리관을 진공으로 만든다 고 해도 그 속에 기체 분자는 여전히 남아 있어요. 그래서 전자가 그 속에서 돌 때마다 기체 분자와 충돌할 수밖에 없어요. 결국, 전 자는 충돌할 때마다 에너지를 잃어 당신이 원하는 에너지에 절대로 도달하지 못할 겁니다."

비데뢰는 원고를 돌려받고는 과연 개데의 말이 옳은지 따져보았 다. 논문도 찾아보며 꼼꼼히 공부했다. 아무리 생각해도 개데의 의 견에 동의할 수 없었다. 전자의 에너지가 낮은 경우라면 그가 옳았 지만, 전자의 에너지가 아주 높으면 전자가 진공관 속의 기체 분자 와 충돌해 잃는 에너지는 오히려 적었다. 그러나 개데는 당시 가장 뛰어난 진공 기술을 보유하고 있었다. 설득은 불가능했다. 결국, 비데뢰는 카를스루에 공대를 떠나기로 결심하고, 아헨 공대에 있는 물리학자 발터 로고브스키(Walter Rogowsky)에게 편지를 보냈다. 로고브스키는 흔쾌히 그를 받아주었다. 비데뢰는 아헨에서 구스타프 이징(Gustaf Ising)이 제안했던 조그마한 선형 가속기를 제작하는 데 성공했다. 그리고 박사 학위 논문으로 전자석을 이용한 가속기인 베타트론을 제안했다. 카를스루에 공대에 있으면서 쓴 논문은 로고브스키가 편집인으로 있던《전자공학을 위한 아카이브(Archiv für Elektrotechnik)》에 실렸다.

사이클로트론

1928년 12월 19일, 로런스는 끝없이 늘어지는 교수회의에 참석하고 있었다. 지루함을 참을 수 없게 되자, 그는 슬며시 회의장을 떠나 도서관으로 향했다. 책장 사이를 거닐며 이 논문 저 논문을 뒤적이다가《전자공학을 위한 아카이브》를 펼쳐 들었다. 그 책의 논문 한 편이 로런스의 시선을 끌었다. 논문 제목은 "높은 전압을 만들 수 있는 새로운 원리에 관하여(Über ein neues Prinzip zur Herstellung hoher Spannungen)"였다. 독일어를 몰랐던 그는 비데뢰가 그려 넣은 그림을 하나 보았다. 그것은 구리 도선에 전류를 흘리는 대신 진공관에 입자를 넣어 가속시키는 그림이었다. 그 순간 로런스의 머릿속에 불꽃이 일었다. 독일어를 몰랐던 것은 오히려 다행이었다. 만약에 그 논문의 내용을 자세히 알았더라면, 사이클로트론 개발이 늦어졌을 것이다. 그림만으로 충분했다. 로런스가 논문의 그림을 보며 떠올린 아이디어는 의외로 간단했다. 우선 속이 빈 얇은 원통 위아래에 강한 전자석을 둬서 전하를 띤 입자가 반으로 나뉜 원통 속에서 원운동을 하게 한다. 그리고 원통 사이에 이 입자의 회전 진동수에 맞춰 고주파 교류 전압을 걸어주면, 입자가 둘로 나뉜 지점을 지날 때마다 에너지를 얻을 수 있게 된다. 최종적으로 가속되어 나오는 입자를 과녁에 쏘아준다. 이것이 바로 작은 전압만으로 높은 에너지의 입자를 얻을 수 있는 사이클로트론의 기본 개념이었다.

한번은 로런스가 교수 클럽에서 만난 친구에게 사이클로트론에 관해 설명했더니, 그 친구는 이렇게 물었다.

"네가 설명하는 것은 꼭 회전목마 같네. 회전목마 대신에 양성자가 도는 것만 빼면 말이야. 그런데 그거 가지고 무얼 하려고?"

로런스는 이미 사이클로트론을 완성이나 한 듯, 확신에 찬 표정으로 대답했다.

"그걸로 원자를 한번 쪼개보려고."

아이디어를 실현하려면, 도와줄 사람이 필요했다. 그에게는 이미 자기보다 여섯 살이나 많은 닐스 에들프센(Niels Edlefsen)이라는 대학원생이 있었다. 이제 막 박사 과정 연구를 끝낸 사람이었다. 로런스는 그에게 도움을 청했다.

"나랑 함께 일 좀 하나 합시다. 내게 정말 기가 막힌 아이디어가 있어요."

로런스는 자기 아이디어를 에들프센에게 자세히 설명해 주었다.

에들프센은 로런스의 말을 다 들은 뒤,

"그것 참 쉽군요. 그런데 왜 아무도 이걸 하지 않았을까요?"

로런스가 말했다.

"그러니까 우리가 해봅시다. 이걸 만들려면 뭐가 필요한지 함께 의논해 봅시다."

두 사람은 몇 개월 동안 함께 일하면서 손바닥만 한 사이클로트론을 만들었다. 지금까지 만들어진 가속기 중에서는 가장 작은 것이었지만, 역사상 처음으로 만든 사이클로트론이었다. 그러나 잘 작동하지 않았다. 그해 여름에 에들프센은 버클리를 떠나 다른 곳으로 가게 되는 바람에 다른 사람을 구해야 했다. 그때 그의 앞에 나타난 대학원생이 밀턴 리빙스턴(Milton S. Livingston)이었다.

리빙스턴은 캘리포니아에서 아버지의 농사를 도우며 농기계를 많이 다뤄봐서 손재주가 무척 뛰어났다. 그는 다트머스 대학에서 공부를 마치고 물리학을 좀 더 깊이 배우고 싶어서 버클리로 왔다. 리빙스턴은 박사 학위 지도교수를 찾고 있었다. "로런스 교수가 하는 연구는 말이 안 되는 일이야. 그와 함께 일하는 건 시간 낭비로 끝날 거야"라는 말을 여러 번 들었던 터라 로런스에게 물어보는 게 선뜻 내키지 않았다. '그래도 한번 만나 보는 거야 어떻겠어?'라는 생각으로 로런스를 찾아갔다. 남을 설득하는 일이라면 누구보다도 자신 있던 로런스는 리빙스턴에게 사이클로트론이 왜 중요한지 열정적으로 설명했다. 리빙스턴은 그만 로런스의 말에 홀라당 넘어갔다.

리빙스턴이 보기에 에들프센이 개발한 사이클로트론은 허술하기 짝이 없었다. 틈새를 제대로 막지 않아 진공이 제대로 유지되지 않았다. 이걸 개량하느니 아예 새로 만드는 게 나았다. 그는 우선 속이 빈 알파벳 D 모양의 원통을 서로 마주 보게 두고, 전하를 띤 입자가 그 사이를 지날 때마다 전압을 받아 가속하도록 장치를 꾸몄다. 그리고 입자가 원을 그리며 돌도록 원통의 위와 아래에 전자석을 설치했다. 입자는 한번 돌 때마다 에너지를 두 번 얻었다. D 모양의 원통이라 간단히 '디(dee)'라고 불렀다. 사이클로트론이 잘 작동하려면 입자가 도는 주기와 교류 전압의 주파수를 잘 맞추는 게 중요했다. 입자가 디를 빠져나오는 시점에 에너지를 더 얻을 수 있게 바로 그 순간에 전압을 걸어주어야 했다. 워낙 꼼꼼하기도 했고 손재주가 뛰어났던 리빙스턴은 로런스의 머릿속에 들어갔다 나온 것처럼 로런스가 원하던 사이클로트론을 완성했다.

그렇게 만들어진 사이클로트론은 지름이 기껏해야 10센티미터밖에 안 되는 작은 장치였다. 크기가 작아서 책상에 올려놓고 실험해도 될 만큼 앙증맞았다. 두 개의 디 사이에는 1000볼트의 전압이 걸렸고, 그 위와 아래에는 2.4테슬라나 되는 전자석이 있었다. 입자는 이 원통 안에서 41번을 돈 뒤, 처음보다 에너지가 80배나 높아져서 튀어나왔다. 그러니까 8만 볼트의 전압을 얻은 거나 마찬가지였다. 대성공이었다. 1931년의 일이었다.

리빙스턴이 사이클로트론을 제작하는 동안 로런스는 더 멀리 내다보고 있었다. 그의 비전은 원대했다. 오늘날 가속기가 지어지면 실험물리학자들은 그다음 가속기를 지을 계획을 세운다. 이 전통은 로런스로부터 왔다. 로런스는 100만 전자볼트의 사이클로트론을 짓고 싶었다. 그러나 1929년에 덮친 대공황으로 미국 경제는 몇 년 동안 휘청이고 있었다. 이렇게 힘든 시기에 사이클로트론을 지을 돈을 구한다는 것은 그야말로 어려운 일이었다.

당시 버클리의 총장 로버트 스프로울(Robert G. Sproul)은 로런스가 하는 일이 버클리가 세계적인 연구대학이 되는 데 꼭 필요하다는 걸 잘 알고 있었다. 사이클로트론을 지을 돈이 없어도 로런스만큼은 반드시 버클리에 붙들어 두어야 했다. 그래서 이제 갓 스물아홉이 된 그에게 정교수 자리와 함께 보통 정교수 월급의 1.5배를 주겠다고 결정했다. 전례가 없는 일이었다. 이제 스물아홉밖에 되지 않은 젊은 교수에게 선임 교수들보다 많은 월급을 주어 타 학과 교수들의 반감을 불렀지만, 스프로울 총장은 자기 뜻을 분명히 밝혔다.

"그가 앞으로 최고의 물리학자 중 하나가 될 확률이 10퍼센트만 된다고 해도 난 기꺼이 로런스에게 투자할 겁니다."

팔 년 후, 로런스는 노벨물리학상을 받으며 스프로울 총장의 비전에 화답한다.

로런스는 설득력도 뛰어났지만, 철저하게 목표 지향적이었다. 일단 목표를 세우면 반드시 이루는 열정과 능력을 보여주었지만, 주변 사람들은 그 때문에 무척 힘들어 했다. 그사이에 리빙스턴도 박사 학위를 마쳤는데, 로런스가 시키는 일이 많아 박사 학위 논문을 간신히 끝낼 수 있었다. 사이클로트론 덕에 로런스는 점점 유명해졌다. 반면에 그의 밑에서 일만 하던 리빙스턴의 불만은 쌓여갔다. 세월이 한참 지난 후 리빙스턴은 비꼬듯이 말했다.

"물론 로런스는 내 스승이었지요. 내가 사이클로트론을 만들어서 그는 노벨물리학상을 받았고, 나는 그저 박사 학위를 받았을 뿐이죠."

　더 큰 사이클로트론을 짓는 데 필요한 돈과 더 큰 연구팀을 꾸릴 수 있게 된 로런스는 그다음 목표에 착수했다. 그는 우선 방사선 연구소(Radiation Laboratory)를 세웠다. 줄여서 '래드 랩(Rad Lab)'이라고 불리는 이 연구소는 훗날 로런스 버클리 국립연구소(Lawrence Berkeley National Laboratory)가 된다. 그리고 1932년 1월에 지름이 26센티미터인 사이클로트론을 만들어 122만 전자볼트의 양성자를 얻었다. 이어서 지름이 69센티미터인 사이클로트론을 만들었고, 다음에는 지름이 1미터 가까이 되는 사이클로트론을, 그다음에는 1미터가 훌쩍 넘는 152센터미터나 되는 사이클로트론을 제작했다. 그게 끝이 아니었다. 더 나아가 지름이 5미터나 되는 거대한 사이클로트론을 세울 계획을 세웠다. 제철소에서 그보다 더 큰 크기를 제작할 수 없어서 지름이 4.67미터였지 더 큰 원판을 제작할 수만 있었다면 로런스는 훨씬 큰 사이클로트론을 만들었을 것이다. 드디어 물리학자들은 사이클로트론에서 나오는 고에너지 양성자를 이용해서 실험을 할 수 있었다. 이후 로런스는 사람들에게 '사이클로트론 맨'으로 알려졌다.

• 가속기로 무엇을 할 것인가

로런스의 마음을 사로잡은 것은 사이클로트론의 개발뿐이었다. 러더퍼드의 지도를 받은 콕크로프트와 월턴이 가속기 개발에 나선 것은 양성자를 이용해서 원자핵을 부술 수 있는지 보고 싶어서였다. 가속기도 중요했지만, 두 사람에게는 가속기를 개발해야 할 목적이 분명했다. 콕크로프트와 월턴이 리튬 원자핵에 양성자를 충돌시켜 두 개의 알파입자가 나오는 걸 측정하는 동안, 로런스는 더 큰 사이클로트론을 개발하는 데만 열중했다. 사이클로트론도 중요하지만, 좋은 실험을 하려면 검출기와 결과를 해석할 능력이 필요했다. 로런스는 122만 전자볼트의 양성자를 내놓는 가속기만 손에 넣었을 뿐이었다.

1931년 말, 버클리에서 박사 학위를 한 해럴드 유리(Harold Urey)는 컬럼비아 대학에 있으면서 중수소(deuterium)를 발견했다. 그를 가르쳤던 길버트 루이스(Gilbert Lewis)는 옛 제자의 발견에서 영감을 받아 전기분해를 이용해 중수를 농축하는 방법을 알아냈다. 로런스는 같은 대학에 있는 루이스에게 중수를 받아 중양자(deuteron) 충돌 실험을 했다. 수소 원자에서 전자를 떼고 나면 양성자만 남는다. 마찬가지로 중수소에서 전자를 떼어 내면 중양자가 된다. 중양자는 양성자 하나와 중성자 하나로 이루어져 있다. 이 둘이 단단히 묶여 있는 중양자는 붕괴하지 않는다. 질량은 양성자의 두 배 가까이 되지만, 전하량은 양성자와 똑같다. 그래서 중양자는 양성자보다 핵을 깨뜨리는 데 훨씬 효과적이었다. 그건 마치 볼링핀을 쓰러뜨리기 위해 그전에 쓰던 볼링공보다 두 배 더 무거운 공을 같은 속력으로 굴리는 것과 같았다. 중양자를 리튬에 충돌시켰더니 양성자를 가속해서 충돌시킬 때보다 쪼개진 입자들이 열 배나 더 많이 튀어나왔다. 놀랄 만한 결과였다.

로런스는 이제 이 세상 어느 연구소에도 없는 두 개의 비밀무기를 갖게 되었다. 루이스로부터 공급받는 충분한 양의 중수가 있었고, 당시로서는 입자를 가장 높은 에너지로 가속할 수 있는 사이클로트론이 있었다. 방사선 연구소에서는 중양자를 이용해서 얻은 실험 논문이 쏟아져 나왔다. 로런스는 뛰어난 말솜씨로 기자들에게도 자신이 얻은 결과를 쉽게 설명하는 능력이 있었다. 《뉴욕 타임스》도 《타임(Time)》도 로런스의 결과를 사람들에게 알렸다. 그렇게 로런스는 미국 물리학계의 떠오르는 스타가 되었다. 드디어 미국이 유럽을 제쳤다고 주장하는 기자들도 있었다. 그러나 로런스는 가속기와 중양자, 이 두 가지를 독점하고 있었음에도 부주의함과 실험을 가볍게 여기는 바람에 뼈아픈 실수를 하고 만다.

• **로런스의 뼈아픈 실패**

중양자를 핵에 충돌시키면 양성자가 많이 튀어나왔다. 무슨 원소든지 중양자를 쏘아주기만 하면 양성자가 튀어나왔다. 금이나 백금은 다른 과녁보다 원자량이 커서 사이클로트론에서 나오는 130만 전자볼트의 중양자로는 쪼개기가 무척 힘들었지만, 거기서도 양성자가 튀어나왔다. 게다가 튀어나오는 양성자의 속도도 거의 일정했다. 로런스는 오직 한 가지 가정 아래서만 이 실험 결과를 이해할 수 있다고 결론을 내렸다. 이 양성자는 핵이 쪼개지면서 나오는 게 아니라 핵과 충돌한 중양자가 양성자와 중성자로 쪼개지면서 나오는 것이라고 보았다. 중양자 붕괴 가설을 세운 것이다. 이 가설대로라면 중성자의 질량은 채드윅이 측정한 값보다 작게 나온다. 만약에 중성자가 채드윅이 측정한 값보다 작은 게 사실이라면 그것은 핵물리학의 근간을 바꿔놓을 만한 일이었다. 무엇보다 로런스의 가설은 핵물리학의 거장 러더퍼드가 이끄는 캐번디시 군단에 대한 심각한 도전이었다.

이 소식은 영국 캐번디시 연구소까지 전해졌다. 러더퍼드와 캐번디시에 있는 사람들은 로런스의 결과를 믿지 않았다. 그러나 중양자로 실험을 직접 하기 전까지는 버클리 방사선 연구소의 결과를 섣불리 비난할 수 없었다. 다행히 1933년 5월에 루이스가 캐번디시를 방문하면서 러더퍼드에게 준 중수 몇 방울이 있었다. 귀한 선물이었다. 러더퍼드는 중수를 마크 올리펀트(Mark Oliphant)에게 건네주며 실험해 보라고 지시했다. 콕크로프트-월턴 가속기에서 나오는 중양자는 에너지가 낮아 무거운 원자핵을 쪼개는 것은 쉽지 않았다. 그런데도 철이나 금에 중양자를 쏴주자 양성자가 튀어나왔다. 올리펀트는 실험 결과를 꼼꼼히 살펴보다가 과녁에 쏴준 중양자가 과녁에 붙어버린다는 사실을 알아냈다. 로런스가 사용한 과녁은 이미 중양자로 오염된 것이 분명해 보였다. 올리펀트는 회심의 미소를 지었다.

1933년은 로런스에게 영광스러운 해였다. 그해 10월, 브뤼셀에서 열릴 제7회 솔베이 학술회의에 초청받은 것이었다. 그는 뛸 듯이 기뻤다. 솔베이 학술회의는 1933년 10월 22일부터 29일까지 브뤼셀에서 열렸다. 으레 그랬듯이 일곱 번째 회의도 별들의 모임이었다. 러더퍼드가 세상을 떠나기 전에 마지막으로 참석한 솔베이 회의이기도 했다. 미국에서는 유일하게 어니스트 로런스가 초대받았다. 이번 학술회의의 주제는 '원자핵의 구조와 성질'이었다. 중심 화제는 단연 1932년에 채드윅이 발견한 중성자였고, 다음은 콕크로프트와 월턴이 50만 전자볼트의 가속기로 리튬 원자핵을 헬륨 원자 두 개로 쪼갠 사건이었다.

로런스는 솔베이 학술대회에서 중양자를 여러 물질에 충돌시킨 결과를 설명하면서 거기서 튀어나오는 중성자를 측정했는데, 그 중성자는 분명히 중양자가 깨지면서 나오는 것이라고 확신에 차 이야기했다. 그 실험에서 나온 중성자의 질량이 채드윅이 발견한 것보다 가볍다고도 말했다. 캐번디시에서 온 콕크로프트가 포문을 열었다. 영국 사람 특유의 말장난을 섞어 로런스의 결과가 틀렸다고 말했다. 러더퍼드와 채드윅도 그 의견에 동조했다. 이어서 하이젠베르크가 로런스의 해석을 비판하고 나섰다.

"중양자가 쪼개진다고 해도 과녁의 질량에 따라 중양자에서 튀어나오는 양성자의 속력이 달라져야 합니다. 과녁의 종류와 상관없이 튀어나온 양성자의 속력이 거의 일정하다는 것은 말이 되질 않습니다."

자신의 연구소에 들러 로런스의 실험을 보고 '놀라운 결과'라고 말했던 보어조차도 하이젠베르크의 편을 들었다. 보어의 말에 로런스는 배신감을 느낄 정도였다.

로런스는 어깨가 처진 채 미국으로 돌아와 고향에서 함께 자란 친한 친구 멀 튜브(Merle Tuve)와 캘리포니아 공대 실험물리학자들에게 자신의 결과를 확인해 달라고 부탁했다. 그러나 그 두 곳에서도 로런스가 주장했던 것처럼 중양자가 깨져서 중성자가 튀어나오는 건 볼 수 없었다. 로런스 역시 중양자 빔이 사이클로트론 안쪽 벽을 오염시켰다는 걸 발견했다. 러더퍼드의 지적이 옳았다. 로런스는 중양자가 깨지면서 중성자가 나오는 걸 본 것이 아니라 중양자 둘이 합쳐지면서 헬륨의 동위원소인 헬륨-3이 되고 나머지 중성자 하나가 튀어나오는 걸 봤던 것이었다. 이 사실을 로런스가 먼저 알아냈더라면, 중양자 두 개가 합쳐져 헬륨-3과 하나 남은 중성자가 튀어나오는 것을 세상에서 가장 먼저 본 사람이 될 수 있었을 것이다.

졸리오퀴리 부부는 폴로늄에서 나오는 알파입자를 알루미늄에 충돌시켜 최초로 인의 동위원소를 만들었다. 이 연구로 졸리오퀴리 부부는 이듬해인 1935년에 노벨 화학상을 받았다. 로런스는 졸리오퀴리 부부의 결과를 보고 충격을 받았다. 버클리에 있는 사이클로트론을 이용하면 졸리오퀴리 부부의 결과를 훨씬 쉽게 얻을 수 있기 때문이었다. 한심하게도 방사선 연구소에서는 노벨상을 받을 만한 장치로 실험을 허술하게 하고 있던 것이었다. 사이클로트론으로 딱 한 시간만 제대로 실험했어도 졸리오퀴리 부부가 얻은 결과를 먼저 얻었을 것이다. 로런스는 가속기 개발에만 몰두했을 뿐, 정작 중요한 발견은 놓치고 말았다.

싱크로사이클로트론

로런스는 원자폭탄을 제작하는 맨해튼 프로젝트를 수행하면서 버클리 방사선 연구소를 크게 확장했다. 건물만 서른 개가 넘었고, 그곳에서 일하는 전문 인력만 1200명에 달했다. 로런스는 전쟁이 끝나기 전부터 연구소의 미래를 내다봤다. 전쟁이 끝나면 연구소에 주어졌던 예산은 급감할 게 분명했다. 로런스는 맨해튼 프로젝트의 책임자였던 그로브스 장군을 설득해서 연간 300만 달러 이상의 지원 받을 수 있도록 했다. 거기에 더해 록펠러 재단의 돈도 끌어오려고 애썼다. 짓다 만 사이클로트론을 완성하려면 돈이 필요했다.

그는 1940년에 이미 지름이 4.67미터에 달하고 양성자를 1억 전자볼트까지 가속할 수 있는 사이클로트론 개발에 나섰다. 사이클로트론에 필요한 전자석 칼루트론은 1942년에 만들어졌지만, 이 전자석은 원자폭탄에 필요한 우라늄 동위원소를 분리하는 데 쓰였다. 칼루트론은 그야말로 엄청난 전자석이었다. 여기에 들어간 철판만 해도 3000톤에 달했고, 구리 무게는 300톤에 이르렀다. 그러나 심각한 문제가 하나 있었다. 사이클로트론에서 가속되는 양성자는 에너지가 높아지면 높아질수록 속력이 점점 더 빨라졌다. 입자의 속력이 빛에 가까워지면, 입자의 질량은 그만큼 무거워진다. 아인슈타인의 특수 상대성 이론 때문이었다. 무거워진 입자는 사이클로트론의 디를 제때 통과할 수 없었다. 가속에 지장이 있었다. 입자를 더 높은 에너지로 가속하려면 상대론적 장벽을 반드시 넘어야 했다.

첫 번째 초우라늄 원소인 넵튜늄을 발견한 에드윈 맥밀런(Edwin McMillan)은 미국이 제2차 세계대전에 참전하면서 한동안 여러 연구소를 전전했다. 버클리 방사선 연구소에서 연구하던 맥밀런은 1940년 9월 미국 동부에 있는 매사추세츠 공과대학(Massachusetts Institute of Technology, MIT)으로 가서 레이더 개발에 참여하라는 명령을 받았다. 그러나 그곳에서 일한 지 얼마 지나지 않아 샌디에이고에 있는 해군 레이더 및 음향 연구소로 가야 했다. 그곳에서 잠수함을 찾아내는 소나 탐지기를 개발했다. 그리고 원자폭탄 개발을 책임지게 된 오펜하이머의 부름을 받아 1942년 가을에 로스앨러모스로 자리를 옮겼다. 맥밀런은 원자폭탄 내부에 분리해 놓은 우라늄-235 두 조각을 합쳐 임계질량을 넘기는 연구를 맡았다. 이 연구로 맥밀런은 히로시마에 떨어진 원자폭탄 '작은 소년(little boy)'이 제대로 폭발하는 데 필요한 핵심 기술을 다졌다. 맥밀런은 그야말로 전천후 과학자였다. 넵튜늄을 발견할 만큼 화학도 잘했고, 물리학에도, 공학에도 능했다. 사람들은 그를 일컬어 자연과학자라고 불렀다.

어느 날 밤이었다. 실험실에서 집으로 돌아온 맥밀런은 침대에 누워 이런저런 생각을 떠올려 보았다. 이날따라 잠이 오질 않았다. 침대에서 일어나 창가로 갔다. 로스앨러모스의 밤하늘을 올려다보았다. 구름 한 점 없었다. 칠흑 같은 배경 위에 촘촘히 박혀 있던 별들은 맥밀런을 향해 쏟아져 내리는 것 같았다. 다시 침대에 가서 누웠다. 뜬금없이 버클리 방사선 연구소에서 짓다 만 184인치(4.67미터) 사이클로트론이 떠올랐다. 오래전에 읽은 한스 베테(Hans Bethe)

와 모리스 로즈(Morris E. Rose)의 논문도 생각났다. 베테와 로즈는 사이클로트론에서 가속되는 양성자의 속력이 빨라지면 질량이 점점 더 무거워져서 결국 사이클로트론으로 입자를 가속하는 데 한계가 있다고 주장했다. 이 무거워진 입자를 계속 가속하려면, 디에 걸어주는 전압도 함께 높아져야 했다. 쉽지 않은 문제였다. 사이클로트론으로는 3000만 전자볼트(30 MeV)의 에너지를 얻는 것도 힘겨워 보였다. 맥밀런은 이 문제를 극복할 방법이 있을 거라고 여겼다. 그러다 갑자기 영감이 떠올랐다. 입자의 질량이 늘어나는 것에 맞춰 걸어주는 교류 전압의 주파수를 변조하거나 전자석에서 나오는 자기장을 변화시키면 입자의 질량이 무거워져도 계속 가속시키는 데 문제가 없어 보였다. 그는 침대에서 벌떡 일어나 떠오른 생각을 메모지에 정리했다. 맥밀런은 이 아이디어로 논문을 써서 《피지컬 리뷰》에 투고했지만, 핵물리학과 관련 있는 논문은 전쟁이 끝난 뒤에나 발표될 수 있다. 논문은 1945년 9월 5일에 발표되었다. 그러나 맥밀런만 그런 생각을 했던 것 아니었다.

어려운 문제에 맞닥뜨리면, 비슷한 시기 다른 장소에서 같은 답을 내놓는 사람들이 나온다. 맥밀런과 같은 생각을 한 사람이 바로 소련에 있었다. 1944년, 소련의 블라디미르 벡슬러(Vladimir Veksler)는 맥밀런이 했던 것과 같은 제안을 소련의 학술지에 발표했다. 맥밀런의 논문을 본 벡슬러는 《피지컬 리뷰》 편집자에게 편지를 보내 맥밀런이 자기 논문을 인용하지 않았다고 불평했다. 그 사실을 전해들은 맥밀런은 벡슬러의 논문을 받아 읽어 보았다. 과연, 자신이 내놓은 아이디어와 같았다. 그는 벡슬러에게 사과의 편지를 썼다. 미리 알았더라면, 논문을 인용했을 것이라는 말도 덧붙였다. 두 사람은 편지를 주고받으며 비슷한 시기에 같은 생각을 했다는 것을 알게 되었다. 맥밀런은 벡슬러에게 보내는 편지에 이런 내용을 썼다.

"우리 사이에 있었던 일은 문제를 해결해야 할 필요가 있으면, 세계 여러 지역에서 아이디어가 동시에 나타나는 현상의 하나라고 볼 수 있을 겁니다."

벡슬러도 "과학사에 이런 경우는 많이 있습니다"라고 답장했다. 두 사람은 지구 반대편에 있었지만 서로 뜻이 통했다. 맥밀런과 벡슬러가 제안한 '위상 안정성'은 가속기의 패러다임을 바꿔놓았다. 상대론적 장벽을 넘어서는 것은 물론이고, 수억 전자볼트 정도가 아니라 수조 전자볼트의 가속기를 제작하는 것도 가능했다.

전쟁이 끝나고 184인치 사이클로트론을 다시 짓기 시작할 때 맥밀런은 자신이 제안한 위상 안정성을 적용하며 특허까지 신청했다. 그래서 184인치 사이클로트론은 싱크로사이클로트론 (synchrocyclotron)이라고 부르게 된다. 싱크로사이클로트론은 사이클로트론과 달리 입자에 걸어주는 전기장의 주파수가 시간의 흐름에 따라 차츰 작아진다. 그래서 속력이 빨라져 무거워진 입자가 싱크로사이클로트론에서는 제때 에너지를 얻어 가속될 수 있었다. 184인치 싱크로사이클로트론은 원래 계획했던 1억 전자볼트가 아니라 7.8억 전자볼트의 에너지를 얻은 양성자를 내놓았다. 전하가 +2인 알파입자는 9.1억 전자볼트까지 가속할 수 있었다.

선형 가속기

루이스 앨버레즈(Luis W. Alvarez)는 "루이"라고
불렸다. 거품상자를 이용해 수많은 강입자를 발견한 공로로 1968년
에 노벨물리학상을 받을 만큼 뛰어났지만, 그의 관심사는 물리학에
만 국한되지 않았다. 그는 뛰어난 탐정이라고 불러도 될 만한 과학
자였다. 하늘에서 쏟아지는 뮤온을 이용해 이집트 파라오 카프레의
피라미드에 비밀의 방이 없다는 걸 밝혔고, 은퇴한 후에는 1963년
11월 22일 미국 케네디 대통령의 암살 영상을 분석하기도 했다. 이
분석은 FBI가 주목하지 않은 지점을 짚어 큰 관심을 끌었다. 하지만
그가 세운 가장 위대한 업적은 따로 있었다. 지질학자였던 아들 월
터 앨버레즈와 백악기 시대의 공룡이 멸종한 이유가 외계에서 날아
와 지구와 충돌한 소행성 때문임을 밝혔다. 이것은 외계에서 떠도
는 소행성이 지구에서 사는 생명체에 치명적인 영향을 미칠 수 있
다는 걸 처음으로 밝힌 연구였다. 나중에 멕시코 유카탄 반도에서
발견된 칙술루브 충돌구가 앨버레즈 부자가 주장한 소행성 충돌의
흔적이었다. 20세기 가장 뛰어난 실험물리학자 몇 명을 꼽으라면
앨버레즈도 분명 그들 중에 포함될 것이다.

버클리 방사선 연구소의 연구원으로 지내던 앨버레즈도 미국이
제2차 세계대전에 참전하면서 친하게 지내던 맥밀런과 마찬가지
로 MIT의 방사선 연구소에서 레이더와 음파 탐지기를 개발하는 연
구를 하다가 오펜하이머의 부름을 받고 로스앨러모스로 갔다. 그는
원자폭탄의 에너지를 측정하는 임무를 맡았다. 원자폭탄이 히로시

68

가속기의 시대

마와 나가사키에 떨어지던 날, B-29에 탑승해 원자폭탄이 폭발하는 장면을 눈으로 직접 목격했다. 그리고 전쟁이 끝나면서 버클리 방사선 연구소로 돌아왔다.

앨버레즈도 맥밀런처럼 상대론 장벽에 부딪힌 사이클로트론의 한계를 넘어설 방법을 궁리하고 있었다. 맥밀런과 달리 그는 선형 가속기에서 답을 찾았다. 선형 가속기는 로런스가 이미 1931년에 데이비드 슬로언과 함께 만든 적이 있었다. 사이클로트론과 달리 입자를 직선으로 가속시키는 가속기였다. 앨버레즈는 맥밀런과 함께 레이더를 개발하면서 고주파 기기를 꽤 잘 다룰 수 있게 되었다. 전쟁이 끝나자 그동안 개발한 고주파 장치 3000여 개가 먼지만 쌓인 채 창고에 방치되어 있었다. 이 고주파 장치를 이용하면 구리로 만든 진공 가속관에 50킬로와트의 펄스를 보낼 수 있었고, 600개의 고주파 장치만 이용해도 길이 610미터의 선형 가속기를 만들 수 있었다.

앨버레즈는 삼십여 쪽의 제안서를 작성해 로런스에게 주면서 고주파 장치를 자신이 쓸 수 있게 해달라고 요청했다. 로런스는 책임자인 그로브스에게 부탁했고, 평소 로런스와 친분이 있던 그로브스는 연구에 쓰도록 흔쾌히 허락했다. 앨버레즈는 이 고주파 장치를 이용하면, 이제 가속기로 뮤온 같은 새로운 입자를 생성시킬 수도 있을 것이라고 여겼다. 그러나 문제는 돈이었다. 가속기를 지으려면 돈이 많이 필요했다. 짓다 만 184인치 사이클로트론을 싱크로사이클로트론으로 바꿔서 마저 완성해야 했고, 맥밀런이 요구한 3억 전자볼트의 전자 싱크로트론, 앨버레즈가 제안한 1억 4000만 전자볼트의 양성자 선형 가속기 모두를 건설하려면, 그야말로 어마어마한 돈이 필요했다.

전쟁이 끝나자, 버클리 방사선 연구소는 맨해튼 프로젝트를 위해 세운 오크리지 연구소, 시카고 대학의 금속 공학 연구소, MIT의 방사선 연구소 그리고 로스앨러모스 연구소 등과 연구비를 두고 치열한 경쟁을 벌였다. 로런스는 누구보다 발빠르게 움직였다. 그는 우선 록펠러 재단에 도움을 청하기로 했다. 그러나 로런스는 연구 제안서를 발표하면서 그만 큰 실수를 하고 말았다. 그는 맨해튼 프로젝트에서 자신이 이룬 업적을 뿌듯하게 여겼다. 그래서 록펠러 재단의 담당자였던 레이먼드 포스딕(Raymond Fosdick)에게 184인치 사이클로트론을 지어야 한다고 주장하면서 사이클로트론이 아니었다면 원자폭탄을 제대로 만들 수 없었을 것이라고 말했다. 그러나 록펠러 재단에서는 히로시마와 나가사키에 떨어진 원자폭탄이 수십만 명의 목숨을 앗아간 일을 몹시 슬퍼하고 있었다. 1940년 록펠러 재단 연례보고서에는 '지식을 향한 인간의 굶주림'을 해결할 명목으로 184인치 사이클로트론을 지을 수 있도록 지원한다고 명시되어 있었다. 그러나 1945년 연례보고서에는 이렇게 적혀 있었다.

"한때 명예로웠던 이 연구가 우리 문명을 심연의 끝으로 몰아넣었습니다. 진리를 추구하겠다는 의도는 우리의 체제와 희망을 파괴할 도구가 되어버렸습니다."

로런스는 결국 원자폭탄의 잔혹함에 몸서리치는 록펠러 재단 앞에서 "원자폭탄의 위대함"을 말하고 만 것이었다. 패착이었다. 포스딕은 로런스의 말에 고개를 내저었다. 위기감을 느낀 로런스는 즉시 논조를 바꿨다. 이제 완성하려는 사이클로트론은 평화적인 목적에 딱 맞는 일이며 이런 연구야말로 히로시마를 파괴한 비극과 균형을 맞추는 일이라고 포스딕을 설득했다. 그리고 한발 더 나아갔다. 이번에는 약간의 협박도 섞었다.

"이번에 록펠러 재단의 지원을 받지 못하면 다시 군으로부터 지원받아야 하는데, 그러면 사이클로트론은 다시 군사 목적으로 이용될 수밖에 없을 겁니다."

'군사적으로 이용될 수밖에 없을 것'이라는 말은 확실히 효과가 있었다. 포스딕은 록펠러 재단에서 심혈을 기울인 사이클로트론 프로젝트가 군으로 넘어가는 것만큼은 견딜 수가 없었다. 로런스의 흥정하는 기술을 누가 당해 낼 수 있었을까. 그렇게 그는 록펠러 재단의 지원을 받아냈다.

록펠러 재단의 지원만으로는 계획한 모든 가속기를 다 짓기에 부족했다. 로런스는 맨해튼 프로젝트의 책임자인 그로브스 준장과 막역한 사이였지만, 공을 더 들일 필요가 있었다. 그는 그로브스 준장이 버클리로부터 명예박사 학위를 받을 수 있게 주선했다. 그로브스 준장도 로런스에게 화답했다. 로런스가 대통령으로부터 훈장을 수여 받을 때 그로브스 준장은 그를 위해 기조연설을 했다.

"우리는 로런스에게 1억 달러를 걸었고, 그는 전쟁의 승리로 우리에게 보답했습니다."

로런스의 이런 노력은 결실을 보았다. 그로브스 준장은 앨버레즈가 고주파 발진기를 쓸 수 있게 해주었고 맥밀란이 싱크로트론을 제작할 수 있도록 약 20만 달러에 해당하는 현물 재료를 공급해 줬다. 게다가 자신이 제공할 수 있는 잉여금을 조건 없이 대줬다. 거기에 더해 184인치 사이클로트론을 완성하도록 맨해튼 엔지니어 기금에서 17만 달러를 버클리 방사선 연구소에 지원해 주었다. 그뿐만이 아니었다. 캘리포니아 대학과 맺은 전시 계약에 따라 싱크로트론 프로젝트의 시작을 빠르게 승인했고, 건설과 운영 비용으로 220만 달러를 할당했다. 록펠러 재단과 그로브스 준장의 도움을 받은 로런스는 버클리 캠퍼스를 내려다보는 언덕에 원형 돔 모양의 실험동을 짓고 그 안에 184인치 싱크로사이클로트론을 완성했다. 이 원형 돔 건물은 지금까지도 버클리의 상징으로 남아 있다.

예산 확보를 위한 치열한 경쟁

미국 동부에는 로런스와 방사선 연구소를 위협하는 물리학자가 있었다. 1944년에 노벨물리학상을 받은 이지도어 라비였다. 라비는 미국 북동부 지역 아홉 개 대학을 연합해 새로운 연구소를 설립하고 싶었다. 연구소를 지으려면 넓은 장소가 필요했다. 뉴욕시 근처에 있는 롱아일랜드에는 육군 훈련소 캠프 업턴(Camp Upton)이 있었다. 그곳은 제2차 세계대전이 끝나면서 폐기되었다. 관리도 정부에서 원자력 위원회(US Atomic Energy Commission)로 넘어갔다. 원자력을 평화적으로 사용하기 위해 새로 조직된 원자력 위원회에서는 라비와 아홉 개 대학 대표들의 요청대로 이곳에 새로운 연구소를 짓는 것을 허락했다. 캠프 업턴은 대형 연구소를 지을 수 있을 만큼 광활했다. 1947년, 이곳에 원자로 건설이 시작되면서 브룩헤이븐 국립연구소(Brookhaven National Laboratory, BNL)가 문을 열었다. 이 연구소는 미국 북동부에 있는 컬럼비아, 코넬, 하버드, 프린스턴, 예일, 펜실베이니아, 존스홉킨스, MIT, 로체스터 대학이 연합해서 비영리기관으로 운영했다.

로런스는 세 대의 가속기를 짓고 싶었고, 라비는 로런스의 가속기보다 에너지가 더 큰 가속기를 건설하고 싶었다. 그러나 원자력 위원회에서 댈 수 있는 자금은 두 사람이 원하는 가속기를 모두 지을 만큼 충분하지 않았다. 로런스와 라비는 1948년 2월, 거의 비슷한 시기에 원자력 위원회에 싱크로트론 건설을 제안했다. 로런스가 지으려고 하는 싱크로트론은 60억 전자볼트에 이르는 가속기였고, 베바트론(Bevatron)이라는 명칭을 붙였다. 수십 억 전자볼트의 양성자를 가속시키는 싱크로트론(Billions of eV Syncrotron)의 줄임말이었다. 로런스가 양성자를 60억 전자볼트까지 가속시키고 싶었던 것은 양성자의 에너지가 그 정도는 되어야 반양성자를 생성시킬 수 있기 때문이었다. 라비는 브룩헤이븐에 건설할 가속기에 코스모트론(Cosmotron)이라는 이름을 지어 주었다. 이 역시 양성자를 25억 전자볼트로 가속할 수 있는 장비였다. 처음에 원자력 위원회의 분위기는 라비가 우세한 쪽으로 흘러갔다. 가속기 연구에서 로런스의 독주를 싫어하는 사람들이 있었다. 시카고 대학의 페르미는 한 연구소에 가속기 세 대를 동시에 짓는 건 낭비라고 말했다, 그리고 무엇보다도 오펜하이머가 한 말이 로런스에게 결정적인 타격을 줬다. 그는 버클리 그룹이 자신들만이 가속기 연구를 잘할 수 있다면서 다른 그룹에게 좌절감을 주는 것은 미국 물리학의 발전을 저해하는 일이라고 말했다.

로런스는 이런 말에 흔들릴 사람이 아니었다. 버클리 방사선 연구소에서는 이미 일 년 전인 1946년에 록펠러 재단의 지원을 받아 완성한 184인치 싱크로사이클로트론이 있었다. 이는 당시 유카와가 예언한 파이온을 인공적으로 만들 수 있는 유일한 가속기였다. 버클리에 있는 물리학자들은 이 가속기를 이용해서 이미 파이온을 찾고 있었다. 1947년에 브리스틀 대학에서 파월 그룹이 발견한 파이온을 가속기로도 생성시킬 수 있다면, 강력의 존재를 예언한 유카와의 이론이 옳다는 걸 다시 한 번 검증하는 셈이었다. 그뿐 아니라 만약에 여기서 파이온을 만들 수 있다면, 역사상 처음으로 가속기를 이용하여 새로운 입자를 생성시키는 엄청난 사건이 되는 것이었다. 그러나 이번에도 검출기가 문제였다. 그들에게는 파이온의 궤적을 정확하게 찾아낼 수 있는 핵 건판 기술이 부재했다.

로런스는 1948년 2월에 파월 그룹에서 파이온을 찾는 데 주도적인 역할을 했던 세자르 라테스(César Lattes)를 버클리로 초청했다. 버클리에서는 그제야 비로소 핵 건판을 다루는 법을 제대로 배울 수 있었다. 2월 21일, 라테스의 도움을 받은 버클리 사람들은 드디어 역사상 처음으로 가속기에서 파이온을 만들었다. 라비조차도 버클리에 전보를 보내면서 "물리학, 정말 놀랍지 않아요"라는 축하 메시지를 보냈다. 라비에겐 조금 슬픈 일이지만, 184인치 싱크로사이클로트론에서 파이온이 발견되면서 베바트론과 코스모트론의 경쟁에서 로런스의 베바트론이 앞설 수 있는 역전의 기회를 잡았다.

가속기의 시대

결국, 원자력 위원회는 로런스에게 60억 전자볼트로 양성자를 가속할 수 있는 베바트론을 건설하는 데 필요한 돈을 내주었다. 60억 전자볼트는 반양성자를 찾으려면 꼭 필요한 에너지였다. 오언 체임벌린(Owen Chamberlain)과 세그레는 베바트론을 이용해서 1955년에 반양성자를 발견하며 기대에 부응했다. 두 사람은 1959년에 노벨물리학상을 받았다.

한편 브룩헤이븐에서는 25억 전자볼트의 가속기 코스모트론을 지었다. 로런스와 라비 사이의 경쟁은 치열했지만, 두 사람 모두 승자가 되었다. 베바트론은 1954년에 가동되었다. 코스모트론은 1952년 3월에 가동되었지만, 문제가 생겨 그해 6월이 되어서야 23억 전자볼트의 양성자를 내놓았다. 이듬해 1월에는 30억 전자볼트를 훌쩍 넘어섰다. 버클리의 베바트론과 브룩헤이븐의 코스모트론은 앞으로 다가올 고에너지 가속기 시대를 여는 출발점이 되었다.

유럽 입자물리 연구소

제1차 세계대전이 끝나고 유럽의 과학자들이 독일의 동료들과 다시 교류하기까지는 육 년이 넘는 세월이 걸렸다. 제2차 세계대전은 훨씬 처참한 파괴를 불러왔지만, 과학자들은 이전보다 빨리 전쟁의 상처를 털고 일어났다. 그들은 더 성숙해졌다. 그러나 독일의 물리학계는 회복하기 힘들 만큼 큰 타격을 입었다. 독일 대학에서 연구하던 많은 과학자들이 유대인이라는 이유로 영국으로 또 미국으로 망명을 떠나야 했다. 그중 일부는 소련으로 건너갔고, 또 어떤 이는 죽음의 수용소에서 목숨을 잃었다. 독일 물리학계는 다음 세대를 제대로 가르칠 수 없을 정도로 타격을 받았다. 독일 나치가 남긴 건 자신들이 그토록 자랑스러워하던 조국의 완전한 파괴였다. 그나마 다행이었던 것은 연합국 소속의 과학자들이 독일 물리학계가 빈사 상태에 머무는 걸 바라지 않았다는 점이다.

앞으로 입자물리학과 핵물리학을 제대로 연구하려면 지금처럼 대학에 있는 작은 연구소로는 입자물리학 연구가 불가능했다. 러더퍼드가 추구했던 '탁자 위의 물리학'은 더는 유용하지 않았다. 이미 전쟁 전에 채드윅은 사이클로트론이 핵물리학의 방향을 완전히 바꿔놓으리라는 것을 깨달았다. 그가 스승이었던 러더퍼드의 왕국 캐번디시를 떠나 리버풀 대학으로 간 것도 그곳에서 로런스가 개발한 사이클로트론을 짓고 싶어서였다. 더 높은 에너지의 가속기를 지으려면 더 많은 사람이 힘을 합쳐야 했다. 미국에서는 버클리 방사선 연구소의 규모가 점점 더 커지고 있었고, 브룩헤이븐에는 새로운 거대 핵물리학 연구소가 건설되고 있었다. 유럽의 물리학자들은 이렇게 손을 놓고 있다가는 뒤처지는 정도가 아니라 완전히 도태되어 버리고 말 것이라는 위기감을 느꼈다.

루이 드브로이(Louis de Broglie) 역시 그런 위기감을 느끼고 있었다. 전쟁으로 폐허가 되어버린 유럽을 다시 일으키려면 우선 과학이 제자리를 찾아야 한다고 여겼다. 1949년 12월, 스위스 로잔에서 열린 학술회의에서 유럽에도 큰 연구소가 필요하다는 의견을 피력했다. 많은 이들이 그의 의견에 공감했다. 1950년 6월에는 이탈리아 피렌체에서 유네스코 학회가 열렸다. 거기에 참석한 라비도 이제는 물리학자들이 좀 더 힘을 합쳐 연구해야 한다며 모임을 주선했다. 그렇게 의견이 모였고, 그리스, 네덜란드, 노르웨이, 덴마크, 벨기에, 서독, 스웨덴, 스위스, 영국, 유고슬라비아, 이탈리아, 프랑스, 유럽의 열두 나라 대표가 모여 '핵물리 연구를 위한 유럽 위원회(Conseil Européenne pour la Recherche Nucléaire, CERN)'를 창설했다. 같이 머리를 맞대고 연구하는 것, 그건 전쟁 후 서로에게 입은 상처를 빨리 극복하는 방법이기도 했다. 전후에 사정이 여의치 않았을 유럽에서 전쟁이 끝난 지 십 년도 채 지나지 않았는데 입자물리학과 핵물리학을 연구하려고 가속기를 지었다는 건 참으로 놀랄 만한 일이었다. 1954년 9월 29일, 마침내 연구소가 세워졌다. 연구소의 이름은 위원회의 이름을 이어받아 CERN이 되었다.

연구소가 세워질 장소는 프랑스와 스위스의 국경이 맞닿은 곳이었다. 연구소가 정식으로 출범하기 전부터 어떤 가속기를 지을지 논의가 계속되었다. 가장 먼저 지을 가속기는 하이젠베르크가 제안했다. 그의 말대로 우선은 안정적이고 짓기 쉬운 6억 전자볼트의 싱크로사이클로트론을 건설하고, 다음으로 미국 브룩헤이븐 연구소의 코스모트론을 확장한 100억 전자볼트의 가속기를 짓자고 의견을 모았다. 6억 전자볼트의 싱크로사이클로트론은 1955년에 건설을 시작해 1957년에 시험 운전을 했다. 놀랍게도 시운전을 하자마자 바로 6억 전자볼트에 도달했다. 다음은 100억 전자볼트의 싱크로트론을 짓는 것이었다. 이 일은 노르웨이의 오드 달(Odd Dahl)에게 맡겨졌다.

달은 정규 물리학 교육을 받은 적이 없었다. 그는 원래 비행기 조종사이자 탐험가였다. 1922년에 노르웨이의 로알 아문센이 북극을 탐험할 때, 달은 스물넷의 나이로 북극 위를 비행할 조종사로 참가했다. 그러나 유빙에서 이륙했을 때 비행기가 고장 나서 불시착하는 바람에 비행기는 수리를 할 수 없을 정도로 망가졌고, 결국 지상에 머물러야 했다. 그 기간 동안 달은 지구물리학과 해양학 측정에서 사용할 수 있는 장치를 만들며 지냈다. 그가 물리학을 접한 건 1926년 워싱턴에 있는 카네기 연구소에 입사하면서부터였다. 거기서 만난 사람이 멀 튜브였다. 카네기 연구소에 있는 동안 그는 튜브, 로런스 하프스타드(Lawrence Hafstad)와 함께 반데그래프 가속기를 제작했다. 그 후에 노르웨이 베르겐에 있는 연구소에 가서 같은 가속기를 세 대나 만들었다. 정규 교육을 받은 적은 없지만, 달은 가속기 전문가로 거듭났다. 1951년, 그는 CERN에서 100억 전자볼트 싱크로트론을 건설하는 책임자로 초빙되었다. 1952년 여름, 달은 자신의 팀과 함께 미국의 브룩헤이븐 연구소를 방문했다. 코스모트론을 닮은 싱크로트론을 만들려면, 우선 코스모트론이 있는 곳에 가볼 필요가 있었다.

교류 기울기 싱크로트론

CERN에서 달이 이끄는 가속기 건설팀이 코스모트론을 견학하러 온다는 소식을 들은 브룩헤이븐의 물리학자들은 흥분도 되고 긴장도 되었다. 코스모트론은 이제 막 20억 전자볼트를 넘어섰다. 유럽에서 오는 친구들에게 코스모트론이 훌륭하게 가동되고 있다는 걸 보여주고 싶었다. 브룩헤이븐에는 MIT의 교수가 된 스탠리 리빙스턴도 있었다. CERN의 견학단이 올 즈음 리빙스턴은 코스모트론의 성능을 개선할 방법을 찾고 있었다. 자석을 잘 배열하면 될 것 같았다. 그렇게 찾아낸 답은 사중극 자석이었다. 리빙스턴은 이 방법이 어느 정도 효과가 있을지 머리를 싸매며 계산해 봤지만, 정확한 효과를 산출하지 못하고 있었다. 도움이 필요했다. 컬럼비아 대학의 교수이자 브룩헤이븐에서 연구하고 있는 어니스트 쿠랑(Ernest Courant)에게 자문을 구했다. 쿠랑의 아버지는 다비트 힐베르트와 함께 일했던 뛰어난 수학자였다. 외할아버지도 유명한 수학자였던 카를 룽에(Carl Runge)였다. 유대인이었던 쿠랑의 아버지 리하르트 쿠랑(Richard Courant)은 1933년 히틀러가 정권을 잡으면서 괴팅겐 대학에서 쫓겨났다. 리하르트 쿠랑은 가족을 데리고 영국을 거쳐 미국 뉴욕으로 이민을 왔다. 그는 뉴욕 대학 수학과를 세계적인 수준으로 끌어올렸다. 어니스트 쿠랑은 아버지의 영향으로 물리학뿐 아니라 수학에도 조예가 깊었다. 그는 리빙스턴의 아이디어를 들었을 때, 그다지 끌리지는 않았지만, 문제 자체는 풀기에 쉬워 보였다.

며칠 후 쿠랑은 머리를 긁적이면서 리빙스턴과 하틀랜드 스나이더(Hartland Snyder)에게 자신이 계산한 결과를 보여줬다.

"계산하기 전에는 몰랐는데, 결과가 정말 놀랍네요. 자석을 C자 모양으로 배치하면, 빔의 폭이 매우 좁아지면서 초점이 잘 맞는데요."

스나이더는 오펜하이머와 함께 블랙홀의 존재를 예견한 사람이다. 쿠랑의 말을 듣자마자 그는 바로 볼록렌즈와 오목렌즈를 떠올렸다. 그가 보기에 리빙스턴이 제안한 사중극 자석은 볼록렌즈와 오목렌즈를 이용해서 빛이 들어오는 폭을 크게 좁히는 것과 흡사했다.

지금까지는 싱크로트론의 가속관에서 회전하는 양성자 빔이 위아래로 흩어지지 않도록 자석으로 경로를 조정했다. 그런데 빔의 에너지를 높이면 빔이 좌우로 점점 넓어졌다. 이 때문에 빔의 에너지를 높이기가 쉽지 않았다. 게다가 이런 방식으로는 가속관의 크기도 커져야 하고, 자석의 세기도 세져야 했다. 에너지를 조금 더 높이려면, 써야 하는 돈이 엄청나게 늘어났다. 이 방법으로 쿠랑과 리빙스턴, 스나이더는 고에너지 가속기로 가는 길을 막고 서 있던 벽 하나를 허물 수 있었다. 이제 수평으로 흩어지는 빔을 다시 모을 수 있도록 사중극 자석을 달아주면 양성자 빔이 가속관을 안정된 궤도로 돌 수 있었다. 이 방법을 적용한 싱크로트론을 교류 기울기 싱크로트론(Alternating Gradient Synchrotron, AGS)이라고 불렀다. AGS는 혁명적인 아이디어였다. 세 사람은 나중에 알게 되지만, 이 놀라운 생각을 한 사람은 이미 있었다. 그리스 출신의 니콜라스 크리스토필로스(Nicholas Christofilos)라는 공학자였다. 그는 1949년에 리빙스턴, 쿠랑, 스나이더가 제안한 아이디어를 논문이 아니라 특허로 제출하는 바람에 세 사람은 그런 아이디어가 존재하는 줄 몰랐던 것이었다.

브룩헤이븐에 도착한 CERN의 견학단은 으레 그렇듯 환영사와 환영 만찬, 연구소 고위 인사들의 소개와 가속기 견학이 있을 거라고 생각했다. 그러나 연구소의 분위기가 들떠 있는 것이 심상치 않아 보였다. 리빙스턴과 쿠랑, 스나이더가 제안한 AGS 때문이었다. CERN에서 온 사람들도 바로 이 새로운 아이디어에 귀를 기울였고 브룩헤이븐에 있는 사람들과 똑같은 흥분에 빠졌다. 달을 비롯한 유럽 사람들은 원래 짓기로 했던 100억 전자볼트의 싱크로트론을 접고, 새로운 AGS를 짓기로 계획을 바꿨다. 이제 건설해야 할 가속기의 에너지는 300억 전자볼트가 되었다.

1959년 11월, 드디어 CERN에 지어진 양성자 싱크로트론(proton synchrotron)에서 양성자를 240억 전자볼트까지 가속시켰다. 싱크로트론의 둘레는 628미터였고, 들어간 자석의 수는 277개였다. 이 양성자 가속기는 1970년대에 슈퍼 양성자 싱크로트론이 만들어질 때 그곳에 들어갈 양성자의 초기 빔을 만드는 역할을 하게 된다. 그리고 이 슈퍼 양성자 싱크로트론은 현재 가동 중인 거대 강입자 충돌기(Large Hadron Collider, LHC)에 자리를 내어준다. 역사상 가장 큰 가속기인 LHC는 둘레만 해도 27킬로미터에 달한다. 지하 약 100미터에 지어진 진공 가속관에는 이중극 자석이 1232개, 빔의 초점을 맞춰주는 사중극 자석이 392개나 달려 있다. 이들은 모두 초전도 전자석이라 우주 공간의 온도(절대온도 2.7K)보다 낮은 섭씨 영하 271.3도(절대온도 1.9K)로 유지해 주어야 한다.

1932년에 로런스가 책상에 올려놓을 정도로 올망졸망한 사이클로트론을 만든 지 76년 후에 만들어진 CERN의 거대 강입자 충돌기에서는 양성자를 서로 반대 방향으로 7조 전자볼트로 충돌시켜 14조 전자볼트라는 엄청난 에너지를 얻는다. 정말이지 CERN의 거대 강입자 충돌기는 어마어마한 에너지로 양성자를 정면충돌시키는 가속기다. 여기까지 오는 데 참 많은 가속기가 지어졌다. 구체적 목적은 달라도 한 가지 큰 목표는 같았다. 퀴리 부부가 원자의 문을 열고 그 안으로 들어섰을 때부터 사람들이 품었던 꿈. 우주에서 지구로 쏟아져 들어오는 우주선을 받아내려고 하늘만 쳐다보던 이들이 찾고 있던 것. 원자를 넘어 핵으로, 핵을 넘어 양성자와 중성자 속으로, 이렇게 양파껍질을 까듯 하나씩 우주와 물질의 정체를 벗겨내면서 우리는 어디서 왔는지, 우리는 무엇으로 이루어져 있는지, 그리고 마침내 우리는 어디로 가게 되는지 알고 싶었다.

1958년 8월 27일, 오십칠 세의 나이로 어니스트 로런스는 세상을 떠났다. 만성 궤양성 대장염을 앓고 있었지만, 그는 당시 대통령이었던 아이젠하워의 부탁을 받고 소련과의 핵실험 금지 조약 협상을 도우러 스위스 제네바로 떠났다. 그곳에서 증세가 심해져 급히 미국으로 돌아와 소장의 대부분을 잘라내는 수술을 받았다. 하지만 그는 궤양성 대장염 말고도 심한 동맥경화증을 앓고 있었다. 결국, 그는 쉰일곱 번째 생일을 19일 앞두고 병원에서 숨을 거두었다. 그가 세상을 떠난 지 한 달이 채 지나지 않아 그가 온 힘을 기울여 만든 버클리 방사선 연구소와 리버모어 연구소에 그의 이름이 새겨졌다. 로런스 버클리 국립연구소와 로런스 리버모어 국립연구소, 지금도 여전히 입자물리학과 핵물리학에서 매우 중요한 연구를 하는 곳이다. 이 두 연구소를 세우면서 로런스는 거대과학의 문을 열었다. 오늘날 핵물리학과 입자물리학, 천체물리학은 모두 엄청난 규모의 사람들이 함께 연구한다. 그 모든 거대과학의 시작점은 로런스부터였다.

Genius

머리가
다섯 달린 괴물

Three Quarks

3

A Monster with
Five Brains

Murray Gell-Mann,
1929~2019

1929년 10월 19일, 지진으로 단층이 순식간에 내려앉듯 뉴욕 증시의 주가가 폭락하더니 며칠 동안 정신없이 출렁거렸다. 그것은 앞으로 십 년 동안 온 세계를 구렁텅이로 몰아넣을 대공황의 전조였다. 머리 겔만(Murray Gell-Mann)은 대공황이 시작될 즈음인 1929년 9월 15일, 오스트리아를 떠나 미국으로 이민 온 유대인 집안의 둘째 아들로 태어났다. 겔만이 두 살이 되었을 때, 아홉 살 터울의 벤을 더해 네 식구가 살기에는 집이 좁아 좀 더 넓은 집으로 이사했지만, 거기서 산 지 일 년도 채 되기 전에 대공황으로 근근이 이어가던 학원을 접어야 했다. 하루하루 버티기도 쉽지 않았다. 겔만의 아버지는 아끼던 책들 대부분을 처분했다. 형편은 더 궁핍해져 더 싼 집으로 이사를 갔다.

겔만은 어려서부터 신동이라 불릴 만큼 머리가 좋았다. 훗날 겔만과 인터뷰를 한 저널리스트는 머리 겔만을 이렇게 표현했다.

"겔만은 머리가 다섯 달린 괴물인데, 그의 머리 하나가 내 머리보다 훨씬 좋아요."

그는 세 살 때 벌써 복잡한 암산을 할 수 있었고, 일곱 살 때는 철자법 대회에 나가 자기보다 나이가 서너 살 많은 아이를 상대로 우승했다. 한번 본 것은 머릿속으로 사진을 찍듯 완벽하게 기억해 냈다. 겔만은 어려서부터 새로운 언어를 익히는 것과 새를 좋아했는데 이 두 가지는 평생 좋아하는 취미가 되었다. 나이가 들어서도 시간만 나면 새를 관찰하러 다녔다. 겔만은 처음 본 새의 이름을 외우는 걸 즐겼다. 이 두 가지를 좋아했던 것은 단지 새로운 언어와 낯선 새들이 궁금해서가 아니었다. 그의 흥미를 끈 것은 언어 속의 규칙과 그 많은 새의 특징과 이름에 숨어 있는 패턴이었다. 훗날 그 많은 입자 속에 숨어있는 패턴을 찾아낼 수 있었던 것은 우연이 아니었다.

머리의 형 벤은 동생을 잘 챙겼다. 동생을 데리고 집 근처 브롱크스 동물원에 가기도 했고, 동생과 함께 집 북쪽에 있는 숲속을 쏘다니기도 했다. 벤도 만만치 않게 똑똑했다. 실제로 머리가 과학과 자연에 관심이 생긴 것은 순전히 형 덕분이었다. 겔만이 《피네건의 경야》를 처음 본 것도 형 때문이었다. 조숙했던 벤은 스무 살이 되기도 전에 용돈을 털어 제임스 조이스가 쓴 《피네건의 경야》를 샀다. 그건 영문학 역사상 가장 어려운 소설이라 알려진 책이었다. 형이 하는 일을 곧잘 따라 하던 머리가 《피네건의 경야》를 그냥 지나칠 리 만무했다. 암호문 같은 《피네건의 경야》를 뒤적이던 그는 훗날 자신이 물질의 근본이 되는 입자에 쿼크라는 이름을 이 책에서 따오게 될 줄은 전혀 몰랐을 것이다. 《피네건의 경야》는 그렇게 운명처럼 겔만에게 다가왔다.

겔만은 공립학교에 입학했지만 이내 학교가 지루했다. 수업 시간에는 선생의 물음이 채 끝나기도 전에 손을 올리는 학생은 늘 겔

머리가 다섯 달린 괴물

만이었다. 교사는 머리에게만 기회를 줄 수는 없었기 때문에 다른 학생을 가리키기도 했다. 그러다 그 학생이 틀린 답을 하면, 겔만은 자기를 지목하지 않은 선생에게 불만을 터뜨리곤 했다. 지루한 학교생활을 그나마 버티게 해준 것은, 방과 후에 있던 피아노 과외였다. 그에게 피아노를 가르쳐 준 사람은 플로렌스 프레인트라는 젊은 여선생이었다. 프레인트는 겔만의 천재성을 알아보았다. 그녀는 겔만이 공립학교에 계속 있으면 지루해하기만 할 뿐 전혀 도움이 되지 않는다고 생각했다. 겔만이 뉴욕에서 이름난 사립학교인 컬럼비아 문법학교로 전학할 수 있었던 것은 순전히 프레인트 선생 덕이었다. 겔만과 면담하면서 그의 천재성을 알아본 교장 선생은 그에게 전액 장학금을 주겠다고 했고, 이 년이나 월반해서 학교에 다닐 수 있게 해주었다. 공립학교도 다른 학생보다 일 년 일찍 들어갔으니, 남들보다 삼 년이나 빨리 6학년이 된 셈이었다. 겔만의 가족은 여전히 생활고에 시달렸지만, 막내아들이 학교에 편하게 다닐 수 있게 무리를 해서라도 학교 근처로 이사했다.

같은 반 학생들보다 서너 살이나 어려 동급생들은 그를 '귀염둥이 천재'라고 부르곤 했다. 나이는 같은 학년의 아이들보다 어렸지만, 수업 중에 선생이 틀린 이야기를 할 때마다 바로 잡는 것도 겔만이었고, 역사 연대표를 줄줄 꿰어 선생과 학생들을 놀라게 한 것도 그였다. 겔만이 컬럼비아 문법학교를 다니고 있을 때, 제2차 세계대전이 터졌다. 전쟁 때문에 뉴욕의 분위기도 어수선했다. 학교 근처 센트럴 파크에도 군사 훈련장을 방불케 하는 유격 장애물이 생겨서 체육 시간이 학생들을 전쟁터로 내보내는 훈련 시간처럼 느껴질 정도였다. 시내 곳곳에는 '나치를 무찌르자', '히틀러를 제거하자'는 전쟁 선전문이 나붙었다. 전쟁 때문에 학교는 고학년 학생들을 일찍 졸업시켜 입대 전에 대학에 입학할 수 있게 배려해 주었다. 머리 역시 전쟁 때문에 어린 나이에 고등학교를 끝낼 수 있었다.

겔만은 열네 살이 되던 1944년에 컬럼비아 문법학교를 수석으로 졸업했다. 워낙 어린 나이에 고등학교를 수석으로 졸업했기 때문에 사람들의 관심을 끌었는데, 그가 졸업생 대표로 고별사를 하는 장면은 《뉴요커》에 삽화로 실리기도 했다. 겔만은 뉴욕에서 그리 멀지 않은 코네티컷주 뉴헤이븐에 있는 예일 대학에 입학했다. 다행히 당시 뉴욕의 신문왕이라고 알려진 메딜-매코믹 일가가 주는 전액 장학금을 받게 되어 학비 걱정은 없었지만 대학에서 무엇을 전공할지 몰라 전전긍긍하고 있었다. 언어를 좋아했던 그는 언어학이나 고고학을 전공하고 싶었지만, 아버지가 반대했다. 아버지는 막내아들을 칭찬하는 법이 없었다. 아들이 수학 시험에서 98점을 받아오면, "나머지 2점은 어디다 팽개치고 왔느냐"며 면박을 주기 일쑤였고, 머리가 글짓기 숙제를 하고 있으면, 영어와 수사학에 정통한 아버지는 아들이 쓰고 있는 글을 어깨너머로 보며 퉁명스럽게 지적하곤 했다. 겔만은 그런 아버지의 반대를 무시할까도 생각했지만, 머리는 아버지와 한번 이야기해 보기로 마음먹었다.

아버지는 아들이 고고학이나 언어학을 하겠다는 말을 듣고는 비웃듯 한 마디 던졌다.

"그따위 학문은 굶어 죽기에 딱 맞지. 고고학 같은 학문은 돈을 많이 번 다음 취미로 하는 거야. 고고학이라는 학문을 세운 하인리

머리가 다섯 달린 괴물

히 슐리만도 우선 돈부터 벌었어. 내가 너라면 공학을 전공할 거야."

겔만에게 공학이란 기껏해야 건물이나 짓고 다리나 놓는 따분한 학문처럼 여겨졌다. 그는 아버지의 충고에 심드렁해져서 대꾸했다.

"제가 건물이나 다리를 설계해 봤자, 그까짓 것 언젠가는 다 무너지잖아요? 그런 걸 공부하느니 차라리 굶어 죽는 쪽을 택할래요"

아버지는 아들의 말에 코웃음을 쳤다.

"공학이 그리 싫다면 물리학도 괜찮지."

머리는 여전히 비딱했다.

"물리학이요? 학교에서도 배워봤지만, 저보고 그런 별 볼 일 없는 학문을 하라니요. 기껏해야 도르래에 달린 줄이나 세어서는 힘이나 계산하고, 이런저런 의미 없는 식이나 외우는 학문을 하라고요?"

그러자 아버지는 정색하며 아들에게 설명했다. 그는 아인슈타인의 상대성 이론을 독학으로 공부할 정도로 새로운 지식을 끊임없이 갈망하던 사람이었다.

"네가 문법학교에서 배운 물리학이란, 진짜를 배우려면 반드시 지나가야 할 통과의례 같은 거야. 내가 보기에 요즘 물리학은 눈부시게 발전하는 것 같아. 아인슈타인의 상대성 이론도 그렇고 양자 이론이라는 새로운 물리학도 그렇고. 너처럼 똑똑한 아이라면, 그건 한번 해볼 만한 학문이라고 생각하는데."

스스로 천재라는 자의식으로 가득 차 있던 겔만은 아인슈타인의 이름과 똑똑한 사람이 할 만한 학문이라는 말에 귀가 솔깃해졌다.

그는 마음이 내키지는 않았지만, 이번만큼은 아버지의 충고를 받아들이기로 했다. 물리학을 공부하다가 마음에 안 들면 나중에 다른 전공으로 바꿔도 되니까 이번에는 물리학을 공부해 보기로 마음먹었다. 그래서 아버지 말대로 예일 대학 물리학과에 진학했다.

물리학을 시작하다

예일 대학은 미국의 첫 번째 이론물리학자라고 할 수 있는 조사이어 기브스(Josiah W. Gibbs)가 나온 대학이었다. 기브스는 이곳에 평생 머물면서 통계물리학이라는 학문을 탄탄히 세웠다. 기브스는 코네티컷주 뉴헤이븐에서 태어나 삼 년 동안 유럽에 공부하러 다녀온 기간을 빼면 죽을 때까지 뉴헤이븐에서 살다가 죽어서도 뉴헤이븐에 있는 묘지에 묻혔다. 그는 자신이 쓴 논문조차도 예일 대학 논문집에 실었다. 그야말로 뉴헤이븐에 의한, 뉴헤이븐을 위한, 뉴헤이븐의 물리학자였다. 이토록 위대한 물리학자가 있었던 예일 대학이었지만, 겔만이 입학할 즈음에는 전쟁 때문에 캠퍼스 전체가 어수선했고, 대학생들이 빨리 졸업하고 군에 입대할 수 있도록 전공 과정을 단축해 속성으로 운영되고 있었다. 더구나 그곳 물리학과 교수 중에는 상대성 이론과 양자물리학에 익숙한 학자들이 별로 없었다. 1940년대 초 예일 대학은 물리학의 중심부에서 벗어나 있었다. 만약에 겔만이 정말 물리학자가 되고 싶었다면, 뉴헤이븐에서 조금 더 올라가 MIT나 하버드 대학에 가거나 아니면 뉴욕시에 있는 컬럼비아 대학으로 가는 것이 차라리 나았을지도 모른다. 컬럼비아 대학은 1939년에 엔리코 페르미가 오면서 당시 최첨단인 핵물리학의 중심지로 떠오르고 있었다. 페르미는 원자폭탄을 만들려면 반드시 있어야 하는 원자로를 건설하기 위해 곧 시카고 대학으로 옮겼지만, 컬럼비아 대학에서는 여전히 쟁쟁한 물리학자들이 학생들을 가르치고 있었다. 그러나 어차피 아버지의 충고를 따라 물리학을 선택한 터라 겔만으로서는 예일 대학에 입학한 것이 딱히 아쉽지 않았다. 적어도 고딕 양식을 흉내 낸 예일 대학 캠퍼스의 고풍스런 건물과 피바디 자연사 박물관만큼은 고고학에 흥미가 많았던 겔만에게 매력적이었다.

대학에 입학한 겔만은 동급생과 술집에 가서도 나이가 어려 주스나 탄산음료를 시켜야 했다. 열네 살의 대학생 겔만에게는 예일 대학도 그저 학교일뿐이었다. 그래도 고등학교와 다른 점이 하나 있었다. 그가 생각했던 물리학은 실제 물리학이 아니었다. 헨리 마게나우(Henry Margenau) 교수의 강의를 들으며 아버지의 조언이 옳았다는 것을 서서히 깨달았다. 상대성 이론과 양자역학, 이건 너무 흥미진진해서 도저히 손을 놓을 수 없는 추리소설 같았다. 겔만은 이론물리학 속으로 조금 더 깊이 들어가 보고 싶었다. 그래서 대학원에서 기브스의 제자의 제자였던 리 페이지(Leigh Page) 교수가 가르치는 이론물리학 기초라는 과목을 수강했다. 그러나 그의 강의는 양자역학보다는 고전물리학에 초점이 맞춰져 있었다. 페이지는 주로 기브스가 개발한 이론적인 기술을 학생들에게 가르쳤다. 페이지 교수의 열정은 대단해서 매일 아침 학생들에게 강의했고, 매주 토요일 오후에는 학생들에게 질문을 받고 토론 시간을 가졌다. 매달 마지막 주 토요일에는 오후에 네 시간씩 시험을 쳤는데, 주말에 놀러 나가지도 못하고 시험을 봐야 한다는 것은 학생들에게 그야말로 고역이었다. 그러나 겔만에게는 이런 시험 모두가 '그것쯤이야'였다.

그리고 1948년, 또래들이 고등학교를 졸업할 나이에 겔만은 예일 대학에서 학사 학위를 받았다. 그의 나이 열아홉이었다. 모든 과목에서 그토록 뛰어났던 겔만도 글 쓰는 것은 무척 힘들어 했다. 그에게는 수사학의 대가였던 아버지가 있었지만, 그게 오히려 독약이었다. 그가 작문을 할 때마다 아버지는 그가 쓴 글을 힐끗 보며 "그런 표현이 말이 된다고 생각하니"라며 핀잔을 주었고, 겔만이 학교에 가져갈 숙제를 깐깐하게 살펴서는 빨간펜으로 여기저기 첨삭을 하곤 했다. 그는 자기가 무슨 글을 쓰든지 아버지가 틀린 곳을 찾아내 지적할 것만 같았다. 게다가 완벽주의 성향이 있는 겔만은 자기가 써놓은 글에 도저히 만족할 수가 없었다. 모든 면에서 뛰어났던 겔만은 글쓰기도 완벽하게 하고 싶었지만, 그것만큼은 마음대로 되지 않았다. 이 장애는 겔만을 평생 괴롭혔고, 한 번씩 그를 궁지에 몰아넣기도 했다. 훗날 겔만은 자신의 자서전 《쿼크와 재규어(The Quark and the Jaguar)》의 서문에 이렇게 썼다.

"다른 사람이 쓴 책에서 부정확한 내용을 발견하면, 이미 한 가지 이상 틀린 것으로 드러난 저자로부터 과연 무엇을 배울 수 있을지 의심이 들며 낙담한다. 그 오류가 나나 내 업무와 관련이 있을 때는 분노가 치밀어 오른다."

겔만은 자기가 쓴 글에 단 하나의 실수라도 있을까 언제나 힘들어했다. 이 때문에 겔만은 대학 졸업 논문을 쓰는 동안에도 엄청난 고통을 겪었다. 게다가 그가 쓴 논문은 지도교수였던 마게나우에게도 그다지 좋은 평을 받지 못했다. 자존심이 하늘을 찌르는 겔만에게 이 일은 큰 상처가 되었다.

학부를 졸업하고 겔만은 예일 대학의 대학원에 진학하고 싶었지만, 뜻대로 되질 않았다. 물리학과에서는 그를 받아주지 않았고, 오히려 수학과에서 그를 받겠다고 했다. 겔만과 몇몇 친구들은 1947년에 미국과 캐나다에 있는 학부생을 대상으로 하는 윌리엄 로웰 푸트넘 수학 경시대회에 나가 2등을 한 적이 있었다. 그래서 겔만이 수학을 잘한다는 건 수학과에도 잘 알려져 있었다. 그러나 그는 물리학과에 꼭 가고 싶었다. 그래서 동부 아이비리그 대학들에 입학원서를 보냈지만, 모두 실패했다. 처음으로 인생의 쓴맛을 봤다. 낙담하고 있는 겔만에게 편지가 한 통 왔다. MIT의 빅터 바이스코프 (Victor Weisskopf) 교수한테서 온 편지였는데, 겔만을 조교로 쓰고 싶다는 내용이었다. MIT? 지금이야 세계에서 가장 유명한 공대지만, 그때만 해도 매사추세츠 공과대학(Massachusetts Institute of Technology, MIT)은 아이비리그에 속한 대학들보다 덜 알려져 있었다. 겔만에게는 선택의 여지가 없었다. 자포자기의 심정으로 '그래, 일단 거기에 가보고 마음에 들지 않으면 죽든지 하자'라는 심정으로 MIT에 갔다.

빅터 바이스코프

　　　　　한 사람의 인생에서 누구를 만나느냐는 그 사람의 인생을 송두리째 바꿀 만큼 중요하다. 겔만에게는 빅터 바이스코프가 그런 사람이었다. 그를 만난 건 엄청난 행운이었다. 겔만은 MIT에서 비로소 제대로 된 스승을 만난 것이었다. 바이스코프는 겔만의 아버지처럼 오스트리아 출신의 유대계 이론물리학자였다. 빈 출신이었던 바이스코프는 사람들에게 "비키"라는 애칭으로 불렸다. 집이 부유해 큰 걱정 없이 자랐고, 어려서부터 과학에 관심이 많았다. 김나지움을 졸업하고 빈 대학에서 이 년 동안 공부했는데, 거기서 빈 대학을 대표하는 이론물리학자 한스 터링(Hans Thirring)을 만났다. 터링은 바이스코프의 자질을 알아보았다. 그래서 그에게 당시 양자역학의 중심지로 떠오르고 있는 괴팅겐 대학에 가보라고 권하면서 추천서를 써주었다. 그는 터링의 조언대로 1928년에 괴팅겐 대학으로 옮겼다. 1920년대 괴팅겐은 이슬람교 순례자가 평생에 한 번은 반드시 메카를 방문하듯이, 젊은 이론물리학자라면 꼭 들러야 하는 곳이었다. 그곳에는 20세기의 가장 위대한 수학자라고 불리는 다비트 힐베르트(David Hilbert)와 양자역학의 선구자 막스 보른(Max Born)이 있었다.

　　바이스코프의 지도교수 보른은 베르너 하이젠베르크와 함께 양자역학을 탄생시킨 위대한 물리학자였다. 1925년 봄, 독일 북쪽에 있는 섬 헬골란트에서 막 돌아온 하이젠베르크가 한껏 상기된 목소리로 보른에게 말했다.

머리가 다섯 달린 괴물

"참으로 이상해요, 위치와 운동량을 곱할 때 순서를 바꿔 곱하면 값이 달라져요!"

하이젠베르크의 이야기를 들은 막스 보른은 그 위치와 운동량이 그냥 수가 아니라 행렬이어야 한다는 걸 알아차렸다. 행렬의 곱은 수와 달리 곱하는 순서에 따라 값이 달라진다. 그 당시만 해도 행렬을 아는 물리학자들이 많지 않았지만, 보른은 브레슬라우 대학에서 행렬을 배워서 잘 알고 있었다. 하이젠베르크는 파스쿠알 요르단(Pascual Jordan), 막스 보른과 양자역학의 시작을 알리는 논문을 발표했다. 이 논문은 "세 사람의 작품(Dreimännerwerk)"이라는 이름으로 잘 알려져 있는데, 양자역학의 도래를 알리는 위대한 논문이었다. 양자역학이 막 발전하기 시작할 때 괴팅겐에 온 바이스코프는 그야말로 양자역학의 성장을 지켜본 산증인이나 다름없었다.

바이스코프는 괴팅겐에서도 영리하고 직관이 뛰어나다고 알려졌다. 1931년 봄에 박사 학위 논문을 끝내자마자 라이프치히로 가서 하이젠베르크의 지도를 받으며 연구를 계속했다. 그리고 1932년 봄에는 베를린에 있는 슈뢰딩거와 함께 연구했다. 1932년부터 이 년 동안 록펠러 재단의 연구비를 받은 바이스코프는 다시 덴마크 코펜하겐으로 갔다. 거기에는 양자역학의 대부 닐스 보어가 있었다. 그리고 얼마 지나지 않아 영국 케임브리지에 있는 디랙을 방문했고, 1933년 가을에는 스위스 취리히 공대에 있던 볼프강 파울리와 이 년 반 동안 공동연구를 했다. 그러니까 바이스코프는 교과서에 나오는 양자역학의 거인이란 거인은 모두 만나 그들과 함께 연구한 셈이었다.

바이스코프에게는 약점이 하나 있었다. 젊은 물리학자들과 이야기하는 게 낙이었던 닐스 보어는 똑똑한 바이스코프를 코펜하겐으로 다시 불러들이고 싶었다. 1936년 4월부터 바이스코프는 닐스 보어와 함께 양자전기역학의 골칫거리였던, 전하가 무한대가 되어 버리는 문제를 어떻게 하면 해결할 수 있을지 연구하고 있었다. 그때 그가 발견한 것은 전하를 재규격화하는 것이었다. 전하의 재규격화란, 무한대가 되는 전하에서 실험값에 해당하는 값만 남기고 무한대를 정교하게 빼주는 방법이다. 그러나 유감스럽게도 그는 무한대에서 무한대를 빼준다는 사실을 사람들이 받아줄 것 같지 않다고 여겼다. 그래서 결국 재규격화 문제를 풀어 놓고도 정작 논문은 쓰지를 않았다. 만약 바이스코프가 이 연구를 논문으로 발표했다면, 훗날 양자전기역학의 재규격화로 노벨상을 탈 사람은 리처드 파인먼(Richard Feynman), 줄리언 슈윙거(Julian Schwinger), 도모나가 신이치로(朝永振一郎)가 아니라 빅터 바이스코프였을지도 모른다. 그는 나중에 이 사실을 몹시 안타까워했지만, 워낙 낙천적인 성격이라 노벨상을 타지 못한 걸 마음에 오래 담아두지 않았다.

재규격화 문제에 더 깊이 매달리지 않은 건 결과에 자신이 없어서였지만, 그의 성격도 한몫했다. 관심사가 워낙 넓어서 한 문제를 끝내면 다른 문제로 금방 관심을 돌렸다. 이사야 벌린(Isaiah Berlin)은 "여우는 많은 것을 알지만, 고슴도치는 제대로 된 것 하나를 알고 있다"라는 그리스의 시인 아르킬로코스의 말을 빌려와《고슴도치와 여우》라는 책을 썼다. 거기서 벌린은 예술가와 지식인을 고슴도치와 여우, 두 부류로 나눴다. 고슴도치에 속한 이는 모든 걸 명

료하고 일관되게 하나로 수렴해서 연결 짓는다. 여우에 속한 사람은 다양한 목표를 추구한다. 이들은 적극적이고 행동 지향적이며, 생각의 방향을 끊임없이 발산시킨다. 벌린이 분류한 대로 물리학자를 나누면, 바이스코프는 여우에 가까운 사람이었다.

겔만은 바이스코프를 만나고 나서야 아버지의 조언이 옳았다는 걸 깨달았다. 그를 만나기 전까지만 해도 겔만에게는 하이젠베르크, 슈뢰딩거, 디랙, 보어, 보른과 같이 절정에 이른 물리학자들이란 교과서에나 나오는 사람들이었다. 더구나 바이스코프도 겔만처럼 물리학 말고도 아는 게 많은 사람이었다. 다른 점이 있다면, 바이스코프는 강의하면서 식을 자주 틀리게 쓰고 계산할 때 실수를 하곤 했다는 것이다. 그걸 지적하는 사람은 대개 겔만이었다. 어쩌면 이런 점 때문에 겔만이 조금은 얄미웠을 것이다. 바이스코프는 겔만에게 이런 말을 하곤 했다.

"물리학에서 식이나 숫자가 전부는 아니야. 우리가 다루는 건 실제 세상이야."

그는 학생들에게 이런 말도 했다.

"멋을 한껏 낸 수학과 사랑에 빠지지 말아라."

바이스코프는 물리학에서 어려운 수학을 쓰는 걸 탐탁잖게 여겼다. 그에게 물리학이란 수학과는 구별되는 학문이었다. 반면에 겔만은 어떤 수학이든지 스펀지처럼 빨아들여 자기 것으로 만드는 사람이었다. 그래도 겔만은 바이스코프의 충고를 늘 마음에 새기고 있었다. 세월이 한참 지난 뒤, 살면서 자신에게 영향을 많이 끼친 몇 안 되는 사람 중에 바이스코프도 있다고 말하곤 했다. 겔만은 훗날 수학자들이 '설마 이런 추상적인 수학도 물리학에 쓰일 수 있을까'라고 생각할 만큼 어려운 수학을 써서 많고 많은 입자를 한눈에 볼 수 있게 정리했다.

책으로만 물리학과 수학을 공부했던 겔만이 바이스코프를 만나면서 물리학을 보는 눈이 더 밝아졌다. 그는 박사 과정 동안에 아인슈타인이 1905년에 이뤘던 기적 같은 연구와 겨룰 만한 일을 하고 싶었다. 더구나 예일 대학에서 학사학위 논문을 쓰면서 곤욕을 치른 기억도 있었던 터라 이번에는 잘하고 싶었다. 그러나 모든 것이 마음먹은 대로 되지는 않는 법이다. 처음에는 흥미가 있어 연구를 시작했지만, 하다 보면 그다지 중요하지 않은 문제에 매달리고 있다는 생각이 들어 다른 주제를 찾아 헤매곤 했다. 겔만 속에 잠재된 창의력이 깨어나려면 지금까지 배운 것과 바이스코프의 충고를 숙성시킬 시간이 필요했다. 겔만은 친구들에게 이 년 만에 박사 학위를 하겠다고 큰소리를 쳤지만, 이뤄놓은 일 없이 시간만 속절없이 흘러갔다. 예일 대학에서 겪은 악몽이 다시 덮쳐왔다.

바이스코프는 겔만에게 자기가 최근에 연구한 게 있는데 그걸 이어서 해보지 않겠느냐는 제안을 했다. 딱히 더 나은 생각을 떠올릴 수 없었던 겔만은 지도교수의 제안을 마지못해 받아들였다. 그건 양자역학을 이용해서 핵반응을 조금 더 일반적으로 연구하는 것이었다. 계산은 그럭저럭 마무리했지만, 이번에도 역시 논문을 쓰는 게 문제였다. 겔만은 자신이 한 연구가 뻔해 보였다. 이런 걸로 논문을 쓴다는 게 창피했고, 논문을 쓸 때마다 학부 때 겪었던 악몽이 떠올라 좀처럼 앞으로 나아가질 못했다. 엎친 데 덮친 격으로 학부 때 공산주의 서클에 잠시 가담한 적이 있어서 정부 장학금도 제때 나오지 않았다. 기껏해야 대학원생인 겔만도 매카시가 주도하는 극단적인 반공주의를 피해 갈 수 없었다. 바이스코프는 겔만을 도와주려고 박사 학위 후에 그가 갈 수 있는 자리를 알아봐 주고 있었는데, 마침 프린스턴에 있는 고등연구소에 소장으로 와 있던 오펜하이머와 이야기가 잘 되었다. 박사 학위만 제때 마친다면, 겔만은 고등연구소의 연구원으로 갈 수 있었다.

문제는 겔만이 박사 논문을 제때 끝낼 수 있느냐였다. 바이스코프는 연구년을 보내려 곧 파리로 떠날 예정이었다. 겔만은 고군분투한 끝에 1951년 1월 6일에 겨우 학위논문을 제출할 수 있었다. 비록 삼 년 안에 박사를 끝냈지만, 입때껏 변변한 논문 한 편을 내지 못했다. 훗날 캘리포니아 공대 교수가 된 뒤, 서로 으르렁거리는 사이가 될 파인먼과 비교해 보면 앞으로 겔만이 정말 위대한 일을 할 수 있을지 이때만 해도 의심스러울 정도였다. 파인먼은 이미 MIT 4학년 때 《피지컬 리뷰》에 논문을 발표했는데, 그 논문에 나오는 식은 양자역학 교과서에도 한 번씩 등장할 정도로 중요한 결과였다. 게다가 박사 학위 논문은 양자역학 체계를 처음부터 다시 세울 정도로 물리학사에 길이 남을 기념비적인 연구였다. 파인먼과 비교하면, 어릴 때부터 천재 소리를 듣던 겔만이 박사 과정 동안에 한 일은 초라할 뿐이었다. 그러나 그는 이제 막 스물한 살이 된 어리디어린 이론물리학자였다. 이제야 비로소 날개를 활짝 펴고 비상할 준비가 된 것이었다. 1951년 봄, 박사 과정을 마친 후 첫 번째 경력을 쌓을 곳인 고등연구소로 가게 되었다.

첫 논문

　　오펜하이머는 맨해튼 프로젝트를 성공적으로 마무리하고, 캘리포니아 공대와 버클리의 교수로 복귀했지만, 더는 학생들을 가르칠 마음이 들지 않았다. 그는 캘리포니아를 떠나 미국 뉴저지 프린스턴의 고등연구소(Institute for Advanced Study) 원장이 되었다. 그는 고등연구소를 '젊은이를 위한 지적인 호텔'이라고 불렀다. 그는 잠재력이 있는 젊은 학자를 기가 막히게 찾아냈다. 맨해튼 프로젝트를 이끌면서 사람을 어떻게 적재적소에 투입해야 하는지 익히면서 얻게 된 자질이었다. 1920년대에는 독일의 괴팅겐 대학이 양자역학을 배우려는 젊은이들이 모여드는 곳이었다면, 제2차 세계대전 후에는 그 역할을 미국의 고등연구소가 넘겨받았다. 실제로도 고등연구소는 괴팅겐 대학과 비견할 만했다. 겔만이 도착했을 때 그곳에는 알베르트 아인슈타인, 존 폰 노이만, 쿠르트 괴델 같이 이름만 대면 누구나 아는 물리학자와 수학자가 있었고, 뛰어난 젊은 물리학자도 여럿 와 있었다. 그중에는 1950년대 중반, 약력에서는 거울 대칭성이 깨진다는 주장으로 물리학계를 뒤흔들고 노벨상을 받게 될 리정다오(李政道)와 양전닝(楊振寧)도 있었다. 그리고 겔만과는 적수처럼 지내게 될 아브라함 파이스도 그곳에 있었다.

　겔만은 프랜시스 로우(Francis Low)의 연구실을 함께 쓰게 되었다. 로우가 걸어온 길은 겔만과는 사뭇 달랐다. 그에게는 우여곡절이 참 많았다. 뉴욕에서 태어난 미국인이었지만, 제네바에 있는 국제학교에서 고등학교 과정을 밟았다. 거기서 아인슈타인과 인펠트

머리가 다섯 달린 괴물

(Leopold Infeld)가 쓴《물리학의 진화》라는 책을 읽으며 물리학자가 되길 꿈꿨다. 1939년, 하버드 대학에 입학해서 물리학과 수학을 공부했다. 그해는 제2차 세계대전이 발발한 해이기도 했다. 스위스에 있는 학교를 졸업한 그에게는 유럽이 남다르게 느껴졌던지라 전쟁에서 승리를 거두는 데 보탬이 되고 싶었다. 그는 대학을 삼 년 만에 졸업한 뒤, 프린스턴 대학 물리학과의 박사 과정에 지원하면서 동시에 육군 항공대에 입대 신청을 했다. 군에 입대하기 전에 프린스턴에서 합격통지가 왔고 거기서 잠시 조교로 있었다. 그런데 군에 들어가자마자 입은 부상 때문에 육 개월 만에 뉴욕 맨해튼의 집으로 돌아와야만 했다. 그렇게 직장을 찾다가 우연히 원자폭탄을 만드는 맨해튼 프로젝트에 참가하게 되었다. 로우가 맡은 일은 오크리지에 있는 비밀 연구소에서 우라늄을 농축하는 일과 관련된 계산을 도와주는 것이었는데, 학부만 마친 그에게는 그 일이 버거웠다. 그래서 미국이 전쟁에서 승리하는 데 그다지 도움을 주지 못한다는 생각에 크게 낙심했다. 로우는 어떻게 해서든지 미국이 전쟁에서 이기도록 거들고 싶었다. 결국, 연구소를 그만두고 다시 군에 입대했다. 제10 산악사단에 배속되었지만, 이번에도 그가 계산에 능하다는 걸 안 육군에서는 포병대에서 포탄의 궤적을 계산하는 일을 그에게 시켰다. 로우는 자신이 원했던 대로 이탈리아까지 가서 제2차 세계대전에 참전했지만, 산을 타며 전투하는 건 그의 몫이 아니었다.

　로우는 전쟁이 끝나고 프린스턴 대학으로 돌아가려 했지만, 학교 측으로부터 대학원에 새로 지원해야 한다는 통보를 받았다. 그는 입학통지서를 받은 적이 있어 이번에도 무난히 통과하리라고 믿었는데, 그만 떨어지고 말았다. 어쩔 수 없이 로우는 집에서 그리 멀지 않은 컬럼비아 대학에서 박사 학위를 하기로 마음먹었다. 인생은 그야말로 새옹지마다. 컬럼비아 대학 물리학과에는 이지도어 라비가 있었다. 그는 학생들에게 이론물리학을 제대로 가르치려고 뛰어난 물리학자들을 초청해 학생들을 가르치게 했다. 로우는 박사 과정 동안에 라비의 실험과 깊은 관련이 있는 중양자의 성질을 연구해서 박사 학위를 받았다.

노련한 참전용사이자 나이가 서른 줄에 접어든 로우의 눈에 이제 갓 스무 살이 된 겔만은 막 훈련소를 나온 애송이처럼 보였다. 처음에는 이런 젖비린내 나는 어린 친구와 연구실을 함께 쓰게 되어 불만이었다. 그러나 로우는 곧 겔만이 얼마나 뛰어난지 알아봤다. '이 친구, 도대체 뭐지? 무슨 머리가 이렇게 빨리 돌아가는 거야?' 그는 겔만과 함께 연구 주제를 토론할 때마다 깜짝깜짝 놀랐다. 겔만이 참 많이 알고 있다는 사실도 혀를 내두를 일이었지만, 그가 자신이 설명하는 이야기의 핵심을 짚어낼 때마다 그에게서 느꼈던 첫인상이 완전히 잘못된 것이었음을 깨달았다. 제법 똑똑한 로우가 보기에도 겔만은 자기보다 몇 수 위였다. 그러나 겔만은 확실히 어렸고, 여러 가지로 경험이 부족했다. 로우는 컬럼비아 대학에 있으면서 실험물리학자들과 부대끼며 물리학을 몸으로 익힌 데 반해 겔만은 대부분 논문과 책을 통해 물리학을 공부했던 터라 두 사람의 만남은 서로에게 큰 도움이 되었다. 두 사람은 상대방의 장점을 알아봤고 오랫동안 친구로 지냈다. 여기에는 사람을 대하는 로우의 태도가 너그럽다는 사실도 한몫했다. 그는 겔만이 한 번씩 자신감에 넘쳐 지나치게 우쭐대는 것도 잘 받아주었다. 겔만에게는 로우처럼 자신의 능력을 쏟아낼 수 있게 물꼬를 터줄 사람이 필요했다.

물리학에는 베테-샐피터 방정식이라는 것이 있다. 그건 두 개의 입자가 어떻게 한데 묶일 수 있는지 설명하는 상대론적인 방정식이다. 이 방정식은 다루기도 어렵지만, 한스 베테(Hans Bethe)와 에드윈 샐피터(Edwin Salpeter)가 이 식을 제안했을 때만 해도 수학적으로 완전하게 정립된 식이 아니었다. 하루는 샐피터가 세미나를 하러 고등연구소에 왔다. 당시 소련에 혹독하기로 소문난 란다우 세미나가 있었다면, 미국에는 오펜하이머가 이끄는 고등연구소 세미나가 있었다. 젊은 학자들에게 고등연구소에서 세미나를 한다는 것은 여러 의미가 있었다. 그들은 먼저 자신이 이룬 성취가 오펜하이머와 그곳의 뛰어난 학자들의 관심을 끌 수 있는지 알아볼 수 있었고, 자신이 내놓은 이론과 얻은 결과에 오류가 있는지 없는지 세미나에서 확인할 수 있었다. 이 혹독한 세미나를 거치고 나면, 그제야 발표한 사람도 자신이 한 연구가 의미가 있는지 보잘것없는지 깨달을 수 있었다.

샐피터는 오스트리아 출신의 유대인이었다. 그의 아버지는 슈뢰딩거와 가깝게 지내던 물리학자였는데, 오스트리아가 나치 독일에 합병된 뒤 유대인을 향한 핍박을 피해 가족을 데리고 오스트레일리아로 망명했다. 샐피터는 오스트레일리아의 시드니 대학에서 수학과 물리학으로 석사 학위를 하고 1948년에 영국 버밍엄 대학에서 루돌프 파이얼스(Rudolf Peierls)의 지도를 받아 박사 학위를 마쳤다. 그는 옥스퍼드나 케임브리지에 갈 수도 있었지만, 파이얼스 밑에서 공부하고 싶었다. 박사후연구원으로 미국으로 갈 때도 프린스턴의 고등연구소보다는 베테와 연구하고 싶어서 코넬 대학에 온 것이었다. 그는 대학의 명성보다는 연구하고 싶은 주제의 진정한 전문가를 좇았다. 베테-샐피터 방정식은 핵물리학의 대부인 베테와 함께 한 연구였기 때문에, 샐피터는 오펜하이머와 사람들 앞에서 베테-샐피터 방정식을 자신 있게 설명해 갔다. 그러나 젊은 학자가 노회한 오펜하이머 앞에서 세미나를 한다는 건 여간 힘든 일이 아니었다. 로우와 겔만은 샐피터가 하는 세미나를 주의 깊게 들었다. 두 사람은 샐피터의 연구가 몹시 중요하다는 사실을 바로 알아차렸다. 그러나 그가 식을 유도해 가는 과정은 조금 설익어 보였고, 군데군데 허점이 많았다. 겔만은 그가 발표하는 중간중간에 샐피터가 칠판에 적은 식에서 드러나는 논리적인 허점을 지적했다. 샐피터는 칠판에 식을 적어 가다가 잠시 멈추고 겔만을 쳐다보았다. 이제 막 대학에 입학한 신입생처럼 보이는데 자기가 미처 생각하지 못한 걸 지적하다니, 저렇게 앳돼 보이는 친구가 도대체 누구인지 궁금했다.

그는 겔만이 던지는 질문 앞에서 한 번씩 바보가 된 듯한 기분이 들었다. 자신도 스물여섯 살의 청년이지만, 겔만 앞에서는 훌쩍 늙어버린 것 같았다. 로우도 이따금 샐피터에게 질문을 던졌다. 로우와 겔만은 그의 발표를 들으며 저런 직관적인 방식보다 수학적으로 좀 더 엄밀하게 베테-샐피터 방정식을 유도할 수 있을 것 같았다. 세미나가 끝난 뒤, 두 사람은 샐피터에게 그 식에 관해 좀 더 구체적으로 물어보았다. 샐피터는 두 사람의 질문에 자세하게 답했다.

머리가 다섯 달린 괴물

겔만과 로우는 함께 연구하며 육 개월 동안 거의 매일 토론을 벌였다. 문제가 생길 때마다 로우가 해결책을 제안하면, 겔만은 곧바로 "그건 아니에요. 더 나은 방법이 있어요"라고 말하곤 했다. 로우는 겔만의 번뜩이는 생각과 그걸 이어가는 속도를 따라잡기 버거웠다. 겔만은 고등연구소에 온 지 육 개월이 채 되기 전에 로우와 함께 논문을 썼다. 제목은 "양자장론에서 묶임 상태"로 정했고, 논문은 1951년 10월 15일 자《피지컬 리뷰》에 실렸다. 겔만의 첫 논문이었다. 겔만은 그저 남들이 한 일을 수학적으로 엄밀하게 다듬은 연구라고 생각했지만, 앞으로 오랫동안 사람들이 보게 될 논문이었고 교과서에도 실리게 될 결과였다. 첫 논문으로는 훌륭한 출발이었지만, 겔만은 지도교수 바이스코프가 떠올랐다. '그가 이런 수학적인 논문을 읽으면 뭐라고 평할까? 그는 아마 이렇게 말할 거야.'

"아무런 결과 없이 수학적 형식만 갖춘 논문이잖아. 그래서 그 식은 어디에 써먹을 수 있지?"

그런 생각이 떠오르자, 겔만은 우울해졌다. 그러나 이제 시작이었다.

시카고 생활

마빈 골드버거(Marvin Goldberger)는 겔만이 MIT 박사 과정에 있을 때 친하게 지내던 물리학자였다. 머피라는 애칭으로 불렸던 그는 시카고 대학 출신이었는데, MIT에서 연구원으로 있으며 겔만에게 많은 영향을 끼쳤다. 겔만이 고등연구소에 가 있는 동안 그는 고향인 시카고로 돌아가 시카고 대학의 조교수로 일하고 있었다. 겔만의 천재적인 능력을 잘 아는 골드버거는 그를 시카고 대학으로 데려오고 싶었다. 그는 페르미에게 겔만이 얼마나 장래가 촉망되는지 자랑을 늘어놓았다. 페르미에게 겔만은 낯선 이름이었다. 페르미가 모르는 건 당연했다. 그때까지만 해도 겔만이 발표한 논문은 한 편도 없었다. 로우와 쓴 첫 논문을 투고해 놓은 상태였지만, 논문이 나오려면 좀 더 기다려야 했다. 페르미는 골드버거가 하도 자랑하길래 겔만의 박사 학위 논문을 읽어봤지만, 딱히 겔만이 뛰어나다는 생각이 들지 않았다. 그래도 그는 골드버거의 말을 믿고 겔만을 시카고 대학에 있는 핵물리 연구소에서 강사로 일할 수 있게 해주었다.

강사 자리였지만, 겔만에게는 엔리코 페르미를 곁에서 지켜보는 것만으로도 많은 경험을 쌓을 수 있었다. 비록 겔만이 온 지 몇 년 지나지 않아 페르미가 쉰셋의 나이에 세상을 떠나는 바람에 무척 아쉬웠지만, 그는 페르미의 모습에서 물리학자의 전형을 보았다. 아침부터 저녁 늦게까지 늘 진지하게 물리학을 대하는 페르미의 태도와, 이론이면 이론, 실험이면 실험, 두 분야에서 최고 수준이었던 전천후 물리학자의 모습이 겔만의 마음속에 깊이 새겨졌다. 무엇보다 현상 뒤에 숨어 있는 패턴을 찾아내는 페르미의 모습은 앞으로 겔만이 어떤 물리학자가 되어야 하는지 전형과도 같았다. 겔만은 페르미에게서 지도교수가 했던 말을 다시 들었다.

"이론이 아무리 아름다워도 자연을 설명하지 못하면 헛된 것일

뿐입니다.”

겔만은 비록 페르미와 논문을 발표할 기회를 얻지는 못했지만, 시카고에 있으면서 골드버거와 제법 많은 연구를 함께 할 수 있었다. 그리고 그때부터 낯선 입자들이 보여주는 패턴에 관심을 갖기 시작했다.

겔만이 이십 대에 함께 일했던 프랜시스 로우와 마빈 골드버거에게는 공통점이 있었다. 두 사람 모두 겔만보다 나이가 많았지만, 그의 능력을 제대로 알아보았고 그를 품을 수 있을 만큼 가슴이 너른 사람들이었다. 훗날 로우는 MIT의 부총장이 되었다, 골드버거는 십 년 동안 캘리포니아 공대 총장을 역임했고, 이어서 고등연구소의 원장이 되었다. 겔만이 어린 나이에 품이 넉넉한 두 사람을 만났던 것은 엄청난 행운이었다. 로우와 골드버거에게 겔만은 경쟁자라기보다는 함께 연구하며 자연의 비밀을 파헤쳐 가는 동료였던 것이다. 이들 사이의 우정은 오래 지속되었다.

겔만의 숨은 능력이 활짝 피어날 수 있었던 것은 로우와 골드버거 같은 동료의 덕이 컸다. 그들과 함께 일하며 그는 자신감을 키웠다. 그리고 겔만 속에 잠들어 있던 머리가 다섯 달린 괴물의 천재성이 서서히 깨어나고 있었다. 1947년부터 우주선에서 발견되던 낯선 입자들과 가속기의 에너지가 점점 높아지며 하루가 멀다 하고 발견되는 입자들, 그 입자들이 겔만을 기다리고 있었다.

Abraham Pais
1918~2000

암흑
속에서

Three Quarks

4

In the Darkness

Strangeness

Murray Gell-Mann
1929~2019

이론물리학자들은 아직 낯선 입자에 뛰어들 준비가 되어 있지 않았다. 입자들의 정체도 모를뿐더러 정보도 매우 부족했다. 반면에 가속기에서는 파이온이나 광자를 양성자에 충돌시키고 핵자들을 서로 충돌시키는 실험이 활발히 진행되고 있었다. 여기서 나오는 새로운 결과를 해석하거나 예측하기에도 무척 바빴다. 1953년 1월부터 브룩헤이븐 연구소에서 가동되기 시작한 코스모트론에서 양성자를 30억 전자볼트까지 가속하게 되면서 가속기에서도 낯선 입자가 만들어졌다. 그제야 이론물리학자들도 서서히 낯선 입자로 관심을 돌렸다. 낯선 입자를 분류하려고 가장 먼저 나선 사람은 네덜란드에서 온 아브라함 파이스였다. 한동안 겔만의 맞수가 될 파이스는 겔만이 미국에서 고등학교와 대학에 다니는 동안, 네덜란드에서 사선을 여러 번 넘어야 했다.

아브라함 파이스

　　아브라함 파이스는 이름이 암시하듯 유대인이 었다. 암스테르담에서 고등학교에 다니는 동안 수학과 과학에 끌리긴 했지만, 딱히 앞으로 무얼 전공하겠다는 생각이 없었다. 1935년, 암스테르담 대학에 입학해서 무기화학을 들었지만, 외워야 할 게 많아 화학에는 흥미를 잃고 있었다. 1937년이 되자 암스테르담은 대공황의 여파에서 벗어나 활기를 조금씩 되찾았다. 대학의 상황도 많이 좋아졌다. 그해 1월의 어느 날, 위트레흐트 대학의 이론물리학 교수로 있던 헤오르허 윌렌벅(George Uhlenbeck)이 암스테르담 대학을 방문해 며칠 동안 물리학과에서 특별 강의를 하기로 되어 있었다. 그는 십여 년 전, 사뮐 하우츠밋(Samuel Goudsmit)과 함께 전자에 스핀을 도입하면서 일약 유명해졌다. 네덜란드에서 물리학을 공부하는 사람이라면 모두 그가 누구인지 알고 있었다. 파이스도 그의 이름을 들어본 적이 있었다. 이론물리학은 생소한 분야였지만 윌렌벅의 강의가 궁금했다.

　　강단 앞에 선 윌렌벅은 어지간한 사람보다 키가 훤칠했고 지적인 분위기가 풍겼다. 그는 분필을 들고 칠판의 왼쪽 끝 위의 모서리에서부터 식을 적어나갔다. 그가 적은 것은 페르미의 베타 붕괴 이론에서 나오는 식이었다. 파이스는 난생처음 보는 것이었다. 그럴 수밖에 없었다. 페르미의 베타 붕괴 이론이 세상에 나온 건 1933년의 일이었다. 강력과 더불어 약력의 존재를 처음으로 예견한 혁명적인 이론이지만,《네이처》로부터 퇴짜를 맞은 연구였다. 그리고 물리학에서는 거의 처음으로 양자장론을 적용한 이론이라 몇몇 사람 외에는 잘 알지도 못했고, 관심도 없을 때였다. 윌렌벅은 페르미의 이론으로 원자핵의 베타 붕괴를 기술할 수 있음을 강의했다. 파이스는 온몸에 전율이 일었다. '아, 이것이 이론물리학이구나.' 이토록 깔끔하고 명징한 강의는 여태 한 번도 들어본 적이 없었다. 그날 처음으로 삶의 목표가 생겼다. 그는 윌렌벅과 같은 이론물리학자가 되어야겠다고 결심했다.

파이스는 학부를 마치고 암스테르담 대학의 석사 과정에 진학했지만, 그곳에 있는 유일한 이론물리학자는 요하네스 판데르발스 2세밖에 없었다. 그는 판데르발스의 힘으로 유명한 물리학자 판데르발스의 아들이었다. 유감스럽게도 판데르발스는 양자역학이나 상대성 이론과 같이 첨단 물리학에는 관심이 없었다. 파이스는 완전히 실망했다. 암스테르담에서 계속 공부해 봐야 시간만 낭비할 뿐이었다. 그래서 윌렌벅에게 편지를 보내 지도를 받을 수 있는지 문의했다. 파이스와 윌렌벅의 만남은 이렇게 시작되었다.

이론물리학을 배운다는 것

암스테르담에서 남쪽으로 40킬로미터 남짓 내려가면 위트레흐트가 있다. 인구가 15만 밖에 되지 않는 작은 도시였지만, 그곳에는 1636년에 세워진 위트레흐트 대학이 있었다. 네덜란드에서 가장 큰 대학이었고, 네덜란드가 한창 번창했을 때는 네덜란드 과학의 중심지이기도 했다. 위트레흐트에 도착한 파이스는 윌렌벅의 연구실을 찾아 대학의 본관 건물을 지나갔다. 오랜 역사가 묻어나는 건물이었다. 캠퍼스의 고즈넉한 분위기가 마음에 들었다.

윌렌벅의 연구실에 도착한 파이스는 문을 두드리고 안으로 들어갔다. 윌렌벅은 파이스를 기다리고 있었다. 그는 웃으며 파이스에게 악수를 권했다. 가까이서 본 윌렌벅의 모습은 또 달랐다. 그의 미소는 사람을 편안하게 해주는 힘이 있었다. 오는 내내 불안했던 마음이 좀 가라앉았다. 파이스는 윌렌벅 밑에서 석사 과정을 할 수 있는지 물었다. 그 말을 들은 윌렌벅은 조금 심각한 표정을 지었다.

"파이스씨, 물리학을 좋아한다면, 실험물리학자가 되는 건 어때요? 이론물리학의 수학적인 부분에 끌린다면, 차라리 수학자가 되는 것은요?"

바라던 조언이 아니었다. 가라앉았던 마음이 다시 불안해졌다. 윌렌벅은 계속해서 말했다.

"네덜란드에서 이론물리학자가 갈 수 있는 자리는 극히 드물어요. 지금도 네덜란드 전체 물리학과 교수 중에 이론물리학자는 다섯 명밖에 없어요. 실험을 전공하거나 수학을 전공하면, 대학에 자리 잡기도 수월하고, 회사에 취직한다고 해도 크게 도움이 될 겁니다."

파이스는 자신 없는 목소리로 윌렌벅에게 말했다.

"윌렌벅 교수님, 저는 이론물리학이 정말 좋습니다."

윌렌벅은 파이스를 말없이 쳐다보더니 살짝 미소를 지었다.

암흑 속에서

"파이스씨, 정말 그렇게 생각한다면, 무슨 수를 쓰든지 이론물리학자가 되세요. 이론물리학은 당신이 상상할 수 있는 가장 멋진 학문이랍니다."

파이스는 나중에 알게 되지만, 윌렌벅도 자신의 지도교수였던 에렌페스트에게 똑같은 말을 들었다고 했다. 말을 마친 윌렌벅은 바로 칠판으로 가더니 파이스에게 자신이 지금 무슨 연구를 하고 있는지 설명했다. 주제는 우주선이었다. 파이스는 윌렌벅에게 난생처음 듣는 말을 쉴 새 없이 들었다. 우주선 소나기 이야기, 우주선과 공기 분자의 충돌 이야기 ……. 얼마 지나지 않아 칠판은 그림과 식들로 메워졌다. 파이스는 하나라도 놓칠세라 윌렌벅의 이야기를 집중해서 들었다. 중간중간 질문도 했다. 파이스가 질문할 때마다 윌렌벅은 고개를 끄덕인 뒤, 답변을 이어갔다. 그렇게 두 시간이 훌쩍 지났다. 두 시간 내내 집중한 파이스는 기진맥진했다. 윌렌벅은 설명을 멈추고는 종이에 파이스가 공부해야 할 참고문헌을 적어 파이스에게 건넸다.

몇 년 뒤, 파이스가 윌렌벅에게 말했다.

"교수님과 처음 만나던 날이 제 인생에서 가장 인상 깊었던 날이었습니다."

그러자 윌렌벅은 파이스에게 이렇게 대답했다.

"나 자신도 에렌페스트에게 그렇게 배웠고, 에렌페스트도 당신의 지도교수셨던 볼츠만에게 그렇게 배웠어요. 이론물리학은 함께 토론하며 말로 배우는 겁니다."

정말 그랬다. 이론물리학은 교과서와 논문으로만 익히는 학문이 아니었다. 이론물리학에서는 무엇보다 토론이 중요했다. 그것은 마치 장인이 자신의 비법을 구전으로 제자에게 전수해주는 것과 비슷했다. 제자는 스승과 대화를 나누며 이론물리학자로 커가는 것이었다.

1938년 봄, 파이스는 위트레흐트 대학으로 옮겨 윌렌벅 밑에서 이론물리학을 배우기 시작했다. 그해 가을에 윌렌벅은 방문 교수로 미국 컬럼비아 대학에 갔다. 이듬해 2월, 파이스는《네이처》에 실린 무시무시한 논문을 읽었다. 리제 마이트너와 오토 프리슈가 핵분열을 설명하는 논문이었다. 논문을 읽으며 그는 무척 흥분했다. 잘 알고 지내던 대학원생 빌렘 마스에게 논문을 보여주자, 마스는 곧바로 중성자를 우라늄에 때려주는 실험을 했다. 아나나 다를까, 오실로스코프 화면에 봉긋 솟은 두 개의 봉우리가 갈라지는 게 보였다. 중성자가 우라늄을 두 개의 핵으로 쪼개는 핵분열 과정을 눈으로 직접 확인한 것이었다.

윌렌벅이 미국에서 돌아오자, 파이스는 그동안 있었던 일을 이야기하며 핵분열 실험을 확인했다고 말했다. 그도 핵분열이 발견되었다는 걸 잘 알고 있었다. 파이스의 말을 주의 깊게 듣더니 어두운 표정을 지으며 미국 컬럼비아 대학에서 있었던 일을 꺼냈다.

"페르미와 핵분열에 관해 토론한 적이 있는데, 그가 토론하다 말고 창가로 가서 밖을 내다보더니 한숨을 내쉬며 불쑥 이런 말을 하는 거야. '핵분열을 이용한 폭탄을 만들면, 그 폭탄 몇 개로 우리가 있는 이 도시를 완전히 파괴할 수 있을 거야. 정말이지 엄청난 에너지를 내놓는 폭탄이 될 거야.'"

이어서 파이스가 크게 실망할 말을 했다.

"이번 여름에 미국 미시간으로 떠나게 됐어. 그곳에서 교수로 와 달라는 초청을 받았거든."

파이스는 놀란 표정을 지었다.

"그래도 그전에 우린 제법 많은 일을 함께 할 수 있으니, 크게 걱정하지 않아도 될 거야."

석사 과정을 마치려면 세미나를 여러 번 해야만 했다. 첫 번째 주제는 핵분열이었다. 그는 정성 들여 발표를 준비했다. 그러나 파이스가 칠판에 첫 번째 식을 쓰자마자 윌렌벅이 지적했다.

"칠판에 식을 적기 전에 무슨 문제를 다룰 것인지 먼저 설명을 해요. 그런 뒤 발표의 목적과 결론를 이야기하고요. 그래야 사람들이 당신 말에 귀를 기울일 거야."

그래서 식을 지우고는 자신이 발표할 내용을 설명했다. 그러자 윌렌벅이 다시 지적했다.

"어려운 말은 하지 말고 쉬운 말로 설명을 하고요. 당신이 얼마나 똑똑한지 보이려고 하지 말고. 칠판에 쓸 때 왼쪽 위에서부터 써나가고. 오른쪽 아래에 도달할 때까지 식을 지우지 말고요. 그래야 유도 과정 전체를 한눈에 볼 수 있으니까."

파이스는 세미나를 하면서 윌렌벅의 조언과 지적을 들으며 학자로서 반드시 익혀야 할 발표하는 법을 배웠다. 지도교수가 미시간으로 떠나기 전까지 이론물리학을 어떻게 연구하는지 집중적으로 훈련받았다.

1939년 8월, 제2차 세계대전이 일어나기 몇 주 전에 윌렌벅은 파이스가 석사 과정을 잘 끝낼 수 있도록 몇 가지 조치를 한 뒤, 미국으로 떠났다. 혼자 남은 파이스는 무척 실망했지만, 얼마 지나지 않아 벨기에 리에주 대학에 있던 레옹 로젠펠드(Léon Rosenfeld)가 월렌벅의 후임으로 왔다. 파이스는 로젠펠드에게 편지를 보내 당신 밑에서 연구할 수 있는지 물어보았다. 로젠펠드의 허락을 받은 파이스는 석사 과정을 무사히 마치고 박사 과정으로 진학했다. 로젠펠드는 월렌벅과는 스타일이 완전히 다른 이론물리학자였다. 그는 수학적으로 엄격했고, 정치적으로는 마르크스주의자였다. 한번은 볼프강 파울리가 이런 말을 한 적이 있었다.

"로젠펠드는 닐스 보어와 레온 트로츠키*를 곱한 뒤 제곱근을 취한 것 같은 사람이지."

파이스는 로젠펠드에게서 이론물리학의 또 다른 면을 보았다. 그것은 이론적 엄밀함이었다.

나치 치하의 유대인

1940년 5월 10일, 나치 독일은 네덜란드를 침공했다. 네덜란드 군대는 나치 독일의 전격전을 당해낼 재간이 없었다. 독일 공군은 로테르담을 쑥대밭으로 만들었다. 그리고 당장

---

* 레온 트로츠키는 레닌과 함께 러시아에서 볼셰비키 혁명을 성공적으로 이끈 공산주의자였다. 이오시프 스탈린과의 권력투쟁에서 패배한 후 멕시코로 망명했으나, 거기서 스탈린이 보낸 암살자의 손에 피살당했다.

항복하지 않으면 네덜란드에 있는 모든 도시를 불바다로 만들겠다고 협박했다. 전쟁은 나흘 만에 끝났다. 나치 독일의 지배 아래 놓인 네덜란드인들도 숨죽이고 살아야 했지만, 네덜란드에 사는 유대인에게는 생사가 달린 고난의 시작이었다. 1940년 11월, 공직에 있던 유대인들은 모두 쫓겨났다. 대학에 있는 교수들과 연구원들도 마찬가지였다. 1941년 1월부터 유대인은 영화관에도 갈 수 없었다. 유대인은 네덜란드인과 다른 주민등록증으로 바꿔야 했다. 거기에는 큼지막한 글씨로 'J'라고 쓰여 있었다. 독일어로 유대인을 뜻하는 'Jude'의 첫 글자를 의미했다. 1941년 4월부터 유대인은 다른 곳으로 이사할 수도 없었고, 가지고 있던 라디오는 모두 반납해야 했다. 그해 5월부터는 유대인이 공원을 산책하거나 수영장이나 공공목욕탕에 가면 바로 체포되었다. 그리고 1941년 7월 14일부터 유대인은 대학에서 박사 학위를 할 수 없다는 법령이 포고되었다. 유대인이었던 파이스는 숨이 막힐 정도로 충격을 받았다. 어떻게 해서든지 그전까지 박사 학위를 마쳐야만 했다. 밤낮없이 연구했다. 거의 매일 새벽 두 시까지 작업하다가 잠깐 눈을 붙인 뒤 다섯 시에 일어나 다시 연구에 매달렸다. 그렇게 파이스는 1941년 7월 9일에 박사 학위 최종 시험을 치를 수 있었다. 닷새만 늦었어도 그는 박사 학위를 끝낼 수 없었을 것이다.

　박사 학위를 끝냈어도 파이스는 대학에 자리를 잡을 수 없었다. 그보다 더 심각한 문제가 생겼다. 1941년 말부터 나치 친위대는 네덜란드에 사는 유대인을 절멸수용소(Vernichtungslager)로 이주시켰다. 수용소는 명칭부터 무시무시했다. '절멸', 유대인을 세상에서 완전히 지워버리겠다는 뜻이었다. 유대인들에게는 '더 나은 곳'으로 이주시키는 거라고 거짓말을 했다. 1942년부터 히틀러와 나치 독일은 이미 유럽에 사는 모든 유대인을 말살시킬 계획을 세웠다. 1942년 초에는 네덜란드에서 사는 유대인 중에서 일자리가 없는 1만 5000명의 유대인을 노동수용소로 보냈다. 그리고 네덜란드 전역에 흩어져 사는 유대인들을 암스테르담으로 불러 모아 한곳에서 살게 했다. 그렇게 암스테르담에 유대인 게토가 생겨났다.

파이스는 위험을 느껴 숨어 지내기로 했다. 하나밖에 없는, 어린 나이에 결혼한 여동생 아니(Annie)가 마음에 걸렸다. 여동생 부부도 나치로부터 '다른 곳'으로 거주지를 옮기라는 통보를 받았다. 파이스는 여동생에게 자기와 함께 숨어 지내자고 간절히 부탁했지만, 여동생은 그 제안을 거절하고 남편과 함께 나치의 명령을 따르기로 했다. 아니와 남편은 나치의 명령대로 먼저 네덜란드의 베스터보르흐라는 곳으로 갔다. 몇 주 후, 파이스는 여동생에게서 잘 지내고 있다는 편지를 받았지만, 그게 마지막 편지였다. 파이스는 그로부터 오십 년이 지나서야 여동생 부부의 행방을 알게 된다. 두 사람은 베스터보르흐에서 폴란드 소비보르에 있는 절멸수용소로 끌려갔다. 소비보르는 아우슈비츠, 트레블린카, 벨제크와 더불어 역사상 가장 잔인했던 장소로 알려져 있다. 실제로는 아우슈비츠보다 훨씬 악명 높은 곳이었다. 이곳에 도착해서 먼저 호명 당한 사람은 시체를 치우는 처리반에 속하게 되고, 나머지 사람들은 도착하자마자 그곳에 있는 가스실로 끌려가서 자신이 왜 거기서 죽어야 하는지 이유도 모른 채 살해당했다. 나치는 전쟁 상황이 자신들에게 불리

암흑 속에서

하게 돌아가자, 소비보르에 있던 절멸수용소를 파괴한 뒤, 흙으로 묻고 그 위에 나무를 심어서 자신들이 한 짓을 감추려 들었다. 그리고 관련 서류를 모두 불태워 그곳에서 몇 명이 살해당했는지 기록조차 모조리 없앴다. 적어도 20만 명이 넘는 유대인들이 소비보르에서 학살당했다고 알려져 있다. 파이스의 여동생도 소비보르에 도착한 뒤, 바로 가스실로 끌려가 그곳에서 살해당했다.

전쟁이 끝나기 전까지 파이스는 친구들의 도움을 받아 여러 곳을 옮겨 다니며 숨어 지냈다. 그는 숨어서 사는 동안 책을 읽기도 하고 물리학을 연구하기도 했다. 위트레흐트 대학에서 공부할 때 알고 지내던 교수 헨드릭 크라머스(Hendrik Kramers)가 한 번씩 방문해 파이스와 함께 토론하기도 했다. 그러나 전쟁이 끝나기 몇 달 전, 파이스도 결국 나치 친위대에 붙잡히고 말았다. 불행 중 다행이었다면, 독일의 패전이 짙어지면서 나치는 잡힌 유대인들을 동유럽에 있는 절멸수용소로 보낼 수가 없었다. 그 덕에 파이스는 목숨을 부지할 수 있었다. 파이스는 전쟁이 끝나기 직전까지 감옥에서 지냈다. 다행히 크라머스 교수와 친구의 도움을 받아 독일이 연합군에게 항복하기 몇 주 전에 감옥에서 풀려났다. 파이스가 감옥에서 풀려났을 때, 함께 감옥에 갇혔던 친구는 총살당했다는 소식을 전해 들었다. 나치 독일이 네덜란드를 점령하고 있는 동안 네덜란드에 있는 유대인 십일만 명이 절멸수용소로 추방되었고, 다섯 명 중에 네 명은 나치의 손에 죽거나 자살로 생을 끝마쳤다. 전쟁이 끝난 뒤, 네덜란드로 돌아온 유대인은 오천여 명에 불과했다.

감옥에서 풀려난 파이스는 지도교수였던 로젠펠드 밑에서 다시 조교 일을 시작했다. 우선 나치 친위대를 피해 다니며 연구했던 결과를 논문으로 발표했다. 파이스의 첫 번째 논문이었다. 로젠펠드는 파이스에게 덴마크 코펜하겐 대학의 이론물리 연구소*와 볼프강 파울리가 있는 미국 프린스턴의 고등연구소에 가서 연구하는 게 좋겠다고 제안했다. 파이스는 두 곳에 원서를 넣었다. 1945년 9월 말쯤 닐스 보어의 편지를 받았다. 그리고 11월 말에는 고등연구소에 있는 파울리에게서 편지가 왔다. 로젠펠드는 파이스에게 둘 중 하나만 선택하지 말고, 우선 코펜하겐 이론물리 연구소에 갔다가 미국으로 가라고 조언했다. 그의 말대로 파이스는 우선 코펜하겐으로 갔다. 그곳에서 크리스티안 묄레르(Christian Møller)와 연구하면서 전자와 중성미자, 뮤온과 같이 가벼운 입자를 통칭하는 용어 '렙톤(lepton)'을 만들었다. 렙톤은 그리스어의 '작다(λεπτός)'라는 단어에서 왔다. 지금은 렙톤 중에서도 양성자보다 무거운 입자인 타우(τ)가 있어서 가볍다는 뜻이 무색해졌지만, 이 렙톤은 여섯 종류의 입자인 전자, 뮤온, 타우, 전자 중성미자, 뮤온 중성미자, 타우 중성미자를 통칭하는 단어다.

이듬해 9월, 그는 미국으로 떠났다. 뉴욕에서 열린 미국물리학회에 참가한 후, 프린스턴에 있는 고등연구소에서 연구원으로 지내게 되었다. 그가 고등연구소로 가겠다고 결심한 것은 오펜하이머 때문이었다. 뉴욕에서 파이스를 만난 오펜하이머는 그를 불러내 어쩌면 고등연구소의 원장으로 가게 될지 모른다고 말했다. 아직 마음의

---

* 코펜하겐 대학의 이론물리 연구소는 1965년 10월 7일, 닐스 보어의 80세 생일을 맞아 닐스보어 연구소로 명칭을 바꾸었다.

결정을 내리지 않았지만, 자신이 그곳에 가게 되면 함께 고등연구소를 이론물리학의 중심지로 만들어 보자고 제안했다. 파이스에겐 달콤한 제안이었다. 맨해튼 프로젝트를 성공적으로 이끈 오펜하이머의 제안이었으니 거절하기 힘들었다. 처음에는 오 년 계약이었지만, 파이스는 록펠러 대학으로 가기 전까지 그곳의 교수가 되어 십오 년 동안 머물렀다.

파이스는 고등연구소에서 많은 사람을 알게 되고 친구도 여럿 사귀었다. 1949년에는 약력으로 노벨물리학상을 받게 될 젊은 이론물리학자 양전닝이 고등연구소로 왔다. 이 년 후에는 겔만이 연구원으로 왔다. 그해 여름, 파이스는 고등연구소에서 세 번째로 정년 보장을 받은 교수가 되었다. 그때 파이스의 나이는 서른세 살이었고, 겔만은 스물세 살이었다. 열 살이나 차이가 나지만, 파이스는 겔만이 엄청나게 똑똑하다는 걸 한눈에 알아보았다. 그때만 해도 이 어린 친구가 자신을 난처하게 만들 줄은 몰랐다. 겔만은 일 년 후에 시카고 대학의 강사가 되어 고등연구소를 떠났다.

아이소스핀 대칭성

낯선 입자에 관한 실험 결과가 조금씩 쌓이고 있었지만, 이론물리학자들의 관심을 끌기에는 여전히 데이터가 부족했다. 어떤 이들은 V 입자를 우연히 나타난 배경 잡음이라고 여겼다. 그에 반해, 1947년에 파이온이 처음으로 발견된 뒤로 파이온에 쏠린 관심은 엄청났다. 강력을 매개하는 입자였으니, 무엇보다 먼저 파이온의 성질을 이해해야 했다. 가속기에서 파이온을 만들 수 있게 되자 실험물리학자들은 파이온의 질량을 훨씬 정확하게 측정할 수 있었고, 어떻게 붕괴하는지도 알게 되었다. 전하를 띤 파이온은 대략 3×10^{-8}초 정도 지나면 뮤온과 뮤온 중성미자로 붕괴했다.* 반면에 전하가 없는 파이온은 훨씬 빨리 붕괴했는데, 붕괴하면서 광자(감마선)가 두 개 튀어나왔다. 이 중성 파이온은 그야말로 눈 깜짝할 사이에 사라졌다. 광자 두 개로 붕괴하는 데 걸리는 시간은 8×10^{-17}초였다. 이렇게 파이온이 전하에 따라 수명이 다른 데는 이유가 있었다. 전하를 띤 파이온은 약력 때문에 붕괴하고, 중성 파이온은 전자기력 때문에 붕괴했다. 입자들의 수명은 어떤 힘에 의해 붕괴하느냐에 따라 달랐다. 약력에 의해 붕괴하는 입자는 수명이 길었다. 그래서 10^{-8}초밖에 살지 못해도 전자기력이나 강력에 의해 붕괴하는 입자들보다 수명이 훨씬 길어 이런 입자를 안정된 입자라고 부르기도 했다.

파이온과 양성자가 어떻게 상호작용하는지 가장 활발하게 연구한 곳은 페르미가 이끄는 시카고 대학의 입자물리학 그룹이었다. 페르미는 강력이 전하와 전혀 관련이 없다는 걸 알았다. 양성자와 중성자는 스핀이 같고 질량도 거의 같았다. 전하는 서로 달랐지만, 강력의 관점에서 그 둘은 다르지 않았다. 양성자 대신 중성자를 넣어도 강력에는 큰 변화가 없을 것이었다. 다른 말로는 '강력에서는 아

---

* 물론 당시에는 아직 중성미자가 발견되기 전이었다. 중성미자가 정말 존재한다는 사실은 1956년이 되어서야 실험적으로 확인되었다.

이소스핀이 바뀌지 않는다'라고도 표현했다. 그리고 어떤 상황에서 무언가 변하지 않는다는 건 대칭성이 있다는 말이다. 그래서 강력에는 아이소스핀 대칭성(isospin symmetry)이 있다고 표현하기도 했다.

1932년, 채드윅이 중성자를 발견한지 오 개월 쯤 지났을 때, 하이젠베르크는 "원자핵의 구성에 관하여"라는 논문에서 양성자와 중성자를 동시에 다룰 방법을 제안했다. 유카와의 강력이 등장하기 삼 년 전이었으니, 하이젠베르크는 강력의 올바른 모습을 몰랐고, 강력은 전하와 관련이 없다는 것도 몰랐다. 그는 마치 어둠 속에서 잃어버린 열쇠를 더듬거리며 찾는 심정으로 원자핵을 연구했을 것이다. 그럼에도 그는 놀라운 제안을 했다.

삼차원 공간에 놓인 원자핵을 기술하려면, 삼차원 좌표가 필요하다. 원자핵을 구성하는 양성자와 중성자는 모두 스핀이 1/2이었다. 그러나 삼차원 좌표와 스핀만으로는 양성자와 중성자를 구분할 방법이 없었다. 이 둘을 가름하려면 스핀과 다른 꼬리표를 달 필요가 있었다. 양성자는 전하가 있었고, 중성자는 전하가 없었다. 전하만 빼면 둘을 하나로 묶어 다룰 수 있었다. 이 꼬리표는 한동안 동위체 스핀(isotopic spin)으로 부르다가 원자핵의 동위원소(isotope)와 혼돈을 가져올 위험이 있어 아이소스핀이라고 바꿔 불렀다. 스핀이 1/2인 페르미온은 스핀이 향하는 방향에 따라 스핀의 세 번째 성분 값이 +1/2이나 −1/2로 정해진다.

하이젠베르크는 스핀을 설명하는 수학을 고스란히 빌려와 양성자와 중성자의 아이소스핀을 설명했다. 양성자와 중성자를 한데 묶어 핵자라고 통칭한다. 핵자는 스핀이 1/2인 페르미온이면서 동시에 아이소스핀이 1/2인 입자다. 핵자 중에서 양성자는 아이소스핀의 세 번째 성분이 +1/2을, 중성자는 −1/2을 갖는다. 그래서 아이소스핀의 세 번째 성분이 1/2에 대응되는 전하수는 +1이고, −1/2에 대응되는 전하수는 0이다. 이렇게 도입된 꼬리표 아이소스핀은 낯선 입자를 분류하는 데 본격적으로 쓰이기 시작했다.

가속기에서 낯선 입자를 생성하기 시작할 즈음, 겔만과 파이스의 관심을 동시에 끌 만한 논문이 나왔다. 1952년 4월 1일, 데이비드 피슬리(David Peaslee)의 논문이 발표되었다. 피슬리는 겔만보다 앞서 바이스코프 밑에서 박사 학위를 한 이론물리학자였다. 그는 람다 하이퍼론을 아이소스핀이 5/2인 입자로 분류했다. 아이소스핀이 5/2이면 아이소스핀의 세 번째 성분이 여섯 개가 있다. 각각에 대응되는 중입자의 개수는 전하수가 +3부터 +2, +1, −1, −2, −3까지 여섯 개가 된다.

겔만은 피슬리의 논문을 훑어보았다. 논문을 보다 말고 이마를 찌푸리며 중얼거렸다.

"아이소스핀 5/2라고? 만우절에 딱 어울리는 논문이네."

아이소스핀이 5/2가 되려면, 적어도 전하가 3인 입자가 존재해야 하지만, 지금까지 그런 입자는 발견된 적이 없었다. 믿기 힘든 주장이었다.

겔만 역시 아이소스핀을 이용해서 낯선 입자를 분류해 보려고 무척 애쓰고 있었다. 그가 인상을 쓰며 투덜거린 것은 피슬리의 아이디어가 형편없다고 여겨서기도 하지만, 자기보다 먼저 아이소스핀을 써서 낯선 입자를 설명하려고 시도했다는 사실에 묘한 시기심이 들어서였다. 훗날 마음이 많이 누그러진 겔만은 소련의 물리학자 레프 오쿤(Lev Okun)이 한 말을 인용해 이렇게 말했다.

"좋은 아이디어가 하나 있는데, 거기에 결함이 있어요. 그럴지라도 결함과 함께 아이디어를 발표하는 게 더 낫습니다."

피슬리의 논문은 만우절에 어울릴 만큼 틀린 것투성이였지만, 적어도 중요한 내용을 하나 담고 있었다. 그것은 아이소스핀이었다.

고등연구소 세미나

피슬리의 논문이 나온 지 한 달 후, 겔만은 고등연구소에 갈 일이 있었다. 세미나 중에 누군가 겔만에게 "피슬리의 논문을 읽어봤느냐"고 물어보았다. 겔만은 피슬리의 논문이 왜 말이 안 되는지 설명했다. 그러자 또 누군가가 물었다. "그러면 당신이 그 논문을 자세히 설명해 줄 수 있느냐"고 물었다. 그렇게 겔만은 피슬리의 논문을 설명하는 세미나를 하게 되었다. 피슬리의 아이디어를 설명하기 시작했다. 그런데 세미나 중에 겔만은 그만 실수를 하고 말았다. 피슬리가 주장한 아이소스핀 5/2를 말해야 하는데 혀가 잠시 꼬였는지 "아이소스핀 1"이라고 말해 버린 것이었다. 그러나 이 실수 때문이었을까, 아이소스핀 1이라는 말을 한 후, 겔만은 마치 석상처럼 굳어 버렸다. 그리고 서서히 뒤로 물러나더니 의자에 앉는 것이었다. 겔만을 보고 있던 사람들은 '저 친구가 갑자기 왜 저러지'라며 의아해했다.

겔만은 아이소스핀 1이라고 말하고 왜 충격을 받았을까? 그때까지만 해도 핵자를 닮은 하이퍼론은 핵자처럼 아이소스핀이 1/2이어야 하고, 케이온은 파이온처럼 아이소스핀이 1이어야 한다고 믿었다. 아이소스핀은 스핀과는 완전히 다른 것이었으나, 둘을 설명하는 수학은 같았다. 람다나 시그마는 양성자나 중성자처럼 스핀이 1/2인 페르미온이었다. 그래서 이들의 아이소스핀도 1/2과 같은 반정수라고 믿었다. 피슬리가 하이퍼론을 분류하려고 아이소스핀 5/2를 도입한 것도 그런 이유에서였다. 그야말로 선입견이었다. 비록 수학적으로는 아이소스핀과 스핀이 같아 보였지만, 물리적으로 아이소스핀은 스핀과 근본적으로 다른 양이었다. 그러니까 하이퍼론의 아이소스핀도 0이거나 1이 될 수 있고, 케이온의 아이소스핀도 1/2이 될 수 있었다.

잠시 후 겔만은 정신을 차린 듯 일어나 칠판으로 가더니 톤을 높여 말을 이어갔다. 아이소스핀이 1이라면, 낯선 입자를 잘 분류할 수 있다며 잔뜩 흥분한 목소리로 사람들에게 설명했다. 겔만의 말에 사람들의 반응은 시큰둥했다. 파이스가 한마디 던졌다.

"당신 이야기는 내가 몇 달 전에 말한 것과 큰 차이가 없어요. 내가 다 생각해 봤던 거예요"

겔만은 순간 화가 치밀었다. 저런 말투, 꼭 아버지가 어깨 너머로 자기에게 잔소리하는 것만 같았다. 지긋지긋했다. 그러나 파이스는 이미 자기 생각을 논문으로 써서 《피지컬 리뷰》에 투고한 상태였다. 논문은 6월 1일에 나올 예정이었다. 파이스는 겔만에게 자기가 세운 이론을 설명했다. 이미 마음이 상한 겔만은 그의 설명을 듣는 둥

마는 둥 했다. 나이가 많이 들어서야 겔만은 파이스의 논문을 '우아한 논문'이라며 치켜세웠지만, 이때만 해도 그가 싫었다. 로우나 골드버거처럼 마음이 넓은 사람이 아니면 겔만을 품기란 여간 어려운 일이 아니었다. 어쨌거나 겔만은 "아이소스핀 1"이라고 잘못 내뱉는 바람에 입자들을 분류할 몹시 중요한 열쇠 하나를 얻었다.

홀짝 이론과 동반 생성

1951년에 영구직 교수가 된 파이스는 자신의 생각을 온전하게 펼칠 연구 주제를 찾고 있었다. 그의 눈에 들어온 것은 그때까지만 해도 이론물리학자들의 관심 밖에 있던 낯선 입자였다. 우선 원래부터 알고 있던 입자와 새로 발견된 낯선 입자를 구분하기로 했다. 그는 자신만의 기준에 따라, 예전에 발견된 입자들, 그러니까 핵자와 광자, 파이온, 렙톤(전자와 뮤온)에는 숫자 0을 붙였고, 새로 발견된 낯선 입자에는 1을 붙였다. 그리고 입자가 붕괴하거나 생성되는 과정을 이 숫자의 합으로 나타냈다. 입자가 강력이나 전자기력에 의해 다른 입자로 바뀌거나 붕괴할 때, 처음 상태에 있던 입자들에 붙인 숫자의 합이 짝수면 나중에 생성되어 나오는 입자들의 숫자의 합도 짝수, 홀수면 홀수로 같아야 한다고 보았다. 파이스의 규칙을 다시 정리하면, 낯선 입자가 생겨날 땐 반드시 쌍으로 생겨나야 한다는 것이었다. 처음 발견된 낯선 입자인 V 입자도 꼭 그랬다.

파이스는 이걸 '동반 생성(associated production)'이라고 불렀다. 이 동반 생성은 이 년 후, 브룩헤이븐의 코스모트론이 작동하면서 실험으로 확인되었다. 15억 전자볼트의 파이온을 양성자에 충돌시키자 케이온 중간자와 람다 중입자가 동시에 생긴 것이다. 동반 생성이 확인되는 순간이었다. 비록 파이스의 제안은 낯선 입자를 향해 첫발을 떼었다는 의미가 있었지만, 파이스가 도입한 수가 정확하게 무얼 의미하는지 근거가 부족했다.

강력이나 전자기력과 달리 약력에 의해 입자가 붕괴할 때는 처음 상태의 입자나 나중에 생겨난 입자의 수 중 어느 하나라도 홀수면, 다른 쪽은 반드시 짝수가 되어야 했다. 다시 말해, 강력에 의한 붕괴에서는 홀이면 홀, 짝이면 짝인데, 약력에서는 홀이면 짝, 짝이면 홀로 나타나는 것이었다. 파이스의 홀짝 이론은 가속기에서 낯선 입자를 생성시키는 반응과 약력에 의한 붕괴 과정을 이해하는 데 도움이 되었다.

기묘도

겔만은 중입자의 아이소스핀이 1이 되거나 중간자의 아이소스핀이 1/2이 될 수 있다는 걸 깨닫자, 지금까지 발견된 낯선 입자들이 마치 쌍둥이만 다니는 학교의 아이들로 보였다. 케이온의 아이소스핀이 1이 아니라 1/2이라고 가정하면, 양전하를 띤 케이온은 아이소스핀의 세 번째 성분이 1/2이고, 중성 케이온은

암흑 속에서

-1/2이라고 둘 수 있었다. 그리고 강력에서는 아이소스핀이 항상 보존되는 반면, 전자기 상호작용에서는 아이소스핀이 1만큼 바뀐다고 가정했다. 마지막으로 약력에서는 아이소스핀이 보존되지 않는다고 보았다. 길이 보였다. 겔만은 자신이 깨달은 것을 "아이소스핀과 새로운 불안정 입자들"이라는 논문으로 정리해서 《피지컬 리뷰》에 투고했다. 반 페이지 남짓 되는 논문이라 식은 한 줄도 없이 새로운 입자를 어떻게 이해할 수 있는지 대략적인 구상만 적혀 있었다. 그러나 이것은 십일 년 후, 겔만이 그 많은 입자를 어떻게 한눈에 알아볼 수 있도록 정돈하게 되는지를 알리는 조용한 서막이었다. 겔만은 원래 "아이소스핀과 호기심을 끄는 입자들"이라고 제목을 정했지만, 《피지컬 리뷰》의 편집인들이 퇴짜를 놓았다. 그다음 제목인 "아이소스핀과 낯선 입자들" 역시 거절당했다. 결국, 논문 제목은 저렇게 밋밋해져 버렸다. 역설적으로 훗날, 이 새롭고 불안정한 강입자들은 낯선 입자(기묘 입자)라고 불리게 된다.

이 논문의 네 번째 각주에는 겔만이 앞으로 무얼 연구할 것인지도 들어 있었다. 실제로 이 각주에서 이야기한 주제는 이 년 후에 파이스와 함께 연구해서 논문으로 내게 된다. 이 논문으로 겔만은 쿼크를 향한 여정의 첫발을 내디딘 셈이었다. 일 년 전 겔만이 고등연구소에서 피슬리의 논문을 설명하며 아이소스핀은 1이라고 무심코 잘못 뱉는 바람에 아이소스핀의 중요성을 깨달았지만, 이것만으로 낯선 입자를 모두 분류할 수는 없었다. 겔만은 두 편의 논문을 힘들여 썼지만, 자기 생각이 완벽하지 않다는 두려움 때문에 발표하지 않았다. 그러나 정작 중요한 내용은 여기에 담겨 있었다. 발표하지 않은 이 논문에 겔만은 낯선 입자와 이미 알려진 입자를 구분할 묘수를 제안했다.

아이소스핀은 낯선 입자 중에서 성질이 비슷한 입자들을 하나로 묶는 데 큰 도움이 되었다. 이를테면 양전하를 띤 케이온과 중성 케이온을 한 쌍으로 두면, 케이온은 아이소스핀이 1/2인 입자가 된다. 이런 방식으로 시그마는 아이소스핀이 1인 중입자, 크시는 아이소스핀이 1/2인 중입자로 정리할 수 있었다. 그러나 낯선 입자를 이미 잘 알려진 강입자와 구분하려면, 또 하나의 꼬리표를 도입할 필요가 있었다. 이를 위해 겔만은 낯섦 또는 기묘도(strangeness)라는 양자수를 정의했다. 케이온에는 기묘도 +1을 부여하고, 시그마와 람다에는 -1, 크시에는 -2를 붙였다. 케이온은 중간자였고, 시그마나 크시는 중입자였으므로, 이미 알려진 양자수인 중입자수(baryon number)를 도입해 중간자와 중입자를 구분했다.

이건 마치 생물학에서 종-속-과-목-강-문-계에 따라 동식물을 분류하는 것과 흡사했다. 예를 들어 개와 고양이는 둘 다 식육목에 속하지만, 각각 개과와 고양잇과로 나뉜다. 개와 늑대는 같은 속에 들어가지만 종은 서로 다르다. 세 개의 꼬리표인 아이소스핀의 세 번째 성분(I_3), 기묘도(S), 중입자수(B)를 잘 배열하자, 기존의 입자뿐 아니라 낯선 입자까지 훌륭하게 분류할 수 있었다. 게다가 입자의 전하수도 이 세 개의 꼬리표로 표현할 수 있었다. 전하수(Q)는 $Q=I_3+(B+S)/2$로 나타냈다. 겔만은 기묘도와 중입자수를 합쳐 초전하(hypercharge, Y)를 Y=B+S라고 정의했다. 그러자 좀 더 간단한 식 $Q=I_3+Y/2$를 얻을 수 있었다.

사실 이런 생각을 겔만만 한 것은 아니었다. 일본 이바라키현 출신의 니시지마 가추히코(西島和彦)는 도쿄 대학을 졸업하고 난부 요이치로(南部陽一郎)가 있던 오사카 시립 대학에서 그의 연구를 도우며 1955년에 박사 학위를 마쳤다. 당시 일본의 이론물리학자들 대부분이 그랬듯이 니시지마도 원래는 핵력을 연구하고 있었다. 그러나 낯선 입자들이 발견되면서 이들에 관심이 쏠렸다. 니시지마도 겔만처럼 양자수를 하나 더 도입했다. 그는 이 새로운 양자수를 그리스 문자에서 따와 에타(η) 전하라고 불렀다. 에타 전하는 겔만의 기묘도와 같은 것이었다. 그리고 겔만이 구한 관계식 $Q = I_3 + Y/2$를 니시지마도 구했다. 그래서 이 식을 겔만-니시지마 관계식이라고 부른다.

겔만-니시지마 관계식은 낯선 입자를 포함한 모든 강입자에 적용된다. 이미 잘 알려진 양성자는 아이소스핀의 세 번째 성분이 1/2이고, 기묘도는 0, 중입자수는 1이다. 이 값을 겔만-니시지마 관계식에 넣으면, 양성자의 전하수는 1이 된다. 양전하를 띤 케이온은 중간자이므로, 기묘도 +1, 중입자수 0을 갖는다. 그렇게 양전하 케이온의 초전하는 1이 되고, 아이소스핀의 세 번째 성분은 1/2이므로, 케이온의 전하수는 (1/2)+(1/2)=1이 된다.

겔만은 1956년에《일 누오보 시멘토》에 발표한 논문에서 겔만-니시지마 관계식을 이용해 낯선 중간자와 중입자를 정리했다. 파이스의 홀짝 이론보다 깔끔했고, 동반 생성도 기묘도로 설명할 수 있었다. 강한 상호작용에서는 아이소스핀도 변하지 않지만 기묘도도 변하지 않는다. 예를 들어 광자와 양성자를 충돌시켜 양전하 케이온 중간자와 람다 중입자를 생성시킨다고 하자. 처음 상태의 기묘도는 0이다. 양전하 케이온은 기묘도가 +1이고, 람다의 기묘도는 -1이므로 둘을 합하면 0이다. 처음이나 나중이나 기묘도는 불변이다. 처음에 주어진 기묘도 값과 나중에 생겨난 입자들의 기묘도 값이 같아야 한다는 것을 '기묘도 보존'이라고 불렀다. 강한 상호작용에서는 기묘도가 보존되어야 한다는 것이 겔만의 제안이었다. 그러나 강력과 달리 약력에서는 기묘도가 붕괴 과정에서 바뀔 수 있지만, 동시에 전하수도 함께 변해야 한다. 그러면서 기묘도가 0이 아닌 입자를 낯선 입자 또는 기묘 입자라고 부르기 시작했다. 이제 기묘 입자에 나오는 '기묘'는 기묘하거나 낯섦을 표현하는 보통명사가 아니라 입자를 특정하는 고유명사가 되었다.

반목이 싹트다

파이스는 겔만이 써놓고도 발표하지 않은 두 편의 논문을 읽어 보았다. 파이스는 겔만이 기묘도를 도입한 것이 마음에 걸렸다. 자기가 세운 홀짝 이론과 결이 달랐다. 그래서 겔만에게 전화를 걸어 1954년 7월에 스코틀랜드 글래스고에서 열릴 학회에서 논문을 함께 써서 발표하면 어떻겠느냐고 물었다. 파이스는 논문 한 편에 서로 경쟁하고 있는 이론을 나란히 배치해 사람들의 평가를 받길 원했다. 겔만도 흔쾌히 동의했다. 겔만과 파이스는 학회에서 발표할 논문을 거의 마무리한 뒤 글래스고로 떠났다.

실험물리학자 발렌타인 텔레그디(Valentine Telegdi)도 글래스고 학회에 참석하고 있었다. 시카고 대학의 교수였던 그는 겔만을 무척 아꼈다. 물리학뿐 아니라 거의 모든 분야에 박식했던 겔만과의 대화를 즐겼다. 그에게 겔만은 이론적인 난관이 있을 때마다 자신을 도와주는 젊은 친구이기도 했다. 그는 파이스의 발표를 들으면서 파이스가 겔만을 이용해 먹는다고 여겼다. 겔만에게 돌아가야 할 공을 가로채는 것처럼 보였다. 게다가 텔레그디는 다른 사람을 쉽게 비난하는 경향이 있었다. 한번은 그의 아내가 "이 사람은 밥 먹을 때마다 꼭 씹어야 할 사람이 필요한 것처럼 보여요"라고 할 정도였다. 텔레그디는 겔만에게 "파이스를 조심하라"고 충고했다. 의심의 씨앗이 겔만의 마음속에 뿌려졌다. 겔만도 파이스에게서 그런 걸 느끼던 차였다. 처음부터 파이스가 마음에 들지 않았다. 자기 앞에서 웃어른처럼 구는 것도 탐탁지 않았다.

학회가 끝나고 겔만은 런던에서 파이스를 만나 논문을 한 번 더 손질했다. 이 논문은 1953년에 나온 논문과 1956년 겔만-니시지마 관계식이 나오는 논문을 이어주는 다리 역할을 하는 논문이었다. 여기서 겔만과 파이스는 몇 가지 중요한 제안을 했다. 두 사람은 먼저 람다(Λ^0) 하이퍼론은 전하가 없고 아이소스핀이 0인 입자로 분류했다. 그리고 아이소스핀이 1인 하이퍼론에 시그마(Σ)라는 이름을 지어줬다. 이 하이퍼론의 아이소스핀이 1이라면, 전하가 없는 시그마도 존재해야 한다. 그러니까 두 사람은 전하가 없는 시그마(Σ^0)가 존재해야 함을 예언한 셈이었다. 그리고 기묘도가 −2인 크시(Ξ) 하이퍼론에는 아이소스핀 1/2이 주어졌다. 그렇게 해야 크시 하이퍼론이 람다와 파이온으로 붕괴하는 걸 설명할 수 있었다. 그런데 크시의 아이소스핀이 1/2이면, 전하가 없는 크시(Ξ^0) 하이퍼론도 반드시 존재해야 했다. 두 사람은 이 논문에서 전하가 없는 시그마에 이어 전하가 없는 크시도 예언한 셈이었다. 게다가 전하가 없는 시그마는 광자를 내놓으면서 반드시 람다(Λ^0)로 붕괴해야 한다는 사실도 예측했다. 이런 붕괴를 방사 붕괴(radiative decay)라고 부르는데, 시그마가 람다로 붕괴한다는 사실은 나중에 실험에서 확인된다. 재미있는 점은, 파이스가 시그마와 크시라는 이름을 당시에 유행하던 노래 제목 'The Darling of Sigma Xi'에서 따왔다는 것이다. 그러나 이 노래 제목은 시그마만 빼고 다 틀린 것이었다.* 어쨌거나 이 두 하이퍼론은 지금까지 시그마와 크시라고 부른다. 이 틀린 노래 제목은 입자들의 이름으로 영원히 남았다.

1955년에 겔만은 파이스와 함께 또 한 편의 논문을 썼다. 1953년 논문에서 겔만은 케이온을 제대로 설명하질 못해서《피지컬 리뷰》의 논문 심사위원으로부터 한 소리 들었는데, 이 년 후에 쓴 이 논문에서 두 사람은 중성 케이온을 깔끔하게 정리한다. 이 논문에서는 전하켤레 대칭성(charge conjugation symmetry)을 도입해서 전하가 없는 케이온에 대응되는 반입자가 존재한다는 것을 설명했다. 그래서 전하켤레 대칭성은 입자-반입자 대칭성이라고도 부른다. 전하켤레를 취하면 입자는 반입자로 바뀌기 때문이다. 이 과정에서 입자의 전하는 반대로 바뀌고, 기묘도의 값도 반대가 된다. 두 사람은

---

* 올바른 노래 제목은 1933년에 나온 'The Sweetheart of Sigma Chi'였다.

기묘도가 +1인 중성 케이온에 대해 기묘도가 −1인 중성 케이온이 반드시 존재함을 증명했다. 이 역사적인 논문은 겔만이 파이스와 함께 쓴 마지막 논문이 되고 말았다. 텔레그디가 겔만 마음속에 뿌려놓은 의심의 씨앗이 그만 발아해 버린 것이다.

파이스와 함께 쓴 논문을 투고한 뒤, 겔만은 파이스가 자신의 공을 가로채고 있다고 의심했다. 파이스가 글래스고에서 발표한 논문도 자기가 써 넣고 투고하지 않은 논문의 내용이 대부분이었다. 발표 중에 자신의 이름을 별로 언급하지도 않았다. 이번 일도 자신이 내놓은 아이디어가 뼈대를 이루고 있는데, 파이스는 늘 자기가 먼저 내놓은 아이디어라고 주장하는 것처럼 보였다. 분노가 치밀었다. 자기보다 열 살이나 많은 사람이 하는 짓치고는 참으로 치졸해 보였다. 겔만은 다른 사람들과 토론할 때 파이스에 관한 이야기가 나오면 과하게 반응했다. "파이스는 참 나쁜 놈이에요"라는 말도 서슴지 않았다. 모욕적인 언사였다. 그 이야기는 파이스의 귀에까지 들어갔다. 파이스는 당황스럽고 화가 났다. 자기보다 열 살이나 어린놈이 자신에 대해 함부로 이야기하고 다니는 것을 참을 수 없었다. 파이스는 보복에 나섰다. 1955년 겨울, 로체스터에서 열린 학회에서 사람들 앞에서 대놓고 말했다.

"겔만이 제안한 기묘 입자나 기묘도라는 말은 좀 우스워요. 그런 장난스러운 표현은 쓰지 않았으면 합니다."

그러나 파이스의 뜻대로 되지 않았다. 전하가 양인 케이온에는 기묘도 +1이 주어졌고, 람다나 시그마 하이퍼론에는 기묘도 −1이 주어졌다. 기묘도라는 단어는 이제 사람들의 입에 자연스레 오르내리는 중요한 용어가 되었다. 두 사람은 학회에서 마주쳐도 서로 인사는커녕 싸늘한 눈빛만 주고받으며 지나치곤 했다.

나치의 압제를 견뎌낸 파이스는 시간이 가면서 분노를 추슬렀다. 한번은 그가 볼티모어에 간 적이 있었다. 그곳에는 1692년에 지어진 성 바오로 성공회 교회가 있었다. 거기에 적혀있는 말이 파이스의 마음에 깊은 위로를 주었다.

"굴하지 말고 가능하면 모든 이와 좋은 관계를 유지하세요. 진실은 조용하고 명확하게 말하고, 싸우려 들거나 무식한 자라고 할지라도 그의 이야기를 잘 들어주세요. 그들에게도 할 이야기가 있습니다. 시끄럽고 공격적인 사람을 피하십시오. 그들은 영혼을 괴롭힙니다. 다른 사람과 자신을 비교하면 헛되고 비통해질 수 있습니다. 자신보다 큰 사람도 있고, 작은 사람도 있기 마련입니다. 당신의 성취와 계획을 즐기십시오."

그러나 파이스의 마음속에는 여전히 겔만에 대한 미움이 있었는지도 모른다. 위에 써놓은 글이 자신의 마음을 평안하게 해줬던 이유도 겔만이 "시끄럽고 공격적인 사람"이었다고 여겼기 때문이었는지 모른다. 자기보다 열 살 어린 겔만에 대한 배려가 부족했던 것은 분명했다. 겔만은 다루기 힘든 사람이었다. 머리가 다섯 달린 괴물이라고 불릴 정도로 머리가 좋은 사람이었고, 자신보다 더 똑똑한 사람이 있다는 사실을 인정하기 힘들어 했던 사람이었다. 그런 겔만의 모습에 열등감을 느꼈을지도 모른다. 결국, 두 사람 모두 명성을 원했던 탓에 서로 반목할 수밖에 없었다. 겔만은 이후에도 파인먼과 투덕거리곤 했고, 자기보다 못한 사람을 쉬이 무시하곤 했다. 로우나 골드버거처럼 마음이 너른 사람이 아니면 겔만을 감당하기 힘들었다.

　다툼은 있었지만, 겔만과 파이스 두 사람은 낯선 입자를 이해하는 길을 연 사람들이었다. 결국 헤어졌지만, 두 사람이 함께 내놓은 연구는 그때까지 암흑 속에서 헤매던 이들에게 등불이 되었다. 그러나 이제 문이 열렸을 뿐이었다. 겔만이 제안한 기묘도 역시 앞으로 겔만이 내놓을 엄청난 이론에 비하면, 그저 반딧불에 불과할 뿐이었다. 기묘도는 여전히 완성되지 않은 개념이었다.

Yang Chen-Ning
1922~

왼손잡이
신

Three Quarks
5

Left-Handed
God

Parity Violation
in the Weak
Interaction

Chien-Shiung Wu
1912~1997

Tsung-Dao Lee
1926~

아침 일찍 뒷산으로 삼나무를 하러 간 나무꾼은 덤불 속에서 남자의 시신 한 구를 발견했다. 가슴팍에 깊은 상처가 남은 걸로 봐서는 누군가에게 살해된 게 틀림없었다. 사건의 전말을 밝혀야 할 감찰사는 목격자를 불러 심문했다. 감찰사는 처음 시신을 발견한 나무꾼의 증언, 살해 전날 점심 무렵 말을 탄 여인과 함께 걸어가던 남자를 봤다던 어느 스님의 증언, 범인을 체포한 나졸의 증언, 죽은 남자의 장모의 진술, 남자를 살해한 범인의 자백, 살해당한 남자의 아내였던 여인의 참회, 무녀의 입을 빌린 원혼의 진술을 들었다. 범인은 자기가 남자를 죽였다고 자백했지만, 남자의 아내였던 여자 역시 남편의 가슴팍에 단도를 푹 찔러 넣었다고 자백했다. 진술은 엇갈렸다. 과연 누구의 자백이 진실이었을까?

일본 다이쇼 시대를 파란만장하게 살다 간 소설가 아쿠타카와 류노스케의 작품, 〈덤불 속〉의 줄거리다. 이 이야기는 구로사와 아키라가 감독한 영화 〈라쇼몽〉의 바탕이 되기도 했다. 1950년대 초 우주선에서 낯선 입자를 목격한 물리학자들의 증언은 〈덤불 속〉에 나오는 증인들의 진술과 범인의 자백을 떠올린다. 로체스터와 버틀러가 V 입자를 발견한 뒤, 너도나도 우주선에서 낯선 입자를 찾으러 나섰다. 그들은 검출기를 챙겨 높은 산으로 올라갔다. 얼마 지나지 않아 낯선 입자들이 속속 발견되었다. 어떤 이는 타우(τ)라는 입자를 발견했고, 어떤 이는 세타(θ)를 발견했다. 카파(κ)라는 입자도, 카이(χ)라는 입자도 발견했다. 이 입자들의 질량은 거의 같았으나, 붕괴하며 나오는 입자는 달랐다. 타우는 죽으면서 파이온 세 개를 남겼고, 카파는 뮤온을, 카이는 파이온 하나를, 세타는 파이온 두 개를 내놓았다. 실험물리학자들의 진술만으로는 이 입자들의 정체를 밝힐 수 없었다. 류노스케의 말을 빌려 표현하면, 태양을 좇아가며 세상을 굽어보던 솔개의 날카로운 눈이 필요했다.

페르미의 베타 붕괴 이론과 약력

파시즘의 불길한 어둠이 독일과 이탈리아를 덮어가던 1933년 10월, 일곱 번째 솔베이 학술회의가 벨기에의 브뤼셀에서 열렸다. 이번 회의의 주제는 '원자핵의 구조와 성질'이었다. 페르미는 이 회의에 참석하는 동안 역사에 길이 남을 혁명적인 아이디어를 떠올렸다. 아이디어를 구체화하기까진 두 달도 채 걸리지 않았다. 1933년 12월, 페르미는 자신의 가족과 갓 결혼한 에도아르도 아말디(Edoardo Amaldi) 부부, 그리고 에밀리오 세그레와 함께 이탈리아 북부 돌로미티에 있는 스키장으로 휴가를 떠났다. 휴가 동안 세 사람은 낮에는 스키를 타고 밤이면 물리학을 토론했다. 그러던 어느 날 저녁, 페르미는 아말디와 세그레에게 자신의 노트를

왼손잡이 신

펼치며 이야기를 꺼냈다.

"이제 보여줄 이론은 아마도 내 생애 최고의 업적이 될 거야."

불안정한 핵은 알파입자를 내놓거나 전자 혹은 양전자를 내놓으며 붕괴한다. 이 중에서도 전자를 내놓는 베타 붕괴는 십 년 넘게 물리학자들을 괴롭히고 있었다. 닐스 보어와 그의 제자들은 베타 붕괴처럼 미시적인 세계에서 일어나는 현상에서는 에너지 보존 법칙이 맞지 않을 수도 있다고 주장했지만, 페르미가 보기에 그건 올바른 답이 아니었다. 그는 에너지 보존 법칙을 깨지 않고도 베타 붕괴를 설명할 수 있는 완전히 새로운 이론을 내놓았다.

불안정한 핵에 있던 중성자는 양성자로 바뀐다. 동시에 전자와 중성미자가 원자핵 바깥으로 나온다. 원자핵 속에는 전자가 없다. 전자와 중성미자는 중성자가 양성자로 바뀌는 순간 태어난다. 이 것이 페르미의 베타 붕괴 이론이었다. 혁명적인 생각이었고, 역사를 바꿀 웅장한 이론이었다. 그러나 당시에 페르미의 이론을 제대로 이해한 사람은 몇 명 되지 않았다. 볼프강 파울리는 "우리가 쌓아놓은 쓰레기 더미에 드디어 페르미가 세차게 물을 뿌리기 시작했다"라며 그의 이론을 찬양했지만, 정작 페르미가 논문을 투고한 《네이처》에서는 "현실과 동떨어진 추상적인 이론이라 독자의 흥미를 끌지 못할 것"이라는 이유로 그의 논문에 게재 불가 판정을 내렸다. 혁명은 외로웠고, 장엄함은 편견에 가려졌다. 훗날 페르미의 베타 붕괴 이론에 관한 논문은 문제를 정확하게 제시하고 간결한 해결책까지 제안했다고 갈채를 받는다. 페르미 이론의 진정한 의미는 자연에 존재하는 네 가지 근본적인 힘 가운데 하나를 세상에 알렸다는 데 있다. 약력은 원자핵의 베타 붕괴에만 간여하는 힘이 아니었다.

강력은 세상을 만들고, 약력은 세상을 단순하게 정리한다. 우주선에서 발견된 낯선 입자는 생긴 지 얼마 지나지 않아 모두 붕괴했다. 이들 대부분은 약력 때문에 붕괴했다. 붕괴한 뒤 남는 건 전자와 양성자밖에 없었다. 중성미자나 반중성미자가 함께 튀어나오기도 했지만, 이들은 유령 같은 입자라 검출기에 흔적을 남기지 않았다. 낯선 입자는 그 어떤 물질도 이룰 수 없었다. 그렇게 약력은 세상을 단순하게 했다. 그렇게 많은 낯선 입자가 발견되었어도 세상은 오직 양성자와 중성자, 전자로만 이루어진다. 약력이 없었다면, 어쩌면 어떤 사람의 몸속에는 람다 중입자가 있을 수도 있고, 또 어떤 사람에게는 시그마 중입자가 있을 수도 있다. 아니 어쩌면 이런 입자들이 계속 존재하는 한, 생명이 존재할 수 없을지도 모른다. 저 빛나는 태양조차도 약력이 없었다면, 단번에 모두 타버렸을지도 모른다. 약력은 우리가 지금처럼 존재하려면 반드시 있어야 하는 근본적인 힘이다. 그러나 약력을 처음으로 세상에 알린 페르미의 베타 붕괴 이론에는 심각한 결함이 있었다. 이 결함을 드러낸 것 역시 낯선 입자들이었다.

왼손잡이 신

타우-세타 퍼즐

1948년, 우주선에서 파이온을 최초로 발견한 세실 파월은 자신의 팀을 이끌고 핵 건판과 함께 스위스에 있는 융프라우요흐로 올라갔다. 해발 3000미터가 넘는 곳이라 비교적 수명이 짧은 낯선 입자를 찾기에는 안성맞춤이었다. 그곳에서 파월은 우주에서 지구로 날아오는 입자 중에서 파이온 세 개로 붕괴하는 입자를 찾았다. 파월은 그리스 문자 타우를 써서 이 입자에 '타우 중간자'라는 이름을 붙였다. 1953년에는 미국 인디애나 대학의 로버트 톰슨(Robert Thompson)이 V 입자 중에서 파이온 두 개로 붕괴하는 입자를 발견했다. 이 입자는 또 다른 그리스 문자 세타에서 따와 '세타 중간자'라고 불렸다. 이 두 입자가 붕괴하는 모습은 완전히 달랐지만, 묘하게도 질량은 거의 같았다. 실험을 정교하게 하면 할수록 이 두 입자의 질량은 점점 같아졌다. 물리학자들은 세타와 타우가 같은 입자일 것이라고 예상했다. 그러나 심각한 문제가 발생했다.

모든 입자에는 고유 반전성(intrinsic parity)이라는 성질이 있다. 고유 반전성은 상대적이라 가장 잘 알려진 양성자의 고유 반전성을 양의 값으로 선택했다. 그에 따라 모든 입자의 고유 반전성을 실험으로 측정해 정할 수가 있다. 파이온은 반전성이 음이다. 단순하게 따져보자. 우선 세타와 타우의 스핀을 0이라고 하자. 그러면 반전성이 음인 파이온 두 개로 붕괴하는 세타는 반전성이 양이라고 추측할 수 있다. 반면에 타우는 파이온 세 개로 붕괴하므로 반전성이

음이 되어야 한다.* 이 분석대로라면 세타는 반전성이 양이고 타우는 반전성이 음이니 두 입자는 절대로 같은 입자가 될 수 없었다. 참으로 난감한 일이었다. 이 문제를 해결할 방도가 보이지 않았다. 그래서 사람들은 여기에 '타우-세타 퍼즐'이라는 이름을 붙여 난제임을 명시했다.

버클리 방사선 연구소의 베바트론과 브룩헤이븐에 있는 코스모트론이 가동되면서 더는 우주선에 기대 낯선 입자를 찾으려고 애쓸 필요가 없었다. 실험물리학자들은 두 가속기에서 타우와 세타 입자를 만들어 질량과 수명을 정확하게 측정하기 시작했다. 측정하면 할수록 두 입자의 질량과 수명은 일치했다. 과연 세타와 타우는 같은 입자일까, 다른 입자일까?

거울 대칭성

이 퍼즐을 풀 방법이 전혀 없는 것은 아니었다. 하지만 그러려면 당시 물리학자들이 철석같이 믿고 있던 거울 대칭성 보존을 포기해야만 했다. 거울 대칭성은 무엇일까? 《이상한 나라의 앨리스》로 유명한 영국의 작가이자 수학자였던 루이스

---

* 붕괴 후 파이온이 두 개가 나오니, 음수에 음수를 곱해 양수가 된다. 붕괴 후 파이온이 세 개가 나오면, 음수 셋을 곱하니, 음수가 된다. 원래 세타와 타우의 반전성을 정확하게 따지려면 붕괴 후 나오는 두 개의 파이온과 세 개의 파이온 각각의 각운동량을 함께 고려해야 하지만, 여기서는 파이온의 각운동량을 무시하고 고유 반전성만 살펴보았다. 파이온처럼 스핀이 0이면서 반전성이 음인 입자를 유사 스칼라 중간자(pseudoscalar meson)라고 부른다.

왼손잡이 신

캐럴은 그 두 번째 이야기로 《거울 나라의 앨리스(Through the looking glass)》를 썼다. 이 책에 나오는 장면 하나를 보자.

"앨리스는 탁자 위에 책이 한 권 놓여있는 걸 발견했다. 책을 뒤적이며 읽을 수 있는 부분을 찾으려고 애썼다. 그러나 아무리 살펴봐도 모르는 언어였다. 한참을 들여다보던 앨리스는 마침내 깨달았다. 이 책을 거울에 비추자, 비로소 모든 글자가 제대로 보였다."

앨리스가 보던 책의 글자는 반전, 즉 뒤집혀 있었다. 어지간한 사람은 왼쪽과 오른쪽을 구분할 수 있다. 물리학자도 마찬가지다. 그러나 왼쪽과 오른쪽은 그저 편의상 나눈 구분일 뿐 절대적인 것은 아니다. 거울에 비춰보면 왼쪽은 오른쪽이 되고, 오른쪽은 왼쪽이된다. 거울에 비춰진 세상과 거울 앞 세상은 그저 왼쪽과 오른쪽이바뀌어 있을 뿐이다. 이 세상의 물리법칙이나 거울 속의 물리법칙이나 다를 게 하나도 없다. 두 세상에서 일어나는 모든 법칙이 같다는 걸 거울 대칭성이라고 부른다. 좀 더 일반적으로 반전 대칭성이라고 부르는데, 거울에서는 좌우만 바뀌지만, 상하가 바뀔 수도 있고, 삼차원 공간에서 모든 좌표의 부호가 바뀔 수도 있어서다.

조금 더 극적인 예를 들어보자. 자동차가 두 대 있다. 한 대는 흔히 보는 것처럼 운전석이 왼쪽에 있고, 가속 페달은 오른쪽에 브레이크 페달은 왼쪽에 있다. 다른 한 대는 똑같은 자동차가 거울에 비친 모습이다. 운전석은 오른쪽에 있고, 가속 페달은 왼쪽에 브레이크 페달은 오른쪽에 달려 있다. 시동을 건 뒤 가속 페달을 밟으면 당연히 두 자동차 모두 앞으로 간다. 1956년까지 물리학자들은 이걸 당연하게 여겼다. 그러나 약력에서 거울 대칭성이 깨진다는 것은 이 두 대의 자동차 중 한 대는 가속 페달을 밟을 때 뒤로 간다는 말과 같다. 만약에 거울 속에서 이런 일이 일어난다고 상상해 보라. 누구든 놀라 자빠질 것이다. 실제로 1956년에 물리학에서 이런 일이 일어났다.

두 명의 중국인

퍼즐에 답이 존재하는 한 언젠가는 그 답을 찾는다. 타우-세타 퍼즐을 해결한 사람은 중국 출신의 리정다오(李政道)와 양전닝(楊振寧)이었다. 양전닝은 리정다오보다 네 살이 많았다. 그는 베이징 출신이었고 아버지는 수학자였다. 1937년 일본이 중국을 침공하면서 베이징 대학과 칭화 대학, 난카이 대학은 쿤밍으로 이전해 국립서남연합대학으로 합쳐졌다. 양전닝은 이 대학에서 학부를 마치고 1944년에는 칭화 대학에서 석사 학위를 받았다. 그리고 칭화 대학에서 주는 장학금을 받아 미국으로 유학하러 갔는데, 그가 받은 장학 기금의 배경에는 중국 역사의 아픈 상처가 있었다.

1899년, 중국 화북과 산동 지역에서 의화단 운동이 일어났다. 의화단은 서양인과 기독교인을 배척하며 잔인하게 살해했다. 의화단원들의 무예가 출중했던 터라 서양 선교사들은 그들을 '복서(boxer)'라고 불렀다. 그래서 의화단 운동은 '복서의 반란'이라고도 부른다. 중국 황실도 의화단의 편을 들었다. 베이징에 살던 서양인들은 구조를 기다리며 외국인 공관 지역으로 피했다. 영국-아일랜드 연합군, 러시아 제국, 미국, 독일, 오스트리아-헝가리 제국, 이탈리아, 일본, 프랑스 연합군은 톈진에 도착해 선전포고도 없이 포문을 열었다. 의화단 전쟁은 1901년 9월 7일에 중국과 서양 연합군이 평화 협정을 체결하며 끝을 맺었다. 중국의 완벽한 패배였다. 중국은 연합군 측에 은 1400만 킬로그램을 배상해야 했다. 어마어마한 배상금이었다. 의화단 전쟁이 끝나고 십 년 후, 미국은 화해의 손길을 내밀며 받았던 배상금을 중국에 돌려주었다. 배상금 일부는 칭화대학의 장학기금이 되었다. 양전닝이 미국으로 유학갈 수 있게 해준 장학금이었다.

미국으로 가는 길은 쉽지 않았다. 중국을 떠나 인도를 거쳐 수에즈 운하를 지나 대서양을 건너 1945년 11월에 뉴욕에 도착했다. 양전닝은 무조건 페르미가 교수로 있는 컬럼비아 대학에서 공부하고 싶었다. 페르미를 흠모했던 그는 페르미의 지도를 받고 싶었다. 컬럼비아 대학에 도착하자마자 페르미의 연구실이 있다는 푸핀 연구소 8층까지 단숨에 올라갔다. 그러나 페르미는 그곳에 없었다. 거기서 만난 어떤 비서에게 페르미의 행방을 물었다. 돌아온 답은 어쩌면 시카고에 있을지 모르겠다는 것이었다. 페르미는 맨해튼 프로젝트의 가장 중요한 부분을 차지했던 핵분열로 건설을 책임지고 이미 이 년 전에 시카고 대학의 금속 공학 연구소로 자리를 옮긴 뒤였다. 양전닝은 좌절하지 않고 다시 시카고로 향했다. 시카고에 도착한 뒤, 시카고 대학에 정식으로 등록까지 했지만, 이번에도 페르미를 못 만날 것만 같아 전전긍긍했다. 이듬해 1월, 페르미의 강의를 직접 듣고서야 안심할 수 있었다. 그는 미국 생활에 빠르게 적응하려고 미국식 이름도 '프랭크'라고 지었다. 벤저민 프랭클린을 존경했기에 따온 이름이었다. 프랭클린은 성이었지만, 그 성을 이름으로 선택했다.

양전닝은 페르미 밑에서 박사 학위를 하고 싶었지만, 실험이 적성에 맞지 않았다. 볼프강 파울리가 그랬듯이 양전닝도 실험 장치에 손을 대기만 하면 장치는 오작동을 일으켰다. 오죽하면 실험실에서 양전닝이 오면 사람들은 그의 성에 빗대 이렇게 놀리곤 했다.

"양(Yang)이 실험실에 나타나면, 꽝(Bang) 소리가 따라와."

결국 그는 전공을 이론으로 바꿨다. 양전닝은 에드워드 텔러의 지도를 받아 1948년에 박사 학위를 마쳤다. 페르미의 지도를 조금이라도 받고 싶었던 그는 박사 학위를 마치고 일 년 동안 페르미 밑에서 조교 생활을 했다.

리정다오는 양전닝과 다르게 상하이 출신이었다. 그가 처음에 선택한 건 화학공학이었다. 난징 대학에서 화학공학을 공부하고 비료 사업을 하던 아버지의 영향이었다. 그러나 리정다오는 곧 물리학에 눈을 떴다. 리제 마이트너 밑에서 공부했던 핵물리학자 왕간찬(王淦昌)의 영향이 컸다. 리정다오는 곧 물리학과로 전과했다. 그 역시 전쟁의 영향에서 벗어날 수 없었다. 양전닝이 그랬던 것처럼 리정다오도 일본의 침공을 피해 쿤밍에 있는 국립서남연합대학으로 학교를 옮길 수밖에 없었다. 거기서 그의 인생에 큰 영향을 미친 물리학자 우타유(吳大猷)를 만났다. 양전닝 역시 우타유의 영향을 많이 받았다. 1933년에 미시간 대학에서 사뮐 하우츠밋 밑에서 박사 학위를 마친 우타유는 중국으로 돌아와 여러 대학에서 많은 후학을 길러냈다. 그래서 그는 중국 물리학의 아버지라고도 불린다. 우타유는 리정다오가 정부 장학금을 받아 미국으로 갈 수 있도록 도왔다. 1946년에 리정다오도 시카고 대학으로 갔다. 리정다오에게는 양전닝과 다른 이유가 있었다. 그때만 해도 시카고 대학은 학부를 마치지 않아도 박사 학위를 시작할 수 있는 대학이었다. 그래서 리정다오는 학부를 다 마치지 못했지만, 시카고 대학에서 박사 학위를 할 수 있었다. 리정다오는 양전닝이 그토록 바랐던 페르미의 지도를 받아 양전닝보다 이 년 늦은 1950년에 박사 학위를 마쳤다.

리정다오와 양전닝, 두 사람은 중국에서도 서로 알고 있었지만, 본격적으로 친해진 것은 시카고 대학부터였다. 박사 과정 때부터 두 사람은 함께 물리학을 토론하며 우정을 쌓아갔다. 두 사람이 처음으로 함께 쓴 논문은 1949년에 발표되었다. 둘은 페르미가 대학원생들을 위해 준비한 저녁 강의에도 함께 출석했다. 페르미는 물리학이란 기초부터 시작해서 벽돌을 쌓듯이 차곡차곡 쌓아가야 하는 것이라고 말하곤 했다. 계산은 구체적이어야 하고 상세해야만 했다. 이론을 추상화하는 것은 반드시 구체적인 계산을 한 다음에 세울 수 있는 것이었다. 이 조언은 두 사람의 마음에 깊이 새겨졌다.

박사 학위를 받고 양전닝은 프린스턴의 고등연구소에 자리를 얻었고, 얼마 지나지 않아 영구직을 얻었다. 리정다오는 박사 학위를 마치고 버클리에서 일 년 간 강사로 있다가 1951년에 양전닝이 있는 고등연구소에서 이 년간 지냈다. 그리고 컬럼비아 대학의 교수가 되었다. 1953년부터 양전닝은 여름마다 브룩헤이븐 연구소에서 지냈다. 그곳은 뉴욕과 가까워 여름마다 리정다오와 함께 연구할 수 있었고, 롱비치 해수욕장이 가까워 휴가를 겸할 수 있었다. 처음에 두 사람은 여름마다 만나 통계물리학을 연구했지만, 곧 완전히 새로운 문제에 빠져들었다.

거울 대칭성을 깬다면

1955년과 1956년, 타우-세타 퍼즐은 물리학계를 뜨겁게 달궜다. 리정다오와 양전닝도 지금까지 하던 연구를 밀쳐두고 이 문제 하나만 물고 늘어졌다. 실험물리학자들은 타우와 세타의 질량과 수명을 좀 더 정밀하게 측정하려고 애썼고, 이론물리학자들은 타우-세타 퍼즐을 깰 수 있는 새로운 물리학을 찾고 있었다. 1955년에 리정다오는 코넬에 있던 제이 오레어(Jay Orear)와 타우-세타 퍼즐을 해결할 수 있는 아이디어를 생각해 냈지만, 역시나 틀린 생각이었다. 그러던 어느 날, 한 가닥 영감이 리정다오의 머릿속을 스치고 지나갔다.

'낯선 입자를 설명하려면 흔한 방법이 아니라 낯선 방법이어야 할 거야.'

리정다오는 낯선 입자가 붕괴할 때 굳이 거울 대칭성이 보존되어야 할 이유가 있는지 의문을 품었다. 리정다오는 브룩헤이븐에 온 양전닝과 함께 과연 거울 대칭성을 깰 수 있는지 고민했지만 마땅한 방법이 떠오르지 않았다. 혁명적인 생각도 무르익을 시간이 필

왼손잡이 신

요했다.

　1956년 봄, 두 사람은 타우-세타 퍼즐의 해결책을 찾은 듯했다. 두 사람은 우선 타우와 세타의 스핀은 같고 반전성은 서로 다르다고 가정했다. 그리고 마치 아이소스핀으로 양성자와 중성자를 한데 묶듯 타우와 세타를 한 쌍으로 묶을 반전성 켤레라는 대칭성을 만들었다. 약력 때문에 이 대칭성이 깨져 쌍을 이루던 두 입자가 갈라서면, 타우-세타 퍼즐을 해결할 수 있을 것만 같았다. 그러나 이런 대칭성이 깨지면 세타와 타우의 질량도 달라질 수밖에 없었다. 이 연구에서는 존재하지 않는 대칭성을 도입해 억지로 꿰맞춘 티가 났다.

　리정다오와 양전닝은 1956년 4월 1일《피지컬 리뷰》에 논문을 발표했다. 논문을 투고하기 전에 물리학자들은 보통 예비 논문을 써서 대학과 연구소에 보낸다. 캘리포니아 공대의 교수가 된 겔만도 두 사람의 예비 논문을 받아 보았다. 그 역시 타우-세타 퍼즐을 해결하려고 애쓰고 있었다. 그런데 리정다오와 양전닝의 예비 논문을 읽으며 눈이 뒤집혔다. 이 논문에 실린 아이디어는 자기 생각과 거의 같았다. 겔만은 고등연구소의 연구원으로 있을 때 자기 생각을 이 두 사람에게 얘기한 적이 있는 것 같았다. 파이스와의 관계가 파탄 난 후, 겔만은 이런 일에 아주 예민해져 있었다. 겔만은 속이 부글부글 끓었다. 자리에서 일어나 혼잣말을 내뱉었다.

　"이건 완전히 내 아이디어를 도둑질한 논문이잖아!"

　겔만은 만나는 사람마다 리와 양이 자기 생각을 훔쳤다고 떠들었다. 겔만의 성격을 잘 알고 있는 마빈 골드버거는 이번에도 겔만을 타일렀다.

"그게 네 아이디어였어도 논문으로 발표한 사람은 리정다오와 양전닝잖아. 그러니 네가 화를 낼 일은 아니야."

"아무리 그래도 이건 아니라고 봐요!"

겔만이 자신들에 대해 악의적인 이야기를 떠들고 다닌다는 소리는 결국 리정다오와 양전닝의 귀에도 들어갔다. 참고 넘기기엔 겔만이 선을 넘어도 한참 넘었다. 두 사람은 겔만에게 사과를 요구하는 편지를 보냈다. 편지를 받은 후에야 겔만도 한발 물러섰다. 이번에는 좀 심했다고 여겼는지 겔만도 두 사람에게 사과의 답장을 보내며 두 사람의 아이디어였음을 인정했다. 그러나 정작 두 사람이 발표한 아이디어는 타우-세타 퍼즐을 해결할 궁극적인 방안도 아니었고, 심지어 올바른 아이디어도 아니었다. 참신한 생각이긴 했지만, 타우-세타 퍼즐을 풀 수 있는 열쇠가 아니었다.

논문이 발표된 지 이틀 후, 뉴욕에서는 제6차 고에너지 핵물리학 학술회의가 열렸다. 이번 학회의 주요 주제는 베바트론에서 발견된 반양성자였다. 1932년, 칼 앤더슨과 세스 네더마이어가 우주선에서 전자의 반입자인 양전자를 발견한 이래, 드디어 양성자의 반입자도 발견된 것이었다. 베바트론을 건설하면서 에너지를 65억 전자볼트까지 올린 가장 큰 이유는 반양성자를 찾기 위해서였다. 그리고 예상했던 대로 반양성자가 발견되었다. 에밀리오 세그레와 오언 챔벌레인(Owen Chamberlain)은 반양성자를 발견한 공로로 1959년에 노벨물리학상을 받았다. 또 다른 주요 주제는 중성미자였다. 논문은 아직 출판되지 않았지만, 클라이드 코원(Clyde Cowan)과 프레더릭 라이너스(Frederick Reines)가 마침내 중성미자가 존재함을 확인했다. 1930년, 파울리가 최초로 도입하고, 1934년에 페르미가 약력을 발견하는 데 결정적이었던 중성미자가 이십육 년이 지나서야 드디어 발견된 것이었다. 워낙 유령 같은 입자라 발견하기가 하늘의 별 따기였지만, 코원과 라이너스는 기어코 그 별을 따고야 말았다. 그러나 세월이 한참 지난 1995년에 이르러서야 라이너스는 중성미자를 발견한 공로로 노벨물리학상을 받았다. 안타깝게도 코원은 1974년에 세상을 떠났다.

학회 마지막 날인 4월 7일 토요일에는 타우-세타 퍼즐을 두고 진지한 토론이 있었다. 양전닝은 리정다오와 함께 연구한 결과를 발표했다. 발표 후에는 토론이 이어졌다. 겔만은 리정다오와 양전닝의 결과를 지지하며 비슷한 아이디어를 내놓았다. 그리고 한 마디 덧붙였다.

"아이디어는 비슷해 보여도 이건 리정다오와 양전닝이 한 것과는 다른 방법입니다."

여러 사람의 의견을 들은 뒤, 양전닝은 "타우-세타 퍼즐을 해결하려면, 좀 더 열린 마음이 필요하다"고 말했다. 그러자 파인먼이 손을 들었다. 학술회의 동안 파인먼은 실험물리학자 마틴 블록(Martin Block)에게서 대담한 제안을 들었다.

"낯선 입자가 붕괴할 때 굳이 거울 대칭성이 보존될 필요가 있을까요?"

파인먼은 블록에게 들은 말을 사람들에게 전했다. 그러나 지나치게 급진적인 생각이라 사람들은 귀담아듣지 않았다. 거울 대칭성이 깨진다는 것은 상상하기 어려웠다. 무릇 대칭성이란 그렇게 쉽게 포기할 수 있는 것이 아니었다.

양전닝은 파인먼에게 "거울 대칭성이 깨진다는 것을 생각해 본 적은 있지만, 그다지 성공적이지 못했다"라고 말했다. 그때만 해도 대칭성이 깨지면 새로운 세상이 드러날 수 있다는 것을 아무도 모르고 있었다. 타우-세타 퍼즐은 여전히 당혹스러운 문제였다. 해답도 보이지 않았다. 절망감이 스멀스멀 올라왔다. 돌파구는 여전히 눈에 보이지 않았다.

컬럼비아 대학으로 돌아온 리정다오는 두 명의 실험물리학자로부터 돌파구를 열 수 있는 영감을 얻었다. 나치를 피해 미국으로 온 잭 스타인버거는 리정다오와 양전닝처럼 텔러와 페르미의 지도를 받아 시카고에서 박사 학위를 했다. 그는 1988년에 뮤온 중성미자를 발견한 공로로 노벨상을 받을 만큼 뛰어난 실험물리학자였다. 스타인버거는 코스모트론에서 하이퍼론을 생성시킨 다음, 어떻게 붕괴하는지 연구하고 있었다. 그는 리정다오와 그 입자들이 붕괴하는 과정을 토론하면서 어쩌면 거울 대칭성이 깨져 있을지도 모른다고 말했다. 그러나 그 사실을 확증하기에는 실험 데이터가 부족했다.

컬럼비아에는 또 다른 실험물리학자 우젠슝(吳健雄)이 있었다. 학생들은 그녀를 "드래곤 레이디"라고 불렀다. 거침없는 성격에 추진력이 엄청났다. 1975년에는 여성으로서는 처음으로 미국물리학회장이 되었다. 그녀는 버클리에서 어니스트 로런스의 지도를 받아 박사 학위를 마쳤다. 로런스는 우젠슝을 "내가 본 여성 중에서 가장 뛰어난 실험물리학자"라고 일컬었다. 그녀는 양전닝보다 열 살 더

왼손잡이 신

많았고, 리정다오보다는 열네 살 위였다. 같은 중국인이라 두 사람과 친하게 지내며 자주 물리학 이야기를 했다. 세 사람은 낯선 입자들이 붕괴할 때 거울 대칭성이 깨질 수 있는지 토론하곤 했다. 그러려면 베타 붕괴부터 하나씩 톺아볼 필요가 있었다. 우젠슝은 두 사람에게 베타 붕괴 데이터를 모아놓은 책을 건넸다. 리와 양은 이 주 동안 이 책에 있는 데이터를 꼼꼼하게 확인하며 약력에서 반전성이 깨질 수 있는지 세심하게 살폈다. 그리고 세상을 한바탕 뒤집어 놓을 논문을 준비했다.

1956년 10월 1일,《피지컬 리뷰》에 논문 한 편이 발표되었다. 제목은 "약한 상호작용에서 반전성 보존에 관한 질문"이었다. 원래 제목은 "약한 상호작용에서 거울 대칭성은 깨질 수 있을까"라는 의문문이었다. 그러나 편집 과정에서 논문 제목은 조금 점잖게 바뀌었다. 제목에 의문문을 넣는 건 바람직하지 않다는 편집부의 말을 따랐다. 이 논문에서 두 사람은 약력에서 거울 대칭성이 깨지는 걸 실험으로 확인할 방법을 제안했다. 그리고 조심스레 약력에서는 거울 대칭성이 깨질 수 있음을 주장했다. 만약에 약력에서 거울 대칭성이 깨진다면 더는 타우-세타 퍼즐이 존재하지 않는다. 거울 대칭성의 깨짐은 고르디우스의 매듭을 단숨에 끊어내는 날 선 칼이고, 혼란을 깔끔하게 잠재울 오캄의 면도날이며, 약력의 숨은 모습을 온 천하에 드러낼 서광이었다. 왼쪽과 오른쪽은 단순히 필요에 따라 나눠 놓은 것이 아니었다. 실제 세상과 거울 속 세상은 적어도 약력에서만큼은 서로 달랐다. 리정다오와 양전닝은 이 논문에서 약력에서는 거울 대칭성이 깨져 있음을 증명할 여러 실험을 제안했다. 놀라운 논문이었지만, 아직 실험으로 밝혀진 것은 아무것도 없었다.

깨어진 약력의 거울

　　　　논문이 출판되었으니, 다음은 약력에서 거울 대칭성이 정말 깨져 있는지 실험으로 확인하는 일이 남았다. 두 사람에게는 우젠슝이 있었다. 그녀는 미국에 온 지 이십 년을 기념하며 물리학자인 남편과 함께 스위스 제네바에서 열릴 학회에 참가한 뒤에 여행을 계속할 계획이었다. 그러나 리정다오와 양전닝의 논문을 본 뒤에 역사상 처음으로 반전성을 확인할 기회를 행여 다른 사람에게 빼앗길까 걱정이 되었다. 결국, 여행은 남편 혼자 가도록 하고는 곧바로 실험에 착수했다.

　　리정다오와 양전닝이 제안한 실험 중에는 편극된 코발트-60 원자핵의 베타 붕괴 실험도 있었다. 반감기가 5.3년 정도 되는 코발트-60 원자핵은 베타 붕괴를 한 뒤에 니켈-60 원자핵의 들뜬 상태가 되고, 다시 두 번에 걸쳐 감마선을 방출한 다음, 니켈-60의 바닥 상태가 된다. 코발트-60의 스핀은 5였고, 니켈은 스핀이 4였다. 코발트-60에 자기장을 한쪽 방향으로 걸어 스핀이 자기장의 방향으로 향하도록 편극시키면, 니켈-60이 방출하는 감마선은 코발트-60의 편극된 방향에 따라 다르게 나온다. 이때 감마선의 각분포를 측정하면, 코발트-60이 얼마나 편극되었는지 알 수 있었다.

　　그러나 코발트-60을 편극시키려면 절대 영도에 가까운 극저온으로 온도를 낮춰야 해서 우젠슝의 연구실에서는 실험을 할 수가 없었다. 우젠슝은 극저온 물리학 분야의 전문가인 컬럼비아 대학의 헨리 부어스(Henry Boorse)와 뉴욕 시립 대학의 마크 지만스키(Mark Zemansky)에게 물어보았다. 두 사람은 그녀에게 워싱턴 디시에 있는 국립 표준 연구원의 어니스트 앰블러(Ernest Ambler)를 소개해 줬다. 앰블러는 옥스퍼드 출신의 극저온 전문가였다. 우젠슝은 앰블러에게 연락해 그곳의 저온물리학 측정 기술을 보유한 그룹과 실험 팀을 꾸렸다.

코발트-60 원자핵의 스핀은 아주 미세한 열적 요동에도 방향이 바뀔 수 있어 절대 영도에 가까운 0.003켈빈까지 온도를 낮춰야 편극 상태를 유지할 수 있었다. 그리고 그 상태를 유지해야 코발트-60의 원자핵이 베타 붕괴를 하며 방출하는 전자의 스핀도 그에 맞춰 한쪽으로 편극되어 나올 것이었다. 거울 대칭성이 보존된다면, 방출되어 나오는 전자는 스핀이 편극된 방향에 대해 대칭적으로 나올 게 분명했다. 만약 비대칭적으로 나온다면 이는 거울 대칭성이 깨졌다는 의미였다.

리정다오와 양전닝의 혁명적인 논문이 나온 지 이 개월 남짓 지난 그해 12월, 우젠슝이 이끄는 실험 팀은 코발트-60 원자핵에서 나오는 전자의 각분포가 비대칭적이라는 것을 확인했다. 약력에서는 거울 대칭성이 깨져 있음을 확증하는 역사적인 순간이었다. 입자물리학의 역사는 1956년 12월의 전과 후로 나뉜다고 할 만큼 엄청난 결과였다. 우젠슝은 약력의 거울을 산산조각 냈다. 이 실험으로 타우와 세타는 더는 다른 입자가 아니라 정확히 같은 입자라는 사실이 밝혀졌다. 하지만 크리스마스 휴가가 곧 시작되는 바람에 우젠슝이 놀라운 결과를 얻었다는 소식은 뉴욕을 벗어나지 못했다. 우젠슝의 실험 팀이 쓴 논문은 이듬해 1월 15일에 《피지컬 리뷰》에 투고되었다.

컬럼비아 대학의 입자물리학 교수들은 매주 금요일마다 학교 근처의 중국 식당 상하이 카페에서 점심을 함께하곤 했다. 뉴욕에서는 제대로 된 중국 음식을 먹을 수 있는 몇 안 되는 식당 중 하나였다. 1957년 1월 4일 금요일에도 새해를 맞아 처음으로 함께 점심을 먹으러 나갔다. 물리학자들이 모이면 물리학 이야기로 수다를 떨기 마련이지만, 이날만은 특별했다. 함께 식사하고 있는 물리학자들 모두 우젠슝이 놀라운 실험 결과를 얻었다는 소문을 들은 터였다. 식사를 주문하고는 리정다오가 목소리를 가다듬더니 이렇게 말했다.

"우젠슝에게 전화가 왔는데 정말 엄청난 결과를 얻었대요! 내가 예상했던 것보다 열 배 더 넘게 전자가 비대칭적으로 분포되어 있대요!"

우젠슝이 놀라운 결과를 얻었다는 소문은 들었지만, 실험 데이터를 직접 본 사람은 아직 아무도 없었다. 자세한 내용을 모르니, 그저 궁금해 할 뿐이었다. 그들 중에는 리언 레더먼(Leon Lederman)도 있었다. 그는 1988년에 잭 스타인버거, 멜빈 슈워츠(Melvin Schwartz)와 함께 뮤온 중성미자를 발견한 공로로 노벨물리학상을 받게 될 실험물리학자였다. 리정다오의 말을 들은 레더먼은 우젠슝의 대단한 실험에 혼이 쏙 나갈 만큼 빠져들었다. 지금 식사가 문제가 아니

왼손잡이 신

었다. 레더먼은 파이온이 뮤온으로 붕괴하고, 뮤온이 다시 전자로 붕괴하는 연속 붕괴에서도 거울 대칭성이 깨져 있을지 궁금했다. 거기서 한발 더 나아가 어쩌면 붕괴 과정에서 나오는 중성미자도 두 종류가 있을 거라는 생각까지 했다. 이 생각은 무르익어 훗날 레더먼이 노벨상을 받는 데 결정적인 역할을 한다. 레더먼은 몇 달 전에 리정다오가 했던 말이 기억났다.

"파이온 붕괴에서는 거울 대칭성 깨짐을 확인하기가 무척 어려울 거예요."

하지만 리정다오가 틀렸다면? 심장이 빨리 뛰기 시작했다. 자기도 모르는 새 두 주먹을 움켜쥐었다. 손바닥이 땀으로 축축했다. 그날 저녁 컬럼비아 대학의 네비스 연구소(Nevis Laboratories)로 돌아오자마자 파이온의 연속 붕괴를 측정해서 거울 대칭성이 깨지는 걸 어떻게 하면 보일지 고민했다. 다행히 네비스 연구소에 있는 4억 전자볼트의 싱크로사이클로트론은 파이온을 생성시키기에 충분했다. 도와줄 사람이 필요했다. 일단 박사 학위 논문을 준비하고 있는 제자 마르셀 바인리히(Marcel Weinrich)에게 도움을 청했다. 그리고 며칠 후, 레더먼은 친하게 지내던 리처드 가윈(Richard Garwin)에게 연락했다. 가윈은 수소폭탄 제작에 중추적인 역할을 할 만큼 손재주가 기가 막힌 사람이었다. 세 사람은 밤낮없이 실험에 몰두했다. 중간중간 기계가 고장 나기도 하고 실험 장치를 잘못 배열해서 어려움을 겪었지만, 리정다오와 점심을 먹은 날로부터 11일 만에 엄청난 결과를 얻었다. 1월 15일 화요일 새벽 4시 반, 레더먼은 환호성을 질렀다. 아침 6시 정각이 되자마자 리정다오에게 전화를 걸었다.

"티디*, 파이온-뮤온-전자 연쇄 붕괴를 들여다봤는데 완벽한 데이터를 얻었어. 거울 대칭성은 이제 죽은 거야!"

레더먼은 그날 바로 논문을 써서 《피지컬 리뷰》에 투고했다. 우젠슝의 논문도 같은 날 투고되었다. 두 논문은 2월 15일 자 《피지컬 리뷰》에 나란히 실렸다.

그러나 아쉬운 일도 있었다. 시카고 대학에 있던 겔만의 오랜 친구 텔레그디도 리정다오와 양전닝의 예비 논문을 읽었다. 그는 시카고에 있는 몇몇 동료들에게 파이온이 붕괴할 때 거울 대칭성이 깨지는지 실험해 보는 게 좋을 것 같다고 제안했지만, 반응이 다들 시큰둥했다. 하지만 굴하지 않고 박사후연구원 제리 프리드먼(Jerry Friedman)과 실험을 시작했다. 9월에 텔레그디의 아버지가 세상을 떠났다. 그래서 크리스마스 휴가에는 유럽에 계신 어머니 곁에 있기로 했다. 그 바람에 우젠슝이 놀라운 결과를 얻었다는 소식을 놓치고 말았다. 텔레그디는 이듬해 1월 초에 유럽에서 돌아와 비로소 우젠슝과 레더먼의 실험 결과를 알았다. 서둘러 논문을 《피지컬 리뷰》에 보냈지만, 논문은 며칠 늦게 《피지컬 리뷰》 편집부에 도달했다. 그래서 급하게 편집장인 유진 위그너와 시카고 대학의 그레고르 벤첼(Gregor Wentzel)에게 도움을 청했다. 다행히 《피지컬 리뷰》 편집부에서 우젠슝, 레더먼의 논문과 같은 호에 실어주겠다고 했지만, 무슨 이유 때문인지 3월호에 실리게 되었다. 텔레그디 성격에 도저히 그냥 넘어갈 수 없는 일이었다. 화가 머리끝까지 치민 그는

* 리정다오는 영어식 이름을 쓰지 않았다. 이름의 첫 글자를 따서 T.D. Lee라고 쓰고, 사람들은 그를 "티디"라고 불렀다.

왼손잡이 신

미국물리학회에서 탈퇴해 버렸다.

우젠슝과 레더먼이 약력에서 거울 대칭성이 깨진다는 것을 실험으로 확증했다는 소식은 무서운 속도로 퍼져나갔다. 1932년이 핵물리학에서 기적의 해였다면, 1957년 1월은 입자물리학에서 기적의 해였다. 하버드 대학의 교수로 있던 또 다른 천재 줄리언 슈윙거는 거울 대칭성이 깨질 리가 없다고 믿었다. 우젠슝과 레더먼의 결과를 접하고 나서야 그는 이렇게 말했다.

"여러분, 이제 우리는 자연 앞에 고개를 숙여야 합니다."

1월 16일, 《뉴욕 타임스》에서도 이 엄청난 발견을 세상 사람들에게 알렸다. 기사 제목은 "겉모습과 실제(Appearance and Reality)"였다.

1957년 1월 17일 즈음해서 스위스 취리히 공과대학에 교수로 있던 볼프강 파울리는 MIT 교수이자 자기가 아끼는 제자 빅터 바이스코프에게 이런 편지를 보냈다.

"나는 신이 살짝 왼손잡이일 리가 없다고 믿어. 실험을 해봐야 거울 대칭성은 보존될 게 분명해. 거울 대칭성은 여전히 보존된다는 데 큰돈을 걸지."

얼마 지나지 않아 컬럼비아와 시카고에서 얻은 실험 결과가 파울리에게 도착했다. 결국, 파울리는 1월 27일에 바이스코프에게 편지를 다시 보내야 했다.

"나는 1월 21일 월요일 저녁 8시에 중성미자를 주제로 강의할 예정이었지. 그런데 오후 5시에 실험 논문 세 편이 도착했어. 그 실험들 모두 약력에서는 거울 대칭성이 깨졌다는 걸 밝혔더군. 난 신이 왼손을 선호한다는 사실뿐만 아니라 강력의 경우에는 양손 다 쓰신다는 사실에 정말 충격 받았어."

그해 1월 30일 수요일부터 뉴욕에서 미국물리학회의 연례 학술 회의가 열렸다. 프로그램은 이미 정해진 터라 프로그램 어느 곳에 도 "거울 대칭성의 깨짐" 관련 발표는 없었다. 그러나 참석자들 대부분은 약력에서는 거울 대칭성이 깨진다는 실험 결과를 듣고 싶었다. 더구나 우젠슝과 레더먼, 텔레그디의 실험 결과가 나온 뒤로 거의 매일 약력에서는 거울 대칭성이 깨져 있다는 실험 결과가 나오기 시작했다. 그래서 학술회의 마지막 날인 2월 2일 토요일에 "거울 대칭성 깨짐" 세션을 부랴부랴 준비했다. 발표는 오후 2시부터 시작할 예정이었고, 발표자는 양전닝, 우젠슝, 리언 레더먼이었다. 장소는 뉴욕 호텔에 있는 가장 큰 홀이었다. 12시가 되기 전부터 사람들이 몰려들었다. 얼마나 많은 사람이 모였든지 마치 유명한 록 가수의 콘서트장을 방불케 했다. 홀 중앙에 걸린 샹들리에를 빼고는 사람들로 가득 차서 발 디딜 틈조차 없었다. 리정다오는 열두 시 반쯤 도시락을 들고 홀에 도착했지만, 사람들을 뚫고 들어갈 엄두가 나지 않았다. 다행히 몇몇 사람이 거울 대칭성의 유명 인사를 알아보았다. 사람들은 리정다오가 앞으로 지나갈 수 있게 길을 내주었다. 발표가 끝난 뒤에는 리정다오와 양전닝을 둘러싸고 질문을 퍼부었다. 약력에서는 반전성이 깨진다는 실험 결과가 나온 지 이 주만의 일이었다.

이례적으로 리정다오와 양전닝은 논문이 출판된 지 일 년만에 노벨물리학상을 받았다. 양전닝은 서른네 살이었고, 리정다오는 서른이었다. 리정다오는 1915년에 스물다섯의 나이로 노벨상을 받은 윌리엄 브래그 이후 두 번째로 젊은 나이에 노벨상을 받은 사람이 되었다.

그러나 유감스러운 일이 두 사람 사이에 일어났다. 호랑이 두 마리가 한 동굴에 살 수는 없었다. 노벨상을 받으며 유명해진 두 사람의 관계가 그랬다. 논문을 쓸 때 누구의 이름이 첫 번째로 나올 것인지, 두 사람 중 누가 더 논문에 크게 기여했는지 같은 사사로운 문제에서 시작해 양전닝과 리정다오의 우정에도 금이 가기 시작했다. 작은 구멍이 생기자 둑이 터져 버리는 것은 시간문제였다. 결국, 두 사람은 영원히 결별했다.

보편적 페르미 이론

타우-세타 퍼즐은 해결됐지만, 낯선 입자들이 붕괴할 때 약력이 어떻게 작동하는지는 여전히 문제로 남아 있었다. 페르미가 1934년에 내놓은 베타 붕괴 이론을 낯선 입자들의 붕괴 과정에도 적용할 수 있는지가 관건이었다. 페르미의 원래 이론에서는 어떤 원자핵이 다른 원자핵으로 붕괴하는 과정을 설명하면서 벡터 흐름(vector current)만 도입했다. 페르미는 원자핵이 약력에 의해 붕괴될 때 원자핵의 스핀이 바뀌지 않는 경우만을 고려한 것이었다. 이 경우에는 벡터 흐름과 더불어 스칼라 흐름(scalar current)으로도 설명이 가능했다. 그러나 페르미의 베타 붕괴 이론이 나온 지 이 년 후, 조지 가모브와 에드워드 텔러는 원자핵이 베타 붕괴를 할 때 스핀이 1만큼 바뀌는 경우도 있음을 알아냈다. 이런 전이를 가모브-텔러 전이라고 한다. 앞에서 본, 스핀이 5인 코발트-60이 스핀이 4인 니켈-60으로 베타 붕괴를 하는 것도 가모브-텔러 전이였다. 이걸 설명하려면 페르미 이론을 보완할 필요가 있었다. 가모브-텔러 전이는 벡터 흐름이나 스칼라 흐름이 아니라 축벡터 흐름(axial-vector current)이나 텐서 흐름(tensor current)으로만 설명할 수 있었다.

약력에서는 거울 대칭성이 깨져 있다는 사실이 밝혀진 후, 사람들은 페르미의 약한 상호작용 이론을 일반화하면 원자핵뿐 아니라 파이온과 뮤온, 낯선 입자들이 약력에 의해 붕괴하는 과정 모두를 설명할 수 있으리라 믿었다. 이렇게 일반화된 페르미 이론을 보편적 페르미 이론(universal Fermi theory)이라고 부른다. 그러니까 벡터 흐름 말고도 스칼라 흐름, 유사 스칼라 흐름, 축벡터 흐름, 텐서 흐름을 모두 고려한 이론이다.

따라서 페르미 전이에서는 스칼라와 벡터, 가모브-텔러 전이에서는 축벡터와 텐서 흐름이 가능하므로 벡터-축벡터(V-A), 벡터와 텐서, 스칼라와 축벡터, 스칼라와 텐서를 묶어 네 가지 이론을 세울 수가 있다. 이 넷 중에서 약력을 가장 잘 설명하는 것은 어느 것일까? 여기에는 우여곡절이 있었다. 1957년 4월에 로체스터에서 열린 제7차 고에너지 핵물리학 학회에서 우젠슝은 헬륨-6의 베타 붕괴를 설명하는 데는 벡터와 텐서가 가장 유력하다고 주장했다. 그러나 어떤 실험에서는 스칼라와 텐서를 선호했고, 또 어떤 실험 결과는 백터와 축벡터를 지목했다. 혼란은 1957년 11월, 모리스 골드하버(Maurice Goldhaber)와 리 그로진스(Lee Grodzins), 앤드류 선야(Andrew Sunyar)가 중성미자는 왼쪽으로만 돈다는 걸 실험으로 확인하면서 수그러들었다. 중성미자는 왼쪽으로만 돌고, 반중성미자는 오른쪽으로만 돈다. 이 사실은 약력에서는 거울 대칭성이 깨져 있음을 명백하게 밝히는 증거가 되었다. 우젠슝의 실험에서도 레더먼의 실험에서도, 비록 중성미자는 관찰하지 않았지만, 오른쪽으로 도는 반중성미자가 방출되었던 것이다. 이에 따라 약력을 설명하는 올바른 조합은 벡터 흐름에서 축벡터 흐름을 빼 준 V-A라는 게 밝혀졌다.

V-A 이론

1955년, 타우-세타 퍼즐이 사람들의 관심을 끌고 있었을 때, 겔만은 스물다섯 살의 나이에 캘리포니아 공대의 정교수 자리로 초청받았다. 이미 유명해진 터라 시카고 대학에서도 월급을 두 배나 올려주면서 겔만을 놓치지 않으려 했고, 줄리언 슈윙거가 있는 하버드에서도 겔만을 초청하려고 했지만, 겔만은 캘리포니아 공대를 선택했다. 거기서 주겠다는 월급이 더 많기도 했지만, 그는 월급보다 캘리포니아가 마음에 쏙 들었다. 그리고 그곳에는 리처드 파인먼이 있었다. 겔만은 파인먼과 함께 연구하고 싶었다.

정작 겔만의 바람과는 달리 캘리포니아 공대에 있으면서 파인먼과는 두 편의 논문만 함께 썼을 뿐이다. 겔만과 파인먼, 서로 잘 지내기에는 두 사람 모두 개성이 강했고, 함께 연구하기에 둘은 달라도 너무 달랐다. 파인먼은 철학이나 역사를 경멸할 정도로 싫어한 반면, 겔만은 물리학 외에도 관심사가 많았다. 두 사람이 함께 쓴 첫 번째 논문은 약력을 이해하는 데 결정적인 위대한 업적이었지만, 이 논문이 나오는 과정에는 두 물리학자의 경쟁심과 한 물리학자의 아픔이 서려 있었다.

1957년 4월 15일부터 로체스터에서 열린 제7차 고에너지 핵물리학 학술회의에는 조지 수다르샨(Ennackal C. George Sudarshan)도 참가했다. 그는 인도에서 석사 학위를 하고 미국으로 건너와 로체스터 대학에서 로버트 마샥(Robert Marshak)의 지도를 받으며 약력을 연구하고 있었다. 약력에서 입자들의 붕괴와 관련 있는 흐름은 벡터이거나 축 벡터뿐이라는 결론에 도달했다. 마샥은 우젠슝의 실험이 벡터와 텐서 흐름을 선호한다는 걸 알게 되면서 수다르샨에게 결과를 좀 더 자세히 살펴보자고 했다. 수다르샨은 자신의 결과를 발표하고 싶었지만, 마샥은 "설익은 결과를 함부로 발표하는 게 아니다"라며 수다르샨을 타일렀다. 지도교수와 달리 그는 V-A(벡터 흐름-축벡터 흐름) 이론을 확신했다. 실험 결과가 틀린 게 분명해 보였다.

학술회의가 끝나고 수다르샨은 마샥을 따라 로스앤젤레스로 갔다. 마샥은 그곳에 있는 랜드(RAND Corporation)라는 미군 용역 회사에 자문할 일이 있었는데, 겔만도 그 회사에 볼일이 있었다. 두 사람은 거기서 마주쳤다. 마샥은 캘리포니아 공대에서 펠릭스 뵘(Felix Boehm)이 약력과 관련된 실험을 한다는 이야기를 들은 적이 있었다. 그래서 겔만에게 그 실험이 어떻게 되어 가느냐고 물었더니, 겔만은 점심을 함께 먹으며 논의해 보는 게 좋겠다고 말했다. 수다르샨은 겔만에게 자신이 연구한 V-A 이론을 설명하며 실험이 오히려 틀렸을 거라고 말했다. 겔만은 평소의 그답지 않게 수다르샨의 연구에 칭찬을 아끼지 않았다. 뜻밖에도 뵘의 실험 결과는 벡터와 텐서를 결합한 흐름과 맞지 않고 오히려 V-A 이론을 지지하는 것으로 보인다는 말을 덧붙였다. 수다르샨의 얼굴에 함박웃음이 피었다. 겔만 같은 대가가 자신을 지지해 주니 자신감이 생겼다. 겔만은 자기도 비슷한 생각을 한 적이 있다고 말했다. 그 말을 들은 수다르샨의 안색이 급격히 어두워졌다. 겔만처럼 똑똑한 사람이 이 연구에 집중하면 자신은 경쟁 상대가 되지 않을 거라는 두려움이 앞섰다. 초조한 목소리로 겔만에게 물었다.

"혹시 이 V-A 이론을 논문으로 낼 건가요?"

겔만이 대답했다.

"걱정하지 말아요. 나도 비슷한 연구를 하고 있지만 조금 다르니까 두 사람이 쓴 논문이 나오면 그걸 인용하는 걸로 내 논문을 마무리하려고 합니다."

그 말을 들은 수다르샨은 다행이라며 한숨을 내쉬었다. V-A 이론으로 유명해질 기회가 아직 남아 있었다.

겔만은 부인과 북캘리포니아 산악지대로 휴가를 다녀온 뒤, 학교에 나갔더니 파인먼도 V-A 이론을 연구하고 있는 것이었다. 파인먼이 어떤 일을 하기로 마음먹었다면, 오직 자기만의 방법으로 연구를 훌륭하게 마칠 자신감이 있다는 의미였다. 겔만은 갑자기 초조해졌다. 그가 보기에 V-A 이론이야말로 입자들이 약력을 통해 붕괴하는 과정을 통합적으로 설명할 수 있는 유일한 방법이었다. 파인먼에게 질 수는 없었다. 그러려면 우선 연구를 마무리해야 하고, 자신이 가장 힘들어하는 논문을 써야만 했다. 수다르샨에게 한 약속이 마음에 걸렸다. 그러나 파인먼을 향한 경쟁심이 불타올랐다. 파인먼이 나선 이상 시간이 별로 없었다. 겔만은 파인먼과 거의 같은 시기에 계산을 마치고 논문도 마무리 지었다. 같은 학교 같은 학과에서 똑같은 내용의 논문 두 편이 나올 판이었다.

물리학과 학과장이었던 로버트 바허(Robert Bacher)가 보기에 두 사람이 하는 짓이 참 유치해 보였다. 자칫하면 두 사람 때문에 캘리포니아 공대 물리학과가 우스운 꼴을 당할 것만 같았다. 바허는 두 사람에게 논문을 함께 쓰라고 제안했다. 두 사람 모두 한마디로 거절했다. 바허는 당신들 두 사람 때문에 학과 꼴이 엉망이 되어도 괜찮겠느냐고 되물었다. 결국, 파인먼과 겔만은 한발 물러섰다. 1958년 1월 1일, 두 사람은 처음으로 함께 쓴 논문을 《피지컬 리뷰》에 발표했다. 논문 제목은 "페르미 상호작용의 이론"이었다. 새해 첫날 나온 논문답게 짧지만 웅장한 제목이었다. V-A 이론이 정식으로 세상에 모습을 드러낸 순간이었다. 겔만은 수다르샨에게 미안했는지 논문 마지막에 마샥과 수다르샨에게 감사를 표했다.

수다르샨은 파인먼과 겔만의 예비 논문을 읽으며 얼굴이 창백해졌다. 겔만이 약속을 어긴 것이었다. 파인먼과 겔만이 이미 논문을 발표해 버렸으니, 논문을 쓸 기회조차 잃고 말았다. 지도교수였던 마샥도 있을 수 없는 일이라며 화를 냈지만, 곧 수다르샨을 달랬다.

"이탈리아 파두아에서 V-A 이론도 발표했고, 요약본이 실린 학회 회보도 곧 나올 테니, V-A 이론에 대한 첫 번째 공로는 네게 돌아갈 거야. 걱정하지 마."

그러나 유감스럽게도 파인먼과 겔만의 논문이 수다르샨과 마샥이 쓴 학회 회보보다 세상에 먼저 나오고 말았다. 그뿐만이 아니었다. 사람들은 파인먼과 겔만의 이론에 찬사를 보냈다. 겔만의 정신적 삼촌인 골드버거는 이 논문을 두고 "이 이론이 틀리면, 자연 자체를 믿을 수 없을 거야"라며 한껏 치켜세웠다. 찬사를 들을 때마다 겔만은 양심에 찔렸다. 그래서 사람들에게 V-A 이론을 설명할 기회가 있을 때마다 "수다르샨이 최초로 한 일"이라고 말했지만, 사람들은 귀담아듣지 않았다. 어떤 사람들은 심지어 파인먼-겔만 이론이라고 부르기도 했다.

수다르샨은 분하고 억울했다. 겔만은 약속을 어겨 미안해 했지만, 수다르샨에게는 전혀 위로가 되지 않았다. 어떤 이들은 수다르샨과 마샥이 먼저 했다고 해도 파인먼과 겔만의 논문이 훨씬 깊이 있다고 말하기도 했다. 그런 말을 들을 때마다 수다르샨은 속이 쓰라렸다. 더구나 사람들이 자신이 이탈리아 학회 회보에 실은 논문은 거의 인용하지 않고, 파인먼과 겔만의 논문만 인용한다는 걸 확인할 때마다 속이 썩어가는 것만 같았다. 1959년 미국물리학회에서 마샥은 공식 석상에서 대놓고 말했다.

"V-A 이론은 파인먼-겔만 이론이 아니니, 제발 그렇게 부르지 마세요!"

어쨌거나 V-A 이론은 약력을 이해하는 데 필요한 두 번째 돌파구라고 할 만큼 중요했다. 무엇보다도 V-A 이론은 훗날 스티븐 와인버그와 셸던 글래쇼, 압두스 살람이 약력과 전자기력을 통일하는 데 중요한 열쇠가 되었다.

강력과 약력의 완성을 향하여

1957년, 거울 대칭성이 전자기력과 강력에서는 유지되지만 약력에서는 깨진다는 사실은 사람들의 뇌리에 깊이 각인되었다. 게다가 벡터와 축벡터 흐름만이 약력과 관련이 있고, 벡터와 축벡터를 서로 빼준 흐름, 즉 V-A만이 중요했다. 이 이론대로라면 중성미자는 왼쪽으로만 돌고 반중성미자는 오른쪽으로만 돈다. 이 사실은 약력에서 거울 대칭성이 깨져 있음을 분명하게 드러내 주었다. 그러나 약력의 이야기는 여기서 끝나지 않았다. 벡터와 축벡터 흐름은 몇몇 사람에게 깊은 영감을 주었다. 이들은 V-A 이론을 바탕으로 더 완전한 이론으로 나아갔다. 맥스웰과 아인슈타인이 전기력과 자기력이 별개의 힘이 아니라 같은 힘임을 보였듯이 셸던 글래쇼, 압두스 살람, 스티븐 와인버그는 게이지 이론을 도입해 전자기력과 약력을 하나로 묶을 수 있음을 보였다. 1970년대에 들어서면 전자기력과 약력, 강력을 구김 없이 한데 묶을 수 있었다. 이 세 힘을 하나로 나타낸 이론을 표준 모형이라고 부른다. 거기까지 나아가려면 크노소스 궁전의 미로를 지나가듯, 막다른 골목을 수없이 맞이해야 했다. 물리학 문제만 있었다면 오히려 다행이었을 것이다. 1950년대는 정치적으로도 불온했다. 몇몇 물리학자들은 자신을 덮쳐오는 위험과도 맞닥뜨려야 했다. 그들의 삶조차도 미로였다.

Quantum Field Theory
vs. Hadron Democracy

입자들의
민주주의

Three Quarks

6

Hadron
Democracy

Geoffrey Chew
1924~2019

Luis Walter Alvarez
1911~1988

Resonant Particle

1950년 2월 9일, 위스콘신주 상원의원 조지프 매카시(Joseph R. McCarthy)는 웨스트버지니아주 휠링에 있는 여성 공화당 클럽에서 링컨의 생일을 기념하는 연설을 하며 폭탄 발언을 했다.

"국무부 소속이면서 공산당원과 간첩으로 지목된 사람의 이름을 일일이 거론할 수는 없지만, 205명의 명단을 지금 내 손에 쥐고 있습니다."

앞으로 십 년 간 미국을 빨갱이 사냥의 광풍으로 몰아넣을 매카시즘의 시작이었다. 미국의 인권과 민주주의가 위기에 처한 기간이기도 했다. 훗날 미국 상원의원이었던 로버트 버드(Robert C. Byrd)는 어두웠던 이 시기를 이렇게 표현했다.

"미국 상원에서 매카시 같은 사람은 이전에도 이후에도 없었으며, 이보다 더 고통스러운 시기를 겪은 적도 없었습니다."

과학자들도 매카시즘을 피해갈 수 없었다.

캘리포니아 충성 맹세

　　과학자들에 대한 억압은 캘리포니아에서부터 시작되었다. 1950년, 캘리포니아 대학 이사회 의장 존 네일런은 당시 캘리포니아주의 상원의원이었던 잭 테니가 발의한 '캘리포니아 충성 맹세(California loyalty oath)'를 캘리포니아 대학의 모든 교수와 직원이 따라야 한다고 지시했다. 캘리포니아 충성 맹세에는 이렇게 적혀 있었다.

　　"나는 공산당 당원이 아님을 맹세하고, 이 맹세 아래 내 의무에 반하는 그 어떠한 정당이나 활동 혹은 맹세에 동의하지 않음을 맹세합니다."

　　네일런과 몹시 친했던 어니스트 로런스도 충성 맹세를 적극 지지했다. 그는 이미 버클리에 방사선 연구소를 세울 때부터 연구소에 속한 연구원들이 정치적인 발언을 하거나 정치적인 모임에 참여하는 것을 몹시 싫어했다. 로런스는 친하게 지내던 오펜하이머가 정치에 관해 말할 때마다 극도의 혐오감을 드러냈다. 전쟁이 끝난 뒤, 로런스의 이런 태도는 한층 더 강화되었다. 그러나 버클리에 있는 과학자 중에는 속으로 불평하면서 그 충성 맹세에 서명한 사람도 있었지만, 맹세를 거절하고 대학에서 쫓겨나거나, 다른 대학으로 옮기는 물리학자들도 있었다. 페르미의 제자이자 훗날 반양성자를 발견한 공로로 노벨물리학상을 받게 될 에밀리오 세그레도 버클리를 떠나 일리노이 대학으로 갔다.

　　버클리 방사선 연구소에는 이탈리아에서 망명한 또 다른 물리학자 잔 윅(Gian C. Wick)이 있었다. 그의 어머니는 무솔리니의 파시즘에 극렬히 반대한 작가였다. 그에게 충성 맹세는 또 다른 파시즘이었다. 이런 맹세는 무솔리니 같은 파시스트 정권에서나 볼 수 있는 것이라고 여겼다. 파시스트를 피해 미국으로 망명한 윅에게 충성 맹세를 하라는 것은 구역질이 치밀 만큼 모욕적이었다. 윅은 로런스와 심하게 언쟁했다. 로런스는 목에 핏대를 세우며 윅에게 소리쳤다.

"이 서류에 서명하지 않을 거라면, 지금 당장 연구원증을 반납하고 여기를 떠나세요!"

윅의 얼굴이 터질 만큼 붉게 달아올랐다.

"당신이 떠나라면 떠나야지요, 지금 당장 떠날 겁니다!"

두 사람의 언쟁을 지켜보던 루이스 앨버레즈는 로런스에게 그런 권한은 소장에게 없으니 참으라며 그를 달랬다. 그러나 윅은 로런스에게 정나미가 딱 떨어졌다. 그는 곧장 버클리를 떠나 피츠버그에 있는 카네기 연구소로 자리를 옮겼다. 이것은 시작에 불과했다. 물리학자들의 엑소더스가 이어졌다.

피에프 파노프스키(Pief Panofsky)는 나치의 박해를 피해 부모와 함께 미국으로 왔다. 캘리포니아 공대에서 박사 학위를 하고 버클리에서 조교수로 지내고 있었다. 그는 독재국가도 아닌 미국에서 뜬금없이 충성 맹세라니, 믿기지가 않았다. 버클리에서 살기 싫어진 그는 스탠퍼드 대학으로 떠났다. 파노프스키는 훗날 스탠퍼드 가속기 연구소에서 대형 선형 가속기를 짓는 데 크게 공헌한다. 잭 스타인버거 역시 나치를 피해 미국으로 온 유대인이었다. 스타인버거도 충성 맹세를 거부하고 컬럼비아로 자리를 옮겼다. 버클리는 충성 맹세 탓에 1988년에 노벨물리학상을 탈 스타인버거를 잃었다. 오펜하이머의 동생 프랭크 오펜하이머(Frank Oppenheimer)도 쫓겨 나다시피 버클리를 떠났다. 캘리포니아 충성 맹세는 버클리 방사선 연구소를 쑥대밭으로 만들어버렸다. 무엇보다 뛰어난 이론물리학자들 대부분이 떠나는 바람에 방사선 연구소에는 이론물리학자의 씨가 다 말라버렸다.

서쪽에서 불어오는 자유의 바람

밤을 지배하던 어둠도 새벽 동살이 들면 물러나듯, 미국의 빨갱이 사냥도 한풀 꺾이기 시작했다. 역설적으로 충성 맹세와 공산주의자에 대한 탄압으로 악명 높았던 버클리에서 표현의 자유 운동이 가장 먼저 시작되었다. 1960년대 초반까지만 해도 버클리에서는 학생들의 정치활동이나 발언, 모금 활동을 엄격하게 제한했다. 1964년 9월 16일, 대학 측은 학교 바깥의 보도에서 정치 활동을 하는 것조차 금했다. 대학 내 18개 학생단체 대표는 대학 측에 거세게 항의했다. 대학 측은 일부 양보했지만, 여전히 정치 활동은 엄격하게 금지했다. 보도에 탁자를 놓을 수도 없었다. 대학의 금지 조치에도 불구하고 학생들은 정치 활동을 이어갔고, 결국 여덟 명의 학생이 무기정학 처분을 받았다. 이날부터 표현의 자유 운동이 시작되었다.

입자들의 민주주의

다음날 학생들은 다시 모여 탁자를 놓고 정치 활동을 이어갔다. 학생들의 시위에 대비해 버클리 내 스프로울 홀(Sproul Hall)에는 경찰차가 대기하고 있었다. 경찰들은 시위하는 학생들을 경찰차로 끌고 갔다. 그걸 지켜보던 학생들은 분노하며 대거 시위에 참여했다. 경찰차는 수백 명의 시위 학생들에게 포위되어 움직일 수 없었다. 학생들은 경찰차 위에 올라가 연설을 하며 서른두 시간이 넘게 농성을 펼쳤다. 대학 측은 한발 물러설 수밖에 없었다. 버클리에서 시작된 표현의 자유 운동은 베트남 전쟁에 반대하는 시위와 맞물리며 동쪽으로 퍼져 나갔다.

우연이었을까, 버클리에서 민주주의 운동이 일어날 즈음, 입자와 핵물리학에서는 '핵 민주주의'*라는 이론이 전면에 등장했다. 버클리는 민주주의 운동의 본산지이기도 했지만, 핵 민주주의 또는 입자들의 민주주의라고 불리는 새로운 이론이 불꽃처럼 일어난 곳이기도 했다.

입자들의 민주주의 혁명을 주도한 사람은 버클리의 교수였던 제프리 추(Geoffrey Chew)였다. 역설적으로 입자들의 민주주의의 바탕이 되는 이론이 태동한 것은 서슬 퍼런 히틀러의 독재가 횡행하던 독일에서였다. 1942년 9월 8일, 베르너 하이젠베르크는 한스 가이거(Hans Geiger)의 60세 생일을 기념하며 논문 한 편을 투고했다. 논문 제목은 "소립자 이론에서 관측이 가능한 양"이었다. 논문은 가이거의 생일에 맞춰 나오지는 못했고, 이듬해 7월이 되어서야 세상

---

* '강입자 민주주의'라고도 부른다. 이 책에서는 '입자들의 민주주의'라고 칭할 것이다.

에 나왔다. 같은 제목의 두 번째 논문은 1942년 10월 30일에 투고되었지만, 이 역시 일 년이나 지난 1943년 11월에야 발표되었다.

하이젠베르크 역시 독일의 원자폭탄 제작 프로젝트인 우란 연합(Uran Verein)에 참여하고 있었지만, 그보다는 순수 물리학 연구에 열정을 쏟아부었다. 가장 어두운 시기에 하이젠베르크는 1950년대 중반부터 1960년대를 휘어잡을 연구에 매달렸다. 제2차 세계대전 동안에는 모두 고립되어 있었다. 물리학자도 예외가 아니었다. 전쟁 전까지만 해도 활발하게 나누던 대화와 토론은 불가능했다. 하이젠베르크의 논문은 이렇게 고립된 상황에서 나온 명작이었다. 전쟁이나 원자폭탄과 아무런 관련이 없는 논문이었지만, 이 논문은 표지에 "극비"라는 도장이 찍힌 채 독일 해군 잠수함에 실어 일본으로 전달되기도 했다. 그러나 이 논문은 한동안 사람들의 뇌리에서 잊혔다.

거품상자

1950년대는 가속기의 시대였다. 새로 지은 가속기에서는 하루가 멀다고 새로운 입자가 발견되었다. 그런 입자 중에는 우주선에서 찾아낸 낯선 입자와 달리 수명이 몹시 짧은 입자들도 있었다. 이렇게 수명이 짧은 입자를 찾으려면 안개상자나 핵 건판의 성능을 훌쩍 뛰어넘는 새로운 검출기가 필요했다. 그리고 스물여섯 살밖에 되지 않은 한 젊은 실험물리학자가 그런 검출

입자들의 민주주의

기를 세상에 내놓았다.

도널드 글레이저(Donald Glaser)는 안개상자 두 개를 이어 붙인 장치로 지표면에 도달한 뮤온을 측정하고 있었다. 그는 안개상자로는 에너지가 높은 입자의 궤적을 측정하는 게 여간 어려운 일이 아니라는 걸 깨달았다. 안개상자에 차 있는 기체의 밀도로는 그 궤적을 다 잡아낼 수 없었다. 그래서 지도교수였던 칼 앤더슨이 양전자와 뮤온을 찾을 때처럼 안개상자 안에 납판을 갖다 대기도 했지만, 궤적을 정확하게 보는 데 오히려 방해만 될 뿐이었다. 게다가 안개상자의 궤적이 생긴 다음 기체가 다시 안정된 상태로 돌아가는 데 시간이 너무 오래 걸렸다. 한 마디로 안개상자는 고에너지 입자를 관측하기엔 너무 무뎠다. 로체스터와 버틀러가 V 입자를 찾으며 애를 먹었던 게 이해가 되었다. 물론 안개상자 대신에 핵 건판을 쓸 수도 있었지만, 그건 또 너무 예민했고, 궤적을 연속해서 찾는 데는 큰 도움이 되지 않았다. 무엇보다도 가속기에서 만들어지는 새로운 입자를 찾으려면 거기에 걸맞은 새로운 검출기를 개발하는 일이 시급했다.

박사 학위를 마친 글레이저는 똑똑한 사람들이 몰리고 있는 가속기 연구소로 갈 수 있었지만, 새로운 검출기를 개발할 목표를 세운 터라 조용히 연구할 수 있는 곳으로 가고 싶었다. 앤아버에 있는 미시간 대학에서 박사후연구원을 찾는다는 소식이 눈에 들어왔다. 1949년, 글레이저는 미시간으로 갔다. 새로운 검출기를 개발할 생각에 몰두해 있던 어느 날 밤, 집으로 가는 길에 맥주라도 한잔할 요량으로 근처 술집에 들렀다. 주문한 맥주병의 뚜껑을 따자, 거품이 올라왔다. 글레이저는 넘쳐흐르는 맥주 거품을 보며 불현듯 아이디어가 떠올랐다.

다음날, 연구실에 출근해서 방사선이 밀도가 높은 액체 속을 지나며 궤적을 남기는 현상을 어떻게 구현할 수 있을지 고민하기 시작했다. 문제는 액체가 기체로 바뀌었다가 액체로 재빠르게 돌아오는 물질을 찾아야 했다. 고민에 고민을 거듭하던 어느 날, 1924년에 나온 논문을 보고, 중요한 실마리를 찾았다. 한때 진통제로 사용하기도 했던 디에틸에테르(diethyl ether)는 대기압에서는 섭씨 34.6도에서 끓는데, 압력을 높이면 섭씨 140도까지 과포화 상태를 유지할 수 있는 방법이 있었다. 이런 상태의 디에틸에테르 액체는 전하를 띤 입자의 작은 움직임에도 무척 예민하게 반응했다. 거품상자(bubble chamber)라고 불리게 될 새로운 검출기의 원리를 발견하는 순간이었다. 그는 작은 유리용기에 디에틸에테르를 넣고 반복해서 실험하면서 드디어 우주선이 유리용기를 지나며 기포를 만들어 내는 것을 확인했다. 거품상자의 탄생이었다.

글레이저는 거품상자에 가이거-뮐러 계수기를 달고, 우주선이 거품상자를 지나며 만드는 궤적에 플래시를 비춰 사진을 찍었다. 투박하고 조악했지만, 검출기의 역사를 바꿀 혁명의 시작이었다. 글레이저는 실험 결과를 정리해서 우주선의 궤적을 찍은 사진과 함께 1953년 4월 말 워싱턴에서 열릴 미국물리학회에 발표 논문의 초록을 보냈다. 워싱턴에서는 뜻밖의 만남이 글레이저를 기다리고 있었다.

입자들의 민주주의

루이스 앨버레즈

　　버클리에서 거대 가속기를 만들다가 실패한 뒤로 물리학과 담을 쌓고 지내던 루이스 앨버레즈는 자신보다 젊은 물리학자의 도움을 받으며 입자물리학자로 거듭나고 있었다. 앨버레즈도 워싱턴에서 열린 미국물리학회의 정기 학회에 참석했다. 첫날은 쇼어하임 호텔 정원의 큰 식탁에 앉아 오랜 동료들과 수다를 떨며 느긋하게 점심을 먹었다. 식탁에는 제2차 세계대전 당시에 MIT 방사선 연구소와 로스앨러모스에서 함께 일했던 친구들이 있었다. 앨버레즈는 옛날을 추억하며 친구들과 한참 이야기하다 입자물리학의 최근 연구로 화제를 돌렸다. 그러다 자기 왼쪽에 못 보던 젊은 친구가 앉아있는 게 보였다. 전쟁이 끝나고 나서 박사 학위 연구를 시작한 젊은 친구는 대화에 끼지 못하고 밥만 먹고 있었다. 미안했다. 앨버레즈가 자기소개를 하며 말을 걸었다. 젊은 친구는 자신은 도널드 글레이저로 미시간에서 왔다고 했다. 그러면서 불안한 속내를 털어놓았다.

　　"발표가 토요일 오후 마지막 시간에 잡혀 있어 아무도 들으러 오지 않을 것 같아요."

　　그때만 해도 비행기가 드물어서 학회에 참석한 사람은 대부분 토요일 오전에 집으로 돌아가곤 했다. 앨버레즈도 마찬가지였다. 캘리포니아로 돌아가려면 토요일 아침 일찍 출발해도 빠듯했다.

　　"그럼 무슨 발표를 할 건지 잠깐만 얘기해 줘 봐요."

　　앨버레즈와 글레이저의 이 짧은 만남은 역사적인 순간이 되었다.

글레이저는 가방 안에서 사진 한 장을 꺼냈다. 거기에는 지름이 약 1센티미터, 길이는 약 2센티미터인 유리관 하나가 찍혀 있었다. 유리관의 크기로 봐서는 동네 구멍가게에서 파는 꼬마전구와 비슷해 보였다. 유리관에는 디에틸에테르가 채워져 있었고, 유리관 안쪽에는 기포로 된 궤적이 보였다. 그것은 글레이저가 직접 제작한 작은 거품상자였다.

글레이저의 설명을 듣던 앨버레즈는 글레이저의 거품상자야말로 가속기의 성능을 최대로 끌어낼 최적의 검출기가 되리라는 걸 직감했다. 오랫동안 침체를 겪은 앨버레즈에게 글레이저의 거품상자는 자신을 위해 하늘에서 내려준 구원의 빛처럼 느껴졌다. 그날 밤, 호텔로 돌아온 앨버레즈는 버클리의 후배 프랭크 크로퍼드(Frank Crawford)에게 글레이저에게 들은 거품상자에 관해 설명했다. 그러자 크로퍼드는 손으로 자기 가슴을 탁탁 치며 말했다.

"거품상자를 만드는 데 필요한 기술은 내게 맡겨 놓으세요. 버클리로 가는 길에 미시간에 들러 글레이저에게 거품상자에 관해 배울 수 있는 것은 다 배워올게요."

버클리로 돌아온 앨버레즈는 당장 새로운 입자를 찾아내는 데 효과적인 거품상자가 무엇일지 조사해 보았다. 그가 보기에는 거품상자를 채울 액체로 디에틸에테르보다 액체수소가 훨씬 나아 보였다. 가압 상태에서 과포화된 수소가 방사선에 민감하다는 사실은 이미 잘 알려져 있었다. 무엇보다도 액체수소는 검출기 역할도 하지만, 액체수소 자체가 양성자가 잔뜩 모여 있는 과녁이나 다름없었다. 그러나 수소는 위험한 물질이었다. 산소와 결합하면 엄청난 위력을 내며 폭발할 위험이 있었다. 게다가 수소를 과포화 액체 상태로 만들려면, 온도를 영하 240도 이하로 낮춰야 하니 저온물리학에도 능숙해야 했다.

글레이저를 만난 지 이 년 정도 지났을 때 앨버레즈는 드디어 가속기에 사용할 거품상자 구상을 끝냈다. 앨버레즈가 고안한 거품상자는 높이는 약 1.8미터. 폭은 약 0.5미터, 깊이는 0.4미터가 채 안 되는 직사각형의 강철 상자였다. 그 안에 액체수소 520리터를 채우고, 저온을 유지하도록 냉동 장치를 설치할 계획이었다. 안을 들여다보며 사진을 찍을 수 있도록 한쪽에 100톤의 힘을 견디는 강화유리창도 필요했다. 전하를 띤 입자가 거품상자를 지나며 휠 수 있도록 1.5테슬라의 강력한 자석도 놓아야 했다. 이 정도의 자기장을 만들려면 자석의 무게는 100톤 가까이 되어야 했고 2~3메가와트의 전력이 필요했다. 거기에 정교하게 사진을 찍을 수 있도록 광학 장치가 있어야 했고, 데이터를 처리할 컴퓨터도 구축해야 했다. 이 모든 걸 갖춘 거품상자를 짓는 데 250만 달러가 필요했다. 당시로서는 어마어마한 액수였다. 앨버레즈는 버클리 방사선 연구소의 소장인 어니스트 로런스에게 도움을 청했다. 가장 어려운 일은 로런스가 떠안은 셈이었다. 로런스는 폰 노이만의 집에서 열린 칵테일 파티에서 원자력 위원회의 루이스 스트라우스와 폰 노이만, 윌라드 리비를 만나 그 자리에서 250만 달러를 지원하겠다는 약속을 받아냈다.

1959년 2월 17일, 드디어 높이 1.8미터의 액체수소 거품상자가 완성되었다. 워낙 위험한 장치라 혹시 발생할지 모를 상황에 대비한

예행연습이 있었다. 거품상자 연구동 스피커에서는 대피를 알리는 경고음과 안내 방송이 흘러나왔다.

"컴프레서실 구역에서 가스 누출 감지! 모든 인원은 즉시 컴프레서실을 비울 것! 대피 후 대기할 것!"

"59동 건물에서 폭발성 가스 누출! 인명 피해 여부를 확인할 것!"

예행연습을 성공적으로 끝내고 실제로 거품상자를 설치했다. 설치에는 이틀이 소요되었다. 그러나 설치가 끝이 아니었다. 다음으로 거품상자에 연결된 튜브와 거품상자를 단열할 질소 가스를 점검했다. 그리고 거품상자의 이음새도 재확인했다. 무엇보다도 거품상자는 극도로 청결해야 했으므로 다시 한 번 꼼꼼히 거품상자를 닦았다. 드디어 밸브를 열어 거품상자에 수소를 채워 넣기 시작했다. 거품상자 온도를 영하 160도까지 낮추는 데 거의 3주가 걸렸다. 그러나 수소가 액체 상태를 유지할 만큼 낮은 온도로 더 낮추어야 했다. 마침내 1959년 4월 27일 월요일이 되어서야 거품상자는 실험에 사용할 수 있는 검출기의 형태를 갖췄다. 이제 입자의 궤적을 측정하는 일만 남았다.

도널드 글레이저는 거품상자를 발명한 공로로 1960년 서른네 살의 나이에 노벨물리학상을 받았다. 그는 노벨상을 받은 후에는 더는 입자물리학을 연구하지 않고 분자생물학으로 방향을 돌렸다. 거품상자는 한동안 실의에 차 지내던 루이스 앨버레즈를 구원했다. 그는 거품상자를 이용해 새로운 입자를 많이 발견한 공로로 1968년에 노벨물리학상을 받았다.

하이젠베르크는 거품상자에 생긴 궤적을 보며 이렇게 말했다.

입자들의 민주주의

"안개상자나 거품상자와 같이 적어도 간접적으로나마 기본 입자를 실제로 볼 수 있다는 건 물질의 가장 작은 단위가 돌이나 꽃처럼 물리적 실재라는 걸 보여준다."

거품상자는 더 나은 검출기가 나올 때까지 새로운 입자들의 궤적을 물리학자들에게 남겼다.

공명 입자

우주선에서 발견된 입자는 대부분 오래 산다. 물론 오래 산다는 말도 상대적이다. 실험물리학자들은 어떤 입자가 10^{-8}초에서 10^{-10}초 정도 살다 가면, 그 입자는 수명이 길다고 하고, 심지어 안정된 입자라고 부르기도 한다. 우주선에서 발견된 케이온이나 람다, 시그마, 크시 하이퍼론은 모두 이 정도로 오래 산다. 수명이 긴 입자는 모두 약력에 의해 붕괴한다. 그러니까 힘의 세기가 약할수록 입자의 붕괴는 천천히 일어난다. 이런 입자들은 가늘고 길게 산다. 전자기력은 약력보다는 강하지만 강력과 비교하면 훨씬 약하다. 전하가 없는 시그마는 전자기력에 의해 람다와 광자로 붕괴하는데, 대략 10^{-20}초 정도 산다. 전자기력에 의해 붕괴하는 입자들의 수명은 10^{-15}초에서 10^{-20}초 정도다.

그런데 어떤 입자들은 정말이지 눈 깜짝할 사이에 나타났다가 사라진다. 그런 입자를 통칭해서 공명 입자(resonance particle)라고 부른다. 이런 입자는 대략 10^{-23}초 동안 존재한다. 이 시간이 얼마나 짧은 시간인지 한번 비유로 느껴보자. 우주의 나이는 대략 138억 년으로 알려져 있다. 우주의 나이를 1년이라고 하면, 백 년을 사는 인간은 0.2초 정도 살다 가는 찰나의 존재다. 케이온의 수명을 1년이라고 하면, 공명 입자는 1억 분의 1초 남짓 존재한다. 공명 입자와 비교하면 케이온 같은 낯선 입자는 그야말로 영겁의 시간을 사는 셈이다.

공명 입자는 양자역학에서 나오는 공명 현상과 다를 바가 없다. 어떤 원자에 파장이 짧은 빛을 쪼여주면 원자는 들뜬 상태가 된다. 그러니까 바닥 상태에 있던 전자가 광자가 전해 주는 에너지를 받아 들뜬 상태로 양자 도약을 한 것이다. 들뜬 상태로 올라간 전자는 아주 잠깐 그곳에 머물다가 광자를 내놓으며 다시 바닥 상태로 내려온다. 이때 원자에서 나오는 광자의 에너지는 수 전자볼트밖에 되지 않는다. 원자핵도 마찬가지다. 감마선을 쪼여주면 들뜬 원자핵이 되었다가 감마선을 내놓으며 다시 바닥 상태로 내려온다. 이때 나오는 감마선의 에너지는 수백만 전자볼트다. 공명 입자도 비슷하다. 양성자가 파이온이나 광자와 충돌하면 들뜬 양성자가 되거나 아니면 새로운 중입자가 되었다가 다시 양성자로 돌아온다. 그런데 원자나 원자핵과 달리 들뜬 상태의 양성자나 새로 생긴 공명 입자는 에너지가 매우 높아서 바닥 상태의 양성자로 내려오면서 중간자를 내놓거나 수억 전자볼트의 광자를 방출한다. 게다가 공명 입자는 아인슈타인의 특수 상대성 이론에서 에너지와 질량이 서로 같다는 사실과도 관련이 있다. 공명 입자의 질량은 양성자에 가해진 수억 전자볼트의 에너지와 양성자의 질량을 합한 것과 같다. 그래서 공명 입자는 에너지와 질량이 서로 다르지 않다는 것을 증명해 주는 입자이기도 하다.

공명 입자의 흔적은 우주선 연구가 한창이던 1940년대 초부터 어렴풋이 알려져 있었다. 볼프강 파울리와 시드니 댄코프(Sidney M. Dancoff)는 이미 1942년에 파이온과 핵자가 충돌하면 공명 입자가 생길지도 모른다고 예언했다. 파이온이 발견되기 전인 1946년에 파울리는《핵력의 중간자 이론》이라는 책을 썼다. 여기서 파울리는 파이온과 양성자가 결합하면 스핀이 3/2인 새로운 입자가 생긴다고 주장했다. 역사상 처음으로 스핀이 3/2인 입자를 언급한 것이었다.

계속 발견되는 공명 입자

1952년 가을, 첫 번째 공명 중입자를 온전하게 볼 수 있는 5억 전자볼트(500 MeV)의 싱크로트론이 캘리포니아 공대에 완성되었다. 그뿐만 아니라 실험 데이터를 처리하는 컴퓨터와 전자장치도 빠르게 발전했다. 1953년 9월, 뉴멕시코주 앨버커키에서 미국물리학회의 정기 학회가 열렸다. 캘리포니아 공대에서는 스핀이 3/2인 공명 중입자가 존재한다는 실험 결과를 발표했다. 1955년에는 시카고 대학과 카네기 공대에 있는 가속기가 업그레이드되면서 이 중입자의 존재를 확증했다. 소련 두브나에 있는 가속기에서도 이 입자의 존재를 확인했다. 첫 번째로 발견된 공명 중입자는 델타(Δ) 중입자라고 불렸다.

1959년 4월 27일 월요일, 냉동시설과 엄청난 무게의 전자석을 갖춘 거품상자가 장엄한 자태를 드러냈다. 당시로서는 가장 거대한 검출기였다. 거품상자를 올려다보며 앨버레즈는 마음 깊은 곳에서 올라오는 환희에 휩싸였다. 아직 거품상자로 새로운 입자를 찾기 전이었지만, 이 검출기가 마치 자신의 분신처럼 느껴졌다. CERN에서 약력을 매개하는 두 입자 Z와 W를 찾은 공로로 노벨상을 받은 카를로 루비아(Carlo Rubbia)는 이런 말을 했다.

"실험물리학자에게 검출기는 자신을 표현하는 방법입니다. 마음속에 있는 것을 어떻게든 표현하는 것이죠. 예술가가 작품을 남기듯, 실험물리학자는 검출기를 남깁니다. 검출기야말로 그것을 설계한 사람의 표상입니다."

거품상자를 처음 제안한 사람은 글레이저였지만, 거품상자를 새로운 입자를 찾아내는 강력한 무기로 바꿔놓은 사람은 앨버레즈였다. 거품상자는 앨버레즈의 표상이었다.

1960년, 앨버레즈가 이끄는 실험팀에서는 낯선 중입자 시그마(Σ)가 들뜨면서 만들어 내는 시그마 공명 중입자($\Sigma^*(1385)$)를 발견했다. 람다(Λ)의 들뜬 공명 중입자($\Lambda^*(1405)$)도 함께 발견했다.[*] 산란 단면적으로 나타낸 실험 그래프에서 이런 공명 입자는 뾰족이 솟아오른 첨탑이나 볼록 솟아오른 낙타 혹처럼 보였다. 그래서 앨버레즈는 공명 입자를 찾는 자신과 동료들을 "혹 사냥꾼(bump hunters)"이라고 불렀다. 그 이듬해에는 버클리의 베바트론과 브룩헤이븐의

---

[*] $\Sigma^*(1385)$와 $\Lambda^*(1405)$에서 괄호 안에 있는 숫자는 각각 공명 중입자의 질량이다. 단위는 MeV이다.

입자들의 민주주의

코스모트론에서 로(ρ)라고 불리는 공명 중간자를 발견했다. 그리고 9월에는 버클리 로런스 방사선 연구소의 앨버레즈 실험팀에서 오메가(ω)라는 입자를 발견했다. 오메가는 아주 뾰족해 보였다. 로와 오메가 중간자 모두 스핀이 1이었고, 로는 생기자마자 바로 두 개의 파이온으로, 오메가는 세 개의 파이온으로 붕괴했다. 스핀이 1인 입자는 성분이 셋 있어서 벡터 중간자라고 불렸다. 이 입자들의 발견 뒤에는 이론물리학자의 예언이 숨어 있었다. 1957년, 난부 요이치로는 오메가 중간자의 존재를 예언했고, 제프리 추와 그의 동료들은 로 중간자가 존재할지 모른다고 예측했다. 겉보기에 양성자와 이 중간자들은 아무런 상관이 없어 보였지만, 이들은 서로 교묘히 얽혀 있었다.

1947년 파이온과 낯선 입자들부터 시작해서 쿼크 모형이 나올 즈음이었던 1964년까지 발견된 입자의 수는 100여 개 가까이 되었다. 이런 입자 중에서 어떤 것이 근본적인 입자인가? 아니면 근본 입자란 애초부터 존재하지 않는 것인가? 아니면 이런 입자들을 이루고 있는 아직 발견되지 않은 근본 입자가 존재하는가?

머리 겔만이 이런 입자들 속에 감춰진 패턴을 찾아 헤매는 동안, 제프리 추는 근본 입자란 애초부터 존재하지 않는다는 쪽을 선택했다. 양성자의 성질을 설명하려면 중간자가 있어야 했고, 벡터 중간자를 설명하려면 파이온이 필요했다. 다시 파이온이 상호작용하는 걸 설명하려면 벡터 중간자가 필요했다. 모든 입자는 실타래처럼 얽혀 있었다. 제프리 추는 모든 입자는 동등하다는 생각을 펼쳐 나갔다. 입자들의 민주주의 이론의 시작이었다. 추의 이론을 따르는 사람들이 늘어나면서 입자들의 민주주의 이론은 하나의 세력을 형성했다.

제프리 추

제프리 추는 워싱턴에서 태어나고 줄곧 그곳에서 살았다. 고등학교를 졸업한 뒤에도 워싱턴에 있는 대학에 입학했다. 대학의 이름도 조지워싱턴 대학이었다. 추가 대학에 입학할 무렵 유럽은 제2차 세계대전의 참화를 겪고 있었다. 1941년 12월 7일, 일본군은 진주만 공습을 감행하면서 미국도 전쟁의 소용돌이 속으로 휘말려 들었다. 1943년 10월, 맨해튼 프로젝트가 비밀리에 진행될 즈음, 추도 위험한 사건에 휘말렸다.

1943년, 미국은 전쟁 노동위원회(War Labor Board)에서 물가와 월급을 통제했다. 한 사람의 월급은 그가 전쟁에 얼마나 이바지하느냐에 따라 결정되었다. 1943년 10월, 어떤 물리학자가 전쟁 노동위원회에 월급을 더 올려 달라는 진정서를 넣었다. 위원회에서는 진정서를 농담으로 여기며 넘어갔다. 그러나 워싱턴포스트의 기자 진 크레이그헤드(Jean Craighead)의 생각은 달랐다. 대학에 다닐 때 들었던 물리학 강의에서 담당 교수가 했던 말이 떠올랐다.

"앞으로 전쟁이 나면 기술적으로 우위에 있는 나라가 반드시 승리합니다."

크레이그헤드는 진정서를 낸 물리학자의 주장이 얼마나 타당한

지 따져보기로 했다. 그 주장이 타당하다면, 기사를 쓰기로 마음먹었다.

그녀는 대학 때 보던 물리학 교과서를 꺼내 핵분열 부분을 읽어 보았다. 핵물리학에 관한 지식은 극비였지만, 이 책은 1942년 전에 출판되었던지라 핵물리학을 설명하는 부분이 여전히 남아 있었다. 혼자서는 그 내용을 온전히 이해하기가 힘들어 자신을 도와줄 사람이 필요했다. 그녀는 평소 알고 지내던 루스 추의 동생 제프리가 조지워싱턴 대학에 다닌다는 것이 생각났다. 워싱턴포스트 신문사에서 채 2킬로미터도 떨어지지 않은 곳이었다. 크레이그헤드는 제프리 추를 만나러 갔다. 추는 흔쾌히 만나 주었다. 그녀가 보기에 열아홉 살의 추는 무척 잘 생겼고 조숙해 보였다. 추는 크레이그헤드 기자가 궁금해 하는 부분을 성심껏 설명해 주었다. 그 내용은 1943년 10월 31일 일요일 자 《워싱턴 포스트》에 실렸다. 기사에는 핵분열을 이용하면 핵에서 엄청난 에너지를 끄집어낼 수 있고 순식간에 수많은 사람을 죽일 수 있는 슈퍼 폭탄을 만들 수 있다는 내용도 들어 있었다.

신문에 나온 내용은 워싱턴 보안 지부를 발칵 뒤집어 놓았다. 비밀리에 진행되고 있는 맨해튼 프로젝트의 정보가 밖으로 새어 나간 게 분명했다. 보안 요원들은 곧바로 시중에 나와 있는 워싱턴포스트 신문을 모두 압수했고, 곧바로 크레이그헤드와 추를 체포했다. 심문을 시작한 보안 요원들은 추의 나이가 생각보다 너무 어려 당황했다. 심문을 계속했지만, 두 사람은 맨해튼 프로젝트가 무엇인지 들어본 적도 없어 보였다. 보안 책임자는 크레이그헤드를 풀어주면서 "이런 기사는 미국이 전쟁에서 승리하는 데 해를 끼칠 수 있는 기사니 다시는 쓰지 말라"고 경고했다. 문제는 추였다. 열아홉 살의 어린 대학생이었지만, 핵분열을 너무 잘 알고 있었다. 보안 당국은 그를 어떻게 처리할까 고심했다. 다행히 조지워싱턴 대학에서 추를 가르치던 조지 가모브가 개입했다. 가모브는 추가 로스앨러모스에 있는 에드워드 텔러와 함께 일할 수 있게 주선해 주었다.

추는 로스앨러모스에서 엔리코 페르미를 만났다. 그리고 페르미에게 압도당했다. 대학을 졸업하면, 페르미가 교수로 있는 시카고 대학에서 박사 학위를 해야겠다고 결심했다. 전쟁이 끝나고 이듬해 2월, 추는 시카고 대학 물리학과 박사 과정에 입학했다. 그 당시 시카고 대학 물리학과는 내로라하는 물리학자들로 붐볐다. 추가 보기에 이곳은 별들의 모임이었다. 그 중심에는 페르미가 있었다. 추 역시 페르미의 영향 아래 있었지만, 연구는 에드워드 텔러와 함께 했다.

지도교수였던 텔러는 수소폭탄에 온통 마음이 빼앗겨 학생을 지도하는 일에는 눈곱만치도 관심이 없었다. 추는 친하게 지내던 마빈 골드버거와 함께 페르미에게 갔다. 로스앨러모스에서 만났을 때부터 그를 흠모했던지라 부탁하기가 조심스러웠지만, 박사 학위에 필요한 연구를 도와달라고 부탁했다. 페르미는 더는 이론물리학을 연구하지 않았지만 흔쾌하게 두 사람을 지도하겠다고 답한 뒤, 학위 논문에 대해서는 지나치게 걱정하지 말라고 조언했다.

"박사 학위 논문을 나중에 손자한테까지 보여줄 건 아니잖아요?"

입자들의 민주주의

겔만이 한때 그랬듯이 박사 과정 학생은 위대한 연구 결과를 얻어 길이 남을 박사 학위 논문을 쓰고 싶어 하지만, 작은 연구 주제라도 본인이 스스로 연구해 그 결과를 논문으로 남기는 게 훨씬 중요했다. 추는 중성자와 중양자 충돌 이론을 연구했다. 그렇게 페르미의 지도를 받으면서 이 년 반 만에 박사 학위를 마쳤다.

박사 학위를 마친 뒤, 추는 골드버거와 함께 버클리에 있는 방사선 연구소의 박사후연구원이 되었다. 거기서 이론물리학자 로버트 서버(Robert Serber)의 지도를 받으며 연구를 시작했다. 오펜하이머와 오랫동안 일해 왔던 서버는 이론물리학자였지만, 실험물리학자와도 말이 잘 통했다. 추는 로스앨러모스에서 서버를 만난 적이 있었다. 추는 페르미와 서버와 함께 일하면서 이론물리학자에게 실험이 얼마나 중요한지 배웠다.

얼마 지나지 않아 추의 명성은 버클리 물리학과에 알려졌고 곧 조교수가 되었다. 추는 텔러와 정반대였다. 그는 학생을 가르치는 데 타고난 사람이었다. 1950년 가을에 버클리를 떠나 1956년까지 일리노이 대학에 가 있던 기간을 제외하면, 사십 년이 넘는 세월을 버클리에 있으면서 제자를 길러냈다. 그가 길러낸 제자는 70명이 넘었고, 그들 중에는 2004년 양자색역학으로 노벨상을 받은 데이비드 그로스(David Gross)와 초끈 이론을 개척한 존 슈워츠(John Schwarz)도 있었다.

캘리포니아주의 충성 맹세로 버클리에서 쫓겨난 교수들도 많았지만, 거기에 반대하며 자진해서 학교를 그만두고 떠난 사람들도 있었다. 이제 막 버클리에 조교수로 임용된 추도 충성 맹세는 인권에 반하는 일이고, 반민주적이며 학문의 자유를 심각하게 침해한다고 여겼다. 추는 이를 용납할 수 없었다. 어릴 때부터 워싱턴에서 자랐고, 농림부 공무원이었던 아버지의 영향으로 일찍부터 정치에 눈을 떠 행동할 줄 알았다. 버클리 물리학과에 데이비드 폭스(David Fox)라는 조교가 있었는데, 공산당과 연루되어 있다는 의심을 받고 있었다. 결국, 하원 반미활동 위원회의 소환장을 받았다. 폭스는 의원들 앞에서 미국 헌법 수정 제5조를 들며 증언을 거부했지만, 끝까지 버틸 수 없었다. 결국, 학교 이사회의 압력에 굴복해 충성 맹세에 서명하고 말았지만, 이사회에서는 그를 해고했다. 충성 맹세를 하면 자리를 보전해 주겠다던 이사회의 약속은 거짓말이었다. 추는 이사회의 술수에 기가 막혔다. 1951년, 추는 충성 맹세에 반대하며 가장 먼저 사표를 던졌다. 뛰어난 물리학자 추를 받아 줄 곳은 많았다. 일리노이 대학에서 추를 초청했다. 그와 함께 일했던 로버트 서버도 익명의 모함을 받아 청문회에 서는 고초를 당했다. 그를 모함한 자는 텔러였다. 서버는 수소폭탄은 실현 가능성이 없다며 텔러와 논쟁을 한 적이 있었다. 이런 서버를 텔러가 두고 볼 리 없었다. 결국, 서버도 버클리를 떠나 컬럼비아 대학으로 갔다.

입자들의 민주주의

1960년대는 실험이 주름잡던 시대였다. 새로운 입자가 줄줄이 발견되었다. 그들 중에 무엇이 기본 입자인지 알

길도 없었다. 그때 제프리 추가 놀라운 주장을 들고 나왔다. "입자 중에서 특별히 더 근본적인 입자는 없다." 저들 중에서 무엇이 더 근본적인지 고민할 필요가 없었다. 그 어떤 입자도 특별할 이유가 없고, 그 어떤 입자도 다른 입자를 대표하지 않는다. 모든 입자는 평등하다. 모든 입자가 모든 입자를 이룬다. 추는 이 대담한 주장에 근사한 이름도 붙였다. 핵 민주주의(nuclear democracy), 다른 말로는 입자들의 민주주의였다. 추가 보기에 양자장론은 강력을 설명하는 데 적당하지 않았다. 오히려 1932년 하이젠베르크가 제안한 산란 행렬 이론이 더 타당해 보였다. 이 하이젠베르크의 이론은 입자들의 민주주의의 근간이 되었다. 입자들의 민주주의는 현상을 더 중요하게 여긴다는 점에서 훌륭해 보이지만, 한편으로는 19세기 말 빈의 에른스트 마흐를 중심으로 과학계를 휘어잡았던 논리실증주의의 망령처럼 보이기도 했다. 훌륭한 생각도 다양성을 죽이면 이론의 발전은 늦어진다. 입자들의 민주주의 이론을 세운 추는 양자장론을 배격하는 데 앞장섰다.

입자들의 민주주의의 씨앗은 이미 1940년대 말에 발아했다. 1947년, 브리스틀 대학의 파월이 이끄는 실험 그룹에서 파이온을 발견했을 때, 이 입자가 어떻게 생겼는지 궁금하게 여긴 사람들이 있었다. 파이온이 발견되고 이 년 후, 시카고 대학에 있던 엔리코 페르미와 양전닝은 "중간자는 기본 입자인가"라는 논문을 발표했다. 여기서 페르미와 양은 다음과 같은 가설을 세웠다.

"어쩌면 파이 중간자가 핵자와 반핵자로 이루어진 입자일지도 모른다."

당시에는 물질을 이루고 있는 기본 입자는 핵자와 전자라고 여길 때였으니 이런 가설은 짐짓 타당해 보였다. 그러나 핵자는 파이온 보다 거의 일곱 배나 무거운데, 어떻게 가벼운 입자가 그보다 훨씬 무거운 입자 둘로 이루어질 수 있단 말인가? 이게 말이 되려면, 한 가지 가정이 필요했다. 지나친 감은 있었지만, 이 둘을 묶어주는 에 너지가 워낙 커서 핵자와 반핵자의 질량에서 이 결합에너지를 빼준 값이 파이온의 질량과 같으면 안 될 것도 없었다. 그렇다고 문제가 없는 것도 아니었다. 두 사람의 주장대로라면 물질과 반물질이 함 께 입자를 이루고 있는 셈이었다. 파이온은 약력 때문에 붕괴하지 만, 물질과 반물질이 합치면서 붕괴하지는 않는다. 이런 문제점에 도 불구하고 페르미와 양의 논문은 앞으로 십 년 후에 제프리 추가 주창하게 될 입자들의 민주주의의 전조가 된다.

사카타 쇼이치

페르미와 양의 주장은 사카타 쇼이치(坂田昌一) 가 이어받았다. 유카와 히데키와 도모나가 신이치로의 명성에 가려 사카타 쇼이치란 이름은 널리 알려지지 않았지만, 그는 니시나 요 시오가 뼈대를 만들고 유카와와 도모나가가 다져놓은 토대 위에 일 본의 이론물리학을 탄탄하게 세운 물리학자였다. 무엇보다 그는 일 본 나고야 학파를 세운 사람이기도 했다. 간발의 차이로 노벨상을 놓쳤지만, 그는 후학들에게 많은 유산을 남겨 주었다.

입자들의 민주주의

사카타 쇼이치가 효고현에 있는 고난 중학교에 다닐 때였다. 그는 아인슈타인의 제자였던 아라카츠 분사쿠(荒勝文策)를 만나면서 물리에 흠뻑 빠졌다. 고난 고등학교를 졸업하고 도쿄제국대학 물리학과에서 청강생으로 지냈는데, 그해에 유럽에서 일본으로 돌아온 니시나 요시오를 만났다. 그는 사카타의 큰어머니의 시동생이었다. 그는 대학에 정식으로 입학도 하지 않았지만, 이미 뛰어난 물리학자 두 명을 만나면서 물리학의 길로 들어서 있었다.

사카타는 1930년에 교토제국대학 물리학과에 입학했고, 이듬해에는 니시나 요시오의 양자역학 특별 강의를 들었다. 1933년에 대학을 졸업한 뒤, 사카타는 니시나가 있는 이화학연구소에서 연구원으로 지내며 도모나가와 함께 연구했다. 그리고 거기서 평생의 친구 다케타니 미추오(武谷三男)를 만났다. 다케타니는 마르크스주의자였다. 사카타 역시 어릴 때부터 마르크스주의의 영향을 받았던지라 두 사람은 이내 친구가 되었다. 사카타는 1934년에 오사카제국대학으로 내려가 유카와와 함께 중간자 이론을 연구했다.

1942년, 사카타는 1937년에 신설된 나고야제국대학 물리학과의 교수가 되었다. 그는 자신이 이끄는 연구그룹을 철저하게 민주적으로 운영했다. 나고야 대학 물리학과에서는 교수든 학생이든 서로를 부를 때는 일본어로 "상(さん)"이라는 호칭으로 부르도록 했다. 교수를 뽑을 때는 학생 대표도 교수 후보자 중 한 사람에게 반드시 투표하게 했다. 사카타는 물리학을 배우는 데 방해가 되는 거추장스러운 권위를 허문 사람이었다. 물리학을 논할 때는 교수든 학생이든 하고 싶은 말을 할 수 있게 허락했다. 이것은 오래전 니시나 요

시오가 닐스보어 연구소에서 배워 와서 일본에 심고 싶었던 코펜하겐의 정신이기도 했다. 2008년에 노벨물리학상을 받은 마스카와 도시히데(益川敏英)와 코바야시 마코토(小林誠)는 사카타가 세운 학문적 풍토에서 피어난 꽃이었다. 지금도 나고야 대학 이론연구소에서는 교수와 학생은 서로 '상'이라는 호칭을 써서 부른다. 그렇게 사카타가 도입한 민주주의의 정신은 여전히 이어지고 있다.

사카타는 페르미와 양이 주장한 "파이온은 핵자와 반핵자로 이루어졌을지도 모른다"라는 말에 영감을 받았다. 그때까지 발견된 중입자는 스핀이 1/2이거나 3/2이므로, 세 개의 중입자로 이뤄져 있다고 보는 게 타당해 보였다. 스핀이 1/2인 입자 세 개를 결합해야만 스핀이 반(半)정수배인 중입자를 만들 수 있었다. 그런 입자 두 개로 만들 수 있는 입자는 스핀이 0이거나 1밖에 안 된다. 이를테면 양성자와 중성자로 이뤄진 중양자는 스핀이 0이다.

사카타는 우선 중입자 중에서 양성자와 중성자, 람다를 기본 입자로 선택했다. 다른 중입자들은 이 세 개의 중입자로 나타냈다. 물론 페르미와 양의 이론과 마찬가지로 세 개의 입자를 묶을 에너지가 매우 커야 한다는 문제가 있었다. 곧 보게 되겠지만, 이 사카타 모형은 겔만의 쿼크 모형과 묘하게 닮은 구석이 있었다. 이 이론을 세우면서 사카타와 그의 동료들은 수학에서 개발한 리 군(Lie Group) 이론을 도입했다. 사카타의 모형은 훗날 추가 주장하게 될 입자들의 민주주의와도 일맥상통하는 점이 있었다. 비록 기술적으로는 다르지만, 밑바닥에 면면히 흐르는 철학은 같았다. 새롭게 발견된 입자들 중에 더 특별한 것도 없고, 양성자와 중성자 역시 다른 입자들보다 더 특별할 게 없었다.

강력과 입자들의 민주주의

　　　　　　　양자장론은 강력 앞에서 무기력했다. 양자전
기역학에서는 재규격화라는 마법을 이용해 무한대를 제거했지만,
강력에서는 무한대를 죽일 방법이 없었다. 강력에 양자장론을 적용
하면 할수록 강력의 모습은 괴상해졌다. 게다가 완성되었다는 양자
전기역학도 에너지가 몹시 큰 영역으로 가면 전하가 무한대가 되
는 문제가 생겨났다. 겔만과 로우도 이런 문제를 알아차렸지만, 레
프 란다우는 이 문제를 심각하게 받아들였다. 그는 양자장론은 오
직 상호작용이 없을 때만 정의된 이론이라며 평생 양자장론을 배격
했다. 그의 제자들이 양자장 이론을 연구하는 것조차 엄격하게 금
했다. 양자장론에 치명적인 결정타를 날린 사람은 제프리 추였다.
그는 강력을 이해하려면, 양자장론으로 얼룩진 우리의 생각을 바로
잡아야 한다는 주장까지 했다. 입자들의 민주주의 이론을 신봉하는
세력 앞에 양자장론자들은 기를 펼 수 없었다.
　1961년 6월, 캘리포니아 라호이아(La Jolla)에서 열린 학회에서 추
는 양자장론을 늙은 병사에 비유했다. 그건 군인들이 즐겨 부르던
노래의 가사였다.
　"노병은 죽지 않는다, 다만 사라져갈 뿐."
　맥아더 장군이 1951년 4월 19일 미국 의회에서 한 고별사의 문구

이기도 했다. 추는 양자장론을 아직 죽지는 않았지만 힘없이 사라져가는 노병에 비유했다. 그리고 그는 몇몇 엘리트가 세운 귀족적인 양자전기역학과 대비시키며 "강력에는 핵 민주주의의 혁명적인 특징이 있다"고 말했다.

추의 주장은 당시 시대 상황과도 맞아떨어졌다. 추가 라호이아에서 양자장 이론을 배격하며 주장한 강입자 민주주의는 1960년대 버클리에서 일어난 자유 언론 운동과 잘 어울렸다. "모든 강입자는 평등하게 다루어져야 한다"는 주장은 '모든 사람은 법 앞에 평등하다'는 말과 통했다. 추의 주장이 당시의 정치 현실에 얼마나 영향을 받았는지는 알 수 없지만, 적어도 추의 주장은 분명했다. 그때까지 발견된 강입자 중에서 다른 강입자보다 더 특별한 입자는 없었다. 하나의 입자는 다른 강입자들에 의해 설명되고, 다른 강입자는 또 다른 강입자가 그 구조를 설명할 수 있었다. 그는 사람들 앞에서 단순히 그런 주장을 반복했던 게 아니었다. 자신의 그룹으로 몰려든 박사후연구원들과 박사 과정 학생들과 함께 연구하면서 얻은 결론을 논거로 삼았다. 잘생긴 외모와 한때 프로 야구 선수가 되려고 마음먹었을 만큼 탄탄한 체구와 훤칠한 키, 논리와 확신에 찬 언변은 강입자 민주주의 이론을 1960년대 입자물리학의 주류로 자리 잡게 했다. 그의 영향을 받은 이론물리학자이자 성공회 사제인 존 폴킹혼 (John Polkinghorne)은 "만약에 추가 자동차를 파는 영업사원이었다면, 그의 말을 들은 사람은 누구든지 그가 파는 차를 아주 행복한 마음으로 샀을 것"이라고 말했다.

그의 주장은 많은 물리학자를 사로잡았다. 1962년 뉴욕에서 열린

입자들의 민주주의

미국물리학회 학술회의에서 그는 초청 연설을 했는데, 거기서 그는 이런 말을 했다.

"양자장론을 한 번도 배워본 적이 없는 물리학자들도 이 강입자 민주주의 이론을 이용하면 바로 연구에 뛰어들 수 있고, 실험물리학자들도 이론물리학자들만큼이나 여기서는 완전히 새로운 아이디어를 내놓을 수 있습니다. 아니, 실험물리학자들은 현상을 잘 알고 있으니 오히려 더 큰 이점이 있습니다."

추는 자신이 주창하는 이론을 설파하는 방법을 잘 알고 있었다.

1963년에 케임브리지 대학교에서 열린 학회에서도 비슷한 말을 했다.

"이 새로운 이론은 경험이 적은 물리학자에게 더 많은 이점을 줍니다."

추의 말은 양자장론을 잘 모르는 물리학자들도 훌륭한 연구를 할 수 있다는 자신감을 심어주었다. 그가 한 말 이면에는 물리학이란 오직 한 줌의 천재가 하는 학문이 아니라 평범한 물리학자들도 물리학이 발전하는 데 이바지할 수 있다는 의미도 내포되어 있었다. 그는 입자들의 민주주의 이론을 전파하는 전도사이자 용맹한 전사였다. 그가 한 말에는 그의 인격과 학문에 대한 자세, 학생들에 대한 애정도 깃들어 있었다. 그는 1960년대에 가장 영향력 있는 이론물리학자가 되었다.

신발 끈 이론

추가 주장한 이론은 한때 하이젠베르크가 제안했던 산란 행렬(scattering matrix, S-Matrix) 이론이라고 부르기도 하고, 신발 끈 이론(bootstrap theory)이라고도 부른다. 그건 새로 발견된 입자들의 네트워크 이론이기도 했다. 이를테면 로(ρ) 중간자는 파이 중간자 두 개로 이루어졌다고 할 수 있다. 반면에 파이 중간자 두 개가 힘을 주고받을 때 그 힘을 매개하는 입자는 로 중간자라고 할 수 있다. 그 모습은 마치 얽힌 신발 끈처럼 보였다. 강입자들은 서로 연결되어 있고, 어느 하나도 무시할 수 없다. 모든 입자는 서로가 서로에게 중요했다.

1960년대 버클리는 추가 주장한 입자들의 민주주의의 중심지가 되었고, 당시 입자물리학자들은 강력을 이해하려면 추의 주장을 따라야 한다고 믿었다. 그들은 강력을 제대로 이해하려면 추의 주장대로 입자들의 민주주의 이론을 통해야만 한다고 생각했다. 1960년대 초 쿼크 이론을 내놓은 겔만조차도 자신의 이론을 내놓으면서 추의 눈치를 볼 정도였다. 그는 자신이 쓴 논문에서 "쿼크는 추가 주장한 입자들의 민주주의와 일맥상통한다"라고 변명을 달았다. 그러나 달도 차면 기울듯, 한 시대를 주름잡던 이론에도 서서히 황혼이 깃들었다. 추가 주창한 산란 행렬 이론의 출발은 근사했다. 그러나 하나의 산란 행렬로 모든 걸 다 설명할 수 있다는 주장은 지나치게 야심만만했다. 이론은 수학적으로 점점 어려워졌고, 실험을 기술하는 데도 항상 성공하진 못했다. 1960년대 중반에 접어들면서 추가 주장하던 산란 행렬 이론은 새로 나오는 실험 결과를 전부 설명할 수도 없었다.

초끈 이론

추가 내세운 이론은 미국과 소련에 있는 물리학자들이 거듭 발전시켰지만, 처음에 생각했던 것만큼 신통치 못했다. 그리고 쿼크가 강입자를 이루는 기본 입자로 점점 자리를 굳혀 갈 즈음, 추가 주장한 입자들의 민주주의 이론은 완전히 다른 방향으로 발전해 갔다. 추의 이론을 따르던 사람들은 강력을 이해하는 돌파구를 찾기 위해 부단히 애쓰고 있었다. 그중에는 이탈리아의 가브리엘레 베네치아노(Gabriele Veneziano)가 있었다. 그는 강입자들이 충돌하는 과정을 마치 끈으로 연결한 것 같은 모양으로 설명했다.

끈 이론을 내놓은 존 슈워츠는 추의 제자였다. 버클리에서 추의 지도를 받아 박사 학위를 마치고 프린스턴 대학에 조교수로 갔다가 1972년에 다시 캘리포니아 공대의 교수로 돌아온 이론물리학자였다. 그 역시 베네치아노의 끈 이론을 이용해 강입자가 서로 어떻게 상호작용하는지 연구하고 있었다. 1970년대 중반은 강력을 설명하는 근본 이론인 양자색역학이 나오면서 추가 주장했던 입자들의 민주주의의 기세가 한풀 꺾였을 때였다. 1974년, 슈워츠는 조엘 셰르크(Joël Scherk)와 함께 연구하다 이상한 사실을 발견했다. 원래는 파이온이 어떻게 상호작용하는지 알고 싶었는데 두 사람이 연구하면서 얻은 건 스핀이 2인 입자였다. 양자 중력 이론에서 중력을 매개하는 입자인 그래비톤(graviton)도 스핀이 2였다. 이 말은 두 사람이 얻은 이론이 오히려 양자 중력에 어울리는 이론이라는 것을 암시한다. 그렇게 강력을 설명하려고 등장한 끈 이론은 양자 중력을 설명하는 이론으로 재탄생했다.

새로운 물리학을 기다리며

1960년대를 지나면서 유럽의 CERN과 미국 페르미 연구소의 대형 가속기에서 더욱 정확한 실험 결과가 쏟아져 나왔다. 1960년대 입자물리학은 바야흐로 실험물리학자의 전성기였다. 이들은 거듭해서 새로운 강입자를 발견했다. 공명 입자는 더 많이 발견되었다. 이들 속에도 어떤 질서가 숨어 있을 법했다. 그러나 입자들의 민주주의만으로는 그 뒤에 숨어 있는 패턴과 질서를 모두 캐낼 수 없었다. 지금까지 볼 수 없었던 모습을 드러낼 새로운 물리학이 필요했다. 물꼬를 튼 사람은 머리 겔만이었다. 드미트리 멘델레예프가 원소들을 주기율표로 정리했듯 겔만은 강입자들을 정돈했다. 그러려면 그 누구도 상상하지 못한 입자를 도입해야만 했다. 그건 입자들의 민주주의에 정면으로 반하는 쿼크였다. 겔만이 쿼크를 제안했을 때 그런 입자가 존재하리라고 믿는 사람은 없었다. 겔만조차도 쿼크는 그저 입자들을 분류하는 데 쓰는 도구

입자들의 민주주의

정도라고 여겼다. 그러나 이론은 자주 역설적이다. 쿼크는 물리학자들에게 지금까지 한 번도 생각하지 못했던 강력한 이론을 제공해주었다. 쿼크가 등장하면서 그제야 비로소 강력의 모습도 서서히 제자리를 찾아갔다.

세 개의
쿼크

Three Quarks
7

Yuval Ne'eman
1925~2006

Murray Gell-Mann
1929~2019

Three
Quarks

Symmetry
Group Theory
Eightfold Way

George Zweig
1937~

장화처럼 생긴 이탈리아 반도를 따라 남쪽 끝까지 내려가 왼쪽으로 돌면 장화의 앞코, 칼라브리아에 이른다. 거기서 서쪽으로 향하면 이탈리아의 가장 큰 섬 시칠리아가 보인다. 칼라브리아에서 시칠리아로 가려면 메시나 해협을 반드시 지나야 한다. 이 해협은 폭이 아주 좁아 칼라브리아의 펜티멜레 언덕에 오르면 시칠리아의 도시 메시나와 눈으로 덮인 활화산 에트나가 훤히 보였다. 그곳은 마치 명량의 울돌목과 비슷했다. 조류는 거셌고, 썰물과 밀물이 부딪쳐 포말과 함께 소용돌이가 일며, 바다는 포효했다. 옛사람들은 이 거친 소용돌이를 괴물 카리브디스라고 불렀다. 소용돌이를 피하려 서쪽 메시나로 뱃머리를 돌리면 암초가 기다리고 있었다. 이 암초는 머리가 여섯 개 달린 괴물 스킬라라고 불렀다.

트로이 전쟁이 끝난 후, 오디세우스는 지친 병사들을 이끌고 십 년에 걸친 귀향길에 올랐다. 이타카로 가는 길은 멀고 험난했다. 메시나 해협도 그가 맞닥뜨린 난관 중 하나였다. 병사들과 함께 배에 오른 오디세우스는 카리브디스와 스킬라 사이에서 선택해야 했다. 모두의 목숨을 걸고 카리브디스와 정면으로 맞설 것인지, 아니면 스킬라에게 여섯 명을 제물로 바치고 지나갈 것인지 결단을 내려야 했다.

이론물리학자에게도 선택의 순간이 있다. 쿼크 모형을 내놓은 겔만은 이렇게 말했다.

"우리는 언제나 스킬라와 카리브디스 사이에서 고민합니다. 충분히 추상화하지 못해 중요한 물리학을 놓치거나, 아니면 지나치게 추상화해 우리가 세운 모형이 괴물로 변해 우리를 집어삼킬 수 있습니다."

쿼크 모형은 카리브디스로 향하는 죽음의 길이었을까? 스킬라로 가는 위험천만한 길이었을까? 아니면 이 두 괴물 사이를 교묘하게 빠져나갈 묘수였을까?

1960년대 초의 겔만은 고독한 오디세우스 같았다. 어쩌면 오디세우스보다 더 외로웠을 것이다. 1952년쯤 그는 낯선 입자들 속에 숨겨진 패턴에 찾으러 끝이 보이지 않는 심연 속으로 뛰어들었다. 십이 년 가까이 겔만은 계속해서 발견되는 입자들 속에 감춰진 패턴을 찾으려고 애썼다. 그 사이에 제프리 추가 주창한 입자들의 민주주의 이론을 따르는 사람들의 수는 점점 늘어났다. 겔만이 쿼크 모형을 내놓을 즈음해서는 입자들의 민주주의 이론이 입자물리학의 대세가 되었다. 겔만은 제프리 추가 이끄는 대군 앞에 선 고독한 전사와 같았다. 사방이 위험으로 가득했다. 한 발 잘못 내디디면 카리브디스에게 삼켜지거나 스킬라의 먹이로 끝날 수도 있었다.

그러나 그에겐 비장의 수가 하나 있었다. 대칭성이었다. 새로운 물리학이 등장할 땐 으레 새로운 수학이 물리학 속으로 들어오곤 했다. 하이젠베르크와 보른, 요르단이 처음으로 양자역학을 세상에 내놓으면서 사용한 수학은 당시에는 생소했던 행렬이었다. 입자들을 가지런히 정리하려면 겔만에게도 새로운 수학이 필요했다.

대칭성

1832년 5월 30일, 파리의 어느 길목에서 한 청년이 배에 총을 맞은 채 피를 흘리며 죽어가고 있었다. 우연히 이 청년을 발견한 농부는 그를 병원으로 급히 옮겼지만, 청년은 다음 날 아침에 죽고 말았다. 목숨을 잃은 청년의 이름은 에바리스트 갈루아(Évariste Galois)였다. 온통 불운했던 삶을 뒤로 하고 스물한 살의 나이로 세상을 떠난 갈루아는 짧은 생애였지만 수학사에 길이 남을 업적을 여럿 남겼다. 그중 하나는 대수적 방정식에 숨어 있는 대칭성을 발견한 것이다. 갈루아에 앞서 비슷한 연구를 했던 노르웨이 수학자 닐스 헨드릭 아벨(Niels Hendrik Abel)이 있었다. 그 역시 1829년 4월 6일, 스물여섯 살의 나이에 폐결핵으로 세상을 떠났다. 두 사람 모두 대칭성을 다루는 데 딱 맞는 수학을 창조했다. 그것은 군론(group theory)이었다.

갈루아가 죽은 지 십 년 육 개월 남짓 흐른 1842년 12월 17일, 노르웨이에서 태어난 수학자가 있었다. 소푸스 리(Sophus Lie)는 약 백년 후 겔만을 승리로 이끌 수학을 세상에 내놓았다. 그는 전형적인 북유럽 출신이었다. 금발에 녹색이 감도는 눈동자를 지녔고, 바이킹의 후예처럼 가슴은 떡 벌어졌고 키는 훤칠했다. 소푸스 리가 군인이

뇌겠다고 마음먹었을 때 다들 고개를 끄덕였다. 그러나 난시 탓에 신체검사에서 탈락했다. 소푸스 리는 1859년에 지금의 오슬로 대학인 크리스티아니아 대학에 입학했지만, 대학을 졸업할 즈음인 1865년까지도 무엇을 해야 할지 마음의 결정을 내리지 못했다. 한동안 학교에서 수학을 가르쳐 보기도 하고 천문 관측소에서 일을 하기도 했지만, 여전히 방황했다. 그런 탓에 한동안 무기력증에 빠지기도 했다. 1868년은 그에게 인생의 전환점이었다. 우연한 기회에 보게 된 장-빅토르 퐁슬레(Jean-Victor Poncelet)의 논문과 율리우스 플뤼커(Julius Plücker)의 논문 덕분에 소푸스 리는 자기 속에 감춰진 수학적 재능을 발견했다.

1893년, 소푸스 리는 아벨과 갈루아가 제안한 군론을 발전시켜 대칭성을 기술하는 수학으로 우뚝 세웠다. 이 이론을 리 군론(Lie group theory)이라고 한다. 이것은 20세기에 물리학의 혁명을 가져온 상대성 이론과 양자역학의 바탕이 되는 수학이기도 했지만, 무엇보다도 겔만이 쿼크 모형을 세우는 데 꼭 필요한 것이었다. 그러나 소푸스 리의 이론이 물리학에 쓰이려면 좀 더 다듬어질 필요가 있었다.

소푸스 리가 수학자의 길로 들어설 즈음인 1869년 4월 9일, 엘리 카르탕(Élie Joseph Cartan)이 태어났다. 그는 대장장이의 아들이었다. 집안은 찢어지게 가난했다. 그의 어머니도 물레를 돌려 옷을 지어 팔아 돈을 벌어야 했고, 그의 형제들도 나가서 일해야만 했다. 그런 집안에서 카르탕이 대학에 갈 수 있었던 건 워낙 뛰어난 학생이었기 때문이었다. 훗날 프랑스 상원의장이 될 앙토냉 뒤보스트(Antonin Dubost)는 당시에 카르탕이 다니던 학교의 장학관이었다. 카르탕의 재능을 눈여겨본 뒤보스트는 그가 정부 장학금을 받아 리옹에 있는 고등학교에 다닐 수 있도록 주선해 주었다. 카르탕은 고등학교에 다니며 수학에서 빛나는 재능을 발휘했다. 고등학교를 졸업하고 에콜 노르말 쉬페리외르에 입학했다. 대학에 다니며 카르탕은 샤를 에르미트(Charles Ermite), 가스통 다르보(Gaston Darboux), 앙리 푸앵카레와 같은 수학자들에게서 배웠다. 그는 정말 많은 분야에서 굵직한 업적을 남겼다. 그중에서도 리 군의 표현론(representation theory of Lie groups)은 겔만이 쿼크 모형을 세우는 데 딱 맞는 수학이었다. 리 군론과 쿼크 모형은 추상 수학과 이론물리학 사이가 참으로 오묘함을 보여주었다.

1959년 가을부터 1960년까지 겔만은 파인먼과 V-A 이론에 관한 논문을 쓴 지 얼마 지나지 않아 미국 연구재단의 도움으로 프랑스 파리에서 연구년을 보냈다. 그곳에 있는 물리학자들과 약력을 연구하기도 했지만, 겔만은 그곳에 머무는 동안 관심을 다시 강력으로 돌렸다. 새로운 수학이 필요해 보였지만, 감을 잡기가 힘들었다. 어렴풋이 군론이 중요할 것 같다는 생각이 들었다. 겔만도 군론을 배운 적이 있었다. 프린스턴 고등연구소에 있을 때 줄리오 라카(Giulio Racah)에게 리 군론을 배웠지만, 딱히 필요할 것 같지 않아 크게 관심을 두지 않았다.

겔만은 아침마다 연구실에 나와 계산했지만, 그때마다 벽에 부딪혔다. 자리에서 일어나 연구실 벽에 머리를 쿵쿵 찧어봐도, 머리만 울릴 뿐 답을 찾을 수 없었다. 아침부터 계산하느라 용을 쓰니 점심때가 되면 허기가 졌다. 점심은 프랑스 동료들과 함께 먹었다. 그런

데 프랑스에서는 식사때마다 꼭 포도주를 곁들이는 것이었다. 겔만도 함께 마셨다. 연구실로 돌아와 계산하려고 하면, 술기운이 가시지 않아 알딸딸한 기분 탓에 연구에 집중할 수 없었다.

셸던 글래쇼는 줄리언 슈윙거의 제자였다. 하버드에서 지도교수가 내준 주제는 전자기력과 약력을 통일할 수 있는지 살펴보는 것이었다. 출발점은 겔만과 파인먼이 세운 V-A 이론이었다. 글래쇼는 이 두 힘을 하나로 묶기 위해 양-밀스 이론을 이용했다.* 훗날 글래쇼는 이 연구로 1979년에 스티븐 와인버그, 압두스 살람과 함께 노벨물리학상을 받는다. 글래쇼는 1959년에 박사후연구원으로 유럽으로 왔다. 그는 닐스보어 연구소가 있는 덴마크 코펜하겐에서 CERN이 있는 스위스의 제네바를 오가며 연구하고 있었다. 1960년 3월, 글래쇼는 파리를 방문해 겔만을 만났다. 두 사람은 금방 친해졌다. 파리를 함께 돌아다니며 식사도 하고 진행 중인 연구에 관해서도 이야기를 나눴다. 글래쇼는 겔만에게 리 군을 이용해서 전자기력과 약력을 한데 묶고 싶다고 말했다.

글래쇼의 말에 겔만 머릿속에 있는 종이 땡그랑 울리는 듯했다. 왜 그런 생각을 못 했지? 대칭성을 다루는 데 군론보다 마침맞은 수학은 없었다. 연구실로 돌아온 겔만은 리 군을 써서 입자를 분류해 보았다. 리 군에는 변환을 일으키는 연산자가 있었다. 양자역학에서 각운동량도 이런 연산자와 비슷했다. 겔만은 일곱 개까지 연산자를 찾은 후 비명을 질렀다.

---

* 양-밀스 이론은 '10장 통일로 가는 길'에서 자세히 다룬다.

"이제 충분해, 더 나아갈 힘도 없어!"

겔만은 연산자 일곱 개에서 멈췄다. 더 나아갔어야 했다.

팔정도를 향하여

1960년 9월, 겔만은 캘리포니아 공대로 돌아오고 나서도 계속 고민했지만 해답이 보이질 않았다. 역시 강력은 난해했다. 그러던 어느 날이었다. 겔만은 우연히 같은 학교에 있는 수학자 리처드 블록(Richard Block)을 만났다. 겔만은 리 군론 때문에 어려움을 겪고 있다고 푸념했다. 블록은 겔만의 말을 한참 듣더니 자기 연구 분야가 리 군이라고 이야기했다. 그리고 겔만에게 꼭 필요한 말을 했다.

"당신이 찾는 건 이미 카르탕이 다 해놓았어요. 카르탕이 만든 리 군론의 분류표를 한번 찾아보세요."

겔만은 블록의 조언대로 카르탕의 표를 찾아봤다. 거기에 답이 있었다. 겔만은 순간 바보가 된 듯한 느낌이 들었다. 겔만에게 필요한 건 SU(3)라고 부르는 군이었다. SU(3) 군은 스핀이나 아이소스핀을 설명하기 위해 도입한 SU(2)와 성격이 비슷한 군이었다. 아이소스핀 SU(2) 군은 아이소스핀 하나만 지니고 있지만, SU(3) 군은 아이소스핀과 더불어 초전하를 포함했다.

이 SU(3) 군은 이미 사카타가 이끄는 나고야 그룹에서 사카타 모형을 설명하며 도입한 적이 있었다. SU(3) 군에는 여덟 개의 연산자가 등장했다. 이 연산자는 SU(3) 리 대수(Lie algebra)를 만족했다. 리 대수란 간단히 말해 두 연산자를 곱한 것과 역순으로 곱한 걸 서로 빼면 다시 SU(3) 연산자가 되는 걸 의미했다. 그중 하나는 아이소스 핀 연산자의 세 번째 성분과 똑같았고, 다른 하나는 초전하를 표현 하기에 안성맞춤이었다. 나머지 여섯 개의 연산자는 양자역학의 각 운동량처럼 아이소스핀과 초전하를 바꿔주는 역할을 했다. 초전하 의 연산은 리 대수라고 부르는 이론을 따르면 됐다. 겔만은 리 대수 를 따라 수평축은 아이소스핀으로 두고, 수직축은 초전하로 둔 뒤, 입자들을 분류해 보았다. 그러자 그때까지 발견한 중간자와 중입자 가 착착 들어맞는 것이었다. 자신이 만든 겔만-니시지마 관계식은 이미 SU(3) 군 속에 포함되어 있었다.

겔만은 온몸에 소름이 돋는 듯한 흥분을 느꼈다. 이제야 뭔가 아 귀가 맞았다. SU(3) 군에는 여러 표현이 존재했는데, 그중 하나가 팔중항(octet)이었다. 팔중항은 x축을 아이소스핀으로 두고, y축을 초전하로 둔 좌표 위에 육각형으로 표현되었다. 육각형의 꼭짓점에 는 스핀이 1/2인 핵자와, 양과 음의 전하를 띤 시그마 중입자, 크시 중입자가 들어가고, 육각형의 중심에는 람다 중입자와 중성 시그마 중입자가 놓였다. 완벽했다. 케이온과 같은 중간자도 중간자 팔중 항으로 정리가 되었다. 이 중간자와 중입자의 팔중항을 보면서 겔 만은 SU(3) 대칭성과 합일되는 황홀감에 빠졌다.

세 개의 쿼크

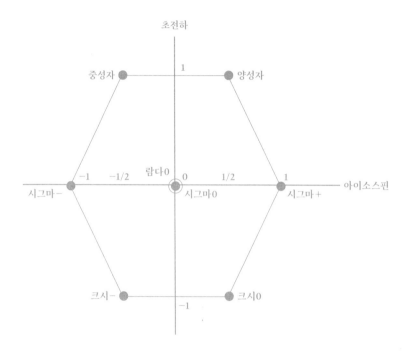

팔정도

팔중항에 한껏 고양된 겔만은, 이 이론에 팔정도(eightfold way)라는 이름을 붙였다. 그에게는 새로운 개념에 참신한 이름을 붙이는 재주가 있었다. 팔정도라는 말은 불교에서 온 것이다. 세상을 올바로 본다는 정견(正見), 바르게 생각한다는 정사유(正思惟), 바른말을 쓴다는 정어(正語), 바르게 행동한다는 정업(正業), 바르게 생활한다는 정명(正命), 선을 행하려 바르게 정진한다는 정정진(正精進), 바른 의식을 갖는다는 정념(正念), 마음을 늘 바르게 한다는 정정(正定), 이 여덟 가지 불교의 교리에서 따온 게 팔정도였다. 겔만은 자기 이론에 팔정도라고 이름을 지어주고 나니, 자신의 마음과 생각도 정화되는 듯한 느낌을 받았다. SU(3) 대칭성은 겔만에게 마치 종교처럼 느껴졌다. 이론의 이름을 팔정도라고 불렀으니, 이제 남들 욕도 덜 하고, 좀 더 착하게 살기로 결심했다. 그러나 이 결심은 오래가지 않았다. 열락의 순간은 잠깐이었고, 이내 불안이 엄습해 왔다.

이제 팔정도 이론을 논문으로 써야 했지만, 겔만에게 논문을 쓴다는 건 늘 고역이었다. 이번에는 논문을 쓰는 게 힘들다기보다는 팔정도 이론에 결점이 있을까 더 두려웠다. 우선 동료들에게 자신의 이론을 검증받을 예비 논문을 작성했다. 논문 제목은 "팔정도: 강한 상호작용 대칭성의 이론"이었다. 논문을 바로 투고하지는 않았다. 불안한 마음에 다시 십이 일 동안 논문을 더 다듬었다. 그리고 1961년 3월 27일에 《피지컬 리뷰》에 투고했다. 논문을 보내고 나서도 겔만은 마음이 놓이질 않아 편집자에게 논문을 되돌려 달라는 편지를 보냈다. 논문을 다시 수정했다. 논문 수정본은 그로부터 육 개월이 지난 9월 20일에 재투고되었다. 논문은 1962년 2월 1일에 발표되었다.

재미있는 것은 겔만이 팔정도를 이 논문의 8절에 넣으려고 고심했다는 것이었다. 그는 팔정도에 가장 어울리는 절은 8절이라고 믿었다. 논문이 나오자, 사람들의 이목이 쏠렸다. 물론, 팔정도에 따라 입자를 분류하는 게 실험과 잘 맞지 않는다는 수군거림도 있었다. 그러나 이제야 비로소 입자들을 제대로 분류할 입자들의 주기율표가 나온 셈이었다.

유발 네만

런던에 있는 임페리얼 칼리지의 이론물리학 교수 압두스 살람(Abdus Salam)은 여느 때처럼 연구실에서 연구에 몰입해 있었다. 노크 소리가 들렸다. 들어오라고 하자 문이 열리더니 대령 계급장을 단 이스라엘 육군 정복을 입은 군인이 들어왔다. 계급에 비해 젊어 보였다. 유발 네만(Yuval Ne'eman)이었다. 그는 살람에게 추천서 여러 장을 내밀었다. 그중 하나는 모세 다얀의 추천장이었다. 살람도 들어본 적이 있는 이름이었다. 다얀은 이스라엘 육군 참모총장이었다. 네만 대령은 그의 밑에서 십여 년 동안 이스라엘의 독립을 위해 싸우면서 육군의 중요한 인물이 되었다. 서른이 넘자, 이스라엘의 독립을 위해 잠시 미루어 뒀던 이론물리학을 다시 시작하고 싶었다. 1958년, 그는 다얀 장군에게 이 년의 휴직을 신청했지만, 다얀 장군은 허락하지 않고 런던에 있는 이스라엘 대사관의 무관으로 발령을 냈다. 그리고 여가 시간에 공부할 수 있게 해주면서 추천서까지 써줬다. 살람은 흔쾌히 네만을 자기가 지도할 대학원생으로 받아들였다. 드디어 네만은 십여 년 넘게 미뤄두었던 꿈을 이룰 수 있게 되었다. 그는 대사관 일을 끝내면 곧바로 임페리얼 칼리지로 와서 살람의 지도를 받으며 연구했다.

네만의 관심사도 겔만과 비슷했다. 그 역시 새로 발견된 입자들 속에 숨어 있는 패턴을 찾고 있었다. 지도교수였던 살람은 네만이 하려고 하는 연구가 쉽지 않을 거라고 말했지만, 그렇다고 그를 말리지는 않았다. 네만은 혼자서 리 군론을 익히며 여러 군 중에서 입자들을 가장 잘 분류할 수 있는 길을 찾아 나섰다. 어떤 점에서는 네만이 겔만보다 빨리 제대로 된 길에 들어선 셈이었다. 1960년 11월에 네만도 겔만처럼 강입자를 분류하는 데는 SU(3) 군이 가장 적합하다는 결론에 도달했다. 살람에게 자기가 발견한 걸 이야기했더니, 살람은 좋은 아이디어라며 네만을 격려했다. 그러나 얼마 지나지 않아 네만은 지도교수에게서 사카타 그룹에서 이미 SU(3) 군을 도입하여 연구하고 있다는 이야기를 전해 들었다. 조금 실망했지만, 살람은 좋은 아이디어 같으니까 자기와 함께 계속 연구하자고 네만의 의욕을 북돋웠다. 네만은 연구 결과를 논문으로 정리해서 살람에게 가져갔지만, 살람은 논문을 읽을 틈도 없이 바빴다. 그래서 네만에게 "이 논문은 당신이 주로 한 일이니, 일단은 혼자서 투고하라"고 말했다. 네만은 1961년 2월 13일에 논문을 《뉴클리어 피직스》에 투고했다. 이 저널은 1956년에 만들어졌으니 신생 학술지였다. 논문 제목은 "게이지 불변에서 강한 상호작용의 유도"였다. 이 논문에서 네만은 겔만도 도입했던 SU(3) 군을 써서 중간자와 중입자를 분류했다. 네만이 얻은 결과도 겔만의 팔정도와 거의 비슷했다.

겔만과 네만의 만남

겔만은 파리로 가면서 영국에 잠시 들러 임페리얼 칼리지에서 강의했지만, 다른 일로 강의에 늦은 네만과 인사를 하지 못했다. 강의 후에 영국의 토머스 키블이 연 파티에 겔만과 네만 모두 초대를 받아 참석했지만, 거기서도 대화를 나눌 기회는 없었다. 1962년 7월 4일부터 11일까지 스위스 CERN에서는 제11회 고에너지 물리학 학술회의가 열렸다. 겔만과 네만 모두 이 회의에 참석하면서 드디어 두 사람은 서로 만날 수 있었다. 그러나 유쾌하기만 한 만남은 아니었다.

학회의 주제는 거품상자를 이용해 새로 발견한 공명 입자들이었다. 델타처럼 중입자 중에도 아주 잠깐 생겼다가 없어지는 공명 입자가 있었다. 생긴 것은 시그마 중입자와 비슷하게 아이소스핀은 1이었지만, 스핀이 달랐다. 시그마 중입자는 스핀이 1/2이었지만, 이 들뜬 공명 입자는 스핀이 3/2였다. 그래서 사람들은 '들뜬' 입자라는 사실을 강조하면서 원래부터 알고 있던 시그마(Σ) 중입자와 구분하려고 이 새로운 공명 입자에 시그마 스타(Σ^*)라는 이름을 지어주었다. 폭포 중입자 크시(Ξ)에 대응되는 들뜬 공명 입자도 발견되었다. 그 입자에는 크시 스타(Ξ^*)라는 이름이 붙었다. 이 입자도 크시처럼 아이소스핀은 1/2이었지만 스핀은 3/2였다.

네만은 이 새로운 공명 입자를 어떻게 분류할지 고민하고 있었다. 학회에는 버클리에서 온 유대인 물리학자 부부가 있었다. 남편인 거슨 골드하버(Gerson Goldhaber)도 네만처럼 이스라엘에서 석사 학위를 하고 미국으로 건너가 위스콘신 대학에서 박사 학위를 한 사람이었다. 그는 독일에서 태어났지만 나치의 핍박을 피해 가족과 함께 이집트로 갔다가 이스라엘에 정착했다. 그의 부인인 술라미스 골드하버(Sulamith Goldhaber)도 거슨처럼 오스트리아에 살다가 오스트리아가 독일에 합병되면서 가족과 함께 팔레스타인으로 이주한 유대인이었다. 그녀 역시 예루살렘의 히브리 대학에서 석사를 하고 거슨과 결혼해서 미국으로 건너가 남편과 함께 위스콘신 대학에서 박사 학위를 받았다. 두 사람 모두 뛰어난 실험물리학자였다. 골드하버 부부는 버클리에 있는 베바트론에서 수소 거품상자를 이용해 여러 입자를 발견한 연구로 잘 알려져 있었다. 게다가 케이온의 들뜬 중간자라고 할 수 있는 케이 스타(K^*) 중간자의 스핀이 1이라는 걸 가장 먼저 측정한 사람들이기도 했다. 그 외에도 이들은 여러 공명 입자를 함께 찾아냈다. 네만은 7월 4일 수요일, 회의 첫날에 CERN으로 가는 버스 안에서 골드하버 부부를 만나 서로 유대인임을 알고는 금방 친해졌다.

세 개의 쿼크

회의에 참석하는 동안 네만은 골드하버 부부와 새로 발견된 공명 중입자에 대해 토론했다. 네만에게는 아주 귀한 시간이었다. 그는 호텔 방으로 돌아와 공명 중입자들을 SU(3) 군의 표현 중에서 십중항에 대입해 봤다. 십중항은 팔중항과는 달리 역삼각형 모양이었다. 우선 이미 여러 해 전에 발견된 델타 중입자를 맨 위에 적어보았다. 이 위치는 이미 겔만이 팔정도 논문에서 이야기한 적이 있는 초전하가 1인 위치였다. 델타(Δ) 중입자는 아이소스핀이 3/2이었으므로, $\Delta^{++}, \Delta^{+}, \Delta^{0}, \Delta^{-}$와 같이 네 종류가 있어야 했다. 다음으로 그 아래 줄에 시그마 스타를 넣어봤다. 시그마 스타는 아이소스핀이 1이니까 세 종류가 있어야만 한다. 그다음에는 크시 스타를 넣었다. 그리고 맨 밑에 있는 꼭짓점에 한 자리가 비었다.

비어 있는 꼭짓점에 들어갈 중입자는 아직 발견되지 않았다. 맨 아래에 있으므로 이 입자의 초전하는 −2, 기묘도는 −3이었고, 겔만-니시지마 공식에 따라 전하수는 −1이었다. 정리된 중입자들은 역삼각형 모양에 같은 간격으로 놓여 있어 델타 중입자의 질량을 이용하면, 나머지 중입자의 질량을 예측하는 것도 그리 어렵지 않았다. 네만은 맨 아래에 놓일 중입자의 질량을 계산해 보았다. 결과는 1685메가전자볼트(MeV/c^2)였다. 마치 디랙처럼, 그리고 마치 유카와처럼 새로운 입자의 존재와 그 질량을 예측하는 순간이었다.

네만은 학회에서 골드하버 부부를 만나 밤새 구한 결과를 적은 쪽지를 자신의 논문에 끼워 두 사람에게 건넸다. 그리고 화요일에 있을 토의 시간에 자신이 발견한 사실을 사람들에게 알리기로 마음먹었다. 그 회의에는 겔만도 있었다. 겔만도 십중항을 알고 있을까?

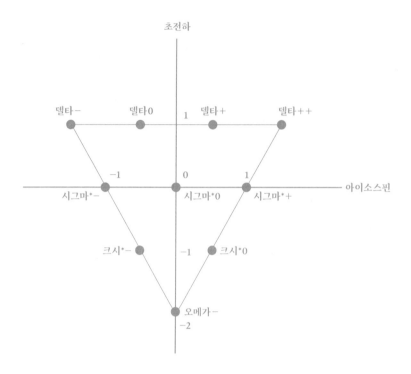

7월 10일 화요일, 지난 일주일 동안 발표했던 내용을 토의하는 시간이 시작되었다. 네만은 결심한 대로 손을 들어 발언하겠다는 의사를 표시했다. 그러자 좌장은 네만 쪽을 향하며 이름을 불렀다.

"겔만 교수님!"

네만은 잠시 어리둥절했다. 좌장이 자기를 지목하는 줄만 알았는데, 뒤돌아보니 겔만이 좌장을 보며 손을 흔들고 있는 것이었다. 겔만의 명성에 비하면 네만은 무명이었다. 당연히 좌장의 눈에는 겔만이 먼저 들어왔다. 겔만은 앞으로 나가더니 네만이 발견한 것과 똑같은 이야기를 시작했다. 겔만은 새로 발견된 공명 입자들이 어떻게 SU(3) 군의 십중항 표현과 맞아떨어지는지 깔끔하게 설명했다. 네만은 십중항을 징글맞을 정도로 정확하게 설명하는 겔만을 보며 한숨을 내쉬었다. 그게 끝이 아니었다. 겔만은 계속해서 십중항 역삼각형의 맨 밑 꼭짓점에는 아직 발견되지 않은 새로운 중입자가 놓여야 한다고 말했다. 그러면서 그 중입자는 기묘도가 −3이고, 질량은 1685메가전자볼트 정도 되는데, 이 입자를 오메가(Ω)라고 부르자는 제안까지 했다. 새로운 중입자가 발견될 때마다 그 입자의 이름은 그리스어 대문자로 붙이는 건 이미 관습이었다. 그리고 겔만은 이 입자의 전하는 반드시 음이어야 한다고 말했다. 네만이 보기에 겔만의 설명은 흠잡을 데 없이 완벽했다. 네만은 겔만과 100미터 달리기를 하며 0.1초 차이로 1위를 빼앗긴 기분이 들었다. 아쉬웠다. 겔만은 네만과 이야기를 나누며 네만에게 함께 연구할 기회가 있으면 참 좋겠다면서 그를 캘리포니아 공대로 초대하고 싶다고 말했다.

발표장에는 브룩헤이븐에서 온 실험물리학자 니콜라스 사미오스(Nicholas Samios)가 있었다. 그는 이미 들뜬 크시 중입자를 발견한 적이 있었다. 사미오스는 겔만이 십중항에 관해 설명하는 걸 유심히 들었다. 그는 점심시간에 겔만에게 그 오메가 중입자에 관해 좀 더 물어보기로 했다. 학회에서 식사 시간이나 휴식 시간은 발표 시간보다 중요했다. 역사는 이런 시간에 이뤄진다. 사미오스는 겔만에게 자신을 소개하며 함께 점심을 먹겠냐고 물었다. 겔만은 흔쾌히 승낙했다. 사미오스는 겔만에게 대형 거품상자를 브룩헤이븐에 짓고 있다며 완공되면 당신이 예언한 오메가 중입자를 찾는 데 크게 도움이 될 것이라고 말했다. 그러자 겔만은 흥미를 보이며 브룩헤이븐 연구소의 소장을 잘 알고 있으니, 편지를 써주겠다고 했다. 그러더니 앞에 있는 냅킨에 브룩헤이븐의 소장 모리스 골드하버에게 사미오스가 오메가 중입자를 찾을 수 있도록 도와달라고 부탁하는 편지를 썼다.

분수 전하

겔만은 SU(3) 군에서 가장 기본적인 표현은 팔중항이 아니라 삼중항(triplet)이라는 사실을 이미 알고 있었다. 그러나 삼중항에는 심각한 결함이 있었다. 만약에 어떤 세 개의 입자가 삼중항을 이루려면, 그 입자들의 전하수는 1이나 0이나 −1이 아니라, 2/3이거나 −1/3이어야만 했다. 전하수는 반드시 정수로 주어져야 했다. 누구든 분수 전하를 띤 입자라는 말을 들으면 말도 안 되는 소리라고 불평할 게 자명했다. 무엇보다 전하가 분수인 입자는 지금까지 한 번도 발견된 적이 없었다.

1963년 1월부터 학기가 시작하기 전까지 삼 개월 동안 겔만은 MIT에 방문 교수로 가게 되었다. 그곳에는 로버트 서버가 먼저 와 있었다. 그는 버클리에 불었던 충성 맹세 광풍에 어쩔 수 없이 순응

했다가 쫓겨나다시피 캘리포니아를 떠나 동쪽 끝 뉴욕에 있는 컬럼비아 대학의 교수가 되었다. 서버도 양자역학을 연구하면서 군론을 익혔는데, 그가 보기에 SU(3) 군을 써서 강입자들을 분류하는 팔정도는 정말이지 눈이 부시게 아름다웠다. 그러나 리 군론을 잘 아는 서버는 SU(3) 군의 팔중항 표현과 십중항 표현은 쓰면서 왜 그보다 더 근본적인 삼중항은 무시했는지 몹시 궁금했다. 그래서 서버는 겔만이 컬럼비아 대학에 방문하기만을 손꼽아 기다리고 있었다.

겔만이 첫 번째 강의를 마친 다음, 서버는 겔만을 데리고 식사하러 갔다. 그 자리에는 1957년에 노벨물리학상을 받은 리정다오도 있었다. 자리에 앉아 식사 주문을 하자마자 서버는 겔만에게 질문했다.

"SU(3) 군의 팔중항과 십중항을 써서 입자들을 분류하면서 왜 삼중항에 관해서는 한마디도 하지 않았어?"

리정다오가 끼어들었다.

"삼중항은 말이 안 돼요."

겔만은 리정다오의 말에 고개를 끄덕였다. 그러더니 식탁 위에 놓여있는 냅킨을 하나 꺼내 들곤 그 위에 펜으로 빠르게 계산해서 결과를 서버에게 내밀었다.

"삼중항에 들어가는 입자는 전하수가 2/3이 되던가 −1/3이 되어야 해요."

서버는 냅킨에 적힌 식을 한참 보더니 겔만과 리정다오에게 말했다.

"문제가 참 심각하군."

서버가 그런 질문을 하기 전부터 겔만은 삼중항에 무슨 의미가 있는지 고민하고 있었다. 그런데 서버의 질문을 듣고 보니 삼중항을 마냥 무시할 수만은 없었다. 그가 보기에 분수 전하는 심각한 문제임은 틀림없었다. 그러나 그런 입자가 존재하지는 않지만, 그저 수학적인 방법의 하나로 도입해 보면 어떨까 싶었다.

겔만은 컬럼비아 대학에서 팔정도를 강의하면서 중간에 서버가 자신에게 했던 질문의 답을 청중들에게 설명했다.

"이건 솔직히 미친 이야기겠지만, 강입자들 속에 괴상한 작은 입자가 있다는 걸 가정해 볼 수는 있을 것 같습니다. 그러니까 그 입자를 가상의 쿼크(quirk)이나 콰크(kwork)라고 부를 수 있을 겁니다."

겔만의 입에서 처음으로 쿼크라는 말이 나왔다. 스스로도 말이 되지 않는다고 여겨 '쿼크(quirk)'의 뜻처럼 그저 괴상한 놈들이라고 했다.

캘리포니아로 돌아온 겔만은 삼중항의 의미를 고민하기 시작했다. 얼마 지나지 않아 네만이 캘리포니아 공대를 방문했다. 두 사람은 생각하는 방식이 비슷했지만, 정치적인 견해는 달랐다. 겔만은 자신이 유대인이라는 사실에 별 관심이 없었다. 반면에 네만은 이스라엘을 지키기 위해 피비린내 나는 전투도 마다하지 않았던 참전용사였다. 그는 겔만이 이스라엘이라는 말은 단 한 번도 쓰지 않으면서 팔레스타인이라는 말을 쓰는 게 못마땅했지만 참아 넘겼다. 그런데 겔만과 네만과 한 번씩 함께 식사하던 파인먼은 한술 더 떴다. 한번은 식사 자리에서 네만이 이런 말을 했다.

"저는 곧 이스라엘로 돌아갑니다. 텔아비브에 대학교가 세워지는데 거기 개교식에 참석해야 합니다. 이 새 학교는 이스라엘의 과학 발전에 중요한 역할을 하게 될 겁니다. 유대인들이 과학에 참 많이 기여했잖아요?"

그 이야기를 듣던 파인먼이 헷갈린다는 표정을 지으며 되물었다.

"유대인과 과학이요? 도대체 유대인이 과학에 뭔 기여를 했죠? 내가 보기에는 오히려 헝가리인들이 과학에 훨씬 공헌한 것 같습니다만. 봐요, 에드워드 텔러, 유진 위그너, 폰 노이만, 손가락으로 다 세기 힘들 정도로 많네요."

그러자 겔만은 한심하다는 듯이 고개를 설레설레 내저으며 파인먼에게 말했다.

"당신이 말한 사람 모두 유대인이에요."

세 개의 쿼크

겔만은 쿼크가 SU(3) 삼중항을 이룬다고 생각하면, 지금까지 발견된 모든 강입자를 이 세 개의 쿼크로 한 번에 설명할 수 있다는 사실을 깨달았다. 중간자는 쿼크 하나와 반쿼크 하나로 이루어져 있다고 볼 수 있었고, 중입자는 쿼크 세 개로 된 입자라고 여길 수 있었다. 만약에 가상의 입자인 쿼크가 세 종류라고 가정하면, 이 세 개의 쿼크를 이용해서 중간자와 중입자를 모두 설명할 수 있었다. 겔만은 이 세 개의 쿼크를 u, d, s라고 표현했다. 이는 곧 위쿼크(up quark), 아래쿼크(down quark), 기묘쿼크(strange quark)라고 불리게 될 터였다. 이렇게 위쿼크, 아래쿼크, 기묘쿼크라는, 세 개의 다른 종류를 합쳐 맛깔(flavor)이라고 불렀다. 겔만은 SU(3) 군을 따라 쿼크 세 개와 반쿼크 세 개를 곱해서 나오는 표현을 살펴보았다. 두 가지 표현이 나왔다. 하나는 단일항이었고, 또 하나는 팔정도에서 표현했던 바로 그 팔중항이었다. 쿼크는 스핀이 1/2이었다. 스핀이 위로 향하는 쿼크와 반쿼크 혹은 스핀이 아래로 향하는 반쿼크와 쿼크를 하나로 묶으면 스핀이 0인 중간자가 나왔다. 스핀이 서로 나란한 쿼크와 반쿼크를 묶으면 스핀이 1인 벡터 중간자가 등장했다. 전하가 분수가 되는 건 피할 수 없었다. 위쿼크는 전하가 +2/3, 아래쿼크는 −1/3, 기묘쿼크도 −1/3이 되어야만 모든 게 맞아떨어졌다. 겔만은 어차피 쿼크라는 건 순전히 수학적으로만 도입한 것이니, 문제 될 게 없다고 여기며 넘어갔다.

중입자도 마찬가지였다. 겔만은 세 개의 쿼크를 SU(3) 군의 표현을 따라 곱해봤다. 그러자 단일항과 팔중항, 십중항이 튀어나왔다. 이럴 수가! 이것은 중입자 팔중항과 중입자 십중항이 쿼크로부터 자연스레 등장한다는 말이었다. 팔정도에서 느낀 희열이 다시 찾아오는 듯했다. 겔만은 이 가상의 입자에 제대로 된 이름을 지어주고 싶었다. 어느 날 저녁, 소파에 기댄 채 오래전 형의 책상에서 봤던 책이자 시간 날 때마다 한 번씩 펼쳐보던 책, 제임스 조이스가 쓴 《피네건의 경야》를 읽고 있었다. 책을 보자 벤 형이 떠올랐다. 마음이 흐뭇해졌다. 《피네건의 경야》에는 페이지마다 사전을 찾아도 나오지 않는, 이상하고 기이한 단어들이 빽빽했다. 무심히 책장을 넘기다 2부 4장에 나오는 시가 눈에 들어왔다.

세 개의 쿼크

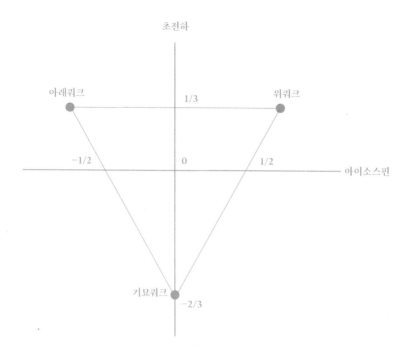

"마크 대왕을 위한 세 개의 쿼크(quark)!"

바로 이것이었다. 쿼크(quirk)가 아닌 쿼크(quark)! 그것도 세 개의 쿼크! 중입자는 세 개의 쿼크로 이뤄진 입자였으니, 이야말로 겔만이 찾던 이름이었다. 게다가 쿼크라는 단어는 아무런 의미도 없는 것을 뜻하기도 했으니 삼중항을 이루는 가상의 입자에 딱 맞는 이름이었다.

겔만은 쿼크 이론에 대해 자신의 예전 지도교수였던 빅터 바이스코프와 이야기해 보고 싶었다. 그러나 바이스코프는 CERN에 있었다. 그에게 전화를 해봤지만, 장거리 전화로 그런 긴 이야기를 하는 건 좋은 생각이 아니라는 답변만 돌아왔다. 그래서 겔만은 우선 두 쪽의 짧은 논문을 썼다. 그리고 이 논문을 버클리에서 제프리 추와 함께 일하고 있던 스탠리 만델스탐(Stanley Mandelstam)에게 보여주었다. 만델스탐의 반응은 즉각적이었다.

"정말 미쳤군요. 이 논문을 제프리가 보면 목을 잡고 뒤로 쓰러질 거예요. 근본 입자라니요, 이건 미친 소리입니다. 게다가 분수 전하라니, 제프리가 당신을 죽이려 들 겁니다."

겔만이 대답했다.

"아니, 이 가상의 입자는 순전히 수학적인 방법으로 도입된 거예요. 발견될 일도 없는 입자니까 제프리의 이론에 반하는 건 아니잖아요?"

연구실로 돌아온 겔만은 아무래도 논문의 앞부분을 좀 더 손을 봐야 할 것 같았다. 그래서 그는 논문의 첫 문단에 제프리 추의 이론을 언급했다. 논문에는 쿼크와 반쿼크로 되어 있는 중간자, 쿼크 세 개로 이루어진 중입자 말고도 쿼크 두 개와 반쿼크 두 개로도 중간자가 만들어질 수 있고, 네 개의 쿼크와 반쿼크 하나로도 중입자가 만들어진다고 했지만,* 이 논문에서 주 관심은 쿼크와 반쿼크로

---

* 쿼크 두 개와 반쿼크 두 개로 이루어진 중간자는 테트라쿼크라고 부르고, 네 개의 쿼크와 반쿼크 하나로 만들어지는 중입자는 펜타쿼크라고 부른다. 이런 다중쿼크 강입자는 오늘날 강입자 물리학에서 몹시 중요한 연구 주제 중 하나다.

이루어진 중간자와 쿼크 세 개를 포함하는 중입자였다.

겔만은 논문 제목을 "중입자와 중간자의 개략적 모형"이라고 정했다. 그리고 언젠가 《피직스 레터》 논문집의 편집인이 자신에게 새로 생긴 논문집에도 논문을 투고해 달라는 부탁을 받은 게 기억이 났다. 《피지컬 리뷰》나 《피지컬 리뷰 레터》에 이 논문을 보내면 분수 전하라는 말 때문에 논문 심사위원들의 비난이 쏟아질 뿐 아니라 게재 거절을 당할 위험이 있었다. 아무래도 《피직스 레터》에 논문을 보내는 게 안전해 보였다. 겔만은 1964년 1월 4일에 이 논문을 《피직스 레터》에 투고했다. 편집인이었던 폴란드 출신의 프랑스 물리학자 자크 프렌트키(Jacques Prentki)는 겔만의 논문을 읽으며 쿼크가 분수 전하를 가진다는 사실이 불편했지만, 논문을 받자마자 게재를 허락했다. 논문은 투고한 지 한 달도 채 지나지 않은 1964년 2월 1일에 발표되었다. 틀린 논문이면 욕먹는 건 겔만일 테고, 훌륭한 논문이면 《피직스 레터》의 위상이 높아질 테니, 프렌트키에게는 아쉬울 게 없었다. 쿼크를 처음 제안한 이 논문은 오늘날 4000번이 넘게 인용되었으니, 프렌트키는 훌륭한 편집인인 셈이다.

1964년 2월 24일, 《피지컬 리뷰 레터》에 실험 논문이 한 편 실렸다. 브룩헤이븐에 있는 실험물리학자들이 양성자에 음전하 케이온을 충돌시켜서 기묘도가 −3인 중입자를 찾아냈다는 내용이었다. 입자의 질량은 1686메가전자볼트였다. 그리고 입자의 전하는 음이었다. 1962년, CERN에서 열린 고에너지 학술회의에서 겔만이 예언한 오메가 중입자를 발견한 것이었다. 그 중입자의 질량도 겔만이 예측한 질량과 비슷했다. 비로소 중입자 십중항의 빈자리가 채워진 것이었다. 겔만은 강입자들을 분류하고 오메가 중입자를 예측한 공로로 1969년에 단독으로 노벨물리학상을 받았다. 네만에게는 참으로 아쉬운 일이었다.

츠바이크와 에이스

　　　　겔만이 팔정도에 관해 연구하고 있을 즈음, 캘리포니아 공대에 조지 츠바이크(George Zweig)라는 대학원생이 있었다. 그는 겔만이 내놓은 팔정도 이론에 빠져 있었다. 겔만은 자신과 경쟁하는 동료들에게는 때로 가차 없이 대했지만, 학생들에게는 친절했다. 츠바이크는 원래 겔만의 지도를 받으며 박사 학위 논문을 쓰고 싶었지만, 겔만은 곧 MIT로 방문 연구하러 떠나니까 파인먼에게 지도받으라고 츠바이크에게 권했다. 츠바이크가 망설이자, 겔만은 파인먼에게 잘 말해두겠다고 약속했다. 그래서 츠바이크는 어쩔 수 없이 파인먼에게 가서 지도교수가 되어달라고 부탁했다. 파인먼은 츠바이크를 보며 환하게 미소 지었다.

"아, 머리에게 이미 이야기를 들었어요. 머리가 괜찮은 학생이라고 했으면 괜찮은 학생이 분명하니까 지도해 줄게요."

츠바이크는 매주 목요일 1시 반부터 4시 15분까지 파인먼을 만나 이야기하기로 했다. 특별한 주제는 없었다. 그러나 츠바이크는 이미 파인먼의 강의를 들으며 그의 성향을 대강 알고 있었다. 그가 미시간 대학에 다니면서 수강했던 일반 상대성 이론 강연에서는 담당

교수가 강의를 시작한 지 칠 개월 만에 아인슈타인의 중력방정식을 이용해서 수성의 세차 문제를 풀었는데, 캘리포니아 공대에 와서 들은 파인먼의 일반 상대론 강의에서는 파인먼이 자기가 개발한 다이어그램 방법으로 단 45분 만에 수성의 세차 문제를 푸는 걸 본 적이 있었다. 어지간히 재미있지 않으면 파인먼은 지루해하며 자기가 하는 말에 귀를 기울이지 않을 게 분명했다. 츠바이크는 어떻게든 파인먼의 주의를 끌어야 했다. 그는 매주 목요일 파인먼과 토론하기 위해 일주일 내내 미친 듯이 준비했다. 정말 힘들었지만, 그 덕에 츠바이크는 이론이든 실험이든 당시 입자물리학에서 논의되던 주제 대부분을 섭렵할 수 있었다. 츠바이크는 박사 학위를 마치고 바로 CERN의 박사후연구원이 되었다.

츠바이크는 CERN에 있으면서 겔만과 거의 같은 아이디어를 내놓았다. SU(3) 군에서 나오는 삼중항을 자기만의 방법으로 설명했다. 그는 삼중항에 들어갈 입자에 에이스(ace)라는 이름을 지어주었다. 그 이름은 네 종류의 카드에 있는 에이스에서 따왔다. 클로버, 스페이드, 다이아몬드, 하트 중에서 세 개가 겔만이 말한 위쿼크, 아래쿼크, 기묘쿼크에 해당한다. 츠바이크는 1964년 1월 17일에 자신이 연구한 내용을 정리해 CERN 보고서를 썼는데, 60쪽가량 되는 논문이었다. 겔만의 두 쪽짜리 논문보다 훨씬 자세하게 에이스 이론을 설명했다. 그러나 2주 후 츠바이크는 《피직스 레터》에 실린 겔만의 논문을 보고 충격에 휩싸였다. 역시 겔만이었다. 츠바이크도 네만처럼 간발의 차이로 겔만에게 선수를 빼앗긴 셈이었다. 그러나 겔만이 논문을 투고했을 때와 거의 같은 시기에 츠바이크도 비슷한 연구를 했다는 건 놀라운 일이다. 물리학에서는 이런 일이 자주 있다. 혁명적이라고 부를 만한 연구였지만, 겔만, 네만, 츠바이크 모두 비슷한 시기에 비슷한 연구를 한 것이다.

겔만의 논문이 시였다면, 츠바이크의 논문은 산문이었다. 츠바이크는 자신이 쓴 두툼한 보고서를 추려 논문으로 내리려고 했다. 츠바이크도 겔만처럼 새로 생긴 유럽의 학술지인 《피직스 레터》에 논문을 발표할 수 있었지만, 이왕이면 《피지컬 리뷰》에 내기로 마음먹었다. 하지만 당시 CERN의 소장으로 있던 빅터 바이스코프는 《피직스 레터》에 내는 게 좋을 거라는 조언을 해주었다. 츠바이크는 《피지컬 리뷰》에 논문을 내고 싶었고, 자기 뜻대로 논문을 그곳에 보냈다. 혁명적인 논문이 으레 그렇듯, 츠바이크 역시 《피지컬 리뷰》에 논문을 투고하고 심사위원과 지루한 싸움을 이어갔다. 논문은 판정관 손에까지 들어갔지만, 판정관과 편집인 모두 츠바이크의 논문을 《피지컬 리뷰》에 게재하는 걸 승인하지 않았다. 논문은 끝내 CERN의 보고서 형태로 남았다.

입자들의 성질 보고서

가속기에서 공명 입자가 많이 발견되면서 입자의 성질을 한데 모아 정리할 필요가 있었다. 겔만은 버클리에 있던 아서 로젠펠드(Arthur Rosenfeld)와 《핵물리학 연보(Annual Review of Nuclear Science)》에 "하이퍼론과 무거운 중간자"라는 제목으로 그때까지 발견된 중입자와 중간자의 성질을 정리해서 발표했다. 1953년 7월, 바네레 드 비고르에서 열린 우주선 학회에서 그때까지 우주선에서 발견된 입자들을 분류한 이래 사 년이 지났을 뿐이었지만, 가속기에서는 강입자의 성질을 훨씬 많이 알아냈다. 겔만과 로젠펠드는 이 논문에서 렙톤과 파이온, 케이온, 하이퍼론의 질량과 스핀, 평균 수명, 붕괴폭에 관한 실험 데이터를 정리했다. 강입자들이 어떻게 붕괴하는지도 자세히 설명했다. 두 사람이 쓴 논문은 오늘날 이 년에 한 번씩 발간되는 《입자들의 성질 보고서 (Review of Particle Properties)》의 뿌리가 되었다.

겔만과 로젠펠드가 쓴 논문이 나오던 해에 로런스 방사선 연구소에서는 연구소 보고서로 입자들의 성질을 정리해서 출판했다. 이듬해에는 보고서와 함께 지갑에 넣고 다닐 수 있는 사이즈의 카드로도 인쇄했다. 물리학자들은 이 카드를 가지고 다니면서 토론하거나 논문을 쓸 때마다 참조하곤 했다. 1963년에는 덴마크의 물리학자 매츠 루스(Matts Roos)가 당시 알려진 모든 입자의 성질을 정리해 《리뷰 오브 모던 피직스》에 발표했다. 칠 년 전에 나온 겔만과 로젠펠드의 논문과 비교해 보면, 새롭게 발견된 입자들의 수는 훨씬 늘어 있었다. 거기에는 공명입자의 성질과 붕괴폭, 생성 과정도 자세히 나와 있었다.

새롭게 발견되는 입자들의 수가 늘어날수록 모든 입자의 성질을 정리하는 건 한 사람이 하기에 버거운 일이었다. 그래서 루스는 로젠펠드에게 연락해서 입자들의 성질을 매년 함께 정리해서 발표하자고 제안했다. 그렇게 태어난 것이 《입자들의 성질 보고서》다.

1968년까지는《입자들과 공명 상태에 관한 데이터》라는 이름으로 출판되었지만, 1969년부터는《입자들의 성질 보고서》라는 이름으로 나왔다. 처음에 이 보고서는《리뷰 오브 모던 피직스》에 실렸지만, 1970년부터는 매년 입자 및 핵물리학 분야의 여러 논문집에서 돌아가면서 출판되었다. 1978년부터 지금까지 이 보고서는 이 년에 한 번씩 출판되었는데, 책의 두께는 해가 갈수록 두꺼워졌다. 1964년 《리뷰 오브 모던 피직스》에 실린 이 보고서는 달랑 27쪽에 불과했지만, 지금은 1000쪽이 훌쩍 넘어 들고 다니기에도 무거운 책이 되었다.

《입자들의 성질 보고서》에는 작은 소책자가 딸려 있다. 보고서는 너무 무거워 가지고 다닐 수 없으니, 손안에 쏙 들어오는 작은 소책자에 입자들의 성질을 요약해 놓았다. 1960년대에는 입자들의 성질을 지갑에 넣고 다닐 수 있었지만, 지금은 주머니에 넣고 다니기에는 조금 두꺼워졌다. 입자물리학자나 핵물리학자들은 이 작은 책을 가지고 다니면서 토론할 때마다 한 번씩 이 책자를 꺼내 입자들의 성질을 확인하곤 한다. 대학원생들도 이 책을 손에 넣은 뒤에야 비로소 입자물리학을 전공한다는 걸 실감한다.

쿼크와 배타 원리

겔만의 쿼크 모형이 나오면서 이제 입자를 분류하는 일은 매듭지어진 듯했다. 하지만 쿼크는 여전히 가상 입자

그 이상도 이하도 아니었다. 그리고 이 괴상한 입자는 또 다른 문제를 일으켰다. 양자역학이 세상에 나왔을 때, 스핀이 1/2로 같은 입자는 죽었다 깨어나도 같은 양자 상태에 두 개 이상을 넣을 수 없었다. 파울리의 배타 원리 때문이었다. 입자 세 개가 스핀이 모두 나란히 위로 향하거나 아래로 향할 경우, 두 입자를 한 상태에 넣는 것은 불가능했다. 쿼크도 스핀이 1/2인 입자였다. 양성자나 중성자는 스핀이 1/2로, 위쿼크 두 개와 아래쿼크 한 개, 혹은 위쿼크 한 개와 아래쿼크 두 개가 있으므로 파울리 배타 원리를 만족하는 게 어렵지 않았다. 하지만 전하가 2인 델타 중입자는 위쿼크 세 개로 이루어져 있었다. 쿼크의 스핀이 모두 한쪽 방향으로 몰리면 파울리의 배타 원리를 위배할 수밖에 없었다. 기묘쿼크 세 개로 이루어진 오메가 중입자도 마찬가지로 파울리의 배타 원리를 어겼다. 쿼크는 생각했던 것만큼 단순한 입자가 아니었다. 쿼크는 자신을 구원할 또 하나의 새로운 물리학을 요구했다. 그것은 쿼크의 색깔이었다.

Yoichiro Nambu
1921~2015

조용한
물리학자

Three Quarks

8

Quiet
Physicist

Spontaneously
Broken Symmetry

공습을 알리는 사이렌이 요란하게 울렸다. 그것은 마치 닥쳐올 죽음 앞에서 울부짖는 절규 같았다. 그날은 1945년 3월 9일 금요일 밤이었다. 주말이라 시내에는 사람들로 붐볐다. 사이렌 소리가 울리자, 사람들은 갈피를 잡지 못하고 뛰기 시작했다. 남쪽 하늘 저 끝에서는 묵직한 엔진 소리를 내며 폭격기들이 모습을 드러냈다. 마치 갈까마귀 떼처럼 서서히 하늘을 뒤덮으며 도쿄로 다가오고 있었다. 날은 이미 어두워져 있었다. 사람들이 채 흩어지기 전에 B-29 미군 폭격기 330대가 사신처럼 도쿄를 덮쳤다. 폭탄은 우박처럼 쏟아졌다. 폭탄이 지붕을 뚫고 떨어지는 소리가 들렸다. 소이탄이었다. 폭탄이 터지면서 솟아오르는 불길이 구름처럼 일었다. 그날따라 바람까지 심하게 불었다. 도시는 이내 화염에 휩싸였다. 폭탄은 밤새 투하되었고, 도쿄의 4분의 1이 잿더미가 되어버렸다. 이날 폭격으로 화상을 입고 죽어간 사람은 십만 명 가까이 되었고, 살던 집이 타버려 지낼 곳을 잃은 사람들도 백만 명에 달했다. 폭격은 전쟁이 끝나기 전까지 몇 번이나 계속되었다. 1945년 8월 15일, 일본은 연합군에게 조건 없이 항복하면서 태평양 전쟁은 막을 내렸지만, 도쿄는 이미 폐허가 된 뒤였다.

겸손한 천재

      1946년 2월의 어느 날, 군복을 입은 한 청년이 어깨를 잔뜩 웅크린 채 도쿄 대학 정문으로 걸어가고 있었다. 얇은 군복만으로 겨울바람을 막기에는 턱없이 부족했다. 갈색 군복은 먼지를 뒤집어쓴 듯 색이 바랬고, 소매는 닳아서 군데군데 실밥이 터져 나왔다. 추위에 몸을 잔뜩 오므린 탓에 등이 굽은 노인 같아 보였지만, 그의 얼굴에서는 앳된 티가 났다. 그는 막 도쿄 대학 정문을 지났다. 그나마 다행이었다면, 도쿄 대학 캠퍼스는 지독했던 폭격에서 살아남아 옛 모습을 간직하고 있었다. 전쟁 때문에 대학도 1946년 1월이 되어서야 문을 열었다. 정문을 지난 청년의 손에는 신문지로 둘둘 만 정어리 한 마리가 들려 있었다. 청년은 지낼 곳이 마땅치 않아 학교 연구실에서 숙식한 지 벌써 몇 개월째였다. 물리학과가 있는 건물 305호 연구실이 그의 집이었다. 그는 앞으로도 삼 년 동안 이곳에서 지낼 터였다.

  청년의 이름은 난부 요이치로(南部陽一郎)였다. 1942년 도쿄대 물리학과를 졸업하자마자 육군에 입대했다. 물리학과를 나왔다는 이유로 공병대로 가게 되었다. 난부는 육군과 대학 사이를 오가는 연락병 역할을 맡았다. 한 번씩 해군에서 만드는 레이더 관련 연구를 염탐하는 일도 했다. 그는 운이 좋았다. 그 나이 또래 청년들은 만주의 황량한 벌판에서, 버마의 정글에서, 태평양의 섬에서, 총알받이가 되거나 병에 걸리거나 굶주림으로 죽어갔다. 그는 그나마 목숨을 부지할 수 있었으니 다행이었다. 난부는 전쟁이 끝난 뒤 학교로 다시 돌아왔지만, 지낼 곳이 마땅치 않았다. 난부에게 입을 옷이 라고는 군복밖에 없었다. 그건 작업복이었고, 평상복이었고, 잠옷이었다. 지낼만한 곳이라고는 연구실밖에 없었다. 잠자리도 책상을 이어 그 위에 짚을 엮어 만든 두툼한 요를 깔고 자는 게 고작이었다. 운수 좋은 날이면, 츠키지 생선 시장에서 팔다 남은 정어리 한 마리를 얻을 수 있었다. 주말이면 도쿄 외곽으로 나가 농부들에게 먹을거리를 구걸해야 할 때도 있었다. 그땐 교수도 학생도 하루하루 살아남는 게 우선이었다. 그날 하루를 버틸 먹을거리만 구할 수 있어도 다행이었다.

전쟁이 끝나자 물리학을 공부하려는 학생들이 다시 모여들었다. 난부도 그런 학생 중 한 명이었다. 대학은 다시 문을 열었지만 제대로 된 강의나 실험은 할 수 없었다. 변변한 강의가 없다는 것은 대학원생에게 오히려 이점이었다. 그들은 바로 연구에 뛰어들었다. 몇몇 대학원생은 입자물리학을 공부하고 싶었지만 도쿄 대학에는 그들을 지도해 줄 만한 교수가 없었다. 학생들은 수리물리학을 가르치던 수학자 고다이라 구니히코(小平邦彦)에게 도움을 청했다. 그는 1954년에 일본인으로서는 최초로 필즈 메달을 받을 수학자였다. 그는 기꺼이 학생들을 위해 양자장론 세미나를 열었다. 세미나는 점심때쯤 시작해서 저녁 여덟 시까지 계속되곤 했다. 세미나 후에는 학생들끼리 토론하면서 공부했다. 난부도 마찬가지였다. 그는 대학원에서 같이 지내는 학생들과 서로 영향을 받으며 배웠다. 난부에게 가장 영향을 많이 준 이는 고바 지로였다.

고바는 진지한 사람이었다. 이론물리학에 목숨을 건 사람처럼 보였다. 하루는 난부가 연구실에서 공부하고 있는데 고바가 문을 열고 들어왔다. 난부는 그의 모습을 보고 깜짝 놀랐다.

"머리가 왜 그래? 절에라도 들어가려는 거야?"

지로는 그 말에 얼굴을 찌푸렸다.

"도모나가 선생이 부탁한 계산을 끝냈는데, 확인해 보니까 틀렸지 뭐야."

"아니, 계산이 틀렸다고 머리를 밀어?"

고바는 계산하다 실수하면 삭발을 할 정도로 진지했다. 그는 도모나가와 함께 연구하던 대학원생이었다. 난부가 도모나가를 알게 된 건 고바를 통해서였다.

도모나가 신이치로는 도쿄 교육대학*의 이론물리학 교수였다. 유카와가 교토에서 이론물리학을 이끌고 있었다면, 도쿄에서는 도모나가가 그 역할을 맡고 있었다. 도모나가는 매주 세미나를 열었다. 도쿄에서 연구하는 교수들과 대학원생 서른 명 정도가 세미나에 참가했다. 세미나에서 자신들이 연구한 걸 발표하기도 했고, 논문과 책을 함께 읽기도 했다. 모인 사람들의 옷차림은 후줄근했고, 늘 배를 곯은 탓에 얼굴은 다들 핼쑥했다. 고바와 친하게 지내던 난부는 도모나가가 이끄는 세미나에 매번 참석하면서 비로소 입자물리학의 매력에 깊이 빠져들었다.

* 지금의 쓰쿠바 대학.

1947년 9월,《뉴스위크》에 물리학 관련 기사가
한 편 실렸다. 윌리스 램과 로버트 레더퍼드가 찾아낸 램 이동에 관
한 소식이었다. 이 발견은 그해 6월에 논문이 발표됐지만, 거의 석
달이 지나서야 잡지를 통해 일본에 알려졌다. 도모나가는《뉴스위
크》에서 램의 실험과 한스 베테가 램 이동을 성공적으로 설명했다
는 기사를 읽었다. 잡지에 실린 기사였지만, 도모나가는 이 램 이동
이 엄청나게 중요한 발견임을 단번에 알아차렸다. 그는 이미 램 이
동이 발견되기 일 년 전부터 양자전기역학을 독창적으로 연구하고
있었다. 그는 베테의 논문을 찾아서 읽고 싶었지만, 그 당시 일본에
서는 미국에서 나오는 논문을 제때 읽기가 쉽지 않았다. 얼마 지나
지 않아 베테의 논문을 겨우 구할 수 있었다.

도모나가는 우선 한스 베테가 구한 결과를 확인했다. 그다음은
상대론적으로 램의 이동을 설명해야 했다. 문제는 속도였다. 미국
에 있는 이론물리학자들도 이 중요한 연구에 집중하고 있으리라는
건 당연한 일이었다. 그는 온 힘을 기울였다. 외부로 고립되어 있다
는 사실은 때로 창의적인 생각을 불러온다. 난부도 도모나가와 세
미나를 하면서 이 램 이동에 깊은 관심이 생겼다. 미국에서는 이미
줄리언 슈윙거와 리처드 파인먼이 상대론적인 방법을 써서 램 이동
을 계산하고 있었다. 우선 양자전기역학을 재규격화해야 했으므로
계산은 매우 난해했다.

재규격화를 계산하는 건 몹시 힘들었지만, 원리는 비교적 간단했

다. 도모나가의 말을 빌리자면, 재규격화란 물리학자가 계산할 수 있는 것과 계산할 수 없는 걸 나뉘는 걸 의미했다. 이 나뉘는 곳이 수학과 물리학이 나뉘는 지점이기도 했다. 계산할 수 없는 부분은 계산해 봐야 무한대가 되어 버린다. 이 발산 문제는 이미 양자역학이 나온 지 얼마 지나지 않았던 1930년에 오펜하이머가 제기했다. 그때부터 발산 문제는 1940년대 말까지 이론물리학자들의 골치를 썩였다. 램 이동을 계산할 때도 발산 문제가 나타났다.

램 이동을 계산하려면 전자와 광자의 상호작용을 세밀하게 따져야 했다. 전자와 광자의 상호작용을 설명하는 가장 기본적인 항인 나뭇가지 파인먼 다이어그램을 계산하는 데는 아무런 문제가 없었다. 그러나 그다음 차수인 일차 고리 다이어그램에서 발산하는 적분이 등장했다. 수학적으로는 계산해 봐야 무한대가 되니까 무의미해 보이는 적분이었지만, 물리적으로는 반드시 계산해야 하는 적분이었다. 우선 무한대를 고립시킬 방법이 필요했다. 이런 방법을 '조절'이라고 부른다. 당시에 양자전기역학의 무한대를 조절하기 위해 가장 많이 사용한 방법은 볼프강 파울리와 펠릭스 빌라스(Felix Villars)가 개발한 파울리–빌라스 조절(Pauli-Villars regularization)이었다.

이 방법을 이용하면 무한대를 하나의 매개변수로 나타낼 수 있었다. 이론물리학자들은 무한대가 되는 양은 물리적으로 관측할 수 없다는 데 착안해서 발산하는 항을 고립시킨 후, 측정이 가능한 양, 그러니까 전하나 전자의 질량 같은 양으로 이 값을 바꿔 버렸다. 그래서 발산을 실험값에 묻어 버렸다고 표현하기도 했다. 그야말로 기발한 방법이었다. 그러나 어떤 이들은 이런 방법을 "쓰레기를 치우는 것이 아니라 바닥에 깔린 카펫을 들춰 그 안에 쓰레기를 밀어 넣은 뒤 청소를 다 했다고 주장하는 것과 같다"며 못마땅하게 여겼다. 도모나가, 슈윙거, 파인먼 모두 이런 방식으로 양자전기역학을 재규격화해서 램 이동을 완벽하게 설명했다. 이렇게 재규격화한 양자전기역학은 램 이동뿐 아니라 미시적인 세계에서 일어나는 대부분의 전자기 현상을 성공적으로 설명했다. 재규격화의 물리적인 의미는 세월이 조금 더 지나면서 분명해진다.

난부의 첫 논문

《뉴스위크》에 기사가 나오고 두 달 남짓 지나 열린 일본물리학회에서 도모나가는 자신이 연구한 양자전기역학 이론을 발표했다. 난부도 자신의 램 이동에 관한 연구 결과를 발표했다. 그러나 도모나가의 발표를 들으며 기가 죽어 논문은 발표하지 않았다. 그런데 당시 이미 난부와 비슷한 연구를 한 사람이 있었다. 시어도어 웰턴(Theodore Welton)이 이듬해에 발표한 논문에는 난부의 계산과 흡사한 결과가 있었다. 난부도 논문을 투고했다면 무난히 발표할 수 있을지 몰랐다. 1947년 6월, 도모나가는 자신의 연구 결과를 유카와가 새로 만든 일본의 학술지 《이론물리학의 진보》에 발표했다. 이 논문은 도모나가가 1965년에 파인먼, 슈윙거와 함께 노벨물리학상을 받는 데 결정적인 역할을 했다. 난부는 대학원생이었지만, 1948년에 혼자 쓴 생애 첫 논문을 《이론물리학의 진보》에 발표했고, 1949년 초에는 자신이 계산한 램 이동의 결과를 역시 같은 학술지에 발표했다. 결과는 램과 레더퍼드의 실험값과 비슷했다. 대학원생이 혼자 논문을 쓰고 발표하는 것은 흔치 않은 일이다. 난부는 이미 그때부터 혼자 연구할 수 있는 능력을 갖춘 셈이었다.

1949년, 난부는 아직 박사 학위를 마치지 않았지만, 오사카에 새로 생긴 오사카 시립 대학의 부교수가 되었다. 1949년은 일본에 있는 이론물리학자들에게 아주 특별한 해였다. 그해에 유카와 히데키가 노벨물리학상을 받은 것이다. 1939년에 은퇴한 다마키의 뒤를 이어 교토 대학의 교수가 된 유카와는 1948년에 고등연구소의 원장인 오펜하이머의 초청을 받아 미국으로 건너갔고, 그 이듬해에는 컬럼비아 대학의 교수가 되었다. 난부는 유카와가 교토에 없다는 사실이 안타까웠다. 그는 이듬해에 바로 오사카 시립 대학의 정교수가 되었다. 1950년에는 혼자서 네 편의 논문을 《이론물리학의 진보》에 발표했다. 이 중 한 편은 파인먼이 1950년에 발표한 논문에 인용할 정도로 가치가 있는 논문이었다.

1952년은 난부에게 무척 중요한 해였다. 그해에 박사 학위를 받았고, 도모나가의 추천을 받아 미국의 고등연구소로 가게 되었다. 1952년 8월 중순, 난부는 요코하마에서 샌프란시스코로 가는 화물선을 탔다. 샌프란시스코에는 미국에 먼저 와 있던 기노시타가 마중 나와 있었다. 거기서 미국 동부까지는 머나먼 길이었지만, 8월 말 두 사람은 마침내 프린스턴에 있는 고등연구소에 도착했다. 난부와 기노시타는 건물 2층 끝에 있는 연구실을 쓰게 되었다. 복도의

조용한 물리학자

반대쪽 끝에는 양전닝과 리정다오의 연구실이 있었다. 이곳에서도 양자전기역학과 새로 발견된 V 입자가 주된 관심사였다. 난부는 고등연구소에 있는 물리학자들과 토론하면서 그들이 자기보다 훨씬 똑똑하다는 사실에 주눅이 들었다. 게다가 미국 생활에 익숙해지는 데는 시간이 걸렸다. 영어는 여전히 서툴렀고, 자신의 의견을 자유롭게 말하고 똑똑함을 마음껏 드러내는 것도 어색했다. 난부는 천성이 겸손한 사람이었다. 난부는 스스로 마음을 다졌다. 이들과 경쟁하려면 더 많이 생각하고 더 많이 연구해야 했다.

기노시타와 함께 쓴 논문을 빼고 나면 고등연구소에서 보낸 이 년은 그다지 성공적이지 못했다. 그러나 시카고 대학의 조교수였던 마빈 골드버거는 난부와 토론하면서 그의 능력을 한눈에 알아봤다. 1954년 여름, 난부는 위스콘신 대학을 잠시 방문한 뒤, 시카고로 갔다. 난부가 시카고에 도착했을 때는 이미 페르미의 건강이 나빠질 대로 나빠져 병원에 입원해 있었다. 페르미가 조금만 더 오래 살았더라면, 그와 함께 연구할 수 있었을 텐데 안타까웠다. 시카고 거리에 낙엽이 쌓여가던 11월 28일, 페르미는 영원히 눈을 감았다. 1954년에 난부는 연구원으로 시카고 대학에 와서 1956년에는 부교수가 되었고 이 년 후에는 정교수가 되었다. 페르미에 이어 난부는 57년 동안 시카고 대학에 머물면서 이곳을 입자물리학의 중심지 중 하나로 우뚝 세운다. 2011년, 일본으로 돌아가 오사카 시립 대학의 특별 명예교수가 되기 전까지 그는 시카고 대학을 떠나지 않았다. 난부는 이곳에서 강력의 본질을 깊이 파고든다.

난부는 보기 드물게 겸손한 사람이었다. 1956년에는 제프리 추,

마빈 골드버거, 프랜시스 로우와 함께 쓴 두 편의 논문으로 이름을 널리 알렸다. 이 논문은 훗날 제프리 추가 주창하게 될 입자들의 민주주의의 토대가 될 아이디어를 담고 있었다. 그러나 정작 난부는 이 논문에서 자신이 한 건 거의 없다고 고백했다. 단지 골드버거와 함께 토론한 게 전부라는 말만 했다. 언젠가 한번은 난부와 친했던 사람이 그에게 와서 들어주기 곤란한 부탁을 한 적이 있었다. 보통 사람이라면, "그런 부탁은 못 들어줘요!"라고 단칼에 거절할 부탁이었지만, 난부는 "아니요"라던가 "못해요"라고 말하지 못했다. 사람들은 난부가 우유부단한 줄로만 알았는데 그게 아니었다. 그는 다른 사람의 부탁을 거절하는 데 아주 서툴렀던 것이었다. 시간이 한참 지나서야 난부를 아는 사람들은 그만의 거절 방식을 알게 되었다. 그가 어떤 부탁을 흔쾌히 들어줄 때는 난부 입에서 "예"가 바로 나온다. 그런데 그가 들어주기 난감한 부탁에도 그의 대답은 여전히 "예"였다. 그러나 큰 차이가 있었다. 그건 "예"가 나오기까지 걸린 시간이었다. 그러니까 어떤 이의 부탁과 그의 "예"라는 대답까지 걸린 시간은 난부의 거북한 심정을 나타내는 척도였다.

그 이듬해에 난부는 스핀이 1인 입자의 존재를 예측했다. 그는 로체스터에서 열린 학술회의에서 이 새로운 입자가 존재할지 모른다고 발표했다. 그 자리에는 파인먼도 있었다. 난부의 발표를 듣던 파인먼이 갑자기 일어서더니 큰 소리로 난부의 발표를 무례할 정도로 거칠게 비판했다.

"돼지 눈에는 돼지만 보이나 봐요!"

조용하고 겸손한 난부는 별 대답 없이 고개만 끄덕이고 넘어갔다. 난부는 돼지라고 불리기에는 몸매가 꽤 날씬했다. 1961년, 루이스 앨버레즈는 수소 거품상자를 이용해서 베바트론에서 이 새로운 중간자를 발견했다. 난부의 예언이 실현되는 순간이었다. 이 입자는 지금까지 오메가(ω) 중간자라고 부르고 있다. 이때부터 난부의 창의성이 발현되기 시작했다.

초전도체와 강력

네덜란드 레이던 대학의 헤이커 카메를링 오너스(Heike Karmelingh Onnes)는 1908년에 세계 최초로 헬륨을 액화하는 데 성공했다. 이 년 후에 오너스는 액체 헬륨에 고체 수은을 넣고 저항을 측정했다. 온도를 영하 270도 근처까지 떨어뜨리자 놀라운 일이 벌어졌다. 수은의 저항이 급격하게 떨어지더니 어느 순간 영이 되는 것이었다. 온도를 초저온으로 유지하면, 한번 흐른 전류는 거의 영원히 흐른다. 이것을 초전도 현상이라고 부른다. 이 발견으로 오너스는 1913년에 노벨물리학상을 받았다. 약한 자기장 위에 초전도체를 살짝 올리면 자기장이 침투하지 못해 초전도체는 자기장 위에 뜬다. 이 현상은 1933년에 발터 마이스너(Walther Meissner)와 로베르트 옥젠펠트(Robert Ochsenfeld)가 발견해서 마이스너-옥젠펠트 효과라고 부른다.

저온 초전도 현상을 이론적으로 이해하기까지는 거의 오십 년의 세월이 걸렸다. 벨 연구소의 연구원이던 존 바딘(John Bardeen)

은 1947년에 월터 브래턴(Walter Brattain)과 함께 트랜지스터를 발명했다. 두 사람이 속한 그룹의 책임자였던 윌리엄 쇼클리(William Shockley)가 바딘과 브래턴이 만든 트랜지스터보다 더 나은 트랜지스터를 개발하려고 두 사람에게 알리지 않고 비밀리에 프로젝트를 진행했다. 하는 수 없이 바딘은 다른 연구 주제를 찾아야 했다. 1950년 5월 어느 날, 바딘은 럿거스 대학에서 온 전화 한 통을 받았다. 수은의 동위원소들도 극저온에서 초전도체가 되었는데, 질량이 무거울수록 초전도체가 되는 임계 온도가 낮아진다는 것이었다. 어떤 원자의 동위원소란 원자핵에 든 양성자 수가 같아 화학적 성질은 같지만, 그 안에 든 중성자의 수가 달라 원래 원소보다 가볍거나 무거운 원소를 말한다. 이것은 초전도체를 설명하는 데 수은을 이루고 있는 원자핵의 역할이 중요하다는 걸 암시했다. 이런 현상을 동위원소 효과(isotope effect)라고 불렀다. 동위원소 효과는 바딘에게 초전도체에 관한 관심을 불러일으키기도 했지만, 초전도체를 이해하는 데 매우 중요한 영감을 주었다.

1951년, 일리노이 대학으로 옮긴 바딘은 초전도체 연구에 집중했다. 그러나 초전도체를 이해하려면 새로운 이론이 필요했다. 1955년 9월, 바딘은 고등연구소에 있던 레온 쿠퍼(Leon Cooper)를 박사후 연구원으로 고용했다. 쿠퍼는 양자장론을 무척 잘 알았다. 쿠퍼는 극저온에서는 스핀이 서로 반대인 두 전자 사이에 강한 인력이 작용하므로 두 전자가 서로 밀치더라도 하나로 묶을 수 있다고 제안했다. 이렇게 하나로 묶인 두 전자를 쿠퍼쌍(Cooper pair)이라고 불렀다. 그러나 초전도체 전체를 이해하려면 새로운 돌파구가 필요했다. 바딘의 제자였던 존 슈리퍼(John R. Schrieffer)는 어느 날 뉴욕에서 지하철을 기다리다가 아이디어가 하나 떠올랐다. 그가 찾은 건 초전도체 전체를 기술할 수 있는 파동함수였다. 초전도체를 이해하는 실마리가 풀린 것이었다. 1957년에 바딘, 쿠퍼, 슈리퍼는 초전도 현상을 설명하는 이론을 내놓았다. 이 초전도 이론은 세 사람 성의 첫 번째 알파벳을 따서 BCS 이론이라고 불린다.[*] 이 이론은 초전도체의 마이스너-옥젠펠트 효과도, 초전도체의 저항이 영이 되는 것도 잘 설명했다. 바딘은 1956년에 이미 브래턴, 쇼클리와 노벨상을 공동 수상했고, 1972년에는 BCS 이론으로 다시 노벨상을 받았다. 바딘은 현재까지 노벨물리학상을 두 번 수상한 유일한 사람이다. 그러나 본인은 정작 노벨물리학상을 2/3개 받았을 뿐이라고 겸손하게 말하곤 했다.

그렇다면 초전도체와 강력은 도대체 무슨 상관이 있는 걸까? 난부는 세 사람이 쓴 논문이 나오기 전에 BCS 이론을 알게 되었다. 하루는 슈리퍼가 시카고로 세미나를 하러 왔다. 그는 아직 박사 과정 학생이었다. 위대한 이론이 그렇듯 BCS 이론이 처음부터 사람들에게 받아들여졌던 건 아니었다. 저항이 없는 초전도체를 다루는 이론이었지만, 거센 저항에 맞닥뜨렸다. 슈리퍼의 발표에 가장 큰 관심을 보인 사람은 그레고르 벤첼이었다. 그는 뮌헨 대학에서 아르놀트 좀머펠트의 지도를 받으며 파울리, 하이젠베르크와 동문수학했고, 나중에는 취리히 공대에 슈뢰딩거 후임으로 교수가 된 이론

---

[*] 거의 같은 시기에 소련의 이론물리학자 니콜라이 보골류보프(Nikolay N. Bogoliubov)는 BCS 이론보다 수학적으로 세련된 초전도체 이론을 내놓았다.

물리학자였다. 제2차 세계대전이 끝난 뒤에는 시카고 대학에 와서 물리학과를 이끄는 역할을 맡았다. 처음에는 파이온을 연구하다가 1950년대부터 초전도체에 깊은 관심을 보였다.

슈리퍼의 발표가 끝나자, 벤첼은 쿠바산 시가를 꺼내 불을 붙이며 뭐가 마음에 들지 않는지 한숨을 내뱉듯 연기를 내뿜었다. 이어서 BCS 이론의 문제점을 지적했다. 양자역학과 양자장론을 오래 연구한 학자답게 BCS 이론에 게이지 대칭성이 부재함을 꼬집었다. 비록 BCS 이론이 마이스너-옥젠펠트 효과를 잘 설명한다고는 하지만, 게이지 대칭성이 없는 건 심각한 문제였다. 벤첼의 지적에 난부도 고개를 끄덕였다. 난부는 BCS 이론이 게이지 대칭성을 만족하지 않음에도 마이스너 효과를 잘 설명한다는 사실이 납득이 가질 않았다. 입자물리학자였지만, 슈리퍼의 발표를 듣고 나서 초전도체에 깊은 관심이 생겼다. 1958년, 슈리퍼가 시카고 대학의 조교수가 된 덕에 난부는 BCS 이론을 연구할 훌륭한 기회를 얻었다. 그 당시에 난부는 가능하면 다른 사람들의 영향을 받지 않고 연구하려고 지독하게 노력하고 있었다. 초전도체 문제도 자기만의 방식으로 이해하려고 애썼다. 1959년 7월, 난부는 "초전도체 이론에서 준입자와 게이지 불변"이라는 논문을 《피지컬 리뷰》에 투고했다. 논문이 나오기까지는 육 개월이 넘게 걸렸다. 이 논문에서 난부는 게이지 대칭성을 고려해서 마이스너-옥젠펠트 효과를 설명했다.

조용한 물리학자

자발적 대칭성 깨짐과 강력

영국의 철학자 프랜시스 베이컨은 이렇게 말했다. "뛰어난 아름다움에는 균형이 약간 어긋나 있다."

대칭성은 아름다움을 보증한다. 15세기 말 독일에서 르네상스를 이끈 화가 알브레히트 뒤러(Albrecht Dürer)는 《인간 비율에 관한 네 권의 책(Vier Bücher von Menschlicher Proportion)》을 썼다. 여기서 뒤러는 남자와 여자의 신체 비율을 깊이 탐구했다. 대칭성을 연구하려고 쓴 책은 아니지만, 인간의 비율을 연구하며 몸의 아름다움을 대칭성에서 찾았다. 인도 아그라에 있는 타지마할을 보며 경탄하지 않을 사람은 없다. 좌우가 완벽한 대칭을 이루는데다, 맑은 날이면 타지마할과 그 앞 수로에 비친 모습까지 위와 아래도 빠짐없이 대칭을 이룬다. 타지마할은 대칭성과 미는 따로 떼어놓을 수 없음을 웅변한다. 그러나 베이컨의 말마따나 대칭이 살짝 어긋날 때 아름다움은 증폭된다. 약력에서 거울 대칭성이 깨지면서 드러낸 자연의 신비는 세상을 놀라게 했다. 겔만은 SU(3) 대칭성으로 강입자들이 아름답다고 여길 만큼 규칙적으로 배열된다는 걸 보였지만, 난부는 오히려 대칭성이 깨질 때 강력의 경이로운 자태가 드러남을 보여주었다.

초전도체 논문이 출판되던 해에 난부는 약력으로 눈을 돌렸다. 그의 마음속에는 초전도체 이론에서 받은 감동의 여진이 남아 있었다. 1960년, 난부는 자기 이름을 역사에 영원히 새기게 될 업적의 서곡과 같은 연구를 시작했다. 출발점은 1958년에 마빈 골드버거와 샘 트레이먼(Sam Treiman)이 내놓은 결과였다. 두 사람은 약력과 강력을 이어주는 다리와 같은 식을 얻었다. 그러나 이 식을 유도하는 과정은 난삽했다. 난부는 이번에도 자기만의 방법을 찾아냈다. 그건 골드버거와 트레이먼이 쓴 것과는 비교가 안 되게 깔끔했다.

겔만과 파인먼의 V-A 이론에서 V는 벡터 흐름을 의미한다. 벡터 흐름은 항상 보존된다. 그렇지 않으면 전하가 보존되지 않는다. 그렇다면 축벡터 흐름(A)은 어떨까? 난부는 축벡터 흐름이 파이온과 깊은 관련이 있음을 간파했다. 만약에 파이온이 질량이 없는 입자라면, 축벡터 흐름도 보존된다. 그러나 파이온은 강입자 중에서 가장 가벼운 입자이지만 그래도 질량이 있다. 그래서 난부는 "축벡터 흐름은 부분적으로만 보존된다"고 주장했다. 축벡터 흐름은 전부 보존되는 흐름이 아니라 부분적으로만 보존되는 흐름(partially conserved axial-vector current, PCAC)이었다. 그는 이 축벡터에 대응되는 대칭성도 따져봤다. 이 대칭성은 이미 1958년에 튀르키예의 페자 귀르세이(Feza Gürsey)가 제안한 적이 있었다. 이 대칭성은 훗날 카이랄 대칭성(chiral symmetry)이라고 부르게 된다. 난부는 초전도체 이론에서 게이지 대칭성을 다루듯이 이 카이랄 대칭성을 다룰 수 있지 않을까 고민했다. 그의 머릿속에는 페르미와 양이 "파이온은 핵자와 반핵자로 이루어져 있다"라고 주장했던 게 떠올랐다. 파이온과 핵자, 초전도체 이론, 카이랄 대칭성 같은 단어가 뇌리에서 떠나지 않았다. 혼자서 이 문제를 다루기는 쉽지 않았다. 함께 고민할 사람이 필요했다.

이탈리아 피렌체 출신의 조반니 조나-라시니오(Giovanni Jona-

Lasinio)가 1959년부터 시카고 대학에 박사후연구원으로 와 있었다. 난부는 자기 머릿속에서 떠나지 않는 생각을 조나-라시니오에게 이야기했다. 그날부터 두 사람은 초전도체 이론에서 강력을 설명할 이론을 어떻게 끄집어낼까 궁리했다. 초전도체에서는 바닥 상태와 들뜬 상태 사이에 틈(gap)이 있다. 이 틈은 초전도체가 임계 온도 아래에 있는 한 초전도체의 성질을 계속 유지할 수 있게 해준다. 이 틈에서 두 사람은 결정적인 아이디어를 창안했다. 우선 핵자는 질량이 없다고 가정했다. 핵자와 반핵자를 묶어 마치 쿠퍼쌍처럼 진공에서 응축시킬 수 있다면, 카이랄 대칭성이 저절로 깨지도록 유도할 수 있다. 카이랄 대칭성이 스스로 깨지면서 틈이 생기고 이 틈은 핵자에 질량을 준다. 대칭성이 깨진 결과로 생겨난 입자는 질량이 없는 파이온이다. 물론 파이온은 질량이 있다. 난부와 조나-라시니오는 파이온이 왜 강입자 중에서 가장 가벼운 입자인지 보여주었다.

난부와 조나-라시니오는 이 결과를 논문으로 정리했다. 제목은 "초전도체에서 유추한 기본 입자의 동역학적 모형"이었다. 난부는 초전도체에서 시작해 핵자의 질량이 생성되는 과정과 파이온의 질량이 작은 이유를 설명했다. 이 논문은 역사에 길이 남을 논문이었다. 난부와 조나-라시니오가 제안한 모형은 두 사람의 이름 첫 글자를 따서 NJL 모형이라고 부른다. 이 논문의 진가가 드러난 것은 쿼크 모형이 나오고 십 년 가까이 흐른 후였다. 양자색역학이 완성되고 1976년에 NJL 모형은 핵자 대신에 쿼크의 언어로 재해석된다.

난부의 연구에는 두 가지 중요한 물리학이 담겨 있다. 하나는 카이랄 대칭성이고, 다른 하나는 카이랄 대칭성의 자발 깨짐이다. 카이랄 대칭성에서 '카이랄'이라는 말은 손을 뜻하는 그리스어에서 유래했다. 질량이 없는 입자는 한번 오른쪽으로 돌기 시작하면 영원히 오른쪽으로 돌고, 왼쪽으로 돌면 왼쪽으로 영원히 돈다. 질량이 없는 입자를 오른쪽으로 도는 입자와 왼쪽으로 도는 입자로 분명하게 나눌 수 있으면, 이 입자에는 카이랄 대칭성이 있다고 말한다. 그러나 입자에 질량이 있다면, 오른쪽과 왼쪽은 서로 섞이게 되고, 카이랄 대칭성은 깨진다. 자연에는 이처럼 대칭이 깨져 있는 경우가 많다. DNA의 나선 구조도 오른쪽으로만 감겨있다. 달팽이의 껍데기도 대부분 오른쪽으로 감겨 올라간다. 중성미자도 그렇다. 중성미자는 왼쪽으로만 돌고, 반중성미자는 오른쪽으로만 돈다. 이는 약력에서 반전성이 깨져 있다는 근거이기도 하다. 물론 중성미자의 질량을 무시할 때만 그렇다.

대칭성이 스스로 깨진다는 건 무슨 뜻일까? 압두스 살람은 이런 예를 들어 설명했다. 한 식당에 사람들이 빙 둘러 앉아 식사할 수 있는 원탁이 있다고 하자. 오늘 열 명의 손님이 예약되어 있다. 원탁에는 열 명 분의 수저가 가지런히 놓여 있다. 수저 옆에는 냅킨이 예쁘게 접혀 있고, 그 옆에는 차가운 물이 담긴 유리잔이 있다. 시간이 되자 손님이 한 명씩 들어오더니 원탁에 앉기 시작한다. 자리에 모두 앉자 손님들은 담소를 나누며 음식이 나오길 기다린다. 한 손님이 목이 말랐다. 오른쪽에도 유리잔이 있고, 왼쪽에도 유리잔이 놓여 있다. 왼손잡이인 그는 왼쪽에 있는 유리잔을 들어 물을 마셨다. 그가 왼쪽에 있는 유리잔을 선택하는 순간, 원탁에 앉은 사람 모두가 자동적으로 두 개의 유리잔 중에서 왼쪽 잔을 선택하게 된다. 만약 그렇게 하지 않으면 손님 중 누군가는 선택할 수 있는 유리잔이 없게 된다. 살람은 이걸 좌우 대칭성이 저절로 깨진 것이라고 설명했다.

이런 일은 자연에서 실제로 일어난다. 네오디뮴 자석은 아주 강력한 자석이다. 그런데 이 자석에 400도 이상의 열을 가하면 자성을 잃는다. 그러나 자석을 식히면 자성이 되살아난다. 이유는 이렇다. 네오디뮴 자석이 열을 받아 임계 온도를 넘어가면, 원자가 열을 받아 스핀의 방향이 제멋대로 바뀐다. 이렇게 상태가 바뀌는 현상을 '상전이'라고 한다.* 그리고 이렇게 스핀의 방향이 제멋대로인 상태를 대칭적이라고 부른다. 왜냐하면 어느 방향에서 봐도 스핀의 방향이 무작위로 주어져서다. 그러나 네오디뮴 자석이 식으면 원자들의 스핀은 미리 입이라도 맞춘 듯 한쪽으로 향한다. 그 방향은 원래부터 정해진 게 아니라 스스로 정한 것이다. 이때 대칭성이 저절로 깨졌다고 말한다.

카이랄 대칭성도 이렇게 저절로 깨진다. 이때 두 가지 자취가 남는다. 대칭성이 깨지면서 쿼크는 중입자의 질량을 설명할 수 있을 정도로 충분한 질량을 얻게 된다. 그리고 질량이 없는 파이온이 튀어나온다. 물론 실제로는 파이온의 질량이 영이 아니라 아주 작은

---

* 레프 란다우는 1935년에 임계온도 이상이 되면 자석의 자성이 사라지는 현상을 상전이를 도입해 설명했다. 자석이 자성을 잃는 임계온도는 마리 퀴리의 남편인 피에르 퀴리의 이름을 따라 퀴리 온도라고 부른다. 초전도체도 상전이 현상의 일종으로 볼 수 있다. 상전이는 대칭성과 깊은 연관이 있다.

값이다. 난부는 대칭성의 자발 깨짐을 연구한 공로로 2008년에 노벨물리학상을 받았다.

난부는 2008년에 노벨상을 받으며 조나-라시니오와 함께 받지 못한 걸 무척 안타깝게 여겼다. 그래서 아픈 아내 때문에 스웨덴에 가지 못하게 된 난부는 노벨상 수상 기념 강연을 조나-라시니오에게 부탁했다. 그는 천재였지만, 겸손했고 다른 사람의 마음을 살필 줄 아는 사람이었다. 노벨상은 네 사람 이상 받는 게 불가능했다. 난부와 함께 노벨상을 받은 사람은 사카타의 제자였던 고바야시 마코토와 마스가와 도시히데였다.

난부-골드스톤 입자

케임브리지에서 한스 베테의 지도를 받아 핵물리학 이론으로 박사 학위를 받은 제프리 골드스톤(Jeffrey Goldstone)은 CERN을 방문하면서 초전도체에 관심을 갖기 시작했다. 난부처럼 초전도체 이론에서 나타나는 대칭성 깨짐을 입자물리학에 적용해 보고 싶었다. 서로 다른 분야를 맞대 서로 비교하고, 그 과정에서 유비(類比)를 끌어내다 보면 종종 위대한 발견으로 이어지는 경우가 있다. 골드스톤은 형제 같은 두 렙톤인 전자와 뮤온의 질량 차이를 초전도체 이론으로 설명할 수 있지 않을까 생각해 보았다. 그러나 정작 골드스톤은 대칭성이 저절로 깨지면 질량이 없는 입자가 반드시 따라 나온다는 사실을 발견했다. 질량이 없는 입자가 정말 존재한다면 가속기에서 쏟아져 나왔을 테지만, 그런 증거는 아무 데도 없었다. 난감했다. 게다가 더 큰 문제가 있었다. 파이온은 유카와가 알아냈듯이 핵자들 사이의 힘을 매개하는 입자였다. 이는 양자전기역학의 광자처럼, 파이온도 질량이 없다면 두 핵자가 아무리 멀리 떨어져도 서로 힘을 미친다는 의미였다. 말이 되지 않았다. 골드스톤은 이런 이상한 결과를 논문으로 내자니 불안했다. 그런 골드스톤에게 CERN에 함께 머물던 셸던 글래쇼가 어깨를 치며 조언했다.

"어차피 결과가 나왔으니까, 그런 고민은 그만하고 논문을 보내."

논문은《일 누오보 시멘토》에 발표되었다. "대칭성이 저절로 깨지면 질량이 없는 입자가 나온다"라는 발견은 '골드스톤 정리'라고 알려져 있다. 그리고 질량이 없는 이 입자를 난부-골드스톤 보손(Nambu-Goldstone boson)이라고 한다.

쿼크의 색깔

겔만이 쿼크 모형을 내놓았을 때 물리학자들의 의견은 분분했다. 쿼크 모형이 지닌 가장 큰 문제는 쿼크의 전하가 분수값이 되어야 한다는 것이었다. 나이든 물리학자들은 쿼크를 탐탁하지 않게 여겼다. "분수 전하라니, 그런 건 실험적으로 발견된 적이 없잖아." 그들에게 쿼크는 미친 생각이었다. 그러니 물리학을 오랫동안 해온 사람들은 쿼크를 쉽게 받아들일 리 만무했다. 겔만 자신도 쿼크는 그저 가상의 입자라고 변명했다. "쿼크는 그저 강입자를 설명하기 위한 가상의 입자"라고 말했다. 그 입자가 발견되지 않는 한, 그다지 문제될 게 없다고 여겼다. 그러나 훗날 겔만은 자신이 그렇게 말한 걸 무척 후회했다. 그렇다고 난부처럼 젊은 이론물리학자도 쿼크를 처음부터 열렬히 환영했던 건 아니었다. 난부 자신도 말한 적이 있지만, 그는 유카와와 사카타의 영향을 받은 일본 물리학자였다. 비록 사카타가 세운 모형이 쿼크 모형보다 강입자를 설명하는 데 성공적이진 못했지만, 적어도 겉으로 보기에는 쿼크 모형보다 이성적이었다. 게다가 쿼크 모형에는 또 다른 심각한 결함이 있었다.

쿼크 모형에 따르면, 전하수가 +2인 델타 중입자는 전하값이 $2/3$인 위쿼크 세 개로만 이루어져 있고, 음전하를 띤 오메가 중입자는 전하값이 $-1/3$인 기묘쿼크 세 개로만 되어 있다. 세 쿼크 모두 스핀이 한쪽으로 향하면 파울리의 배타 원리에 어긋나 한 상태에 넣을 수 없다. 이 원리는 절대로 위배할 수 없는 양자역학의 법칙이라 세상의 모든 페르미온은 이 법칙을 따라야 한다. 델타 입자도 오메가 중입자도 마찬가지다.

쿼크 모형을 살리고 싶다면 새로운 조치가 필요했다. 쿼크 세 개를 한 상태에 넣을 수 있는 기발한 방법을 가장 먼저 제안한 사람은 오스카 그린버그(Oscar Greenberg)였다. 그는 쿼크가 파울리의 배타 원리를 만족하도록 쿼크를 그냥 페르미온이라 아니라 파라-페르미온(para-fermion)이라고 가정했다. 그린버그가 제안한 이론대로

라면 쿼크 세 개가 하나의 상태에 머물 수 있었지만, 좀 억지스러운 데가 있었다.

또 다른 이론물리학자가 나섰다. 한국 출신의 한무영이었다. 그는 1934년 11월 30일, 경성(서울)에서 태어났다. 한국 전쟁이 끝나고 서울대 전기공학과를 일 학년까지 다닌 후, 미국 위스콘신으로 건너가 전기공학으로 대학을 마쳤다. 그러나 물리학에 매력을 느껴 대학원은 로체스터 대학 물리학과에 진학했다. 거기서 조지 수다르샨의 지도를 받아 이론물리학으로 박사 학위를 받았다. 겔만이 쿼크 모형을 내놓았을 때 한무영은 시러큐스 대학의 연구원이었다. 그 역시 쿼크 모형이 파울리의 배타 원리를 깬다는 사실을 알았다. 그는 쿼크 모형이 배타 원리와 어울릴 수 있는 대담한 제안을 했다. 만약에 쿼크가 스핀과 맛깔 외에 새로운 양자수를 지니고 있다면, 스핀과 맛깔이 같은 세 개의 쿼크를 한 상태에 두는 게 가능하다고 주장했다. 한무영은 이 주장을 예비 논문에 담아 여러 물리학자에게 보냈다. 그러나 곧 시카고에 있는 난부도 똑같은 아이디어로 논문을 썼다는 사실을 알게 되었다. 이런 일은 이론물리학에서 한 번씩 있는 일이었다. 서로 만난 적은 없지만, 한무영과 난부는 논문을 함께 쓰기로 했다. 두 사람이 함께 쓴 논문은 그렇게 세상에 나왔다.

두 사람의 해결책은 쿼크에 새로운 양자수를 도입하는 것이었다. 두 사람은 이걸 맵시 수(charm number)라고 불렀지만, 나중에 맵시라는 단어가 쿼크의 맛깔 중 하나를 칭하는 용어가 되면서 이 새로운 수에는 '색깔'이라는 이름이 붙었다. 이 색깔이라는 명칭을 지은 사람은 이름을 짓는 데 천부적이었던 겔만이었다. 맛깔도 그렇고 색깔도 그렇고, 이는 모두 쿼크의 종류를 구분하기 위한 은유다. 쿼크에는 아무런 맛도 눈에 보이는 색깔도 없다. 맛깔도 색깔도 양자역학에서 말하는 양자수일 뿐이다.

쿼크에는 서로 다른 세 가지 색깔인 빨강, 초록, 파랑이 있다.[*] 전하수가 +2인 델타 중입자에 들어 있는 세 개의 위쿼크를 각각 빨간 위쿼크, 초록 위쿼크, 파란 위쿼크라고 정하면, 파울리의 배타 원리를 위배하지 않고도 쿼크 세 개로 전하수가 +2인 델타 중입자를 설명할 수 있었다. 빨간색, 녹색, 파란색은 빛의 삼원색에 따왔으니 이 세 색을 섞으면 색깔은 사라진다. 그래서 델타 중입자는 무색(colorless)이다.

쿼크로 이루어진 모든 강입자는 무색이다. 중입자는 세 개의 쿼크로 이루어져 있지만, 중간자는 쿼크 한 개와 반쿼크 한 개로 되어 있다. 반쿼크의 색깔도 정해줘야 한다. 빨간 쿼크에 대응되는 반쿼크는 노란(yellow)색이 되고, 초록 쿼크에는 심홍색(magenta) 반쿼크, 파란 쿼크에는 청록색(cyan) 반쿼크가 대응된다. 이렇게 쿼크와 반쿼크에 색깔을 부여하면, 쿼크와 반쿼크로 이루어진 중간자도 무색이 된다. 당시만 해도 한무영과 난부가 내놓은 이론을 진지하게 받아들인 사람이 많지 않았다. 오히려 점점 복잡해지는 쿼크 이론에 염증을 느끼는 사람들도 있었다. 그러나 색깔은 훗날 강력의 근본 이론인 양자색역학(quantum chromodynamics, QCD)을 세우는 데 주

---

[*] 겔만이 처음으로 쿼크에 도입한 색깔은 파랑, 하양, 빨강이었다.

충돌이 된다. 양자색역학에 왜 색깔이 들어가야 하는지 그 이유이기도 했다. 양자전기역학에서 전자기력의 원천이 전하이듯, 색깔은 양자색역학에서 강력의 원천이었다.

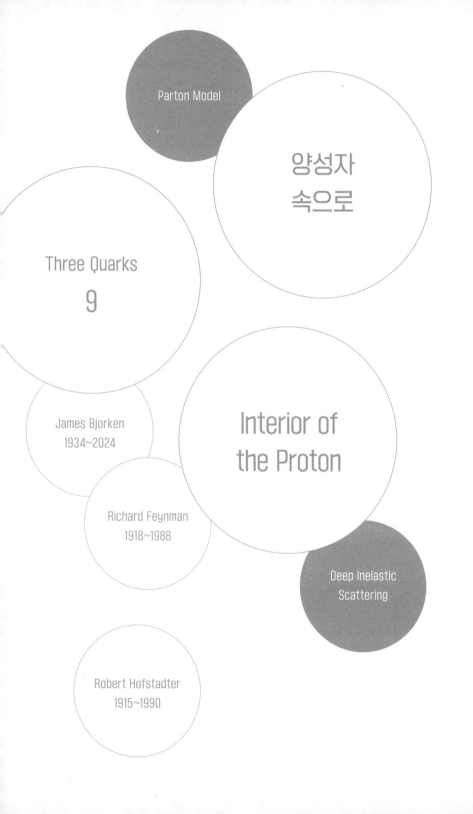

Parton Model

양성자
속으로

Three Quarks
9

James Bjorken
1934~2024

Interior of
the Proton

Richard Feynman
1918~1988

Deep Inelastic
Scattering

Robert Hofstadter
1915~1990

1933년 3월, 히틀러는 정권을 잡자마자 대대적으로 유대인 핍박에 나섰다. 관청과 대학에서 유대인 공무원과 교수, 연구원들이 쫓겨났다. 함부르크 대학도 예외가 아니었다. 독일 북부는 유대인에 대한 핍박이 더 심했다. 물리학과 교수였던 오토 슈테른(Otto Stern)은 배신감을 깊이 느꼈다. 사병으로 제1차 세계대전에 참전해서 부사관까지 오르며 조국을 위해 목숨을 걸었던 슈테른이었다. 그는 8월에 해직 통고를 받았다. 다른 유대인들보다 몇 개월 더 버텼지만, 결국 대학을 떠나야 했다. 슈테른은 1920년대 초부터 이미 분자 빔 연구의 대가로 불리던 사람이었다. 1921년, 발터 게를라흐와 함께 한 슈테른-게를라흐 실험은 세상을 깜짝 놀라게 했다. 양자역학이 등장하기 전에 양자역학의 본질을 꿰뚫는 실험이었고, 오늘날 모든 양자역학 교과서에 실려 있을 만큼 중요한 실험이었다. 1925년 8월, 네덜란드 레이던 대학의 헤오르허 윌렌벡과 사뮐 하우츠밋이 전자의 스핀을 제안한 뒤에야 슈테른-게를라흐 실험 결과를 이해할 수 있었다. 슈테른-게를라흐 실험은 전자가 스핀을 지닌다는 사실을 밝혔다.

1920년 8월 24일, 러더퍼드가 수소 원자의 중심을 지키고 있는 가장 단순한 원자핵에 양성자(proton)라는 이름을 지어주었을 때만 해도 양성자에 구조가 있으리라고는 상상도 할 수 없었다. 함부르크 대학의 교수가 된 후, 슈테른은 분자 빔을 연구하는 논문에 "분자 빔 방법에 관한 연구"라는 제목과 함께 일련번호를 붙이기 시작했다. 일련번호는 30번에서 끝났다. 슈테른의 연구실에 나온 마지막 논문은 오토 프리슈가 단독으로 썼는데, 이 논문의 마지막 문단에는 "더 좁은 빔으로 더 정밀하게 측정했다면 훨씬 더 깨끗하고 정확한 결과를 얻을 수 있었겠지만, 실험은 외부 요인으로 조기에 종료할 수밖에 없었다"라고 적혀 있었다. 외부 요인이란 말은 나치에 의해 연구실이 강제로 폐쇄되었음을 암시했다.

양성자의 자기 모멘트

1930년대에 전자의 성질은 잘 알려졌지만, 양성자에 관해서는 전하를 제외하면 아는 게 별로 없었다. 유대인에 대한 탄압이 기승을 부리고 있었지만, 슈테른은 오스트리아에서 온 오토 프리슈와 함께 수소 분자 빔을 이용해 양성자의 자기 모멘트를 측정할 장비를 만들었다. 게를라흐와 함께 한 실험에서는 오븐에서 은을 끓여 거기서 나오는 은 기체에 자기장을 가해 전자의 스핀을 확인했지만, 이번에는 반대로 온도를 영하 180도 가까이 낮춰야 했다. 수소 분자에는 전자가 두 개, 양성자가 두 개 들어 있어서 양성자 하나의 자기 모멘트를 측정하려면 무척 정교하게 실험해야 했다. 슈테른-게를라흐 실험과 마찬가지로 수소 분자에 자기장을 비균질하게 가해줬다. 수소 분자 빔은 자기장을 통과하며 자기력을 받아 쪼개져서는 스크린에 부딪혔다.

유대인이었던 프리슈가 나치의 압제를 피해 함부르크를 떠나 영국으로 갔다. 슈테른은 조수 임마누엘 에스터만(Immanuel Estermann)과 실험을 계속했다. 두 사람이 측정한 양성자의 자기 모멘트는 2.5였다.[*] 전자의 자기 모멘트는 1이었다. 자기 모멘트가 1이라는 말은 전자가 내부구조가 없는 기본입자라는 의미였다. 양성자도 전자와 같은 기본입자라면, 자기 모멘트가 1이어야 했다. 양성자의 자기 모멘트는 1보다 훨씬 컸다. 이것은 양성자가 전자와 달리 내부구조가 있다는 것을 암시했다.

두 사람은 실험을 이어가고 싶었지만, 에스터만이 대학에서 쫓겨났다. 1933년 8월, 슈테른마저 대학에서 해임되었고, 그의 연구실의 장비들도 철거되었다. 그해 9월, 슈테른은 자기보다 먼저 쫓겨난 에스터만을 데리고 미국으로 망명했다. 미국 피츠버그의 카네기 공대에서 두 사람을 교수로 초청한 것이었다. 1933년 9월 13일자 《뉴욕 타임스》에서는 슈테른과 에스터만이 카네기 공대의 교수가 되었다는 소식을 알렸다. 이날 이후, 슈테른은 죽는 날까지 다시는 독일 땅을 밟지 않았다. 이렇게 독일은 뛰어난 물리학자 한 명을 또 잃었다. 슈테른은 1943년 분자 빔 방법을 개발하고 양성자의 자기 모멘트를 측정한 공로로 노벨물리학상을 받았다. 수상식은 전쟁

---

[*] 오늘날 양성자 자기 모멘트의 값은 2.79μ_N이다. 단위는 핵 마그네톤(nuclear magneton)이다.

때문에 일 년 늦춰졌다. 1944년에는 이지도어 라비가 노벨물리학상을 받았다. 라비가 노벨상을 받을 수 있었던 것은 1927년에 함부르크에서 슈테른에게 분자 빔을 다루는 법을 배운 덕이었다.

채드윅이 중성자를 발견한 지 팔 년이 지난 1940년에 루이스 앨버레즈와 펠릭스 블로흐(Felix Bloch)는 중성자의 자기 모멘트가 −1.93이나 된다는 것을 발견했다. 중성자에는 전하가 없는데 어떻게 자기 모멘트가 0이 아닌 걸까? 그것은 중성자 내부에 양전하와 음전하의 양은 같지만, 전하가 서로 다르게 분포되어 있다는 것을 암시했다. 그러니까 중성자 역시 양성자와 마찬가지로 기본입자가 아니라 그 어떤 무언가로 이루어진 입자였다.

행운의 물리학자

로버트 호프스태터(Robert Hofstadter)는 뉴욕 토박이였다. 대학도 뉴욕 시립 대학을 다녔다. 호프스태터 인생에 첫 번째 행운이 찾아왔다. 그곳에는 마크 지만스키가 교수로 있었다. 훌륭한 선생은 학생의 인생을 바꾼다. 지만스키는 그런 선생이었다. 그에게서 배운 사람 중에 노벨상을 받은 사람이 네 명이나 나왔다. 호프스태터도 그 중 한 사람이었다. 지만스키는 호프스태터가 뛰어난 학생이라는 걸 일찌감치 알아봤다. 그는 호프스태터가 졸업한 뒤, 제너럴 일렉트릭에서 주는 장학금을 받아 프린스턴으로 진학할 수 있게 도와주었다.

박사 학위를 마치고 호프스태터는 유명한 고체물리학자인 프레더릭 자이츠(Frederick Seitz)를 만나게 되는데, 그의 인생에서 가장 중요한 만남이었다. 그는 자이츠에게 당시 텔레비전 화면을 만드는 데 필요한 형광물질을 제대로 배울 수 있었다. 이때 배운 고체물리학 지식은 훗날 핵과 양성자의 내부를 살필 때 필요한 섬광 계수기를 개발하는 데 핵심이 된다. 자이츠가 펜실베이니아 대학의 교수로 가게 되면서 호프스태터를 연구원으로 초청했지만, 정작 호프스태터는 프린스턴 핵물리학 그룹의 초청을 받아들였다. 거기서 자신의 인생 진로를 결정지을 레너드 쉬프(Leonard Shiff)를 만났다.

새로운 섬광 계수기

섬광 계수기(scintillation counter)는 아주 오래된 검출기의 한 종류다. 가이거와 마스덴이 원자핵을 처음 발견할 때 황화아연(ZnS) 섬광 계수기를 사용했다. 여기에 방사선을 쪼이면, 빛이 나왔다. 워낙 적은 빛이라 암실에서 현미경을 보며 눈으로 섬광을 세어야 했다. 그때만 해도 눈이 검출기였다. 1946년, 호프스태터는 프린스턴의 조교수가 되면서 섬광 계수기에 관심이 생겼다. 처음에는 염화은(AgCl)을 이용해 섬광 계수기를 개발해 보려고 했다. 운 좋게 아이오딘화 탈륨도 한 병 구할 수 있었다. 그 덕에 탈륨 할로겐화물을 공부할 기회가 있었다. 그러나 염화은으로 섬광 계수기를 만드는 건 그다지 성공적이지 못했다. 일단 온도가 매우 낮아야 했다. 염화은은 저온에서 부도체였지만, 입자가 지나가는 짧은 시간 동안 도체가 되었다. 이 성질이 섬광 계수기를 만드는 데 도움이 될 줄 알았지만, 오히려 반대였다.

그러던 어느 날, 호프스태터는 독일 물리학자 하르트무트 칼만(Hartmut Kallmann)이 나프탈렌을 이용한 섬광 계수기를 개발했다는 소식을 들었다. 그때만 해도 화장실이나 옷장에 곰팡이나 나방 유충이 슬지 않도록 나프탈렌을 두곤 했다. 워낙 냄새가 강해 나프탈렌 냄새를 맡을 때마다 화장실을 떠올릴 정도였다. 여러 핵물리학 연구실에서 칼만이 만든 나프탈렌으로 섬광 계수기를 개발하기 시작하면서 연구실은 청결해졌지만, 화장실로 착각할 만큼 냄새가 심하게 났다.

호프스태터는 다른 방법을 모색했다. 그는 십 년 전쯤 제너럴 일렉트릭 연구소에서 프레더릭 자이츠의 연구를 도왔던 일이 떠올랐다. 그때 다루던 물질이 아이오딘화 칼륨(KI)에 탈륨 할로겐화물을 조금 넣은 물질이었다. 그래서 아이오딘화 칼륨을 섬광 계수기를 개발하기 위한 첫 번째 물질로 선택했다. 그리고 도서관에서 좀 더 나은 물질이 있는지 자료를 찾아보았다. 몇몇 독일 논문에서 아이오딘화 소듐(NaI)이 빛을 방출하는 데 유용할 물질이라는 사실을 알아냈다. 아이오딘화 소듐 가루는 소금 결정처럼 보이지만 습기에 노출되면 금방 녹아버리는 문제가 있었다. 이런 이유로 아이오딘화 소듐이 빛을 방출하는 영역대를 연구한 결과가 없었다. 호프스태터는 아이오딘화 소듐에 탈륨 할로겐화물을 소량 첨가해서 섬광 계수기를 만들어 보기로 했다.

양성자 속으로

그는 유리공예 공방에 가서 도가니에 아이오딘화 소듐 가루를 넣고 탈륨을 조금 섞은 다음, 뜨겁게 가열해서 탈륨 활성화 아이오딘화 소듐(NaI(Tl))을 유약처럼 만들었다. 작업은 원시적이었지만, 결과는 놀라웠다. 라듐 선원을 NaI(Tl) 유약을 비롯한 나프탈렌, 아이오딘화 칼륨 외에 여러 시료에 쪼여주었는데, NaI(Tl)이 방사선에 가장 민감하게 반응했다. 그래서 호프스태터는 염화은 결정을 성장시키는 방법을 써서 NaI(Tl) 결정을 만들기로 했다. 그렇게 만든 NaI(Tl)을 석영 시험관에 넣어 단단히 봉한 다음에 거기에서 나오는 빛을 증폭시키도록 광증배관을 달았다. 라듐에서 나오는 방사선을 NaI(Tl)에 쪼이자, 빛을 전기신호로 바꾼 펄스가 오실로스코프에 뚜렷하게 나타났다. 같은 조건에서 나프탈렌을 이용한 섬광기의 신호보다 훨씬 선명했다. 호프스태터는 결과를 정리한 논문을《피지컬 리뷰》에 보냈다. 논문의 제목은 "알칼리 할로겐화물 섬광 계수기"였다. 새로운 검출기의 탄생이었다. 논문은 육 주 후에 나왔다. 그런데 논문에 첨부한 사진 그래프가 거꾸로 붙어있었다. 논문 교정본은 한 달 후에 다시 나왔다.

이 새로운 섬광 계수기를 개발한 호프스태터는 금방 유명해졌다. 특히 버클리에 있는 물리학자들은 호프스태터가 만든 섬광 계수기를 눈여겨보았다. 정작 프린스턴 대학에서는 호프스태터가 한 일이 얼마나 중요한지 몰랐다. 프린스턴에 온 지 삼 년밖에 되지 않았던 터라 호프스태터를 부교수로 승진시키지 않았다. 그러나 역시 행운의 물리학자였던 호프스태터는 두 군데서 부교수로 와달라는 러브콜을 받았다. 한 곳은 버클리였고, 다른 한 곳은 스탠퍼드 대학이었다. 호프스태터의 선택은 두말할 나위 없이 스탠퍼드 대학이었다. 그를 초청한 사람은 그곳 물리학과 학과장인 레너드 쉬프였다.

1950년 8월, 호프스태터는 가족을 데리고 뉴저지를 떠나 서부로 향했다. 한여름에 미국의 동부 끝에서 서부 끝까지 먼 길을 가야 했다. 그래서 가는 길에 중간에 있는 미주리주의 세인트루이스에 들르기로 했다. 그곳 워싱턴 대학에는 친하게 지내던 핵물리학자 유진 핀버그(Eugene Feenberg)가 있었다. 핀버그를 만난 호프스태터는 자기가 개발한 NaI(Tl) 섬광기를 설명해 주었다. 스탠퍼드에 가면 그곳에 있는 전자 선형 가속기와 자신이 개발한 검출기를 이용해 높은 에너지에서 실험할 것이라는 말도 덧붙였다. 그러자 핀버그가 호프스태터에게 몹시 중요한 제안 하나를 했다.

"고체에 전자를 쪼여 주면 전자가 되튀어 나오며 보여주는 회절 무늬가 있잖아. 그것처럼 핵에다 전자를 때려 주면 어떨까? 스탠퍼드에는 전자 가속기가 있으니까 그걸로 비슷한 실험을 해볼 수 있지 않을까? 당신이 개발한 검출기라면 아주 훌륭한 실험을 할 수 있을 거야."

호프스태터는 검출기를 만들 생각만 했지, 정작 그것으로 무얼 측정할지 크게 고민하지 않았다. 핀버그의 제안에 눈이 번쩍 뜨였다. 그때는 몰랐지만, 그 제안은 호프스태터를 노벨물리학상으로 이끌었다.

양성자 속으로

전자 선형 가속기

스탠퍼드 대학에서는 다른 연구소나 대학과 달리 전자 선형 가속기에 집중했다. 선형 가속기는 사이클로트론이나 싱크로트론보다 빔을 과녁에 정확하게 조준할 수 있었다. 하지만 건설 비용은 싱크로트론보다 많이 들었다. 스탠퍼드의 첫 번째 가속기는 마크 I(Mark I)이었다. 젊은 조교수였던 윌리엄 핸슨(William Hansen)은 러셀과 지거드 배리언(Russell & Gigurd Varian) 형제와 함께 마이크로파 생성 장치인 클라이스트론(klystron)을 개발하고 있었다. 제2차 세계대전이 발발하면서 핸슨은 클라이스트론을 이용한 레이더 개발 연구에 참여했다. 그러나 마이크로파를 만드는 또 다른 장치인 마그네트론(magnetron)이 레이더의 핵심 부품으로 선택되는 바람에 클라이스트론은 한동안 사람들 뇌리에서 잊히고 말았다.

전쟁이 끝나고 핸슨은 스탠퍼드로 돌아와 정교수가 되었다. 그는 클라이스트론을 이용하면 강력한 선형 가속기를 만들 수 있을 거라고 여겼다. 곧이어 계획대로 클라이스트론으로 스탠퍼드의 첫 번째 선형 가속기 마크 I을 제작했다. 길이는 3.6미터 정도밖에 안 되고 전자를 600만 전자볼트까지 가속할 수 있는 장치였지만, 가속기는 성공적으로 작동했다. 다음 단계로 10억 전자볼트까지 전자를 가속할 수 있는 선형 가속기 건설에 착수했다. 그러나 안타깝게도 오래전 중성자를 이용한 실험을 하면서 실수로 흡입한 베릴륨 때문에 그의 폐는 이미 망가져 있었다. 핸슨은 1949년에 서른아홉의 나이로 세상을 떠났다. 그의 뒤를 이어 물리학자이자 전기공학자였던 에드워드 진즈턴(Edward Ginzton)이 핸슨의 뜻을 이었다. 1952년 초에 완성된 스탠퍼드 선형 가속기 마크 Ⅲ는 길이가 24미터 남짓했고, 전자를 2억 전자볼트까지 가속시킬 수 있었다.

1952년에 드디어 마크 Ⅲ가 가동하기 시작했다. 에너지는 1억 8000만 전자볼트 정도였지만, 곧 4억 전자볼트로 높일 예정이었다. 호프스태터는 NaI(Tl) 섬광 계수기로 전자를 측정하려고 했지만, 마크 Ⅲ에서 펄스로 나오는 전자빔의 전자를 섬광 계수기로 하나씩 다 측정하기에는 전자의 양이 너무 많았다. 그래서 원자핵과 산란하는 전자 중에서 탄성 충돌하는 것들만 골라내기로 했다. 전자의 탄성 충돌은 전자가 양성자와 충돌하면서 에너지를 잃지 않는 경우를 뜻한다. 그리고 충돌 후 전자가 산란하여 나가는 각을 측정하려면 강력한 전자석이 달린 자기 분광기를 제작해야 했다. 호프스태터는 정부 연구비 5000달러와 해군 연구소의 도움을 받아 전자석부터 제작했다. 전자석의 지름은 80센티미터 남짓 되었고, 무게만 해도 2.5톤이나 나갔다. 전자석은 미 해군에서 기부한 대공포 거치대 위에 설치되었다. 이 전자석을 이용하면 마크 Ⅲ에서 나오는 1억 8000전자볼트 전자의 초점을 맞출 수 있었다. 잘 조준된 전자는 다시 50센티미터의 크기인 진공 상자 중앙에 놓인 과녁을 정확하게 때렸다.

양성자의 구조

첫 번째 실험에서는 캐번디시 연구소의 가이거와 마스덴이 원자핵의 존재를 최초로 규명할 때 썼던 금을 과녁으로 선택했다. 러더퍼드는 원자핵의 존재 여부만 알아냈을 뿐이지만, 호프스태터는 금 원자핵의 크기도 측정할 수 있었다. 그는 양성자에 전자를 충돌시켜 양성자의 크기가 대략 7×10^{-16}미터라는 걸 알아냈다. 호프스태터는 원자핵 안에 있는 핵자의 수가 증가할수록 핵의 크기도 덩달아 커진다는 것도 알아냈다. 크기는 10^{-14}미터 정도 되었다. 크기가 워낙 작아서 호프스태터는 이 10^{-15}미터를 1페르미(fermi)라고 불렀다. 1954년에 세상을 떠난 페르미를 기념하며 만든 단위였다. 지금은 10^{-15}미터를 1펨토미터(femtometer)라고 부르지만, 핵물리학자나 입자물리학자는 엔리코 페르미를 기리며 페르미(fermi)를 단위로 쓴다. 호프스태터는 핵이 어떻게 생겼는지도 알아냈는데, 핵의 생김새는 핵 중앙에서 핵 표면 근처까지는 양성자와 중성자가 거의 일정하게 분포하다가 표면에 가까워질수록 그 숫자가 갑자기 줄어들었다.

호프스태터의 가장 위대한 업적은 양성자 내부에 구조가 있다는 사실을 실험으로 밝힌 것이다. 그는 양성자에 전자를 충돌시켜 되돌아오는 전자를 측정해서 양성자의 모습을 보았는데, 아니나 다를까 전자와는 근본적으로 달랐다. 양성자에 아무런 구조가 없다면, 양성자와 전자의 산란이 전자와 전자의 산란과 별반 다를 게 없어야 했지만, 호프스태터가 얻은 전자-양성자 산란단면적의 결과는 양성자에 내부 구조가 있다는 걸 분명하게 보여주었다. 이뿐만 아니라 중성자도 양성자와 마찬가지로 내부 구조가 있다는 것을 밝혔다. 호프스태터는 핵과 양성자의 구조를 알아낸 공로로 1961년에 노벨물리학상을 받았다.

호프스태터가 실험했던 1950년대는 아직 겔만의 쿼크가 나오기 전이었다. 이론물리학자들도 양성자의 모습을 어렴풋이 그리고 있었다. 양성자는 발가벗은 양성자가 가운데에 있고 그 둘레를 중성 파이온이 구름처럼 감싸고 있거나, 혹은 벌거벗은 중성자를 양의 파이온이 둘러싸고 있다고 봤다. 중성자도 양성자와 같은 방식으로 해석했다. 그러나 사람들은 에너지가 훨씬 큰 가속기가 완성되면서 양성자의 이런 모습에 곧 의문을 품게 된다.

프로젝트 M

호프스태터는 노벨상을 받으며 스탠퍼드의 선형 가속기 마크 Ⅲ가 얼마나 중요한 가속기인지 각인시켰다. 마크 Ⅲ를 이을 후속 가속기를 건설할 계획은 이미 1954년부터 논의가 시작되었다. 여러 의견이 있었다. 호프스태터는 이왕 만들 거면 큰 가속기를 짓자며 길이가 1마일(1.6킬로미터)이면 좋겠다고 제안했다. 1.6킬로미터라니! 마크 Ⅲ의 길이가 24미터인데, 단번에 60배가 훌쩍 넘는 크기의 가속도를 짓자고 하니 사람들은 고개를 설레설레 저었다. 양성자의 구조를 연구한 업적으로 노벨상을 받은 호프스태터는 양성자 속 깊은 곳까지 들여다보려면, 전자의 에너지가 더 커야 한다는 걸 누구보다 잘 알고 있었다. 그리고 버클리나 브룩헤이븐, CERN에 있는 싱크로트론을 떠올려 보면 못 지을 것도 없었다. 문제는 건설비였다. 선형 가속기는 짓는 데 돈이 많이 든다. 1.6킬로미터나 되는 선형 가속기를 지으려면 만만치 않은 비용이 필요했다. 그런데 논의가 계속되면서 가속기의 길이는 점점 더 늘어나 2마일(3.2킬로미터)이나 되는 거대한 선형 가속기를 짓자는 결론에 이르렀다. 이 계획은 '프로젝트 엠(Project M)'이라고 불렸다. 엠(M)은 괴물(Monster)을 의미했다. 1957년 4월에 미국 연방 정부에 프로젝트 엠을 신청했다.

가속기를 짓는 책임은 다시 진즈턴이 맡았다. 총 예상 비용은 1억 1400만 달러였다. 오늘날 화폐가치로 따지면 1조 원이 훌쩍 넘는 액수였다. 이 괴물 같은 가속기는 지금까지 지은 그 어떤 가속기보다 비쌌다. 금액을 두고 미 의회와 지루한 협상이 이어졌다. 1961년, 5년에 걸친 협의 끝에 의회는 마침내 프로젝트 엠을 승인했다. 1962년에 스탠퍼드 선형 가속기 센터(Stanford Linear Accelerator Center, SLAC)가 세워졌다. 연구소는 SLAC('슬랙'이라고 읽는다)이라고 불렸다. 호프스태터는 가속기를 짓는 데는 찬성했지만, 이 연구소를 스탠퍼드 대학 외부의 다른 사람도 이용할 수 있도록 허용하는 것에 화가 났다. 노벨상 수상자라는 권위를 이용해 자기 뜻을 관철해 보려고 시도했지만 받아들여지지 않았다. 화가 난 호프스태터는 결국 스탠퍼드 선형 가속기 센터의 개소식에 참석하지 않았다. 그러나 이렇게 많은 비용을 들여 지은 가속기를 스탠퍼드 소속의 과학자만 쓰게 한다는 건 호프스태터의 과욕이었다. 하지만 그는 그 후에도 검출기를 제작하는 일로 여러 번 자신의 의견을 강력하게 주장해서 문제를 일으키곤 했다.

의회와 협상했던 진즈턴이 배리언 형제가 세운 회사로 떠나면서 스탠퍼드 선형 가속기 센터의 소장은 볼프강 파노프스키가 맡았다. 버클리의 충성 맹세를 피해 스탠퍼드로 온 파노프스키는 이곳의 적임자였다. 가속기 건설을 두고 원자력 위원회와 마지막 협상을 하면서 계약서에서 이상한 조항 하나를 발견했다. 원자력 위원회의 허락 없이 연구 결과를 자유롭게 발표하는 걸 제한한다는 조항이었다. 파노프스키는 오래전 충성 맹세의 아픈 기억이 떠올랐다. 위원회에서는 명목상 넣은 조항이라고 변명했지만, 그는 학문의 자유를 억압하는 그 어떤 조항도 받아들일 수 없다며 1억 달러가 넘는 건설비용도 돌려주고 협상을 종료하겠다며 강력히 항의했다. 결국 위원회 쪽에서 한발 물러서면서 자칫 가속기 건설이 취소될 사태는 종료되었다. 이로써 파노프스키는 학문에서 반드시 있어야 할 표현의 자유를 지켜냈다.

1967년, 괴물 같은 전자 선형 가속기가 건설되었다. 지하 9미터에 설치된 가속기는 일직선으로 3.2킬로미터를 뻗어나갔다. 중간에 있는 228번 고속도로를 피해 그 밑으로 지나갔다. 전자의 에너지는 200억 전자볼트에 이르렀다. 호프스태터가 마크 III에서 한 실험은 기껏해야 볼링공에 탁구공을 던지는 정도지만, 200억 전자볼트나 되는 전자는 양성자 속으로 깊이 침투할 수 있었다. 스탠퍼드의 전자 가속기는 곧 양성자의 비밀을 캐내는 비밀병기가 된다.

양성자 속으로

강력을 연구하다 지친 프리먼 다이슨은 결국에는 응집물질 연구로 전공을 바꿨다. 그는 강력에 대해 이렇게 말했다.

"강력을 설명하는 올바른 이론은 앞으로 백 년이 지나도 나오지 않을 겁니다."

그러나 1967년, 200억 전자볼트의 전자 선형 가속기가 가동되면서 상황이 조금씩 바뀌고 있었다. 첫 실험은 스탠퍼드 선형 가속기 센터와 MIT, 캘리포니아 공대의 물리학자들이 꾸린 팀이 시작했다. 호프스태터가 했듯이 액체 수소와 산란한 전자 중에서 탄성 충돌을 한 것만 골라냈다. 놀랄 만한 결과는 없었다. 예상대로 이보다 에너지가 낮은 하버드의 케임브리지 전자 가속기나 독일 함부르크의 전자 싱크로트론에서 얻은 결과를 높은 에너지에서 확인하는 게 전부였다. 탄성 산란의 결과대로라면, 양성자의 구조는 밋밋할 뿐이었다.

실험 결과에 실망한 캘리포니아 공대 그룹은 실험팀에서 떨어져 나갔다. 남은 사람들은 다음 단계로 전자와 양성자의 비탄성 충돌 실험을 해보기로 정했다. MIT에서 온 젊은 물리학자 헨리 켄들(Henry Kendall)과 제롬 프리드먼(Jerome Friedman)은 전자와 양성자의 비탄성 충돌에 관심이 더 많았다. 비탄성 충돌은 전자가 양성자와 충돌하면서 에너지를 잃는 경우를 말한다. 스탠퍼드 선형 가속기 센터의 실험 책임자였던 리처드 테일러(Richard Taylor)도 함께 했다.

전자가 양성자와 비탄성 충돌을 하면, 두 가지 다른 경우가 발생한다. 우선, 전자가 양성자와 충돌하면서 전자의 에너지가 양성자에 흡수되면서 공명 입자로 바뀔 수 있다. 이건 마치 원자가 빛을 흡수해 들뜬 상태가 되는 것과 비슷했다. 루이스 앨버레즈가 말했듯이 실험 데이터에서 나타나는 공명 입자들은 산봉우리나 뾰족한 첨탑처럼 보인다. 켄들과 프리드먼, 테일러도 처음에는 공명 입자에 관심이 있었다. 그러나 스탠퍼드 선형 가속기 센터에 있던 다른 물리학자들은 세 사람이 주도하는 실험 결과를 보면서 투덜거렸다.

"그런 공명 입자는 이미 다른 곳에서도 충분히 봤는데, 뭘 또 보려고 해요?"

그래서 세 사람은 나오는 전자 중에서 에너지가 더 낮은 녀석들을 살펴보기로 했다. 에너지가 더 낮은 전자는 양성자와 충돌할 때 에너지와 운동량을 더 많이 잃은 전자라는 의미였다. 그러자 또 다른 불만이 터져 나왔다.

"하버드의 전자 가속기로 이미 아무것도 없다는 것을 보여주었는데, 그런 비탄성 충돌은 봐서 뭘 하려고요?"

반대에도 불구하고 프리드먼과 켄들은 에너지가 무척 낮은 전자를 측정하려고 자기 분광기에 달린 전자석의 세기를 재조정했다. 그러자 이상한 일이 일어났다. 비탄성 충돌과 탄성 충돌의 비율이 예상했던 것보다 열 배나 크게 나오는 것이었다. 결과가 하도 이상해서 처음에는 믿지 않았다. 어쩌면 높은 에너지에서 온갖 강입자들이 생성되면서 발생하는 배경 잡음일 수도 있었다.

실험 데이터를 분석하면서 배경 잡음을 제거하려고 애써 봐도 결과는 크게 바뀌지 않았다. 뭔가 경이로운 일이 일어나고 있음이 분명했다. 켄들은 실험 결과를 그래프로 그려봤다. 에너지가 낮을 때는 봉우리들이 나타났다. 전자의 에너지를 계속 증가시키자, 실험 결과는 봉우리를 넘어 넓은 고원이 펼쳐지더니 완만하게 줄어드는 풍경처럼 보였다. 저 봉우리들은 이미 잘 알려진 공명 입자였다. 이런 입자가 생긴 다음에는 산란단면적이 급격히 줄어드는 게 보통이지만, 저 고원은 도무지 사라질 생각이 없어 보였다. 전자의 에너지

제롬 프리드먼과 헨리 켄들, 리처드 테일러가 얻은 전자-양성자 충돌 실험 결과. 전자와 양성자가 탄성 충돌하면 에너지가 하나의 값에 모이는 '탄성 산란'을 보인다(맨 왼쪽 피크). 그에 반해 튕겨 나오는 전자의 에너지가 낮아 에너지를 많이 잃은 영역에서는, 양성자가 들뜨게 되고 들뜬 정도에 따라 몇 개의 특정 값에 집중하는 봉우리 형태의 '비탄성 산란'이 나타난다(중간 봉우리들). 전자가 양성자 깊숙이 들어가 에너지를 더 많이 잃고 산란하면 '심층 비탄성 산란'이 관찰된다.

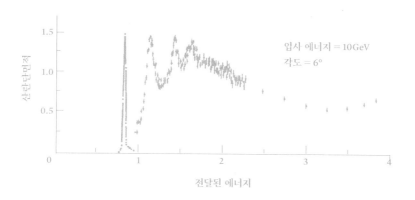

그림: F. Halzen & A. D. Martin, *Quarks & Leptons*, Fig. 8.6

를 더 높이자, 저 봉우리들은 처음부터 보이지 않고, 완만한 오르막 길 같은 결과만 나타났다.

켄들과 프리드먼, 테일러가 본 비탄성 충돌의 결과는, 양성자는 속이 비어 있거나 물컹한 푸딩 덩어리가 아니라 그보다 더 작은 것들로 이뤄진 입자처럼 보였다. 그때까지만 해도 이런 비탄성 충돌은 가본 적이 없는 미지의 영역이었다. 켄들은 이런 충돌을 '심층 비탄성 산란(deep inelastic scattering)'이라고 불렀다. 제롬 프리드먼과 헨리 켄들, 리처드 테일러는 전자와 양성자의 심층 비탄성 충돌을 이용해 양성자의 구조를 밝힌 공로로 1991년에 노벨물리학상을 받았다.

제임스 비요르켄

쿼크 모형이 나오자 물리학자들은 이런 질문을 하곤 했다. "넌 쿼크를 믿니?"

쿼크는 마치 전자가 주기율표를 깔끔하게 정리해 주듯 강입자들을 한눈에 알아볼 수 있게 말끔히 정리해 주었다. 그러나 쿼크가 분수 전하를 갖는다는 건 여전히 사람들의 심기를 불편하게 했다. 켄들과 프리드먼, 테일러가 본 건 과연 쿼크였을까?

1956년, MIT를 졸업한 제임스 비요르켄(James Bjorken)은, 대학원은 다른 곳에서 다니고 싶었다. 근처에 있는 하버드에는 명망 높은 슈윙거가 있었다. 더구나 하버드에서는 비요르켄에게 장학금도 줄 수 있다고 했다. 시드니 드렐(Sidney Drell) 교수의 박사후연구원인 프레드릭 자카리아슨(Fredrik Zachariasen)에게 하버드에서 박사 과정을 밟고 싶다고 말했더니 그는 정색하며 말렸다.

"슈윙거 밑에서 공부한다고? 맙소사, 슈윙거주의자로 거듭나겠다는 거야? 완전 골수 하드코어 이론물리학자가 되겠다는 거야?"

비요르켄은 같은 해에 MIT에서 박사 학위를 한 버턴 릭터(Burton Richter)와 헨리 켄들이 스탠퍼드로 옮긴다는 말을 들었다. 두 사람에게는 스탠퍼드로 옮기는 분명한 이유가 있었다. 그곳에는 MIT에 있는 3억 전자볼트의 전자 싱크로트론보다 에너지가 높고 성능도 뛰어난 선형 가속기 마크 Ⅲ가 있어서였다. 게다가 비요르켄이 학부 때 따르던 시드니 드렐도 스탠퍼드로 옮긴다고 했다. 스탠퍼드? 그 근처에는 시에라네바다 산맥이 있었다. 비요르켄은 보스턴에서 지내던 동안 야외활동 클럽에 속해 틈이 날 때마다 뉴잉글랜드의 산과 강을 돌아다녔다. 물리만큼이나 신나는 일이었다. 뉴잉글랜드는 충분히 봤으니, 이번에는 시에라네바다를 탐험하는 것도 좋을 것 같았다. 대학원에서는 이론물리학을 전공하고 싶었으므로 딱히 스탠퍼드에 있는 선형 가속기에 끌리지 않았지만, 시에라네바다만큼은 놓치기 싫었다. 비요르켄은 스탠퍼드에 진학하기로 마음먹었다. 그때만 해도 1967년 스탠퍼드 선형 가속기 센터에 세워질 괴물 선형 가속기가 자신의 인생에 어떤 영향을 끼칠지 몰랐다.

그는 1959년에 스탠퍼드에서 박사 학위를 하고 사 년 동안 미국 동부와 유럽에서 연구하다가 1963년에 스탠퍼드 선형 가속기 센터의 이론 부문 교수가 되었다. 교수가 되자마자 비요르켄은 자신의 지도교수였던 시드니 드렐과 양자장론 교과서 두 권을 썼다. 제1권은 《상대론적 양자역학》이었고, 제2권은 《상대론적 양자장》이었다. 이 두 권의 책은 오랫동안 다음 세대 물리학자들이 양자장론을 공부하는 데 필요한 등대 역할을 했다. 입자들의 민주주의 이론이 풍미하던 1960년대 중반, 많은 이들이 양자장론을 적대했다. 그런 시대에 비요르켄과 드렐이 양자장론 교과서를 쓴 것은 대단한 일이었다. 비요르켄은 그 당시로선 드물게 양자장론에 통달한 사람이었다.

전자와 양성자의 심층 비탄성 충돌 결과가 나오기 전인 1966년, 비요르켄은 겔만이 개발한 흐름대수(current algebra)라는 방법을 여러 반응에 응용한 적이 있었다. 리 대수(Lie algebra)를 이용한 흐름대수는 추상적이라 관심을 두는 사람이 적었고, 흐름대수로는 강입자들의 반응을 자세히 설명할 수 없었지만, 적어도 강입자들의 몇 가지 일반적인 성질은 구할 수 있었다. 더구나 당시 입자들의 민주주의라는 주장에 힘입은 분산 이론과도 연계할 수 있어 양자장론에 대한 반감을 어느 정도 피해 갈 수 있었다. 그러나 이 흐름대수에는 암암리에 쿼크의 개념이 내포되어 있었다. 이런 점 때문에 제프리 추는 겔만의 흐름대수를 혹독하게 비판한 적이 있었다. 비요르켄은 흐름대수를 이용해 전자와 양성자의 충돌에서 얻을 수 있는 보편적인 결과를 제안했다. 오늘날에도 인용될 만큼 중요한 연구였지만, 이론의 난해함 때문에 당시 실험물리학자들에게는 그다지 설득력이 없었다.

비요르켄 스케일링

　　프리드먼과 켄들, 테일러가 이끄는 실험팀에서 지금까지는 본 적이 없는 심층 비탄성 충돌 데이터를 내놓자, 비요르켄도 바빠졌다. 스탠퍼드 선형 가속기 센터에 속한 이론물리학자로서 실험 결과를 설명할 책임을 느꼈다. 서너 가지 생각이 떠오르긴 했다. 그중 하나는 양성자가 겔만이 제안한 쿼크로 이루어져 있다고 가정하고, 심층 비탄성 충돌 실험 결과를 설명하는 것이었다. 학회에서 쿼크를 이용해 실험 결과를 해석해 발표했지만, 워낙 심한 반대에 부딪혀 그 생각을 접었다. 다시 흐름대수 방법으로 돌아갔다.

　비탄성 충돌을 설명하는 함수를 구조함수라고 부른다. 이 함수는 운동량의 크기와 전자가 잃는 에너지의 차이를 나타내는 변수로 주어진다. 비요르켄은 운동량과 에너지가 무한대가 되어도 두 양의 비는 일정한 변수를 도입했다. 이 변수는 비요르켄 변수(Bjorken variable)라고 부른다. 비요르켄은 이를 이용해서 구조함수가 이 변수의 함수로만 주어짐을 보였다. 따라서 비요르켄 변수를 고정시키면, 구조함수는 에너지나 운동량을 변화시켜도 값이 거의 일정하게 나왔다. 바로 비요르켄 스케일링(Bjorken scaling)이라고 부르게 될 현상을 발견한 것이었다. 물리학에서는 이런 현상을 일반적으로 스케일 불변(scale invariance)이라고 부른다. 관건은 이 결과를 실험물리학자들에게 어떻게 설명하느냐였다. 대뜸 흐름대수를 이용해서 구했다고 말하면, 이해가 되지 않으니 들으려고 하지도 않을 게 분명했다.

비요르켄은 켄들에게 자신이 구한 새로운 함수에 맞춰 실험값을 정리해 보라고 설득했다. 켄들은 그래프 한 장 더 그리는 건 큰일이 아니라서 컴퓨터 앞에 앉아 비요르켄이 정의한 함수에 맞춰 실험 데이터를 그려 보았다. 100억, 135억, 160억 전자볼트에서 각각 구한 구조함수의 실험값은 입사한 전자의 에너지와 상관없이 거의 똑같이 나왔다. 비요르켄이 예측한 비요르켄 스케일링이 처음으로 발견되는 순간이었다. 켄들은 눈을 휘둥그레 뜨며 놀랐지만, 정작 켄들의 결과를 본 비요르켄은 당연하다는 듯 미소만 지을 뿐이었다. 스탠퍼드 선형 가속기 센터의 마이클 라이어던(Michael Riordan)은 비요르켄을 이렇게 표현한 적이 있다.

"비제이(BJ)는 자신이 슈퍼맨이라는 사실을 감추고 사는 클라크 켄트 같은 사람이지."

비제이는 제임스 비요르켄이라는 이름의 앞 글자를 따서 순서를 바꾼 비요르켄의 별명이었다. MIT에 다닐 때, 비요르켄은 자신의 이름 첫 글자인 제이비(JB)가 은행 이름을 떠올린다며 비제이로 바꿨다. 그는 평생 자신이 성취한 업적을 크게 드러내지 않고 지냈다. 성격 때문이었을까, 비요르켄 스케일링은 노벨상을 받을 만한 업적이지만, 결국 그는 노벨물리학상을 받지 못했다.

그러나 스탠퍼드 선형 가속기 센터의 모든 실험물리학자가 비요르켄의 해석을 받아들인 것은 아니었다. 엘리엇 블룸(Elliot Bloom)은 벡터 중간자 우세(vector meson dominance) 이론을 들고 나와 켄들과 맞섰다. 이 이론은 1950년대 말에 사쿠라이 준(桜井純)이 제안했다. 1950~60년대를 주름 잡던 입자들의 민주주의 사상과도 잘 어울렸다. 호프스태터의 전자-양성자 탄성 충돌 실험을 잘 설명하면서 벡터 중간자 우세 이론은 인기를 끌었다. 라이어던은 벡터 중간자 우세 이론을 일컬으며, 조지 오웰의 《동물농장》에서 나오는 말을 살짝 바꿔 "모든 강입자는 평등하다. 그러나 어떤 강입자는 더 평등하다"고 표현했다. 블룸과 켄들 사이의 논쟁은 프리드먼과 테일러가 뜯어말려야 할 정도로 격렬했다.

파인먼의 등장

파인먼의 여동생 조안 파인먼(Joan Feynman)도 물리학자였다. 그녀는 천체물리학자였는데, 실리콘 밸리에 있는 NASA 연구소에서 일하고 있었다. 캘리포니아 공대 교수였던 파인먼은 이따금 여동생을 방문하곤 했다. 근처에 스탠퍼드 선형 가속기 센터가 있어서 여동생을 방문할 때마다 그곳에 들렀다. 파인먼은 한동안 강력은 옆으로 치워두고 중력을 어떻게 양자화할 것인지 연구했다. 아이러니하게도 이 연구는 훗날 강력을 이해하는 데 큰 도움을 주었다. 파인먼이 보기에 강력은 너무 복잡해서 직관적으로 이해하기에는 자신이 아는 게 별로 없다고 여겼다. 겔만이 쿼크라는 이상한 입자를 제안했을 때도 "무슨 이름이 그 모양이야"라고 겔만을 한 번씩 놀릴 뿐이었지 정작 겔만이 연구하는 강력에는 큰 관심이 없는 것처럼 행세했다. 말은 그렇게 해도 그는 겔만의 논문을 샅샅이 읽어보았다. 스탠퍼드 선형 가속기 센터에서 새로운 실험 결과가 나올 즈음, 파인먼은 캘리포니아 공대에서 입자물리학을 가르치고 있었다. 입자물리학을 가르치면서 비로소 강력에 관심이 생겼다. 쿼크 모형을 잘 알고 있었지만, 쿼크가 분수 전하를 갖는다는 것과 명칭이 마음에 들지 않았다.

1968년 6월 중순에 파인먼은 산타바바라에서 강입자들이 서로 충돌할 때 어떤 일이 일어나는지 고민하고 있었다. 두 강입자가 거의 빛의 속도에 가깝게 서로 충돌하는 건, 마치 두 개의 납작한 팬케이크가 충돌하는 것과 비슷했다. 아인슈타인의 특수 상대성 이론대로 어떤 물체가 광속에 가까운 속력으로 달리면, 정지해 있는 관찰자가 보기에 그 물체의 진행 방향으로 길이가 수축한다. 그래서 정지해 있을 땐 공 모양이던 입자가 거의 빛의 속도로 움직이면 관찰자 눈에는 납작해진 팬케이크처럼 보인다. 만약 이 팬케이크 안에 양성자보다 작은 입자들이 있다면, 이들이 움직일 수 있는 공간은 진행 방향에 대해 가로놓인 쪽으로만 움직일 것이다. 게다가 만약에 팬케이크 모양의 양성자 안에 시계가 있다면, 정지한 관찰자가 보기에 양성자 내부의 시계는 무척 천천히 갈 것이다. 이걸 특수 상대성 이론에서는 시간 팽창(time dilation)이라고 부른다. 그러므로 양성자 내부의 입자들은 무척 천천히 움직일 것이다. 그래서 두 양성자가 거의 빛의 속력으로 충돌하면, 그 안에 든 작은 입자들은 서로 상호작용할 시간도 없이 스쳐 지나갈 것이라는 게 파인먼의 생각이었다.

파인먼은 당대에 직관력이 가장 뛰어난 물리학자였다. 양자전기역학을 설명할 때도 몇 개의 다이어그램을 그려 남들이 육 개월에

양성자 속으로

계산할 것을 하룻밤 새 계산해 내곤 했다. 자기 생각이 맞는다면, 강입자 안에 들어 있는 입자들은 상호작용을 거의 하지 않을 것이라는 결론에 도달했다. 파인먼은 양성자 안에 들어 있을지도 모를 새로운 입자를 '쪽입자(parton)'라고 불렀다. 쪽입자는 쿼크와 달랐다. 양성자 안에 쿼크는 세 개가 들어 있지만, 파인먼은 양성자 안에 쪽입자가 몇 개가 있는지 정하지 않았다.

쪽입자라는 말을 들은 겔만은 분개했다. 겔만은 쪽입자가 라틴어에서는 'part'를 차용하고, 헬라어에서는 'on'을 가져와 지어 놓은 해괴망측한 이름이라고 불평했다. 게다가 파인먼이 자기를 놀리려고 쪽입자라는 말을 지은 것만 같았다. 그래서 겔만은 기회가 있을 때마다 쪽입자를 속임수라는 뜻의 풋온(put-on)이라고 부르곤 했다.

1968년 8월 중순, 파인먼은 스탠퍼드 선형 가속기 센터를 방문하면서 자기가 만든 쪽입자 모형을 이곳에서 확인할 수 있지 않을까 라는 기대감이 있었다. 그날따라 비요르켄은 등산하러 가서 연구소에 없었다. 게다가 프리드먼은 출장 중이었고, 켄들도 시내에 나가고 없었다. 아무래도 다른 사람을 찾아야 했다. 파인먼은 근처 카페에 가서 야외에 놓인 테이블에 자리를 잡았다. 그곳에서는 동쪽으로 280번 고속도로 밑으로 곧게 뻗은 3.2킬로미터 길이의 선형 가속기가 보였고, 서쪽으로는 샌프란시스코만이 보였다. 야외 테이블에서는 몇 사람이 커피를 마시고 있었다. 파인먼은 그들과 얘기를 나눴다. 그는 워낙 이야기를 재미있게 하고, 뛰어난 물리학자라 사람들은 흔쾌히 그와 대화했다. 파인먼은 쪽입자 이야기를 꺼냈다. 파인먼이 물리 이야기를 꺼내면, 사람들은 귀를 기울인다. 그는 으레 그렇듯 제스처를 취해가며 설명했다. 그는 손바닥을 편 채 양손을 들어 좌우로 크게 벌렸다.

"만약에 강입자가 광속에 가깝게 움직이면, 녀석들은 마치 이 손바닥처럼 보일 겁니다. 두 개의 강입자가 서로 마주 보고 달려와서 부딪친다면 어떤 일이 일어날까요?"

그러면서 "짝!" 소리가 크게 나도록 두 손바닥을 마주쳤다.

"이 강입자 안에 아주 작은 입자들이 들어 있다면, 녀석들은 서로의 존재를 눈치채기도 전에 스쳐 지나가고 말 겁니다. 이걸 확인할 방법이 있을까요?"

파인먼의 이야기를 듣던 사람 중에는 에마누엘 파스코스(Emmanuel Paschos)라는 박사후연구원이 있었다. 그는 코넬에서 양자전기역학의 대가 기노시타 도이치로(木下東一郎) 밑에서 박사 학위를 한 뒤 스탠퍼드에 와서 비요르켄과 함께 일하고 있었다. 파스코스가 말했다.

"최근에 얻은 실험 결과 중에 관심을 끌 만한 게 있어요. 비요르켄이 제안한 구조함수를 측정한 결과예요. 그런데 그게 무슨 의미인지는 모르겠어요."

파인먼은 그 결과를 좀 볼 수 있겠느냐고 물었다. 파스코스는 파인먼을 MIT-SLAC 그룹에서 실험 결과를 해석하고 있는 차이융수(Yung-Su Tsai)에게 데려갔다. 파인먼의 설명을 들은 차이는 낡은 캐비닛을 열더니 거기서 그래프가 그려진 종이 한 장을 꺼냈다. 켄들이 구조함수의 측정값을 그려놓은 그래프였다. 그걸 보자마자 파인먼은 그래프의 의미를 바로 파악했다. 그러더니 갑자기 무릎을 꿇고 두 손을 모아 기도를 하는 것이었다.

"오오, 세상에! 이게 바로 내가 찾던 결과야! 이럴 줄 알았어. 이 결과라면 강력에 양자장론을 다시 적용해 볼 수 있을 거야."

차이웅수와 파스코스는 파인먼을 보며 어리둥절했다. 파인먼은 왜 저토록 흥분했던 것일까? 그에게 강력은 정말이지 어려운 주제였다. 입자들의 민주주의 이론이 힘을 얻으면서 양자장론의 미래는 점점 암울해졌다. 거기에는 근본적인 이유가 있었다. 강력은 그 이름만큼이나 정말 강력했다. 강입자들은 강하게 상호작용하는 입자들이다. 입자들의 민주주의 이론이 매력적이었던 이유는 파이온과 핵자의 상호작용이 지나치게 커서 양자장론으로 설명하기 지극히 힘들어서였다. 그런데 심층 비탄성 충돌 실험에서처럼 양성자 속에 있는 쪽입자들 사이에 작용하는 힘이 약하면, 양자장론을 다시 쓸 수 있음을 암시한다. 파인먼이 흥분할 수밖에 없었던 이유였다.

파인먼은 스탠퍼드 선형 가속기 센터 근처의 모텔에서 하룻밤 머물렀다. 모텔에 체크인을 하고 저녁 식사를 하러 나왔다. 파인먼은 식당 한 귀퉁이에 앉아 식사를 주문하고는 종이를 꺼내 들고 계산을 시작했다. 호텔로 돌아와서도 계산을 계속했다. 잘되지 않았다. 오늘은 그만하기로 했다. 파인먼은 자려고 침대에 누웠다. 천정을 보고 있던 파인먼의 머릿속에 갑자기 번개처럼 아이디어가 떠올랐다. 비요르켄이 말한 스케일링은 쪽입자가 양성자가 지닌 운동량 일부분을 가져가 생기는 것이었다. 비요르켄이 도입한 운동량의 크기와 전자가 잃은 에너지의 비는 양성자의 운동량 중에서 쪽입자가 가져가는 몫이었고, 비요르켄의 구조함수는 양성자 내부에서 쪽입자의 운동량이 어떻게 분포되어 있는지 확률적으로 보여주는 양이었다. 겔만의 쿼크 모형을 그대로 사용하면, 세 개의 쿼크가 양성자의 운동량을 각각 삼분의 일씩 나눠 가질 것이었다. 그러나 나중에 밝혀지지만, 양성자 안에는 쿼크 말고도 다른 입자들이 있었다.

파인먼이 생각한 것은 이미 비요르켄의 논문에 감춰져 있었다. 비요르켄의 논문은 추상적이었지만, 파인먼의 해석은 직관적이었다. 비요르켄이 조심스레 내놓은 이론은 파인먼이 아니었다면, 한동안 사람들의 이목에서 벗어났을 것이다. 게다가 비요르켄은 이제 무르익어 가는 젊은 학자였고, 파인먼은 누구나 인정하는 천재였다. 파인먼의 설명을 들으며 실험물리학자들은 비로소 비요르켄의 해석을 이해할 수 있었다. 파인먼은 어려운 이론을 쉽게 설명하는 능력이 뛰어났다. 그의 표현에는 겔만이 즐겨 쓰던 은유법이 없었다. 복잡한 풍경을 수채화로 그리듯, 단순하지만 선명한 이미지로 복잡한 물리학을 설명했다. 파인먼은 그해 10월에 스탠퍼드 선형 가속기 센터에 와서 쪽입자에 관한 세미나를 했다.

쪽입자 모형

정작 파인먼은 쪽입자 모형에 관한 논문을 쓰지 않았다. 파인먼의 쪽입자를 이해한 비요르켄은 파스코스와 함께 쓴 전자와 양성자의 심층 비탄성 충돌에 관한 논문에서 이렇게 말했다.

양성자 속으로

"이 모형에서는 양성자가 점과 같은 구성 요소(쪽입자)로 이루어져 있다고 가정한다."

쪽입자 모형이 우리에게 보여준 것은 양성자의 속은 텅텅 비어 있지 않고, 그보다 작은 입자들로 가득 차 있다는 것이었다. 그건 파인먼의 쪽입자일 수도 있고, 겔만의 쿼크일 수도 있었다. 쿼크는 단순히 낯선 입자들을 정리하려고 억지로 도입한 수학적 도구가 아니라 실존하는 입자일지도 몰랐다.

미국 서부에서 실험물리학자들이 양성자의 구조를 파헤치는 동안, 미국 동부에서는 전자기력과 약력이 어쩌면 하나의 힘인 전자기약력일지도 모른다고 주장하는 물리학자가 등장했다. 1950년대 말부터 양자장론은 암흑의 터널을 지나고 있었지만, 이제 그 끝이 보였다. 흥미롭게도 열쇠는 양-밀스 이론이 쥐고 있었다. 전자기약력도 쿼크들 사이의 상호작용을 설명할 새로운 강력도 모두 양-밀스 이론의 다른 모습으로 등장하게 된다.

Sheldon Glashow
1932~

Julian Schwinger
1918~1994

통일로
가는 길

Three Quarks

10

Unifying Weak and
Electromagnetic
Interaction

The Way to
the Unification

Abdus Salam
1926~1996

Steven Weinberg
1933~2021

베르너 하이젠베르크가 말했다. "태초에 대칭성이 있었느니라."

그의 말처럼 물리학이 처음 생겨날 때부터 대칭성은 중요했다. 비록 갈릴레오 갈릴레이와 아이작 뉴턴은 대칭성이라는 말을 쓰지 않았지만, 관성의 법칙에 숨어 있는 건 대칭성이었다. 제임스 클러크 맥스웰도 그랬다. 맥스웰의 방정식에도 대칭성은 숨어 있었다. 이 대칭성을 간파한 사람은 아인슈타인이었다. 기적의 해 1905년에 특수 상대성 이론을 내놓으며 비로소 전기력과 자기력이 완전한 한 몸이 되었다. 전자기력과 약력을 통합하는 데도 대칭성이 가장 중요했다.

양자장론이 강력에서 배격당하는 동안, 몇몇 사람들은 약력을 연구하며 양자장론을 되살려 놓을 돌파구를 찾고 있었다. 그건 전자기력과 약력을 통일하려는 원대한 프로젝트였다. 출발점은 V-A 이론이었다. 거기에는 여전히 심각한 문제가 있었다. 두 흐름의 곱으로 된 V-A 이론은 그 흐름들 사이를 이어주는 매개 입자가 없었고, 무엇보다도 재규격화가 불가능한 이론이었다. 양자장론에서 어떤 이론이 재규격화가 불가능하다는 것은 나뭇가지 다이어그램 외에는 아무것도 계산할 수 없다는 걸 뜻했다. 그럼에도 V-A 이론은 약력의 최종 이론으로 나아가는 데 반드시 필요했던 디딤돌이었다.

줄리언 슈윙거

머리 겔만이 머리가 다섯 달린 괴물이라고 불리던 천재였다면, 줄리언 슈윙거는 마치 대왕고래처럼 도도히 바다를 가르며 자기만의 길을 걸어간 천재였다. 겔만은 날 때부터 천재였지만, 슈윙거의 천재성은 고등학교에 들어가서야 발현되었다. 오히려 그의 형이었던 해럴드 슈윙거는 초등학교를 수석으로 졸업하고 뉴욕에서 최고 중 하나라는 타운젠드 해리스 고등학교를 이 년 만에 마치고 대학에 진학할 만큼 두각을 나타냈지만, 줄리언은 형의 뒤를 그럭저럭 따라가는 정도였다. 1932년에 줄리언도 형처럼 타운젠드 해리스 고등학교에 입학했다. 학교는 뉴욕시립대 (City College of New York) 캠퍼스 안에 있었고, 이곳을 졸업한 학생에게는 뉴욕시립대를 자동으로 입학할 수 있는 특권이 있었다. 게다가 이곳 학생은 뉴욕시립대 도서관을 언제든 이용할 수 있었다. 독서를 무엇보다 좋아했던 슈윙거에게 이보다 좋은 조건을 갖춘 학교는 없었다. 그는 도서관에서 살다시피했다. 어린 고등학생이었지만 도서관에서 그가 만난 건 소설책이나 교과서가 아니라《피지컬 리뷰》였다. 그가 저널을 읽은 건 그저 조숙한 한 고등학생의 치기 어린 우쭐함 때문이 아니었다. 슈윙거에게 논문의 저자들은 물리학 선생들이었다. 거기에는 아인슈타인이 있었고, 보어, 하이젠 베르크, 슈뢰딩거, 디랙이 있었다. 슈윙거는 수업에서 물리학을 배우는 것보다 논문으로 배우는 게 훨씬 재미있었다. 더욱 놀라운 점은, 단순히 논문의 내용만 익힌 게 아니라 논문의 빈틈을 찾아내고 저자의 생각을 더 발전시킬 여지가 있음을 간파해낼 정도였다는 것이다.

슈윙거의 특별한 재능을 알아본 물리학 교사는 그를 뉴욕시립대 교수로 있던 오스트리아 출신의 오토 할퍼른(Otto Halpern)에게 데려갔다. 그 덕에 슈윙거는 1934년 가을, 남들보다 일찍 뉴욕시립대에 입학했고, 이듬해에 할퍼른과 함께 논문을 썼다. 그리고 로이드 모츠(Lloyd Motz)와 중성자의 베타 붕괴에 관한 논문을 발표했다. 열일곱 살에 벌써 두 편의 논문을 쓴 것이었다. 게다가 1935년부터 1937년까지 일곱 편의 논문을 발표했으니, 슈윙거는 학부생일 때 이미 물리학자로 연구하고 있었다. 그러나 정작 정규 수업은 등한히 했다. 하루 종일 도서관에 처박혀 논문만 읽었다. 이제 겨우 대학 1학년이었지만, 그는 디랙, 하이젠베르크, 오펜하이머, 파울리, 페르미로 이어지는 양자장론 분야의 논문을 닥치는 대로 읽어나갔다. 그가 20세기에 가장 위대한 양자장론의 대가가 될 수 있었던 건 우연이 아니었다. 틈틈이 고등 수학도 혼자서 공부했다. 슈윙거는 대부분을 혼자서 공부하며 자신만의 학문적 전통을 세워나갔다. 수업에 출석하지 않아도 수학과 물리학 과목은 늘 A를 받았지만, 문제는 화학이었다. 화학은 낙제에 가까웠다. 이 일은 나중에 슈윙거가 컬럼비아 대학으로 옮길 때 그의 발목을 잡을 뻔 했다.

슈윙거의 천재성을 제대로 발견한 사람은 컬럼비아 대학의 교수였던 이지도어 라비였다. 그는 곧 노벨물리학상을 받게 될 터였지만, 그 못지않은 공로는 뉴욕 시립 대학의 숨은 진주였던 슈윙거를 찾아낸 것이다. 라비의 도움으로 슈윙거는 컬럼비아 대학으로 옮겨 1936년에 졸업했다. 1937년 봄, 컬럼비아 대학을 방문한 에드워드 텔러는 슈윙거가 연구한 중성자의 산란 이론에 큰 감동을 받았다.

"이 연구는 박사 학위 논문으로도 손색이 없겠네."

이 일로 슈윙거는 박사 학위 논문을 쓰게 되었다. 그리고 텔러와 중성자의 산란에 관한 논문을 함께 발표했다. 컬럼비아 대학에서 슈윙거가 배울 이론물리학은 별로 없다고 여긴 라비는 여행 경비를 마련해 주며 위스콘신에 있는 그레고리 브라이트(Gregory Breit)와 유진 위그너(Eugene Wigner)에게 육 개월 동안 배우고 나머지 육 개월은 캘리포니아 버클리에 가서 오펜하이머에게 배우라고 권했다. 라비의 조언을 따라 슈윙거는 위스콘신으로 갔는데 거기가 마음에 들어 그곳에서 일 년을 머물기로 마음먹었다. 위스콘신에서 머무는 동안 슈윙거는 야행성으로 완벽히 탈바꿈했다. 브라이트와 위그너는 슈윙거가 두 사람의 연구에 참여해주길 원했지만, 슈윙거는 누구 밑에서 순순히 연구할 사람이 아니었다. 그렇다고 두 사람과 다툴 위인도 아니었다. 결국, 손쉬운 방법은 두 사람을 피해 혼자 연구하는 것이었다. 그래서 남들이 퇴근할 때 즈음 출근해서 새벽까지 일하곤 했다. 한번은 라비가 위스콘신을 방문했다. 슈윙거가 잘 지내는지 궁금했다.

"브라이트와 위그너하고는 함께 연구할 만 해요?"

슈윙거는 고개를 끄덕이며 대답했다.

"네, 두 분 다 참 좋은 분이에요. 잘 지내고 있어요."

브라이트와 위그너를 만난 라비는 슈윙거는 잘 하고 있느냐고 두 사람에게 물었다. 그러자 이런 대답이 돌아왔다.

"그를 만날 수 있어야 잘 지내는지 알죠."

슈윙거는 누구로부터 지시를 받거나 간섭 받는 게 싫었다. 1939년 가을, 버클리에 가서 오펜하이머와 함께 일하면서 가장 힘들었던 것도 오펜하이머의 지배하려는 성격 탓이었다. 훗날 하버드와 버클리에서 동시에 교수로 초청했을 때, 슈윙거는 하버드를 선택했는데, 이유는 버클리에 오펜하이머가 있다고 생각했기 때문이었다. 그러나 오펜하이머는 이미 프린스턴의 고등연구소 소장으로 가고 없었다. 그 사실을 알았더라면, 슈윙거는 어쩌면 버클리를 선택했을지도 모른다. 슈윙거는 지나칠 정도로 독자적이었다. 그래서 그가 쓴 논문은 형식과 부호가 표준적이지 않아 읽기가 무척 어려웠다. 게다가 인용한 참고문헌을 꼼꼼히 적지 않아 오만하다는 뒷말이 많았다. 그러나 그가 양자전기역학을 재규격화한 연구로 파인먼, 도모나가와 함께 노벨상을 받은 뒤로는 그의 논문에 참고문헌으로 인용되는 것을 영광으로 여길 정도였다.

슈윙거는 이론물리학자로서도 유명했지만, 강의가 워낙 명쾌해서 그의 주변은 항상 양자장론을 공부하려는 학생들로 붐볐다. 어릴 때부터 연구의 최전선에 독자적으로 뛰어들었던 터라 자기 밑에서 공부하는 대학원생들에게 제안한 연구 주제도 당시 가장 이슈가 되는 것이었고, 또 학생들이 독립적으로 연구할 수 있도록 옆에서 잘 도와 주었다. 그는 일흔 명이 넘는 제자를 길러냈고, 그 중 네 명이 노벨상을 받았다.

슈윙거는 1940년대 초부터 이미 약력은 전자기력과 떼어놓을 수 없다고 여겼다. 베타 붕괴에서는 늘 전하를 띤 입자가 나오기 때문이었다. 한번은 자기 생각을 오펜하이머에게 이야기했지만, 말도 안 되는 소리라는 말만 들었다. 그는 전자기력과 약력은 같은 현상이 서로 다르게 드러날 뿐이라고 여겼다. 슈윙거의 통찰력이 번뜩였다. 두 힘이 서로 다르게 드러나는 것은 단지 약력을 매개하는 입자의 질량이 너무 커서일 거라고 짐작했다. 그러면서도 1956년에 리정다오와 양전닝이 약력에서는 거울 대칭성이 깨져 있을지도 모른다는 논문을 발표했을 때 슈윙거는 말이 되지 않는 소리로 치부했다.

약력에서는 거울 대칭성이 깨져있다는 걸 알고 난 뒤로 슈윙거는 본격적으로 전자기력과 약력을 통일할 방도를 찾으러 나섰다. 그는 1954년에 나온 양-밀스 이론에 해답이 있을지 모른다고 여겼다. 슈윙거의 통찰력이 다시 한 번 빛났다. 전자기력에서 힘을 매개하는 게이지 입자는 광자다. 광자는 질량이 없으므로 전자기력이 미칠 수 있는 범위는 무한대다. 반면에 약력은 입자들 사이에 힘을 미치는 범위가 아주 짧다. 이건 힘을 전달하는 입자의 질량이 무척 커야 한다는 말이다. 양자장론의 대가였던 슈윙거는 이 두 가지를 하나로 묶을 방안을 내놓았다. 양-밀스 이론에서 나오는 세 개의 게이지 입자 중에 둘은 약력을 매개하는 벡터 입자 W^+와 W^-이고 하나는 전자기력을 매개하는 광자라고 두면 약력과 전자기력을 동시에 설명할 수 있을 것 같았다. 게다가 세 입자 모두 벡터 입자이니 양-밀스 이론의 게이지 입자로서도 안성맞춤이었다. 물론 W 입자의 질량 때문에 여전히 이론을 재규격화를 하는 데는 문제가 있었지만, 그 문제는 나중에 고민하기로 했다.

이론을 세웠으니, 실험과 맞춰봐야 했다. 자신의 이론에 근거해서 슈윙거는 보편적 페르미 이론에 나오는 결합 중에서 벡터 흐름(V)과 텐서 흐름(T)에 잘 맞도록 조정했다. 따라서 그가 얻은 결과는 우젠슝의 헬륨-6 실험과 잘 맞았다. 슈윙거는 제대로 된 길에 들어섰다고 여겼다. 그러나 얼마 지나지 않아 골드하버와 그의 동료들이 중성미자는 오직 왼쪽으로만 돈다는 사실을 실험으로 보이며 V-A 이론을 지지하자 슈윙거는 짜증이 치밀었다. 동시에 약력에 대한 관심도 급격히 식었다. 그나마 다행이었다면, 관심이 식기 전에 제자 중 한 명이었던 셸던 글래쇼에게 전자기력과 약력을 동시에 다룰 이론을 세워보라고 제안한 것이었다. 슈윙거가 굴하지 않고 계속 연구했다면, 어쩌면 약력과 전자기력을 통일한 사람은 줄리언 슈윙거였을지도 모른다. 어쨌거나 전자기력과 약력을 통일하는 데 필요한 첫 방안을 제시한 사람은 슈윙거였다.

셸던 글래쇼와 중성 벡터 입자

셸던 글래쇼의 아버지는 아들이 과학에 빠져드는 게 탐탁치 않았다. 그는 아들이 과학보다는 의대에 가서 의사가 되길 바랐다. 그렇다고 아들의 꿈을 짓밟을 만큼 모질지는 않았다. 글래쇼는 훗날 함께 노벨물리학상을 받을 스티븐 와인버그와 뉴욕에 있는 브롱크스 과학고등학교를 같이 다녔다. 고등학교를 졸업한 뒤에는 와인버그와 함께 코넬 대학에 입학했다. 졸업 후, 두 사람의 경로는 갈렸다. 와인버그는 프린스턴으로 가기로 결정했고, 글래쇼는 하버드에 진학했다. 글래쇼는 하버드에서 줄리언 슈윙거의 강의를 들으며 양자장론에 깊이 빠져들었다. 그에게 슈윙거의 강의는 마치 델포이에서 신의 계시를 받고 나온 대제사장의 예언처럼 들렸다. 슈윙거를 지도교수로 정한 건 당연한 수순이었다. 슈윙거는 글래쇼에게 자신이 제안한 W 입자의 성질을 연구해 보라고 조언했다. 얼마 지나지 않아 슈윙거는 두 힘을 통일하는 연구를 내려놓지만, 글래쇼에게 이 주제는 엄청난 기회가 되었다. 이 년에 걸쳐 그는 전자기력과 약력을 합치는 연구를 하면서 지도교수가 간과한 사실을 발견했다. 그것은 나중에 Z 입자로 알려지게 될 중성 벡터 입자였다. 이로써 약력과 전자기력을 통일할 이론은 네 가지 입자를 포함하게 되었다. W^+, W^-, Z^0가 약력을 매개하는 입자였고, 거기에 전자기력의 게이지 입자인 광자가 포함되었다. 글래쇼 본인도 이 주장이 지나치게 과감하다고 여겼는지 이 사실은 박사 학위 논문의 부록에 숨겨놓았다.

그는 박사 학위를 받고, 코펜하겐 닐스보어 연구소 옆에 새로 세워진 노르딕 이론물리 연구소(Nordisk Institut for Teoretisk Atomfysik, NORDITA)의 박사후연구원이 되었다. 그리고 시간이 날 때마다 CERN을 오가곤 했다. 박사후연구원으로 있으면서 박사 학위 논문 주제를 확장해 벡터 입자의 상호작용을 재규격화하는 연구를 하고 그 결과를 당시 신생 저널인 《뉴클리어 피직스(Nuclear Physics)》에 실었다. 이 논문은 반향을 일으켰다. 이 논문에 실린 내용이 옳다면, 전자기력과 약력을 통일하는 길을 막고 있는 방해물을 제거한 것이나 다름없을 것이었다.

이 논문은 영국에 있던 압두스 살람과 존 워드(John C. Ward)에게도 전해졌다. 두 사람은 영국에서 손꼽히는 양자장론 전문가였다. 살람은 유카와 이론을 재규격화한 일로 이미 유명했고, 워드는 워드-다카하시 항등식으로 양자전기역학에 자기 이름을 새겨 넣은 학자였다. 두 사람은 논문 제목을 보고 이제 막 연구에 입문한 미국의 젊은 학자가 이토록 위대한 연구를 했다며 엄청난 충격을 받았다. 그러나 논문을 읽으며 두 사람은 실소를 터뜨렸다. 논리는 엉성했고, 결과마저 완전히 틀린 것이었다.

이 논문은 셸던 글래쇼를 난처한 지경에 몰아넣을 수도 있었다. 논문 제목은 거창했지만, 결과가 틀렸다는 것은 자칫 이제 막 학계에 입문한 젊은 학자 글래쇼의 평판에 흠집을 낼 수도 있는 일이었다. 어지간한 사람이었다면, 전자기력과 약력을 통일하는 연구를 포기하고 다른 분야로 방향을 바꿨겠지만, 글래쇼는 마치 내 길은 내가 알아서 간다는 듯 개의치 않고 전자기력과 약력 연구를 계속했다.

글래쇼는 전자기력과 약력을 통일하려면 게이지 입자가 세 개가 아니라 네 개여야 한다고 과감한 주장을 펼쳤다. 그것은 W 벡터 입자 두 개와 광자, 그리고 Z 입자였다. 그리고 "약력의 부분적 대칭성"이라는 논문을 다시 한 번《뉴클리어 피직스》에 실었다. 이 논문은 훗날 글래쇼에게 노벨물리학상을 안겨 주었다. 지금은 만 번 가까이 인용된 논문이지만, 1967년 와인버그의 논문이 나오기까지 열 번도 채 인용 받지 못할 만큼 알려지지 않은 논문이었다. 우선《뉴클리어 피직스》가 신생 저널이었고, 글래쇼가 펼친 주장도 지나치게 대담했다. 논문에서 Z 입자는 광자처럼 전하는 없고 질량이 너무 커서 실험에서 발견하기 힘들 것이라고 말했다. 당시 가속기로는 이렇게 무거운 입자를 발견하기 힘드니 무책임한 발언이나 다름없었다. 진지한 실험물리학자가 들으면, 입자의 무거운 질량과는 정반대로 한없이 가벼운 결론이라고 책망할 만했다. 게다가 쿼크가 발견되기 전이라 논문에서는 렙톤만을 다뤘다. 무엇보다도 전자나 양전자가 튀어나오는 베타 붕괴는 항상 전하를 동반하는데, Z 입자에 전하가 없다는 사실은 사람들을 불편하게 했다. 과연 이런 중성 입자를 실험으로 확인할 수 있을까? 이런 입자의 존재에 당시 실험 물리학자들의 생각은 비관적이었다.

파키스탄의 별

슈윙거의 뒤를 이은 글래쇼가 전자기력과 약력을 통일하기 위해 애쓰는 동안, 영국에 있던 압두스 살람도 같은 문제에 매달리고 있었다. 파키스탄 펀자브 출신인 살람은 파키스탄인 최초로, 또 무슬림 최초로 노벨물리학상을 받았다. 그야말로 파키스탄의 별과 같은 존재다. 파키스탄의 이론물리학은 살람에서 시작했다고 말할 수 있을 만큼 그의 영향력은 지대했다. 그럼에도 불구하고, 자기보다 한 살 더 많고 이스라엘의 군인 출신이었던 유발 네만을 박사 과정 학생으로 받을 만큼 열린 사람이기도 했다. 열네 살의 나이에 대학 입학시험에서 파키스탄 역사상 모든 과목에서 최고 점수를 받으며 라호르 대학 수학과에 입학했다. 1943년, 열일곱 살이 되던 해에 생애 첫 논문을 발표했다. "라마누잔의 문제"라는 제목의 수학 논문이었다. 그는 평생 동안 270여 편의 논문을 썼는데, 세상을 떠나기 삼 년 전까지 논문을 발표할 만큼 물리학에 헌신했다.

원래는 아버지의 뜻을 따라 철도 엔지니어가 되고 싶었지만, 눈이 나빠 그만 시험에서 탈락하고 말았다. 살람은 라호르 대학에서 석사 학위를 하고는 1946년에 펀자브 정부에서 주는 장학금을 받아 케임브리지 대학에서 공부했다. 그리고 이 년 만에 악명 높은 수학 트리포스(Mathematics Tripos) 시험을 1등으로 통과했다. 살람은 이론물리학을 전공할 요량이었지만, 그의 멘토였던 프레드 호일(Fred Hoyle)은 물리학을 하려면 우선 캐번디시 연구소에서 실험을 익히라고 조언했다. 일등급으로 물리학 학사 학위를 받긴 했지만, 그에게 실험은 고역이었다. 훗날 그가 고백했듯이 그에게는 실험물리학자의 덕목인 인내심이 없었다. 그의 선택은 다시 이론물리학이었다.

1949년, 살람은 니컬러스 케머(Nicholas Kemmer)를 찾아가 박사 과정 지도교수가 되어 달라고 부탁했다. 케머는 유카와 히데키의 강력 이론을 유럽에 가장 먼저 알린 사람이었고, 유럽에서 가장 잘 알려진 유카와 이론의 전문가였다. 그는 살람이 성적이 우수한 학생인 건 알았지만, 똑똑하다는 인상을 받지 못했다. 게다가 이미 여덟 명의 박사 과정 학생을 지도하고 있어 더는 학생을 받을 여력이 없었다. 그래서 살람에게 버밍엄에 있는 루돌프 파이얼스를 찾아가보는 게 어떻겠느냐고 제안했다. 난감했다. 이미 케임브리지에 삼 년이나 머물며 공부했는데, 다른 도시로 간다는 건 처음부터 다시 시작해야 한다는 말이었다. 화도 났다. 며칠 후 그는 케머를 다시 찾아가 도움을 주지 않아도 좋으니 제발 학생으로 받아달라고 사정했다. 결국, 케머는 자기 밑에서 박사 학위 논문을 쓰고 있는 폴 매튜스(Paul Matthews)를 찾아가 의논해 보라고 조언했다.

매튜스는 유카와의 파이온 이론을 재규격화하는 연구를 하고 있었다. 1949년에 양자장론은 첫 번째 전성기를 맞이하고 있었다. 그해 2월에 프리먼 다이슨(Freeman Dyson)이 도모나가 신이치로, 줄리언 슈윙거, 리처드 파인먼이 각각 제안한 양자전기역학의 재규격화 이론이 모두 같은 이야기임을 보인 논문을 발표했다. 양자전기역학이 재규격화되면서 전자기력은 네 개의 근본 힘 중에서 가장 먼저 완벽하게 이해할 수 있는 힘이 되었다. 파급력은 엄청났다. 도모나가, 슈윙거, 파인먼이 1965년에 노벨상을 받을 수 있었던 것은 다이슨의 논문 덕이었다. 이제 강력의 차례였다. 케머는 유카와의 이론도 재규격화가 된다면, 완전한 이론이 될 것이라 믿었다. 매튜스는 지도교수의 조언을 따라 스칼라 입자 고리가 하나 있을 때 중간자 이론을 재규격화할 수 있음을 보였다. 그는 살람에게 그 다음으로 고리 두 개가 겹쳐 있을 때 재규격화가 가능한지 확인해 보라고 제안했다. 그러니까 유카와 이론을 재규격화할 때 등장하는 겹침 발산 문제를 다뤄 보라는 말이었다. 매튜스가 계산했던 것보다 훨씬 어려운 문제였다.

살람은 다이슨의 논문을 읽으며 겹침 발산 문제를 해결해 보려고 했지만, 난해했다. 겹침 발산 문제는 양자전기역학에서는 자주 등장하지 않지만, 유카와 이론에서는 자주 나왔다. 도움이 필요했다. 다행히 미국에 있던 다이슨이 버밍엄을 방문하고 있다는 걸 알게 되었다. 살람은 다이슨을 만나본 적이 없었지만, 전화를 걸어 겹침 발산 문제를 해결할 방안에 대해 조언을 구했다. 다이슨은 살람에게 다음날 미국으로 떠나야 한다며, 지금 바로 버밍엄으로 오라고 말했다. 다이슨은 한 번도 만난 적 없고 이름도 들어본 적이 없는 학생의 전화를 받고 기꺼이 도움을 주겠다고 말한 것이었다. 살람은 바로 가방을 챙겨 버밍엄으로 가는 기차에 올랐다.

살람은 다이슨과 토론하며 길이 보이지 않을 때는 때로 과감한 추측을 해야 하고 결과를 대강이라도 예측해야 함을 깨달았다. 1950년 여름, 해결책을 찾았다. 여름 내내 계산에 매달렸다. 그는 양자장론 전문가로 거듭나고 있었다. 박사 학위를 마치고 휴가를 다녀온 매튜스는 살람의 결과를 보고 무척 놀랐다. 고리 하나가 있는 발산을 해결하는 데 일 년 넘게 걸렸는데, 살람은 그것보다 훨씬 어려운, 두 개의 고리가 겹쳐있을 때 생기는 발산 문제를 고작 몇 개월 만에 해결한 것이었다. 그해 9월 29일, 살람은 논문을 투고하고, 예비 논문을 여러 대학에 보냈다. 논문이 나오기까지는 시간이 좀 걸렸다. 이듬해 4월 15일에 논문이 나왔다. 논문 제목은 "겹침 발산과 산란 행렬"이었다. 살람은 논문 첫 줄에서 다이슨의 논문을 언급했고, 감사의 글에서 다이슨의 도움이 없었다면, 절대로 이 연구를 끝낼 수 없었을 것이라고 고마움을 표했다.

아직 박사 과정을 마치기 전이었지만, 살람은 이 논문으로 유명해졌다. 케임브리지 대학에서 우수한 연구를 한 학생에게 주는 스미스상도 받았다. 이 논문으로 박사 학위를 받을 수도 있었지만, 당시에 케임브리지 대학에서 박사를 하려면 1952년까지 삼 년 동안 박사 과정 학생으로 지내야만 했다. 이제야 살람의 능력을 알아본 케머는 그가 프린스턴 고등연구소를 방문할 수 있도록 주선해 주었다. 그곳에는 이미 매튜스가 박사후연구원으로 가 있었다. 고등연구소에 도착했을 때 사람들의 반응에 당황했다. 다들 자신을 알고 있었다. 그는 정말 유명해진 것이었다. 그러나 살람은 여전히 박사 과정 학생이었고, 자기가 연구한 내용을 떠나서는 물리학을 잘 모른다고 생각했다. 스스로 무지하다고 여겼지만, 그렇다고 그 사실을 두려워하지는 않았다. 오히려 무지를 이겨내려 연구에 매진했다. 그런 태도는 그가 했던 말에 잘 드러나 있다.

"공부를 할 때 해당 주제를 잘 모르겠으면 때로는 어리석은 질문도 해야 해요. 사람들은 유명해지면 사소해 보이는 논문을 쓰는 것을 견디지 못해요. 그래서 논문을 더 이상 쓰지 않습니다. 그렇게 되면 끝이지요."

살람은 고등연구소에 있으면서 매튜스와 "중간자 이론의 재규격화"라는 논문을 발표했다. 유카와 이론을 최종적으로 재규격화

했으니, 양자전기역학에 이어 강력도 양자장론으로 설명할 수 있을 것처럼 보였다. 그러나 같은 해에 로버트 마샥은 두 사람이 재규격화한 유카와 이론에 심각한 문제가 있음을 발견했다. 파이온과 핵자의 상호작용에 이 이론을 적용하면, 실험값보다 터무니없게 큰 값이 나왔다. 그 이유는 유사 스칼라(pseudoscalar) 유카와 이론에서는 가상 상태에서 핵자와 반핵자가 등장하기 때문이었다. 이와 달리 파이온과 핵자 사이에 축벡터 결합을 가정해서 이런 가상 상태를 제거할 수 있었지만, 유감스럽게도 축벡터 이론은 재규격화가 불가능했다. 두 사람의 이론은 문제가 있었지만, 살람의 명성은 사그러들지 않았다. 그는 펀자브의 모교인 라호르 대학에 교수로 갔다가 1954년에 케임브리지 대학의 교수가 되어 영국으로 돌아왔다. 그리고 삼 년 후에는 임페리얼 칼리지 런던의 교수로 초청받았다.

1956년, 살람에게도 리정다오와 양전닝의 예비논문이 도착했다. 약력에서는 거울 대칭성이 깨져 있을지도 모른다는 엄청난 주장을 담고 있는 그 논문을 읽은 살람의 반응은 슈윙거나 파울리와 극단적으로 달랐다. 훗날 노벨상을 받게 되는 헤라르뒤스 엇호프트는 살람을 기념하는 자리에서 이렇게 말했다.

"혁명적 진보를 이루려면 용기가 필요합니다. 때로는 한 발 뒤로 물러서서 어리석은 질문을 던지고, 기존의 통념에 의문을 제기하고, 어린아이처럼 생각을 가지고 놀아야 합니다. 무엇보다도 어리석은 실수를 저지르는 걸 두려워해서는 안 됩니다."

엇호프트의 말처럼 살람은 물리학의 큰 그림을 그리는 사람이었다. 그는 리정다오와 양전닝의 주장 속에 약력의 본질이 숨어있음을 직감했다. 그해 9월에 미국 시애틀에서 열린 이론물리학회에서 양전닝의 발표를 들으며 살람은 자신의 연구 방향을 정했다. 지금 정말 중요한 문제는 강력이 아니라 약력에 있었다. 가슴이 설렜다. 영국으로 돌아온 살람은 거울 대칭성 깨짐을 고민하느라 매일 밤 잠까지 설쳤다. 그러던 어느 날 밤, 어쩌면 중성미자가 해답을 줄지 모른다는 생각이 떠올랐다. 이어서 박사 학위 마지막 시험 때 루돌프 파이얼스가 던진 질문이 생각났다.

"중성미자의 질량이 왜 0이에요?"

만약에 중성미자의 질량이 0이라면, 중성미자는 오직 한쪽 방향으로만 돈다. 중성미자는 왼쪽 방향으로, 반중성미자는 오른쪽 방향으로. 물리학에서는 이런 성질을 나선성(chirality)이라고 부른다. 한쪽 방향으로 도는 중성미자를 거울에 비춰보면, 도는 방향이 반대로 된다. 결국, 중성미자와 거울에 비친 중성미자는 서로 다른 방향으로 회전하니 거울 대칭성은 깨진 것이나 다름없었다. 살람은 서둘러 "반전성 보존과 중성미자 질량에 관하여"라는 논문을 이탈리아 저널 《일 누오보 시멘토》에 투고했다. 그날이 9월 15일이었으니, 리정다오와 양전닝이 논문을 투고한 지 삼 개월이 채 지나지 않았을 때였다.

살람은 파이얼스에게 감사의 말과 함께 자신의 논문을 건넸다. 그러나 파이얼스의 반응은 냉담했다.

"중성미자의 질량? 누가 그런 것에 신경 쓰나요? 난 약력에서 거울 대칭성이 깨져있다는 걸 믿지 않아요."

중성미자를 처음 제안했던 파울리도 살람의 논문을 읽고 그에게 편지를 보내 이렇게 말했다.

"살람씨, 좀 더 나은 일을 하세요."

이듬해 약력에서 거울 대칭성이 깨졌다는 실험이 나온 뒤, 파울리는 살람에게 사과의 편지를 보냈다. 놀랍게도 살람이 제안한 중성미자의 나선성은 이듬해에 골드하버와 그로진스, 선야의 실험으로 사실임이 밝혀졌다.

1957년에 살람은 존 워드와 함께 전자기력과 약력의 핵심이 될 연구를 했다. 두 사람은 슈윙거가 그랬듯이 양-밀스 게이지 이론을 도입했다. 그리고 한발 더 나아가 전자와 전자 중성미자를 한데 묶어 표현했다. 마치 양성자와 중성자를 하나로 묶듯이 전자와 중성미자를 한 쌍으로 묶은 것이었다. 나중에 이 표현은 약아이소스핀(weak isospin)이라는 말로 정리된다. 이 논문의 말미에서 두 사람은 슈윙거와 글래쇼가 한 일을 설명하며 전자기력과 약력의 통일 가능성을 언급했다. 그리고 1964년에 워드와 함께 양-밀스 게이지 이론을 이용해 전자기력과 약력을 통일할 방안을 제안했다.

여기에도 글래쇼가 제안했듯이 중성 벡터 입자가 등장하지만, 완벽한 이론이 되기에는 여전히 문제가 있었다. 게이지 입자로 도입된 W와 Z 벡터 입자의 질량을 손으로 넣어주었는데, 게이지 입자에 질량이 있으면, 게이지 대칭성이 깨진다. 게이지 대칭성이 깨지면, 물리량은 게이지에 의존하게 된다. 게이지에 의존하는 물리량은 실험적으로 측정할 수 없는 무의미한 양이 되고 만다. 그러므로 문제의 핵심은 게이지 의존성을 깨지 않으면서 게이지 입자가 질량을 갖도록 하는 데 있었다. 이 문제의 해답은 곧 등장할 힉스 메커니즘이 쥐고 있었다.

스티븐 와인버그

1950년대 말에서 1960년대까지 양자장론이 처한 현실은 녹녹하지가 않았다. 살람은 1959년에 소련 키에프에서 열린 학회에 참가했을 때 레프 란다우를 만났다. 란다우는 살람에게 "아직도 양자장론을 연구하다니 부끄럽지도 않느냐"며 면박을 줬다. 1950년대 말은 바야흐로 '입자들의 민주주의' 시대였다. 그러나 란다우의 이런 말이나, 입자들의 민주주의야말로 강력을 설명하는 유일한 방법이라는, 제프리 추의 지나치게 낙관적인 주장은 민주주의라는 말과 모순되게 다양성을 죽이고 있었다. 그 당시에 양자장론을 연구하면, "아직도 그런 멍청한 연구를 하고 있느냐"라는 핀잔을 듣기 일쑤였다.

양자장론을 배격하는 분위기 속에서도 꿋꿋이 연구하는 사람들이 있었다. 그중에서 가장 근성 있게 양자장론을 연구한 사람은 스티븐 와인버그(Steven Weinberg)였다. 셸던 글래쇼와 함께 뉴욕의 브롱크스 과학고등학교와 코넬 대학에서 공부한 와인버그는 대학원은 프린스턴을 다녔다. 박사 과정 학생으로 있는 동안, 닐스보어 연구소를 일 년 동안 방문했는데, 그곳에서 다이슨과 살람이 연구한 양자장론의 재규격화 이론을 수학적으로 엄밀하게 다듬었고, 양자장론의 재규격화 연구로 박사 학위를 마쳤다. 와인버그도 살람처럼 양자장론으로 이론물리학을 시작했다. 이론물리학자 중에서 와인버그보다 양자장론에 능한 사람은 찾아보기 힘들 정도로 그는 양자장론 전문가였다. 그런 그가 버클리에서 연구원으로 지내다가 1960년에 그곳 교수가 되었다는 사실은 놀랍다. 당시 버클리는 제프리 추가 이끌던 입자들의 민주주의 이론의 본산지였고, 양자장론을 극렬하게 배격하던 곳이었다. 살람조차도 분산 이론을 연구하며 당시 입자물리학의 주류에서 벗어나지 않았지만, 와인버그는 적진 한가운데서 양자장론을 이용해서 약력과 강력을 연구했다. 그는 입자들의 민주주의 이론에서 빗겨나 있었다.

와인버그는 살람을 1960년 버클리에서 처음 만났지만, 본격적으로 살람과 토론한 것은 이듬해 위스콘신 대학에서였다. 두 사람 모두 제프리 골드스톤이 얻은 결과를 의심하고 있었다. 살람은 골드스톤이 맞다면, 전자기력과 약력을 게이지 이론으로 통일하는 것은 위태롭다고 믿었다. 두 사람은 질량이 없는 골드스톤 보손을 "수풀 속에 숨어있는 뱀"이라고 불렀다. 길을 안전하게 가려면, 뱀부터 처리해야 했다. 와인버그와 대화가 통한다고 여긴 살람은 와인버그를 임페리얼 칼리지로 초청해 골드스톤이 세운 이론을 함께 살펴보기로 했다. 두 사람은 골드스톤이 세운 이론을 샅샅이 톺아봤지만, 틀린 곳을 찾을 수 없었다. 숨어 있는 뱀을 죽일 방법이 없었다. 두 사람은 골드스톤이 한 연구가 흠잡을 데가 없다는 사실만 확인했을 뿐이었다. 실망스러웠지만, 살람과 와인버그는 함께 연구한 내용을 논문으로 정리했다. 그리고 골드스톤도 저자로 초청했다. 완전히 실망한 와인버그는 허한 마음을 달래려 셰익스피어의 희곡 〈리어왕〉에 나오는 구절을 논문에 넣었다.

"무에서 유를 얻을 수는 없다(Nothing can come from nothing)."

이 문장은 논문이 출판되기 전에 편집인의 손에 가차 없이 지워지고 말았다.

수풀 속 뱀을 해치운 여섯 사람

전자기력과 약력을 통일하려면 우선 이 질량 없는 입자를 처리해야만 했다. 첫 번째 제안은 줄리언 슈윙거가 했다. 그는 "광역 대칭성 깨짐과 국소 대칭성 깨짐은 서로 다르다"라고 주장했다.* 그러나 진정한 해결책은 응집물질물리학 분야에서 나왔다. 필립 앤더슨(Philip W. Anderson)은 벨 연구소에서 응집물질 분야를 연구하고 있었다.** 하버드에서 박사 학위를 한 앤더슨은 그곳에서 슈윙거의 강의를 들으며 양자장론을 익혔다. 그래서 입자물리학의 이론을 이해하는 데 큰 어려움이 없었다. 1963년에 그는 "초전도체를 설명하는 이론 역시 대칭성이 스스로 깨진 게이지 이론이고 질량이 없는 골드스톤 입자는 나오지 않는다"고 주장했다.

* 광역 대칭성은 시공간의 모든 곳에서 똑같이 변하는 변환에 대해 불변하는 것을 뜻하고, 국소 대칭성은 공간의 모든 점에서 다르게 변하는 변환과 관련한다.

** 필립 앤더슨은 1977년에 지도교수였던 존 반 블랙, 네빌 모트와 더불어 노벨물리학상을 받았다.

거기서 앤더슨은 전자기력과 약력을 통일하는 데 결정적인 단서가 될 말을 남겼다.

"양-밀스 이론의 질량이 없는 입자와 골드스톤 입자가 서로 상쇄되고 난 나머지에서 질량이 있는 입자가 나올 수 있다."

이건 무슨 의미였을까? 광자는 스핀이 1이지만, 질량이 없어서 성분이 둘밖에 없다. 광자는 항상 빛의 속력으로 진행하므로 진행 방향의 성분은 없고, 진행 방향을 가로지르는 두 가지 성분만이 있다. 이 두 성분은 전기장, 자기장과 관련이 있고, 서로 직교하며 항상 진동한다. 초전도체 안에서는 전자기 게이지 대칭성이 스스로 깨지면서 광자가 질량을 얻는다. 질량을 얻은 광자는 더는 빛의 속력으로 움직이지 못한다. 그래서 진행 방향의 성분이 생긴다. 바로 질량이 없는 골드스톤 입자가 진행 방향의 성분으로 바뀐 것이다. 이를 "골드스톤 보손이 게이지 입자에 먹혔다"고 일컫기도 한다. 질량을 얻은 광자는, 초전도체에 자기장을 약하게 걸어주었을 때 초전도체가 공중에 뜨는 현상인 마이스너-옥젠펠트 효과를 설명해 준다.

입자물리학자들에게 다른 분야를 연구하는 앤더슨의 논문은 잘 알려지지 않았다. 두 분야의 용어도 달랐다. 골드스톤이 발견한 질량이 없는 입자는 응집물질 분야에서는 대칭성이 깨질 때 나타나는 집단 들뜸(collective excitation)과 같았다. 앤더슨은 논문에서 이 용어를 입자물리학자들이 이해할 수 있도록 '입자'라고 불렀다. 다행히 이 논문의 가치를 알아본 사람들이 있었다. 에이브러햄 클라인(Abraham Klein)과 이휘소(Benjamin W. Lee)는 앤더슨의 주장에 따라

"대칭성이 저절로 깨지는 양자장론에서 질량이 없는 입자의 존재를 입증하는 일반적인 증거는 모형과 계산 방법과 관계없이 존재하지 않는다"라고 결론 내렸다. 이 두 사람의 논문은 힉스 메커니즘으로 가는 징검다리 역할을 했다. 반면에 반대하는 사람도 있었다. 월터 길버트(Walter Gilbert)는 클라인과 이휘소의 논문이 비상대론적으로는 옳을지 몰라도 상대론적으로는 틀렸다고 주장했다. 의견은 엇갈렸지만, 클라인과 이휘소의 연구는 여러 사람에게 영감을 주었다. 이제 손만 뻗으면 해결책이 잡힐 것 같았다.

1964년, 여섯 명의 물리학자가 거의 동시에 수풀 속에 숨은 뱀을 향해 화살을 쐈다. 가장 먼저 시위를 당긴 사람은 벨기에 자유대학에 있는 로버트 브라우트(Robert Brout)와 프랑수아 앙글레르(François Englert)였다. 이어서 스코틀랜드 에든버러 대학의 강사로 있던 피터 힉스(Peter Higgs)가 "힉스 메커니즘"이라고 알려진 이론을 내놓았다. 그리고 그해 10월에는 임페리얼 칼리지의 연구원 제랄드 구랄닉(Gerald Guralnik), 칼 하겐(Carl Hagen), 톰 키블(Thomas W. B. Kibble)이 비슷한 이론을 제안했다. 앤더슨이 남긴 말은 이론물리학 역사에 오래도록 기억될 예언이었다. 게이지 대칭성이 스스로 깨지자 W와 Z 보손은 질량을 얻고, 골드스톤 보손은 질량을 갖게 된 벡터 보손의 진행 방향 성분으로 탈바꿈한다. 초전도체에서처럼 이번에도 골드스톤 보손은 게이지 보손에 먹힌 셈이다. 게다가 질량이 있는 스칼라 입자가 등장했다. 이 입자는 '신의 입자(The God particle)' 또는 힉스 보손(Higgs boson)이라고 알려지게 된다. 힉스 보손은 기본 입자들에게 질량을 주는 역할을 했다.

2012년 7월 4일 오전 9시에 CERN의 두 거대 실험 그룹인 CMS (Compact Muon Solenoid)와 ATLAS(A Troidal LHC Apparatus)에서는 마침 내 힉스 보손을 발견했다고 발표했다. 양성자보다 130여 배나 무거운 입자였다. 힉스 보손의 존재를 예언한 지 거의 오십 년이 다 되어서야 비로소 발견된 것이었다. 스웨덴의 노벨상 위원회도 발 빠르게 움직였다. 이듬해에 앙글레르와 힉스에게 노벨물리학상이 수여되었다. 안타깝게도 브라우트는 힉스 입자가 발견되기 일 년 전에 세상을 떠나 노벨상을 받을 기회를 놓쳤지만. 구랄닉, 하겐, 키블은 두 사람과 함께 노벨상을 받았어야 했다. 역사는 이렇게 불공평했다. 힉스 메커니즘이라는 명칭에도 공정하게 여섯 명의 이름이 다 들어가는 게 옳았다. 힉스 보손의 이름 역시 마찬가지였다. 구랄닉과 하겐은 속이 상했는지 2014년에 노벨물리학상의 불공평함을 간접적으로 밝히는 논문을 썼지만, 노벨상은 이미 두 사람에게만 수여되었으니 때늦은 불평이 되고 말았다.

실험의 약진

　　　　　이론물리학자들이 전자기력과 약력을 통일하여 전자기약력을 세우려고 온 힘을 기울이는 동안, 실험물리학자들도 가만히 앉아만 있지는 않았다. 두 가지 중요한 실험 결과가 1960년대 초반에 발표되었다. 글래쇼와 와인버그의 고등학교 동창이었던 제럴드 페인버그(Gerald Feinberg)는 1958년에 이런 주장을 했다.

"뮤온이 전자와 광자로 붕괴하는 과정이 실험적으로 부재한 이유를 설명하려면, 약력을 매개하는 벡터 입자(W 입자)가 없거나 아니면 두 종류의 중성미자가 있어야 한다."

그때까지만 해도 베타 붕괴하면서 나오는 중성미자와 파이온이 붕괴할 때 뮤온과 함께 나오는 중성미자가 같은 것인지 서로 다른 것인지 알지 못했다. 약력에는 또 한 가지 중요한 문제가 있었다. 지금까지 약력은 입자들의 베타 붕괴와 같이 에너지가 낮은 영역에서만 다뤄졌다. 1959년 11월 어느 날 오후, 컬럼비아 대학에서는 커피를 마시는 휴식 시간에 열띤 토론이 벌어졌다. 토론은 리정다오가 주도했다. 주제는 "고에너지에서 약력을 측정할 수 있는가"였다. 결론은 '불가능하다'였다. 재규격화를 할 수 없는 V-A 페르미 이론으로는 높은 에너지에서 약한 상호작용을 계산하는 게 불가능했고, 그렇게 높은 에너지에서 약력을 확인할 만한 가속기도 없었다. 그 자리에는 컬럼비아 대학에서 박사 학위를 막 마치고 바로 조교수가 된 멜빈 슈워츠가 있었다. 그날 저녁에 슈워츠는 종이 한 장을 꺼내 대강 계산을 해봤더니, 당시 건설 중인 가속기로 고에너지 중성미자 실험을 할 수 있을 것 같았다. 다행히 브룩헤이븐에 짓고 있는 AGS가 곧 완성될 예정이었다. 리정다오에게 바로 전화를 걸어 자기 생각을 밝혔다. 리정다오는 열의에 가득 차 당장 실험을 계획해 보라고 말했다.

얼마 지나지 않아 슈워츠는 소련으로 망명한 브루노 폰테코르보도 비슷한 생각을 논문으로 발표했다는 것을 알았다. 그러나 소련에는 폰테코르보의 아이디어를 확인할 가속기가 없었다. 슈워츠는 실험에 필요한 검출기로 지도교수였던 잭 스타인버거가 개발한 거품상자를 이용할 생각이었지만, 고에너지 중성미자 실험에는 적당해 보이지 않았다. 고민하던 차에 프린스턴에 있는 제임스 크로닌(James Cronin)의 실험실에 스파크 체임버(spark chamber)가 있다는 이야기를 듣고 그곳을 직접 방문해 살펴보았다. 크로닌이 보여준 스파크 체임버는 크기가 아담했다. 불꽃을 일으키는 검출기를 크게 만들면 중성미자를 측정하는 데 안성맞춤일 것 같았다. 대략 따져보니 알루미늄 10톤 정도면 만들 수 있을 것 같았다.

슈워츠는 컬럼비아로 돌아와 팀을 꾸렸다. 팀은 일곱 명으로 이뤄졌는데, 훗날 슈워츠와 함께 노벨물리학상을 받게 될 리언 레더먼과 잭 스타인버거도 있었다.

새로 지은 싱크로트론에서 나오는 양성자를 베릴륨 과녁에 때리면 파이온을 비롯한 강입자들이 쏟아져 나왔다. 이 중에서도 파이온은 초당 천억 개가 생긴다. 파이온은 다시 뮤온과 중성미자로 붕괴한다. 뮤온은 걸러내고 중성미자만 챙기려면, 알루미늄 10톤으로 이뤄진 스파크 체임버를 다시 강철로 둘러싸야 했다. 다행히 해군에서 순양함을 해체했는데, 거기서 나온 강철을 가져다 체임버를 둘러쌌다. 순양함 포신도 가져와서 내부의 강선을 솜으로 메꾼 다음, 입자 빔을 모아 과녁으로 보내는 집속관으로 썼다. 천억 개의 파이온 중에서 10퍼센트만이 두께가 13미터 가까이 되는 강철판에 도달하기 전에 붕괴했다. 그때 나오는 중성미자는 초당 수백억 개가 되었지만, 워낙 상호작용이 약한 터라 가능하면 많은 중성미자가 스파크 체임버에 도달하기만을 바랐다.

　실험 과정은 지난했다. 파이온이 붕괴하면서 나온 중성미자가 스파크 체임버 속에 있는 알루미늄과 충돌해서 뮤온만 나오면, 이 중성미자는 전자 중성미자와는 다른 중성미자임이 분명할 것이었다. 팔 개월에 걸쳐 총 56회의 중성미자 충돌 이벤트가 검출되었다. 중성미자와 알루미늄 원자핵이 충돌할 때 튀어나와 스파크 체임버에서 궤적을 그리는 입자는 뮤온이었다. 전자는 나오지 않았다. 신기하게도 파이온에서 튀어나온 중성미자는 마치 뮤온의 정보를 지닌 것 같았다. 슈워츠의 실험팀은 중성미자에는 두 종류가 있다는 결론에 도달했다. 그리고 이를 뮤온 중성미자라고 불렀다. 이제 렙톤은 전자와 전자 중성미자, 뮤온과 뮤온 중성미자의 네 종류로 늘어났다. 전자와 전자 중성미자를 하나로 묶고, 뮤온과 뮤온 중성미자를 서로 묶으니 두 쌍 모두를 전자기약이론에 포함시킬 수 있었다. 이 발견은 1974년에 일어날 11월 혁명의 밑바탕이 된다. 슈워츠, 레더먼, 스타인버거는 뮤온 중성미자를 발견한 공로로 1988년에 노벨 물리학상을 받았다.

와인버그의 렙톤 모형

　　1967년, 하버드로 온 와인버그는 MIT의 방문교수를 겸하며 카이랄 대칭성을 국소 대칭성으로 보고 전자기약이론을 세울 수 있는지 궁구하고 있었다. 여기에 힉스 메커니즘도 적용했다. 그러자 두 가지 문제가 발생했다. 이 이론에서 등장하는 게이지 보손 두 개 중 하나를 로(ρ) 중간자라고 보면, 다른 하나는 반전성이 정반대인 축벡터 중간자가 되어야 했다. 그런데 축벡터 중간자는 질량을 갖지만, 로 중간자는 질량이 영이 되어야 했다. 결정적으로 와인버그가 생각한 이론은 게이지 대칭성도 만족하지 않았고, 재규격화도 되지 않았다.

그러던 어느 가을날이었다. 집에서 나와 MIT로 운전해 가고 있는데, 문득 이런 생각이 드는 것이었다.

'로 중간자의 질량이 없어야 한다면, 질량이 없는 광자를 대신 고려하면 되잖아?'

그러면 축벡터 중간자가 게이지 보손이 되어야 할 이유가 없었다. 카이랄 대칭성을 버리고 광자를 게이지 보손으로 삼으니까, 전자기력을 설명하는 양자전기역학이 자연스레 따라왔다. 약력을 대표할 대칭성으로 가장 단순한 양-밀스 이론을 선택했다. 와인버그는 글래쇼가 그랬듯이, 그리고 1964년에 살람과 워드가 했듯이 두 대칭성을 결합했다. 여기까지는 글래쇼와 살람, 워드가 한 일과 다를 게 없었다. 와인버그는 여기서 한 발 더 나갔다. 이 새로운 게이지 이론에 힉스 메커니즘을 적용해서 세 개의 게이지 보손 W^+, W^-, Z^0가 질량을 얻게끔 했다. 그러자 광자를 포함해서 게이지 보손이 네 개가 되었다. W와 Z^0의 질량도 800억 전자볼트(80 GeV)가 넘을 것으로 예측했다.[*]

[*] 오늘날 W와 Z 보손의 질량은 각각 80.38 GeV, 91.19 GeV로 알려져 있다.

1967년 11월, 와인버그는 이 새로운 이론을 담은 역사적인 논문을 내놓았다. 논문의 제목 "렙톤의 모형"이 암시하듯이 렙톤의 전자기 약이론이었다. 쿼크를 포함하기에는 시기상조였다. 논문 제목은 짤막했지만, 역사에 기록될 기념비적인 논문이었다. 전자기력과 약력을 통합한 전자기약력의 탄생이었다. 그러나 이 논문은 한동안 사람들의 이목을 끌지 못했다. 1968년에 살람이 이 논문을 인용한 게 첫 번째 인용이었고, 그 이듬해에 한 번, 1970년에 또 한 번 인용되었을 뿐이었다. 와인버그조차도 이 논문의 존재를 잊을 정도였다. 1968년 5월, 압두스 살람도 글래쇼, 와인버그와 비슷한 이론을 내놓았다. 그는 스웨덴 예테보리에서 열린 학회에서 약력과 전자기력을 어떻게 통일시킬 수 있는지 발표했다. 살람도 와인버그처럼 약력의 게이지 입자에 질량을 주려면 힉스 메커니즘이 필요하다는 것을 알았다. 그의 논문은 학술회의 논문 모음집에 실렸으니, 살람의 연구는 더더욱 사람들의 눈길을 끌지 못했다. 글래쇼가 시작한 전자기력과 약력의 통일은 살람과 와인버그가 마무리했다.

새로운 전자기약력 이론이 옳다는 것이 밝혀지려면 먼저 두 가지 문제가 해결되어야 했다. 우선 세 개의 게이지 보손이 존재한다는 것을 실험으로 입증해야 했다. 그중에서도 Z^0 입자는 입자의 붕괴 과정에서 쉽게 찾을 수가 없었다. 만약에 중성 케이온이 각각 음전하와 양전하를 띤 뮤온으로 붕괴한다면, Z^0 입자가 관여하는 중성 흐름(neutral current)이 존재한다고 생각할 수 있겠지만, 붕괴 크기가 워낙 작아 발견하기가 어려웠다. 1960년대 말, 전 세계 그 어느 곳에서도 이 세 입자를 실험적으로 찾을 만큼 높은 에너지의 가속기는 없었다. 다음은 이론적인 문제였다. 와인버그-살람 이론을 재규격화할 수 있는지 그때만 해도 아무도 몰랐다.

전자기력과 약력이 합쳐지려면 우선 이 두 가지 문제를 해결해야 했다. 과연 중성 흐름은 존재하는가? 그리고 양-밀스 이론에 토대를 둔 전자기약이론은 재규격화가 가능한 이론일까?

Martinus J. G. Veltman
1931~2021

Three Quarks

11

돌파구

Breakthrough

Gerard 't Hooft
1946~

Electroweak
Interaction

1895년 9월, 발트해 인근 뤼벡에서 열린 학술회의에서 루드비히 볼츠만(Ludwig Boltzmann)과 화학자 빌헬름 오스트발트(Wilhelm Ostwald) 사이에 격렬한 논쟁이 벌어졌다. 오스트발트는 볼츠만이 주장하던 원자의 개념을 사려 깊지 못한 생각이라고 여겼다. 그는 물리화학의 창시자나 다름없는 뛰어난 화학자였다. 굳이 원자를 도입하지 않아도 물리화학을 연구하는 데 아무런 문제가 없었다. 원자는 단지 편의상 도입한 개념일 뿐, 그것이 실제로 존재할 것이라고 믿는 사람은 거의 없었다. 원자가 반드시 존재해야 한다는 사실을 간파한 사람은 볼츠만이었다. 그는 기체운동론을 연구하면서 원자의 존재를 예견했다. 그러나 원자는 눈에 보이지도 않았고 실험으로도 그 실체를 확인한 적이 없어 당시 과학자들은 원자라는 존재를 쉽게 받아들이지 않았다. 볼츠만은 뤼벡의 논쟁에서 자신의 원자론을 성공적으로 방어했을지 몰라도, 사람들 대부분은 그의 원자론을 받아들이지 않았다.

볼츠만의 숨통을 조인 사람은 물리학자이자 철학자였던 에른스트 마흐(Ernst Mach)였다. 그는 오직 실험으로 관측된 것만이 의심의 여지가 없는 것이라고 주장했다. 마흐가 보기에 과학에서 이론물리학은 쓸모없는 것이었다. 그는 극단적인 논리실증주의자였다. 볼츠만의 원자론을 배격했고, 많은 사람이 그를 따랐다. 볼츠만은 신경쇠약에 걸릴 정도로 이에 맞섰지만, 상황은 더욱 나빠졌다. 혼자서 책이나 논문을 읽을 수 없을 만큼 눈이 나빠졌고, 우울증도 심해졌다. 1906년 9월 초, 가족들과 함께 이탈리아 아드리아해에 있는 두이노로 휴가를 떠났다. 9월 5일, 볼츠만은 가족들이 해변에 수영하러 간 사이에 호텔 방에 혼자 남아 목을 매 스스로 목숨을 끊었다. 그의 죽음은 릴케가 쓴 시, 〈두이노의 비가〉에 나오는 한 구절을 떠올린다.

"내가 이렇게 소리친들, 천사 중에서 대체 그 누가
내 목소리를 들어줄까? 한 천사가 느닷없이
나를 가슴에 끌어안으면, 나보다 강한 그의
존재로 말미암아 나 스러지고 말 텐데."

볼츠만은 자신의 원자론을 사람들이 받아들이지 않아 몸서리치게 외로웠다. 그러나 그가 세상을 떠날 즈음, 이미 젊은 물리학자들은 아무런 거리낌 없이 볼츠만의 원자론을 받아들였다. 막스 플랑크는 볼츠만의 이론에 기대 양자론을 세웠고, 알베르트 아인슈타인은 볼츠만의 이론을 바탕으로 브라운 운동을 설명했다. 그리고 볼츠만이 죽은 지 오 년쯤 지났을 때 러더퍼드의 제자였던 가이거와 마스덴은 원자 속에 핵이 존재한다는 걸 알아냈다. 조금만 더 기다렸다면 볼츠만은 자신의 원자론이 열매를 맺는 걸 볼 수 있었으런만. 혁명적인 이론은 당대에 거센 비난을 피할 수 없었다. 새로운 세대에 이르러서야 빛을 발하기 시작했다.

양자역학의 문을 연 막스 플랑크는 이런 말을 했다.

"과학에서 새로운 진리는 적들을 설득하거나 그들을 계몽시켜 승리하는 게 아니라 오히려 적들이 죽고 나서 그 진리와 친근한 새로운 세대가 자라면서 승리한다."

양자역학이라는 학문을 탄탄히 세웠던 사람들도 대부분 이십대 중반의 젊은 물리학자들이었다. 하이젠베르크가 양자역학을 세울 때 나이가 스물네 살이었고, 디랙은 그보다 한 살 더 어렸다. 쿼크와 닮은 에이스를 내놓았을 때 츠바이크는 박사 학위를 막 마친 스물일곱이었다. 혁명을 이끈 건 으레 젊은이들이었다. 그들은 새로운 개념을 두려워하지 않고 받아들였다. 서른이 넘은 겔만은 쿼크를 제안하고도 정작 쿼크가 실재한다는 것을 믿지 못했다. 전하가 분수값인 쿼크가 존재한다고 주장하기에 겔만은 이미 나이가 들어버린 것이었다. 그는 오랫동안 자신이 내놓은 쿼크의 존재에 대해 모호한 태도를 보였다. 훗날 그는 쿼크를 수학적으로 도입한 입자라고 주장했던 걸 두고두고 후회했다. 1970년대가 시작되자, 또 다른 젊은이들이 등장했다. 그들은 전자기약이론을 완성하고, 쿼크가 더는 상상 속의 입자가 아니라 실재함을 믿었다.

양-밀스 이론

　　1970년대 양자장론의 혁명을 이끌 이론은 이미 1954년에 등장했다. 1949년부터 고등연구소의 연구원으로 있던 양전닝은 여름이면 뉴욕 롱아일랜드에 있는 브룩헤이븐 연구소에 방문해서 연구하곤 했다. 롱아일랜드 해변을 따라 백사장이 펼쳐져 있어 연구에 지치면 해변을 걷거나 바다에 뛰어들어 수영을 할 수 있었다. 양전닝은 이곳을 참 좋아했다. 1965년에 롱아일랜드에 있는 스토니브룩 뉴욕 주립 대학의 교수로 간 것도 롱아일랜드를 좋아했던 게 한몫했다. 1953년 여름에도 브룩헤이븐 연구소를 방문했다. 그곳에는 컬럼비아 대학의 박사 과정 학생인 로버트 밀스(Robert Mills)가 연구원으로 와 있었다. 여름 내내 양전닝은 밀스와 연구실을 함께 사용했다. 그는 고등연구소에 있을 때부터 핵자들 사이의 강력을 유카와의 이론보다 좀 더 체계적으로 기술할 수 있는지 고민하고 있었다. 밀스와 토론하면 얻는 게 많았다. 두 사람은 함께 연구를 시작했다.

　　핵자로 통칭하는 양성자와 중성자는 전하 외에는 같은 입자라 해도 무방했다. 아이소스핀 대칭성 아래 양성자와 중성자는 한 형제였다. 양과 밀스는 아이소스핀 대칭성을 게이지 대칭성의 하나로 간주했다. 게이지라는 말은 1929년에 수학자 헤르만 바일(Hermann Weyl)이 전자기력과 중력을 합쳐 보려고 전개한 이론에서 나온 말이다. 어떤 물체의 길이를 잴 때, 센티미터 자를 쓰든 인치 자를 쓰든 물체의 길이는 변하지 않는다. 게이지 대칭성이란 자를 바꿔 재더라도 성질은 변하지 않는다는 의미다. 양자전기역학은 게이지 대칭성을 만족하는 이론 중에서 가장 단순하다. 게이지를 변환해도 전하는 변하지 않는다. 그래서 양자전기역학은 게이지 불변이라고 말한다. 게이지 불변이면 입자들 사이에 힘을 매개하는 게이지 입자가 반드시 존재한다. 양자전기역학에서는 광자가 전하를 띤 입자들 사이에 힘을 매개하는 게이지 보손(gauge boson)이다.

강력에서는 아이소스핀이 보존된다. 양과 밀스는 아이소스핀 대칭성을 게이지 대칭성이라고 가정하고 이론을 세웠다. 그러자 마치 양자전기역학의 광자처럼 핵자들 사이에 강력을 매개하는 게이지 보손이 등장했다. 광자와 달리 세 종류의 게이지 보손이 있었다. 두 사람은 이 게이지 보손을 B라고 불렀다. 이들은 스핀이 1이면서 각각 전하가 +1, 0, −1인 B^+, B^0, B^-로 표현됐다. 그때만 해도 스핀이 1이고 아이소스핀이 1인 입자는 아직 발견되지 않았다. 1961년이 되어서야 루이스 앨버레즈가 스핀이 1, 아이소스핀이 1인 로(ρ) 중간자를 발견하지만, 유감스럽게도 로 중간자는 강력을 전달하는 보손이 될 수 없었다. 공명 입자였던 로 중간자는 파이온보다 무겁고 양성자보다는 가벼웠다. 질량이 있는 입자는 게이지 대칭성을 깼다. 이 대칭성을 지키려면, 광자처럼 질량이 없는 입자만이 게이지 보손이 될 수 있었다. 양-밀스 이론이 강력을 설명하는 이론이 되려면 게이지 보손의 질량이 없든지 아니면 게이지 대칭성을 깨지 않으면서 게이지 보손에 질량을 부여할 방법이 있어야 했다. 가야 할 길은 멀고도 험했다. 그때만 해도 양-밀스 이론이 현대물리학의 판도를 바꾸어 놓을 위대한 이론이 되리라고는 아무도 상상하지 못했다.

양전닝은 고등연구소 세미나에서 양-밀스 이론을 발표했다. 세미나를 듣던 사람 중에는 볼프강 파울리도 있었다. 그는 물리학의 양심이라고 불렸지만, 신랄한 독설 탓에 신의 분노라고도 불렸다. 오죽하면, "파울리가 물리학에서 남긴 위대한 업적이 많지만, 그가 물리학에 이바지한 공로는 그가 내뱉은 독설과 상쇄되었다"라는 말까지 나왔을까. 그런 파울리가 양전닝의 세미나에서도 그냥 넘어갈 리가 없었다.

파울리가 딴지를 걸었다.

"그래서 B 중간자의 질량은 얼마예요?"

파울리를 쳐다보며 양전닝이 대답했다.

"모릅니다."

파울리는 그를 노려보며 다시 물었다.

"아니, B 중간자의 질량이 얼마냐고요?"

양전닝은 난처한 표정을 지었다.

"음..., 그 질문에 대해 곰곰이 고민해 봤는데, 무척 어려운 문제였습니다. 아직 연구하고 있습니다."

파울리의 언성이 높아졌다.

"그따위 변명으로는 충분하지 않아요!"

파울리가 1970년대까지 살았더라면, 양-밀스 이론의 위대함에 경외심이 일었을 것이다. 훗날 양-밀스 이론은 물리학 역사상 가장 위대한 이론 중 하나로 자리 잡지만, 당시는 갓 맺은 꽃망울과 같았다.

마르튀니스 펠트만(Martinus Veltman)이 양자장론을 처음 접한 건 위트레흐트 대학에서 학부 졸업 논문을 쓸 때였다. 1961년에 박사 학위를 마치고 스탠퍼드 가속기 센터에 가서 연구했는데, 그곳에서 최초로 컴퓨터를 이용해 대수적인 계산을 할 수 있는 프로그램 스쿤십(Schoonschip)을 개발했다. 스쿤십은 네덜란드어로 "깔끔한 배"라는 뜻이다. 거기에는 온갖 더러운 것을 깨끗하게 정리한다는 의미가 들어 있었다. 스쿤십은 오늘날 수학자나 과학자가 많이 쓰는 매스매티카와 같은 대수적 연산 컴퓨터 프로그램의 원조인 셈이었다. 스쿤십 덕에 펠트만은 남들보다 빨리 파인먼 다이어그램을 계산할 수 있었다. 1966년 여름, 모교로 돌아와 교수가 되기 전까지 약력에서 벡터 흐름의 보존 법칙을 연구했는데, 본인이 얻은 결과가 양-밀스 이론과 닮았다는 사실을 그때는 인지하지 못하고 있었다.

이듬해에 CERN의 이론물리학자 존 벨(John S. Bell)은 펠트만의 결과가 게이지 불변 때문이라고 해석했다. 결국 펠트만이 구한 결과는 양-밀스 이론의 다른 모습이었던 셈이었다. 그 사실을 깨달은 펠트만은 본격적으로 양-밀스 이론과 전자기약이론의 재규격화에 관심을 두기 시작했다. 펠트만은 1960년에 나온 아서 코마르(Arthur Komar)와 압두스 살람의 논문에서 두 사람이 "질량이 있는 양-밀스 이론은 재규격화할 수 없다"라는 주장을 했다는 사실을 전혀 몰랐다. 몰랐기에 집중할 수 있었다. 훗날 코마르와 살람의 주장은 틀렸

음이 드러났다.

1967년, 펠트만이《피직스 레터 B》의 편집인이었을 때 류드비크 파데예프(Ludvig Faddeev)와 빅토르 포포프(Victor N. Popov)가 투고한 논문이 펠트만의 손에 들어왔다. 그때만 해도 펠트만은 경로 적분 (path integral)을 몰랐다. 그러나 수학자 파데예프의 명성은 익히 들어 알고 있었다. 그가 헛소리할 리가 없다고 믿은 펠트만은 망설임 없이 논문을 받아들였다. 이 논문에서 파데예프와 포포프는 양-밀스 이론을 어떻게 양자화할 수 있는지 보였다. 여느 게이지 이론으로도 확장 가능한 방법이었다. 여기서 파데예프-포포프 유령 입자가 등장한다. 나중에야 밝혀지지만, 산란 행렬이 유니타리성 (unitarity)을 만족하려면 유령 입자는 반드시 있어야 했다. 유니타리성이란 양자역학에서 확률의 합은 반드시 1이 되어야 함을 말한다. 이 입자는 스핀이 없는 스칼라 입자였지만, 보손이 아니라 마치 페르미온처럼 행동하는 기괴한 입자였다.

1968년 8월, 펠트만은 프랑스 파리 외곽에 있는 오르세 이론물리학 연구소에서 일 년 동안 안식년을 보냈다. 거기서 소련의 물리학자들이 개발한 이론물리학의 강력한 무기를 손에 넣게 되었다. 그것은 경로 적분이었다. 원래는 디랙이 제안하고 파인먼이 박사 과정 동안에 완성한 이론이었지만, 정작 양자장론에 경로 적분을 부지런히 적용한 사람들은 소련 물리학자들이었다. 이 방법은 베르너 하이젠베르크, 막스 보른, 파스쿠알 요르단이 행렬을 써서 표현한 양자역학과 슈뢰딩거의 미분방정식과는 또 다른, 양자역학으로 가는 제3의 길이었다. 문제가 쉬울 때는 그 진가가 드러나지 않지만,

돌파구

양-밀스 이론처럼 난해한 문제를 다룰 때는 파인먼의 경로 적분이 위력을 발휘했다. 펠트만은 경로 적분에 숙달하려고 강의를 자청했다. 우연이었을까 아니면 필연이었을까, 펠트만의 강의를 듣던 사람 중에는 이휘소가 있었다. 이휘소 역시 펠트만의 강의를 들으며 경로 적분을 잘 알게 되었다. 1969년, 한 장소에 펠트만과 이휘소가 함께 있었다는 사실은 몇 년 지나지 않아 두 사람 모두에게 뜻밖의 행운이 된다.

경로 적분을 완벽하게 익힌 펠트만은 사람들의 관심이 떠난 양-밀스 이론과 전자기약이론에 줄기차게 매달렸다. 오죽했으면, 시드니 콜먼이 펠트만에게 이런 말을 다 했을까?

"티니, 언제까지 약력의 구석진 곳만 쓸고 있을 거예요?"

이런 핀잔을 들으면서도 펠트만은 굴하지 않고, 집요하게 양-밀스 이론을 연구했다.

돌파구를 열다

1969년 어느 날, 한 학생이 펠트만을 찾아왔다. 그의 이름은 헤라르뒤스 엇호프트(Gerardus 't Hooft)였다. 엇호프트는 덴하흐(Den Haag, 우리에게는 영어식 이름인 '헤이그'로 알려져 있다)에서 고등학교를 졸업하고 위트레흐트 대학에 입학했다. 그는 수학 올림피아드에서 준우승을 할 정도로 수학을 잘했다. 게다가 그의 집안에는 유명한 과학자가 여럿 있었다. 할머니의 동생은 1953년에 위상차 현미경을 발견한 공로로 노벨물리학상을 받은 프리츠 제르니커(Fritz Zernike)였고, 외할아버지는 유명한 생물학자였다. 외삼촌은 위트레흐트 대학의 이론물리학자 니콜라스 반 캄펜(Nicolaas van Kapmen)이었다. 대학에 들어갈 때쯤, 엇호프트는 입자물리학을 물리학의 심장이라고 여겼다. 물리학 중에서도 가장 근본적인 학문이니, 이것이야말로 자신이 연구할 주제라고 생각했다. 그러나 외삼촌의 생각은 달랐다. 반 캄펜은 조카를 말리며 이렇게 말했다.

"헤라르트, 그 분야 사람들이 얼마나 거친 줄 알기나 해? 네가 잘하지 못하면 널 바보 취급할 거야."

반 캄펜은 입자물리학을 연구하다가 통계물리학 연구로 방향을 바꾸었다. 그는 계속해서 말을 이어갔다.

"나도 입자물리학을 연구한 적이 있어. 그 사람들은 분산이론에서 식을 찾아낸 다음에 적당히 가설을 세우고 결과를 얻겠지. 그리고 논문을 쓰면 그 비슷한 일을 하는 사람들이 그 논문을 인용하겠지. 제대로 된 결론도 내리지 못하면서 계속 그런 일을 하는 거야. 그들이 원하는 건 그저 자기가 쓴 논문이 인용 받는 것뿐이야."

냉소적인 조언이었지만, 그때가 1960년대였으니 반 캄펜의 말에는 일리가 있었다. 제프리 추가 이끄는 입자들의 민주주의 사단에서 주장하는 산란 행렬 이론은 강력에서 일어나는 무수한 현상에 답을 줄 듯 보였지만, 정작 도달해 보니 명확한 답이 없는 막다른 골목이었다. 그래서 반 캄펜처럼 입자물리학을 전공하다가 다른 분야로 방향을 튼 이론물리학자들도 제법 있었다. 그러나 엇호프트의 결심은 흔들리지 않았다.

돌파구

위트레흐트 대학에 입학한 엇호프트는 학부 기간 내내 입자물리학을 하겠다는 결심을 굳혀갔다. 1969년 초, 엇호프트는 펠트만을 찾아가 그 밑에서 연구할 수 있도록 허락을 구했다. 그때까지만 해도 펠트만은 엇호프트의 좋은 성적이 그저 그의 외삼촌과 집안 덕이라고만 여겼다. 펠트만은 학부 졸업 논문 주제로 엇호프트에게 겔만과 레비가 개발한 시그마 모형을 공부해 보라고 제안했다. 그땐 몰랐지만, 엇호프트가 시그마 모형을 알게 된 건 그가 이론물리학을 뒤흔들 연구를 내놓는 데 핵심이 된다. 시그마 모형을 이해하려면, 대칭성의 스스로 깨짐을 반드시 알아야만 했다. 그것은 힉스 메커니즘과 깊은 관련이 있었고, 전자기약이론의 핵심이 될 이론이었다. 엇호프트는 일 년 만에 학부 졸업 논문을 끝내고, 1969년 10월부터 정식으로 펠트만의 박사 과정 학생이 되었다. 그가 첫 번째로 맡은 일은 지도교수의 경로 적분법 강의를 들으며 기록하는 일이었다. 이것은 그의 연구에 필요한 첫 번째 열쇠였다.

엇호프트는 게이지 이론을 자신의 박사 학위 논문 주제로 삼고 싶었다. 그러나 펠트만은 자기가 연구하는 게이지 이론을 박사 과정 학생에게는 맡기고 싶지 않았다. 게이지 이론은 당시 주류에서 벗어나 있었고, 자신이 5년 동안 매달렸지만, 뚜렷한 결실을 보지 못한 주제였다. 이렇게 어려운 문제에 잘못 발을 디뎠다가는 자칫 연구를 성공적으로 끝내지 못할 수도 있으니, 박사 학위 주제로는 위험하기 짝이 없었다. 펠트만은 상대적으로 안전한 주제인 공명 중간자 연구를 해보라고 제안했다. 엇호프트의 표정이 어두워졌다.

1970년 여름, 엇호프트는 프랑스와 스위스 국경 근처, 몽블랑산에서 20킬로미터 남짓 떨어져 있는 레 우슈(Les Houches)에서 열리는 여름학교에 참가하려고 신청서를 보냈지만 탈락했다. 신은 한쪽 문을 닫는 대신에 다른 쪽 문을 연다고 했던가, 대신에 나폴레옹이 태어난 곳인 코르시카섬, 카흐제스(Cargèse)에서 열리는 여름학교에 참석하게 되었다. 엇호프트는 이 여름학교에서 1971년 세상을 놀라게 할 연구에 필요한 두 번째 열쇠를 얻는다. 여름학교 강사 중에는 이휘소, 장-루프 제바이스(Jean-Loup Gervais), 쿠르트 쥐만치크(Kurt Symanzik)와 같이 대칭성의 자발 깨짐에 관한 전문가들이 있었다. 그 중에서도 이휘소와 쥐만치크의 강의는 엇호프트 가슴 속에 곧 발아할 물리학의 씨앗을 심어놓았다.

이휘소의 강의 제목은 "카이랄 동역학"이었다. 내용은 시그마 모형의 재규격화에 관한 것이었다. 시그마 모형에는 일 년 후 엇호프트가 전자기약이론을 재규격화할 때 꼭 필요한 내용이 들어 있었다. 시그마 모형은 1960년에 겔만과 모리스 레비(Maurice Lévy)가 발표한 논문에서 처음으로 등장한다. 두 사람은 베타 붕괴에서 축벡터 흐름을 연구하면서 세 개의 파이온 장에 부가적으로 스칼라 장을 도입했다. 카이랄 대칭성을 만족하는 모형을 만들려면 스핀도 아이소스핀도 없는 스칼라 장이 필요했다. 이 스칼라 장이 시그마 장(sigma field)이다. 이런 이유로 시그마는 파이온의 카이랄 파트너(chiral partner)라고 부르기도 한다. 이 아이디어는 1957년에 슈윙거가 이미 제안했지만, 시그마 모형을 완성한 사람은 겔만과 레비였다.

이휘소는 1969년에 프랑스 오르세 이론물리학 연구소를 방문하는 동안, 시그마 모형을 재규격화하는 데 성공했다. 그는 강의 뒷부분에서 시그마 모형에서 카이랄 대칭성이 어떻게 스스로 깨지는지도 설명했다. 카이랄 대칭성이 깨지면서 나오는 난부-골드스톤 보손은 쿼크 모형에서 중간자 팔중항에 속하는 파이온과 케이온, 에타 중간자라고 결론지었다. 강의에서는 이야기하지 않았지만, 쿼크는 이 대칭성의 자발 깨짐을 통해 질량을 얻는다. 또는 "양성자가 질량을 얻는다"라고도 말할 수 있다. 이휘소는 강의에서 시그마 모형을 재규격화해도 대칭성의 자발 깨짐은 손상되지 않음을 보였다.

강의를 들으면서 엇호프트는 문득 이런 의문이 들었다.

'양-밀스 이론에 시그마 모형에서처럼 스스로 깨지는 대칭성을 넣으면 어떨까?'

그는 앙글레르와 브라우트, 힉스, 구랄닉과 하겐, 키블이 연구한 힉스 메커니즘을 전혀 모르고 있었다.

그다음 강의로 지만쥐크의 "대칭성이 깨진 이론의 재규격화"가 이어졌다. 이 역시 엇호프트에게 영감을 준 강의였다.

엇호프트는 휴식 시간에 서둘러 이휘소를 찾았다. 꼭 묻고 싶었던 게 있었다.

"시그마 모형처럼 양-밀스 이론에서도 대칭성 깨짐을 도입할 수 있을까요?"

이휘소는 잠시 생각하더니 대답했다.

"그건 생각해 본 적이 없어 잘 모르겠네요. 양-밀스 이론이라면, 우리보다는 당신 지도교수인 티니 펠트만이 더 잘 알고 있을 겁니다. 그에게 한번 물어보세요."

엇호프트는 지만쥐크에게도 같은 질문을 했지만 돌아오는 답은 같았다.

비록 짧은 기간이었지만, 엇호프트는 카흐제스 여름학교에서 얻은 게 많았다. 위트레흐트로 돌아온 엇호프트는 펠트만에게도 같은 질문을 했다.

"양-밀스 이론에도 대칭성의 자발 깨짐을 적용할 수 있을까요?"

펠트만의 대답은 훨씬 비관적이었다.

"입자물리학에서 대칭성의 자발 깨짐이란 믿을 수 없는 헛소리예요. 그렇게 되면 진공의 에너지 밀도가 엄청나게 커져 물리적 진공의 에너지가 어마어마하게 큰 우주 상수를 갖게 될 겁니다."

이런 이유로 펠트만은 힉스 메커니즘을 싫어했다. 펠트만의 말을 들은 엇호프트는 대칭성 깨짐은 잠시 미뤄두고, 우선 질량이 없는 양-밀스 이론을 연구하기로 마음먹었다.

연구를 시작하면서 엇호프트는 파데예프와 포포프의 논문을 접했다. 달랑 두 쪽짜리 논문이었지만, 엇호프트는 논문을 읽으면서 마치 보석을 발견한 듯한 느낌을 받았다. 그가 얻은 세 번째 열쇠였던 셈이었다. 두 사람의 논문은 엇호프트가 양-밀스 이론을 재규격화하는 데 결정적인 영향을 미쳤다. 그러나 파데예프-포포프의 행렬식을 입자로 나타내려 하자 어려움이 발생했다. 어딘가 잘 맞지 않았다. 그래서 이번에는 파데예프-포포프 행렬식을 페르미온으로 나타내 보았다. 그러자 아귀가 딱 맞아떨어졌다. 유령 입자는 마치 보손처럼 행동하면서 페르미온의 모습을 띠었다. 마지막으로 재규격화한 결과가 게이지 불변을 만족하는지 확인해야 했다. 그건 정말이지 지난한 작업이었다. 재규격화된 양-밀스 이론은 게이지 불변을 만족했고, 거기서 유도한 산란 행렬도 유니타리성을 잘 만족했다. 엇호프트는 자신이 뭔가 대단히 중요한 결과를 얻었다는 걸 느꼈다.

재규격화된 양-밀스 이론

1971년 초, 엇호프트는 혼자서 논문을 한 편 썼다. 비록 논문 마지막에서 "고리가 더 많은 다이어그램의 무한대를 다스리는 것은 자세히 다루지 않았으므로 게이지 불변을 일관성 있게 증명하지는 못했다"고 고백했지만, 마침내 양-밀스 이론을 재규격화하는 데 성공한 것이었다. 지도교수에게 논문을 보여줬다. 논문 제목은 "질량이 없는 양-밀스 장의 재규격화"였다. 펠트만의 첫 반응은 그다지 좋지 않았다. 논문에서 유니타리성을 논의하지 않았다는 걸 지적했다. 사실이었다. 엇호프트는 다시 파데예프와 포포프의 유령 입자를 포함해 논문을 수정했다. 펠트만은 또 다른 문제인 축 비정상(axial anomaly)을 들고나왔다. 엇호프트는 질량이 없는 양-밀스 이론에 그런 비정상 항은 없다는 걸 증명했다. 그제야 펠트만은 논문을 마음에 들어 했다. 논문은 1971년 2월에 《뉴클리어 피직스 B》에 투고되었고, 그해 10월에 출판되었다. 엇호프트의 첫 논문이었고, 혼자서 쓴 논문이었지만 역사에 길이 남을 위대한 연구였다.

늦은 가을의 어느 날, 펠트만은 엇호프트와 함께 위트레흐트 대학 내 연구소의 한 건물에서 나와 다른 건물로 걸어가고 있었다. 펠트만은 혼잣말하듯 탄식을 섞어 엇호프트에게 말했다.

"질량이 없는 이론에서 보여준 모든 건 참 보기 좋았어. 비현실적이라고 할지라도 전하가 있는 벡터 보손을 재규격화할 수 있는 이론이 있다면 얼마나 좋을까?"

엇호프트가 무심한 목소리로 대답했다.

"그건, 제가 할 수 있어요."

그 말에 너무 놀란 펠트만은 엇호프트를 쳐다보다가 그만 눈앞에 있던 나무에 머리를 부딪힐 뻔했다.

"뭐라고?"

그러자 엇호프트가 다시 대답했다.

"제가 할 수 있다고요."

펠트만은 놀랄 수밖에 없었다. 정말이지 오랫동안 자신이 해결하려고 온 힘을 다했던 문제였다. 놀란 가슴을 진정시킨 펠트만은 "그럼, 바로 가서 파인먼 다이어그램을 그려 봐. 내가 직접 확인할게"라고 말한 뒤, 걸음을 서둘렀다.

엇호프트는 칠판에 자기가 구한 식을 적었다. 펠트만은 그 식을 보는 순간, 바로 이거라는 생각이 들었다. 모든 항이 다 마음에 드는 건 아니었지만, 그건 당분간 무시해도 문제가 없어 보였다. 엇호프트는 지도교수가 대칭성의 자발 깨짐을 싫어한다는 걸 잘 알고 있었기에 그 부분은 드러내놓고 얘기하지 않았다. 그러나 한번은 짚고 넘어가야 할 문제였다.

펠트만은 CERN에 갈 일이 있었다. 그는 엇호프트가 구한 식을 그곳 컴퓨터에 깔아놓은 스쿤십으로 계산해 봤다. 세상에나! 계수가 안 맞는다는 걸 제외하면 결과가 제대로 나왔다. 그런데 그 계수조차도 엇호프트가 적은 항을 다 믿지 못했던 펠트만 탓이었다. 엇호프트가 구한 원래 식을 써서 다시 계산하자 모든 게 맞아떨어졌다. 유니타리성도 이상 없었다. 드디어 전자기약이론의 재규격화에 성공한 것이었다! 펠트만은 CERN에서 만난 브루노 추미노(Bruno Zumino)에게 엇호프트의 두 번째 논문에 들어가야 할 적당한 참고문헌이 무엇일지 문의했다. 추미노는 와인버그의 논문과 키블의 논문을 추가하라고 조언했다.

1971년 7월 13일에 《뉴클리어 피직스 B》에 투고한 엇호프트의 두 번째 논문은 그해 12월 1일에 출판되어 세상에 나왔다. 첫 번째 논문이 출판되기까지는 8개월이 걸렸지만, 이번에는 5개월이 채 걸리지 않았다. 이 두 번째 논문에서 비로소 많은 이들이 오랫동안 고대하던 전자기약이론의 재규격화가 완성되었다. 이 논문에는 놀라운 점이 있었다. 엇호프트는 힉스 메커니즘을 몰랐다. 단지, 대칭성이 스스로 깨지도록 스칼라 장을 도입했는데, 그게 바로 힉스 장이었다. 그리고 대칭성이 스스로 깨진 뒤에 등장한 표현식은 1967년에 와인버그가 "렙톤의 모형"에서 적은 것과 같았다. 엇호프트는 힉스 메커니즘과 와인버그의 이론을 혼자서 추론해 낸 것이었다. 드디어 와인버그의 전자기약이론은 오랜 잠에서 깨어나 사람들의 주목을 받기 시작했다.

엇호프트와 펠트만은 양-밀스 이론의 재규격화를 확장해서 "게이지 장의 조절과 재규격화"라는 논문을 《뉴클리어 피직스 B》에 발표했다. 박사 과정 학생이 쓴 세 편의 논문이 모두 기념비적 논문이 된 것은 엇호프트의 경우가 처음일 것이다.

게이지 장의 조절과 재규격화

양자전기역학이 재규격화된 이래로 발산을 야기하는 무한대 항을 체계적으로 제거할 수 있는 방법이 나왔다. 니콜라이 보골류보프와 오스탑 파라슈크는 고리 다이어그램에서 발산하는 항을 고립시킨 다음, 그 항을 제거할 역항(counter term)을 적용했다. 이어서 클라우스 헵과 볼프하르트 치머만은 보골류보프-파라슈크 방법을 수학적으로 명징하게 증명했다. 그러나 양-밀스 이론의 재규격화는 여전히 양자전기역학을 재규격화하는 것보다 훨씬 난해했다. 엇호프트는 양-밀스 이론에서 고리 다이어그램의 발산을 다스리기 위해 '차원 조절(dimensional regularization)'이라고 부르는 기발한 방법을 이용했다. 발산하는 적분은 원래 4차원 공간의 적분이었다. 차원 조절을 쓰면 적분의 차원을 살짝 바꿔 무한대가 되는 항을 고립시킨 다음, 역항을 도입해 제거할 수 있었다. 엇호프트는 양-밀스 이론의 양자화와 재규격화 과정에서 지도교수에게서 배운 경로적분을 이용했다. 그가 썼던 경로적분과 차원 조절은 곧 양자장론을 재규격화하는 표준 방법이 된다.

이휘소와 전자기약론

1971년 여름, 펠트만은 아직 대학원생이었던 엇호프트의 업적을 알리기 위해 서둘러 암스테르담에서 학술회의를 주선했다. 거기에는 리정다오와 압두스 살람, 시드니 콜먼, 이휘소와 같은 대가들도 초청되었다. 그러나 엇호프트가 양-밀스 이론을 어떻게 재규격화했는지 설명했을 때, 온전히 이해한 사람은 이휘소밖에 없었다. 이휘소는 1969년에 펠트만이 강의한 경로적분을 들은 적이 있고, 그 방법을 사용한 적도 있었다. 게다가 당시에는 입자물리학의 변방이었던 네덜란드에서, 그것도 전혀 알려지지 않은 무명의 대학원생이 이룬 업적에 눈길을 주는 사람은 많지 않았다. "지난 이십 년 동안 그 뛰어난 물리학자들이 매달렸는데도 풀지 못했던 문제를 이제 막 이론물리학에 입문한 어린 학생이 풀었다고?"라며 반문하는 이들만 있었다. 무엇보다도 1971년에 전자기약이론은 사람들의 관심에서 멀어져 있었다. 발표가 끝난 뒤, 펠트만은 엇호프트가 쓴 예비 논문 두 편을 이휘소에게 건넸다.

학술회의가 끝나고 미국으로 돌아온 이휘소는 바로 엇호프트의 논문을 꼼꼼히 읽기 시작했다. 그는 와인버그의 전자기약이론을 잘 알고 있었다. 논문을 읽으면서 엇호프트의 연구가 와인버그가 추측에서 시작해 세운 전자기약이론이 과연 올바른 이론이었음을 증명한 것이나 다름없음을 깨달았다. 엇호프트는 힉스 메커니즘도 와인버그 이론도 잘 몰랐다. 그래서 자기만의 방식으로 논문을 쓰는 바람에 논문은 더욱 난해해졌다. 이휘소는 엇호프트의 방법을 이용해서 힉스 메커니즘으로 질량을 얻은 벡터 보손을 재규격화할 수 있음을 증명했다.

이휘소는 프랑스의 장 진쥐스탱(Jean Zinn-Justin)과 "스스로 깨진 게이지 대칭성"이라는 논문 네 편을 연속해서 발표했다. 바야흐로 게이지 이론이 현대 이론물리학의 기둥이 되었음을 알리는 웅장한 논문이었다. 입자물리학자들은 이휘소의 논문을 읽으면서 비로소 전자기약이론이 재규격화가 되었음을 알게 되었다. 전자기약이론을 완성한 와인버그조차도 이휘소의 논문을 통해 엇호프트와 펠트만의 결과를 이해할 수 있었다. 와인버그가 1967년에 《피지컬 리뷰 레터》에 출판한 논문 "렙톤의 모형"도 이휘소의 논문이 나온 뒤부터 정신없이 인용되기 시작했다. 너도나도 전자기약이론 연구에 뛰어들었다.

1972년 9월 6일부터 13일까지 일주일 동안 국립 가속기 연구소가 있는 일리노이 바타비아에서 제16회 고에너지물리학회 학술회의가 열렸다. 거기서 이휘소는 "약한 상호작용 이론에 대한 관점"이라는 제목으로 강연을 시작했다.

"이론과 그것이 향후 실험에 미칠 수 있는 영향이라는 관점에서 약한 상호작용 이론을 보면, 지난 이 년 동안 얻은 가장 중요한 발전은 아마도 스스로 깨진 게이지 대칭이라는 개념을 기반으로 약한 상호작용을 재규격화할 수 있는 모형을 구축한 데 있습니다. 이 체계의 기본 전략은 1967년에 와인버그가 발표한 논문과 1968년에 살람이 발표한 논문에서 처음 등장합니다. 여기서 약한 상호작용과 전자기 상호작용은 중간 벡터 보손($W^{\pm}$와 Z^0 보손)과 광자를 게이지 보손으로 삼는 양-밀스 게이지 이론으로 통합됩니다. 이 생각 자체는 슈윙거, 글래쇼, 살람, 워드 등이 이전에 논의한 바 있어 새로운 것은 아닙니다. 와인버그-살람 전략에서 새로운 점은 약한 상호작용과 전자기 상호작용 사이에서 관찰된 차이점을 힉스 메커니즘으로 알려진 게이지 대칭성의 자발 깨짐으로 설명했다는 것입니다."

이렇게 이휘소는 전자기약이론이 물리학 역사에 길이 남을 탄탄한 이론으로 자리 잡는 데 결정적인 역할을 했다. 그는 안타깝게도 1977년 6월 16일, 일리노이주에 있는 80번 고속도로에서 불의의 교통사고를 당해 세상을 떠났다. 그의 나이, 마흔둘이었다. 그가 살아 있었더라면, 1999년 엇호프트와 펠트만이 노벨물리학상을 수상했을 때 그 상을 함께 받았으리라.

중성 흐름의 발견

엇호프트와 펠트만, 이휘소의 노력으로 와인버그-살람의 전자기약이론이 재규격화가 가능하다는 사실이 증명되자 중성 흐름을 찾으려는 실험물리학자들의 노력도 탄력을 받았다. 한편, 오랫동안 실험에서 발견되지 않은 터라, 와인버그-살람 이론에서 Z^0 보손을 제외한 수정 게이지 이론도 나왔다.

중성 흐름은 Z^0 벡터 보손이 약력을 매개하는 걸 의미한다. 중성 미자가 전자나 양성자와 탄성 충돌하는 과정에서는 전하를 띤 W 보손이 아니라 Z^0 보손이 약력을 매개한다. 따라서 중성 흐름을 찾으려면 중성미자가 양성자나 전자와 충돌하는 과정을 찾아야 한다. 그리고 그 과정에서는 전하를 띤 뮤온이 나오지 않아야 한다. 뮤온이 나온다는 것은, 중성 흐름이 아니라 W 보손의 흐름이 관여했다는 걸 암시한다. 중성 흐름의 존재는 W 보손만 있는 V-A 이론과 W와 Z를 모두 포함하는 와인버그-살람 이론 중에서 어느 것이 옳은지를 가르는 정의의 여신 디케의 칼이었다. 그러나 중성미자는 입자들과 워낙 약하게 상호작용하므로, 실험으로 확인하기가 무척 까다로웠다. 그래서 이론과 마찬가지로 중성 흐름의 존재를 확인하기까지는 실험 역시 길고 지루한 과정을 거쳐야만 했다. 중성 흐름을 발견하려는 시도는 실패의 연속이었고, 수많은 오개념과 착오는 실타래처럼 뒤엉켜 있었다. 이 모든 걸 겪은 뒤에야 찾아낸 중성 흐름조차도 논란이 되었다.

1962년, 레더먼과 슈워츠, 스타인버거가 뮤온 중성미자의 존재를 처음으로 확인하자 실험물리학자들은 중성미자를 충돌 실험에 이용하려고 시도했다. 지금까지는 그저 강입자들이 약력에 의해 붕괴하는 것만으로 중성미자의 성질을 확인했다면, 이제는 고에너지에서 중성미자의 양태를 관찰해야 했다. 1960년대 중반, CERN에 있는 몇몇 물리학자들은 중성미자를 양성자와 충동시키는 실험을 하고 있었다. 중성미자는 물질과 힘을 거의 주고받질 않아 중성미자와 양성자의 충돌은 실험적으로 측정하기가 몹시 어려웠다. 중성미자를 측정하려면 지금보다 훨씬 큰 거품상자가 필요했다. 당시 CERN의 소장이었던 빅터 바이스코프는 이 중성미자 실험을 적극 지지하며 필요한 돈도 끌어다 줬다.

거품상자의 제작은 프랑스의 에콜 폴리테크니크에 있는 앙드레 라가리그(André Lagarrigue), 폴 뮈세(Paul Musset), 앙드레 루세(André Rousset)가 맡았다. 제작비는 프랑스 정부에서 대기로 했다. 이걸 짓는 데만 수천 톤의 구리와 철이 들었다. 거품상자의 통은 철로 만들어 그 안에서 반응하는 입자들을 가두어 두도록 했고, 거품상자를 구리 도선으로 촘촘하게 감았다. 구리 도선의 길이만 해도 수 킬로미터나 되었다. 그전까지만 해도 거품상자는 길이가 기껏해야 1미터 혹은 길어야 2미터쯤 되었고 그 안에는 1000리터 정도의 액체가 채워져 있었지만, 이번에 만드는 것은 길이가 5미터나 되고 액체 프레온을 1만 2000리터나 채워 넣을 수 있었다. 크기가 워낙 커서 르 프랑스-링귀는 이 거품상자를 가가멜(Gargamelle)이라고 불렀다. 16세기 프랑스의 작가 프랑수아 라블레가 쓴 풍자소설 《가르강튀아》에 등장하는 거인 가르강튀아의 어머니 이름이 가가멜이었다. 거품상자의 거대한 모습은 가가멜이라는 이름에 잘 어울렸다. 육 년에 걸쳐 완성한 가가멜은 1971년에 작동을 시작했다.

CERN의 양성자 싱크로트론에서 260억 전자볼트로 가속한 양성자로 베릴륨 과녁을 때리면 파이온과 케이온이 쏟아져 나왔다. 이들은 붕괴하면서 뮤온과 뮤온 중성미자를 내놓았다. 이때 얻어지는 뮤온 중성미자의 에너지는 최대 100억 전자볼트에 달했다. 중성미자는 전하가 없어서 눈으로 직접 확인할 수 없었다. 또한 중성미자를 측정하려면 거품상자에 들어 있는 액체의 양이 많을수록 좋았다. 초당 10억 개의 중성미자를 거품상자에 보내봐야 분당 한 번 정도 반응했다. 중성미자는 가가멜에 넣은 과포화 상태의 액체 프레온과 충돌했다. 중성미자는 프레온 원자에 있는 전자와도 충돌하고, 핵과 충돌하기도 했다.

몇몇 이론물리학자들은 가가멜을 이용하면 중성 흐름을 찾을 수 있을 거라고 실험물리학자들을 종용했지만, 중성 흐름은 그들의 관심사에서 멀었다. 중성 흐름은 아직 검증되지 않는 이론에서 주장하는 헛소리일 수도 있으니, 거기에 힘을 쏟는 건 시간 낭비라고 여겼다. 게다가 중성미자가 양성자와 충돌하면서 생겨나는 강입자들은 약력을 연구하는 데 걸림돌이었다. 그런 강입자의 쓰레기 더미 속에서 중성 흐름을 찾는다는 것은 짚 더미 속에 숨겨진 바늘을 찾는 것과 같았다. 중성 흐름에 관심이 많았던 뮈세는 혹시 모르니, 거품상자 속에서 생겨난 전자가 자기장의 영향을 받아 휘는 사진이 있거든, 자기에게 알려 달라고 입자들의 궤적을 판독하는 사람들에게 부탁했다. 반 뮤온 중성미자가 프레온 원자 속에 있는 전자와 충돌하면 전자가 튀어 나오면서 자기장의 영향을 받아 휘는 모습이 보이면, 중성 흐름의 증거를 찾는 셈이었다.

뮈세는 지금까지 중성 흐름을 보지 못한 이유가 중성미자와 검출기를 둘러싼 수백 톤의 금속 차폐물과 충돌하면서 나올 수 있는 중성자 때문이라고 여겼다. 이 중성자는 거품상자 안으로 들어가 프레온 액체와 충돌하면서 중성 흐름과 비슷한 신호를 만들어 낼 수 있었다. 중성 흐름도 중성자도 전하가 없어서였다. 실험에서는 측정하려는 사건을 방해하는 신호를 배경 잡음이라고 여긴다. 이걸 정교하게 제거하는 작업은 까다롭지만, 반드시 해야만 했다. 무엇보다 그 신호가 측정하고자 하는 신호와 비슷할 때는 더더욱 조심해야 했다. 그리고 중성 흐름을 생성시킨 다음, 빠져나가는 중성미자의 에너지를 알 수 없다는 것도 중성 흐름의 추적을 방해했다. 중성 흐름의 신호는 배경 잡음에 묻혀 쉽게 잘려 나갔을 수 있었다.

1960년대 초, 뮈세는 새로운 강입자를 측정하려고 애쓰다 쓰라린 경험을 한 적이 있었다. 그가 보기에 유럽의 물리학자들은 실험 결과를 지나치게 신중하게 해석하며 시간을 끄는 경향이 있었다. 그러다 1961년에 결국 앨버레즈가 이끄는 버클리 그룹이 에타(η) 중간자를 먼저 찾는 바람에 닭 쫓던 개가 된 기분을 맛보았다. 1972년 초, 중성 흐름의 신호를 찾아 매일 새벽까지 가가멜 거품상자에서 찍은 사진을 분석하고 있을 때 미국 일리노이 바타비아에 세워진 국립 가속기 연구소에서 2000억 전자볼트(200 GeV)의 양성자 가속기가 가동하기 시작했다는 소식을 전해 들었다. 이제 가장 강력한 가속기는 CERN이 아니라 미국에 있었다. 미국의 실험물리학자들도 중성 흐름을 찾는 실험에 뛰어들 게 분명했다. 아니나 다를까 엇호프트가 전자기약력이론을 재규격화하자 와인버그는 만나는 실험물리학자마다 와인버그-살람 이론이 얼마나 근사한 이론인지 설명하며 중성 흐름을 찾기만 하면 이 이론이 약력의 근본이론으로 자리매김할 거라고 자신 있게 이야기하곤 했다.

와인버그는 하버드의 교수로 있던 이탈리아 출신의 실험물리학자 카를로 루비아에게도 전화를 걸었다.

"와인버그-살람 이론은 이제 재규격화가 가능해요. 약력의 기본 이론으로 자리 잡았다는 말입니다. 그러니까 지금 가장 급한 건 중성 흐름을 찾는 겁니다."

와인버그의 요청에 루비아는 고무되었다. 그는 이미 국립 가속기 연구소에서 W 보손을 찾으려고 실험팀을 구성한 적이 있었다. 하버드 대학과 펜실베이니아 대학, 위스콘신 대학이 실험에 참가했기 때문에 실험팀의 이름은 HPW 공동 실험이었다. 요즘 실험팀의 이름과 비교해 보면 무미건조한 이름이었다. 와인버그에게 설득당한 루비아는 중성 흐름을 찾는 연구를 HPW 실험팀의 일차 목표로 변경했다. 유럽과 미국의 본격적인 경쟁이 시작되었다. 뮈세는 이번에도 미국에게 기회를 빼앗길까 걱정이 되었다. 좀 더 서둘러야 했다. 다행히 가가멜 실험 그룹은 HPW 실험보다 이미 일 년 정도 앞서가고 있었다.

뮈세는 워낙 근시라서 사진을 바로 코앞에 가져와서 봐야만 했다. 평소에는 근시 때문에 참 불편했지만, 중성 흐름의 신호를 찾는 데는 오히려 장점이었다. 그러던 1971년 초 어느 날, 사진 속에서 하얀색 고리 모양의 궤적 하나를 발견했다. 그것은 중성미자 빔이 들어오는 방향과 일직선으로 놓인 곳에 있었다. 뮤온이 나올 수도 있었지만, 그것은 뮤온이 아니었다. 뮈세의 가슴이 요동쳤다. 달랑 사진 한 장뿐이라서 중성 흐름의 증거라고 말할 수는 없었지만, 뭔가 있는 게 분명했다. 뮈세는 라가리그에게 사진을 보여주었다. 그 역시 사진에 나온 고리에 크게 자극을 받았다. 그는 CERN 연구소장에게 편지를 보내 중성 흐름을 찾는 실험을 최우선 순위에 두어야 한다고 주장했다. 중성 흐름을 찾는 실험팀이 바로 만들어졌다. 팀은 다시 두 그룹으로 나뉘어 한 그룹은 중성미자와 전자의 탄성충돌에서 중성 흐름을 찾는 일에 집중했고, 다른 그룹은 중성미자와 이 거품상자 사진은 반 뮤온 중성미자와 전자의 중성 흐름에 의한 상호작용을 보여 준다. 오른쪽에서 입사한 중성미자(전하가 없어 사진에서는 보이지 않는다)가 원자 내 전자와 충돌했다. 튀어 나간 전자는 특정 궤적을 그리며 이동한다. 만약에 반 뮤온 중성미자가 전자와 하전 흐름을 통해 상호작용했다면, 전자 대신 뮤온이 생겨났을 것이다.

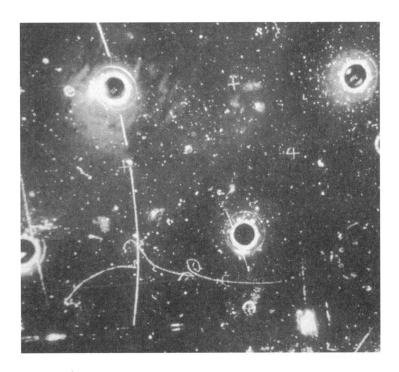

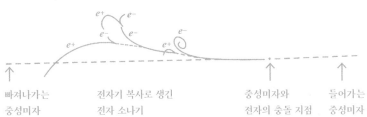

| 빠져나가는
중성미자 | 전자기 복사로 생긴
전자 소나기 | 중성미자와
전자의 충돌 지점 | 들어가는
중성미자 |

핵자의 충돌에서 중성 흐름의 신호를 탐색했다.

1973년 1월 초, 독일 아헨공대 대학원생이었던 프란츠 하제르트 (Franz J. Hasert)는 가가멜 거품상자에서 찍은 사진을 재확인하고 있었다. 그 중 하나에는 뮈세가 봤던 하얀색 고리가 있었다. 판독관은 그게 뮤온 때문에 생긴 자취라고 판단했지만, 뮤온과는 확실히 달랐다. 하제르트는 원본 사진을 찾아봤다. 판독관이 반응 사건을 잘못 분류했음이 분명했다. 사진에 나오는 고리는 전자가 갑자기 툭 튀어나와서 뱅글뱅글 돌면서 만든 것이었다. 이 고리는 분명 전자와 중성미자가 중성 흐름을 통해 상호작용하는 걸 암시했다. 하제르트는 서둘러 선임인 헬무트 파이스너(Helmut Faissner)에게 사진을 보여주었다. 파이스너는 무척 놀라 눈을 크게 뜨며 말했다.

"자네가 중성 흐름을 찾았네! 이 고리는 뮤온이 아니라 전자야."

72만 5000장이 넘는 사진을 분석하고 얻은 첫 결과였다. 그러나 그게 끝이 아니었다. 속속들이 꼼꼼히 분석해야 했다. 이번에도 가장 큰 문제는 배경 잡음을 제거하는 것이었다. 최종 결과를 얻기까지는 거의 반년이 걸렸다. 중성 흐름의 존재를 처음으로 세상에 알리는 논문은 1973년 7월 2일에 《피지컬 레터 B》에 투고되었다. 논문은 두 달 남짓 후에 나왔다.

한편 뮈세는 중성미자와 핵자의 충돌을 분석하며 중성 흐름을 찾고 있었다. 문제는 중성자였다. 중성미자처럼 중성자도 전하가 없었다. 외부에서 가가멜 안으로 들어오는 중성자를 차폐한다고 해도 그 두꺼운 금속벽을 뚫고 안으로 들어올 확률이 있었다. 오래전 실험에서처럼 중성자로 보이는 신호를 모두 잘라 버리면, 중성 흐름의 신호도 잘려나갈 위험이 있었다. 목욕물을 버리려다 아이까지 버릴 수는 없었다. 그러므로 아주 조심스럽게 분석해야만 했다. 최종적으로 뮈세는 중성자의 기여는 20퍼센트가 채 되지 않을 거라고 결론을 내렸다. 한 사람이 그런 결론을 내렸다고 바로 논문을 쓸 수 있는 것은 아니었다. 우선 동료들로부터 검증을 받아야 했다. 1973년 4월 12일, 실험에 참여하는 모든 이가 모여 검증에 들어갔다. 이틀에 걸친 논쟁 끝에 중성 흐름이라고 보이는 데이터를 골라 냈는데, 모두 157개였다. 배경 잡음은 여전히 논란거리였다.

뮈세는 1973년 7월 4일에 논문 초고를 마쳤지만, 여전히 중성자에 의한 배경 잡음이 모두 제거되었는지 의문을 제기하는 팀원들이 있어 투고를 망설이고 있었다. 7월 중순, 라가리그는 루비아로부터 편지를 받았다.

"HPW 실험에서 찾은 중성 흐름 데이터가 대략 100개 정도입니다. 이제 논문을 쓰려고 하는데, 혹시 가가멜 실험 데이터가 있으면 알려주세요. 유럽에서도 비슷한 실험을 하고 있다고 논문에 밝히려고 합니다."

그 말을 전해 들은 뮈세는 이번에도 미국에게 선두를 빼앗길까 안절부절 못했다. 다행히 라가리그는 단호한 어조로 거절의 답장을 루비아에게 보냈다. 루비아 덕에 뮈세는 모든 연구원이 모인 자리에서 최종 실험 결과를 발표했다. 논문은 7월 25일에 같은 저널에 투고되었고, 9월에 첫 논문과 같은 호에 출판되었다.

곧 논문을 쓰겠다고 라가리그에게 편지를 했던 루비아는 뮈세가 《피직스 레터 B》에 논문을 투고할 즈음, 개인적으로 곤경에 처하게 되었다. 하버드 대학의 교수였지만, 여전히 이탈리아 국적을 유지하던 루비아는 실험 때문에 바빴는지 비자 연장을 잊고 있었다. 그는 미국 이민국으로부터 1973년 7월 29일까지 미국을 떠나라는 통지를 받았다. 하버드 대학의 교수라는 말도 이민국에는 통하지 않았다. 결국, 루비아는 7월 27일에 미국을 떠나 삼 개월 동안 재입국을 할 수 없었다. 논문을 투고하려 했지만, 결과가 전자기약이론과 잘 들어맞지 않았다. 자칫 잘못하면, 실험 그룹 전체의 명예가 실추될 판이었다. 사태를 진정시키기 위해 루비아와 함께 HPW 실험팀을 이끌던 펜실베이니아 주립 대학의 데이비드 클라인(David Cline)과 위스콘신 대학의 앨프리드 만(Alfred Mann)이 나섰다. 데이터를 다시 분석했고, 실험도 다시 했다. 새롭게 분석한 결과는 와인버그-살람 이론의 예측과 비슷하게 나왔다. 논문은 가가멜 실험 논문보다 거의 일 년이나 늦게 나왔다. 뮈세가 바라던 대로 중성 흐름을 발견한 공은 가가멜 실험팀에게 돌아갔다.

중성 흐름의 발견은 글래쇼와 와인버그, 살람의 예언이 옳았음을 증명했다. 중성미자 덕분에, 그리고 가가멜 실험 덕분에 세 사람은 1979년에 노벨물리학상을 받았다. 아쉽게도 1964년에 살람과 전자기약이론을 함께 연구했던 존 워드는 수상자 목록에서 빠졌다. 워드는 심기가 불편했는지 이런 말을 남겼다.

"사람들은 섣부른 발표와 널리 전파될 두려움 사이에서 갈등합니다. 아주 고질적인 문제입니다. 이걸 피하려고 전문적인 선수들은 양쪽 모두에 베팅하는 기술을 개발했습니다. 잘 알려지지 않은 저널은 필요하다면 우선순위를 증명하는 데 사용할 수 있지요. 그

돌파구

렇지 않으면 쉽게 잊혀지고 마니까요."

　실제로 겔만도 쿼크를 제안하는 논문을 신생 저널인《피직스 레터》에 보냈고, 살람도 자기 논문을 종종 이탈리아의 신생 저널인 《일 누오보 시멘토》에 투고하곤 했다. 워드는 살람만큼 과감하지 못했다.

쿼크와 약력

　　　　　　1972년까지 와인버그-살람의 이론은 여전히 렙톤의 영역에만 머물러 있었다. 전자기약이론에는 강입자들의 약 상호작용도 포함되어야만 했다. 그러려면, 쿼크와 렙톤을 하나로 묶을 체계가 필요했다. 강력도 게이지 이론의 체계에 편입시킬 수 있어야 했다. 중성 흐름이 발견된 1973년에 드디어 강력을 게이지 이론의 하나로 볼 수 있다는 주장이 나왔다. 강력의 새로운 모습, 양자색역학은 그렇게 우리 앞에 등장했다.

영국의 소설가이자 시인인 D.H. 로런스는, 불사조가 젊음을 되찾으려면 우선 산 채로 불에 타서 뜨겁고 보드라운 재가 되어야 한다는 시를 썼다. 재는 비눗방울처럼 떠올라 솜털 같은 깃털이 되고, 그곳에서 불사조는 되살아난다. 제프리 추가 "양자장론은 노병처럼 사라져 갈 것"이라며, 양자장론에 내렸던 판정은 틀렸다. 1960년대에 재가 되었던 양자장론은 1970년대가 되자 불사조처럼 되살아나 입자물리학을 지배했다. 엇호프트와 펠트만이 게이지 이론을 재규격화한 뒤, 전자기약이론은 올바른 이론으로 재정립되었다. 그리고 게이지 이론은 곧바로 강력에도 적용되었다. 양자색역학은 그렇게 탄생했다. 양자장론이라는 불사조는 화려하게 부활하며 두 명의 자식까지 낳은 셈이었다. 전자기약력과 강력은 서로 다른 대칭성을 지닌 양-밀스 게이지 이론이 되었다. 1954년, 양전닝과 로버트 밀스가 아이소스핀 대칭성을 게이지 대칭성으로 간주하고 세운 게이지 이론은 이십 년이 지나 약력과 강력을 모두 설명하는 이론으로 자리 잡았다.

그러나 양자색역학이 탄생하기까지도 우여곡절이 많았다. 심층 비탄성 충돌을 설명하는 과정에서 여러 이론이 서로 대립했다. 제프리 추가 양자장론을 배격하며 주창한 입자들의 민주주의 이론에서는 강입자만으로도 비요르켄의 스케일링을 설명할 수 있다고 주장했다. 비요르켄 스케일링은 구조함수가 에너지나 운동량을 변화시켜도 값이 거의 일정하다는 걸 의미한다. 정 반대편에는 파인먼이 제안한 쪽입자 이론이 있었다. 쪽입자 이론에서는 양성자 속에 있는 쪽입자가 자유롭게 움직이기 때문에 스케일링이 나타난다고 주장했다. 게다가 쪽입자 이론은 양성자 속에서 일어나는 사건을 직관적으로 보여주었고, MIT-SLAC의 심층 비탄성 산란 결과를 놀랄 만큼 잘 설명했다. 그러나 그것은 엄밀한 이론이 아니었다. 파인먼은 쪽입자들은 서로 영향을 거의 받지 않는 자유입자처럼 행동한다고 가정했지만, 입자들이 서로를 지나치며 모르는 척할 리가 없었다. 그들은 약할지언정 상호작용했다.

파인먼은 쪽입자의 정체가 무엇인지 말하지 않다. 겔만은 "쪽입자처럼 지저분한 단어는 없다"라며 기회가 있을 때마다 불만을 쏟아냈다. 그는 쪽입자가 쿼크라고 믿었다. 쪽입자는 정말 쿼크인가? 쪽입자가 쿼크라면, 실험에서 볼 수 있는 입자인가? 1970년대 초까지도 겔만의 쿼크를 진지하게 받아들이는 사람은 거의 없었다. 실험에서 본 적이 없고, 게다가 전하가 분수인 입자를 받아들이긴 어려웠다. 글래쇼가 중성 벡터 보손 Z^0를 제안하며 질량이 너무 커서 실험에서는 볼 수 없었다고 말했듯이 쿼크의 질량도 너무 커서 발견하기 힘들 거라는 변명도 있었다. 그런데 게이지 보손이었던 Z^0와는 달리 쿼크는 양성자나 파이온을 만드는 기본 입자였다. 이 기본 입자의 질량이 양성자보다 훨씬 무겁다면, 양성자는 어떻게 이 무거운 쿼크 세 개로 이뤄질 수 있단 말인가? 최종 판결은 실험물리학자들의 손에 달려 있었다.

쪽입자의 정체

파인먼의 쪽입자 이론이 나오자, 쪽입자는 아마도 벌거벗은 양성자와 그것을 둘러싸고 있는 파이온일 거라고 말하는 사람들도 있었다. 1950년대에 호프스태터의 실험을 설명하면서 나온 양성자의 모습이었다. 벌거벗은 양성자란, 양성자를 둘러싼 가상 파이온의 구름을 다 걷어내고 난 양성자를 의미했다. 1968년 6월에 하버드 대학의 커티스 캘런(Curtis Callan)과 데이비드 그로스는 흐름대수를 이용해 심층 비탄성 충돌에서 전자와 충돌하는 쪽입자의 스핀을 밝힐 묘안을 제안했다. 두 사람의 제안에 따라 실험한 MIT-SLAC 팀은 1974년에 쪽입자의 스핀이 0이 아니라 1/2이라는 것을 보였다. 쿼크의 스핀이 1/2이니 쪽입자가 쿼크일 가능성이 커졌지만, 양성자의 스핀 역시 1/2이므로 쪽입자가 옷을 벗은 양성자일 가능성이 완전히 사라진 것은 아니었다. 게다가 쪽입자의 스핀이 0이나 1이더라도 전기적으로 중성이라면 양성자의 전하에는 영향을 주지 않을 것이므로 벌거벗은 양성자를 쪽입자의 후보군에서 완전히 배제할 수도 없었다.

그런데 양성자와 중성자가 쿼크 모형에서 제안한 것처럼 세 개의 쿼크로 이뤄져 있다면, 양성자는 위쿼크 두 개와 아래쿼크 하나로 되어 있을 테고, 중성자에는 아래쿼크 두 개와 위쿼크 하나가 들어 있을 것이었다. 그리고 이게 맞다면, 전자와 양성자의 심층 비탄성 충돌과 전자와 중성자의 심층 비탄성 충돌 결과의 비는 서로 다르게 나올 것이었다. 스탠퍼드 선형 가속기 센터에서 실험 결과를 확인해 봤더니 에너지가 커질수록 이 비율이 1보다 점점 작아지는 것이었다. 이 결과는 쪽입자가 분수 전하를 띠는 쿼크라는 의미였다. 쿼크의 존재가 간접적으로 확인되는 순간이었다. 이 결과에 따라 양성자의 구조를 설명하는 이론에서 쿼크 모형 말고 다른 이론은 모두 제외되었다. 그러나 이게 끝이 아니었다. 새로운 의문이 떠올랐다. 과연 쿼크만이 쪽입자일까? 그리고 쿼크가 양성자 안에 존재한다면, 왜 쿼크는 실험에서 발견되지 않는 걸까?

양성자의 내부 모습이 조금씩 밝혀지면서 이론물리학자들의 연구도 빨라졌다. 파인먼의 쪽입자 모형에서는 쿼크끼리 상호작용은 하지 않는다고 가정했지만, 실제로는 그럴 리가 없었다. 전자와 전자 사이의 힘을 광자가 매개하듯이 쿼크와 쿼크 사이도 광자와 비슷한 입자가 힘을 매개할 것이라고 생각했다. 그렇게 나온 것이 글루온(gluon) 모형이었다. 글루온이라는 말은 접착제(glue)에서 왔다. 이 말을 가장 먼저 제안한 사람은 에드워드 텔러였지만, 겔만도 이 말을 쓴 적이 있었다. 쪽입자라는 개념이 나오자마자 사람들은 글루온 모형을 도입하기 시작했다. 글루온을 제안한 이론이 여럿 나왔지만, 다들 만족스럽지 못했다. 에너지가 매우 클 때는 쿼크 사이의 상호작용이 작아야 하지만, 또 쿼크가 강입자를 이루려면 서로 단단히 묶여 있어야 했다. 유카와가 강력의 존재를 예견한 이래, 강

양자색역학

력은 물리학에서 가장 어려운 문제였다. 전자와 양성자의 심층 비탄성 충돌 실험 덕분에 강력을 이해하려는 도전은 한발 더 나아갔지만, 여전히 머릿속을 간질거릴 만큼 빠진 조각들이 있었다.

물리학의 사상가

케네스 윌슨(Kenneth G. Wilson)은 물리학의 사상가였다. 뉴턴, 패러데이, 맥스웰, 아인슈타인이 그랬듯이 윌슨도 물리학의 혁명을 이끈 사람이었다. 양자장론의 역사는 윌슨 이전과 이후로 나눌 수 있다. 그래서 윌슨 이후의 양자장론을 현대 양자장론이라고 불러도 손색이 없다. 심층 비탄성 충돌 실험에 힘입어 화려하게 부활한 양자장론은 윌슨 덕에 비로소 드높이 비상할 수 있는 날개와 강력한 엔진을 장착했다. 윌슨이 1982년에 노벨물리학상을 받은 것은 통계물리학의 핵심 주제 중 하나인 임계 현상과 상전이를 설명하는 이론을 세운 공로 덕분이지만, 그의 가장 큰 업적은 물리학에서 스케일이 갖는 의미가 무엇인지 밝혀낸 것이었다. 그걸 깨닫고 나자 그는 양자장론이나 통계역학이 결국은 서로 크게 다르지 않다는 것을 보일 수 있었다. 그의 업적을 다 기리기엔 노벨상 하나로도 부족한 감이 있다.

윌슨의 할아버지는 MIT에서 공학을 가르쳤다. 아버지는 하버드 대학의 화학과 교수였고, 어머니는 옥스퍼드 대학에서 공부한 물리학자였다. 윌슨은 아버지가 교수로 있는 하버드에서 수학을 전공했다. 1956년에 졸업하면서 그는 캘리포니아 공대에서 박사 학위를 하기로 마음먹었다. 윌슨이 캘리포니아로 떠나기 전, 그의 아버지는 캘리포니아 공대에 가거든 겔만과 파인먼을 꼭 찾아가 보라고 말했다. 굳이 말할 필요도 없는 조언이었다. 윌슨이 캘리포니아 공대를 선택한 건 바로 그 두 사람이 거기 있어서였다. 그는 대학원에 입학하자마자, 겔만과 파인먼을 차례로 찾아갔다. 윌슨은 겔만에게 물었다.

"요즘은 무슨 연구를 하고 계시나요?"

겔만은 칠판에 가서 식을 하나 적더니 "내가 이걸 풀 수 있으면 좋겠어요"라고 윌슨에게 말했다. 겔만이 적은 것은 3차원 공간에서 이징 모형(Ising model)을 나타내는 식이었다. 이징 모형은 상전이를 이해하는 데 기본이 되는 통계역학의 한 모형이었다. 겔만이 칠판에 적은 식은 윌슨의 뇌리에 오래도록 남아 훗날 사람들을 깜짝 놀라게 할 일을 하는 데 실마리가 되었다. 그는 파인먼을 찾아가 똑같은 질문을 했지만, 파인먼의 대답은 간단했다.

"아무것도 안 하고 있어요."

이 대답으로 윌슨의 지도교수가 정해졌다. 박사 과정 동안 그는 중대한 결심을 했다. 그는 앞으로 적어도 오 년이 걸려야 논문을 쓸 수 있는 그런 연구를 하기로 마음먹었다.

윌슨은 1961년에 겔만이 준 연구 주제로 박사 학위를 했지만 논문을 발표한 적은 없었다. 그래도 그는 CERN에서 박사후연구원이 되었다. 변변한 저널에 논문 한 편 내지 않았지만, 1963년에는 코넬 대학 물리학과의 조교수가 되었다. 어쩌면 지도교수의 후광 덕이었는지도 모르고, 아니면 코넬에 있던 물리학자들이 그의 숨겨진 능력을 간파했기 때문인지도 모른다. 어쨌든 그는 박사 학위를 한 지 사 년이 지나서야 두 번째 논문을 발표했다. 요즘 같았으면 아마도 부교수도 되지 못한 채 학교에서 쫓겨났을 것이다. 윌슨은 오래전에 결심한 대로 박사 학위를 한 지 팔 년 만에 세상을 놀라게 할 논문을 발표했다. 이 연구가 없었더라면 양자색역학에서 에너지가 높아지면 높아질수록 쿼크 사이에 상호작용이 약해진다는 "점근적 자유성(asymptotic freedom)" 개념은 한참 뒤에나 나왔을 것이다. 《피지컬 리뷰》에 실린 이 논문은 "흐름대수의 비-라그랑주 모형"이라는 제목만큼이나 기술적이었고 매우 난해했다. 이 논문에서 연산자 곱 전개(operator-product expansion)라는 방법이 처음으로 등장한다. 서로 충돌하는 두 입자의 에너지가 높으면 높을수록 두 입자 사이의 거리가 짧아진다. 그러니까 물리학에서는 시공간에서 두 사건 사이의 거리가 짧다는 말은 에너지가 높다는 말로 표현할 수 있다. 결국 윌슨은 시공간에서 두 입자 사이의 거리가 무척 짧아질 때 두 입자 사이에서 벌어질 일을 살펴볼 수 있는 방법을 제안한 것이었다.

진공이란 무엇인가

1971년, 윌슨은 재규격화 이론의 개념 자체를 바꿀 만한 논문을 썼다. 그 역시 전자의 심층 비탄성 충돌에서 영감을 받았다. 그는 1954년 양자장론을 세차게 몰아붙였던 란다우의

주장과 지도교수인 겔만과 프랜시스 로우의 연구를 강력에서도 살펴볼 때가 되었다고 여겼다.[*]

매우 높은 에너지의 두 전자가 서로 가까워지면 그 힘의 세기가 주체할 수 없을 만큼 강해진다. 이는 진공의 성질과 깊이 관련이 있다. 데모크리토스는 원자가 활동하는 공간을 진공(vacuum)이라고 불렀다. 그에게 진공은 아무것도 없는 텅 빈 공허였다. 디랙은 진공은 전자로 가득 찬 바다라는 은유로 진공의 모습을 처음 보여주었다. 디랙의 바다는 양자전기역학에서 이제 새로운 모습으로 재정의된다.

우리가 실험실에서 측정하는 전자의 전하는 진공이 요동치면서 만들어 내는, 수없이 많은 음전하와 양전하의 구름에 둘러싸여 있는 전하이지 원래 전하는 아니다. 전하의 발가벗은 모습을 보려면 우선 전하의 옷을 벗겨야 한다. 아주 높은 에너지의 전자를 전하를 띤 다른 전자에 쏴주면, 그 전자는 진공에서 생겨난 전하의 옷을 지나 원래 전자의 모습에 더 가까이 갈 수 있다. 겔만과 로우는 표적이 된 전자의 옷속을 파고들 정도로 입사된 전자의 에너지가 극단적으로 높다면, 전자와 전자의 상호작용의 세기도 더불어 극단적으로 높아져 결국은 발산하고 만다는 걸 보였다. 란다우도 같은 결론에 도달했다. 란다우가 양자장론을 쓰레기통에 처박은 건 이런 발산을 막으려면 전하의 값이 영이 되는 수밖에 없다고 여겨서였다.

---

[*] 겔만과 로우가 쓴 방법은 오늘날에는 재규격화 군론 방정식이라고 부른다. 이 이론은 에른스트 스튀켈베르크(Ernst Stueckelberg)와 안드레 페터만(André Peterman)이 최초로 연구했다.

그에게 양자장론은 병적인 물리학이었다. 그러나 윌슨의 이론에 따르면, 그렇게 높은 에너지 상태에서는 새로운 물리학이 관여할지도 모를 일이었다. 새로운 스케일에서는 새로운 물리학이 필요하다는 게 윌슨의 주장이었다. 다시 말하면, 원자를 다룰 때는 그보다 훨씬 작은 원자핵은 그다지 중요하지 않다. 원자핵을 다룰 때는 쿼크가 맡을 역할이 거의 없다. 주어진 스케일에 따라 필요한 입자가 달라진다.

두 개의 하전 입자 사이의 거리가 가까워질수록 전하값의 크기는 더 커진다.

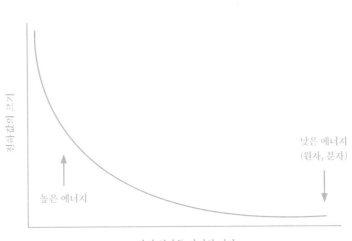

월슨 이전에는 양성자의 내부가 에너지 스케일에 따라 달라질 것이라고 생각하는 사람이 없었다. 쪽입자 이론이 나오고 나서도 양성자에서 스케일의 진정한 의미를 이해한 사람은 없었다. 월슨이 나타나 비로소 스케일에 따라 고려해야할 물리학이 달라질 수 있다는 사실을 밝혔다. 그의 연구는 양자색역학에서 가장 중요한 개념인 점근적 자유성을 이해하는 데 필요한 주춧돌이었다.

쿼크의 밀고 당기기

데이비드 그로스는 제프리 추의 제자였다. 1962년에 아버지가 교수로 있던 이스라엘 히브리 대학에서 학부를 마치고 박사 과정을 하러 버클리로 갔다. 그곳은 1960년대 '입자들의 민주주의'의 성지였고, 그곳의 대제사장은 제프리 추였다. 양자장론을 되살리는 데 일조할 그로스가 추를 지도교수로 선택한 것은 모순처럼 보인다. 그러나 무릇 훌륭한 학생이란, 처음에는 선생을 따르지만, 마침내 선생의 이론을 깨고 떠나는 사람이다. 그런 점에서 그는 추의 훌륭한 학생이었다. 처음에는 입자들의 민주주의에 관심이 있었지만, 지나치게 현상론에 경도된 것 같아 관심이 서서히 멀어졌다. 1966년에 로체스터에서 열린 학회에서 프랜시스 로우는 이렇게 말했다.

"신발끈 이론(bootstrap)은 이론이라기보다는 동어반복에 가깝다."

로우의 말은 그로스가 입자들의 민주주의와 결별하는 데 결정적이었다. 1966년에 비요르켄의 논문을 읽고 나서는 심층 비탄성 산란에 빠져 커티스 캘런과 함께 쪽입자의 스핀을 결정할 묘책을 제안했다. 그로스는 비요르켄 스케일링을 근본적으로 설명할 방법을 고민했다. 그러던 그에게 기회가 왔다. 그는 1969년에 프린스턴의 조교수가 되었는데, 그곳에는 함께 일했던 캘런이 있었다. 그에게서 재규격화 군 이론을 배웠다. 그로스는 캘런과 게이지 이론(양-밀스 이론) 말고는 점근적 자유성을 만족하는 이론이 없다는 것을 확인했다. 점근적 자유성이라는 말은 입자들 사이의 거리가 점점 가까워지면, 다시 말해 에너지가 점점 높아지면, 입자들 사이의 상호작용의 세기가 약해진다는 뜻이다. 그러니까 쪽입자 이론에 등장했던 비요르켄 스케일링을 근본적으로 설명하려면 점근적 자유성이라는 개념이 반드시 필요했다. 버클리에서의 경험 탓이었을까, 그로스는 점근적 자유성이 있는 양자장론은 없을 것이라고 의심했다. 그래서 마지막으로 남은 양-밀스 이론을 확인하기로 했다.

프랭크 윌첵(Frank Wilczek)도 겔만처럼 어릴 때부터 천재라는 소리를 들으며 자랐다. 시카고 대학 수학과를 열아홉의 나이에 졸업했다. 그가 입자물리학에 관심이 생긴 것은 군론을 들으면서부터였다. 프린스턴에서 박사 과정을 하며 입자물리학으로 전공을 바꿨고, 데이비드 그로스를 지도교수로 택했다. 그로스는 윌첵과 함께 양-밀스 이론에 점근적 자유성이 있는지 연구하기 시작했다. 재규격화 방정식에는 베타 함수라는 부분이 있다. 양자전기역학에서는 이 베타 함수의 값이 양이다. 베타 함수의 값이 양이라는 말은 에너지가 커지면 커질수록 전하를 띤 입자들 간 상호작용의 세기도 함게 커진다는 것을 의미했다. 사실 그로스도 이미 보였듯이, 양자전기역학만 그런 게 아니라 거의 모든 양자장론에서 베타 함수의 값은 양이다. 그래서 그 당시 물리학자들은 양-밀스 이론에서도 이 베타 함수의 값이 양이 될 것이라고 여겼다.

두 사람이 계산을 시작했을 땐 이미 엇호프트가 양-밀스 이론의 재규격화를 증명한 뒤였지만, 엇호프트와 펠트만의 연구는 오직 소수에게만 알려져 있었다. 다행히 그로스와 윌첵은 엇호프트의 재규격화 이론을 알기 쉽게 정리한 이휘소와 장 진쥐스탱의 논문을 알고 있었다. 윌첵은 아주 높은 에너지에서 전자기약이론이 어떻게 작동하는지 궁금했다. 두 사람의 동기는 서로 달랐지만, 양-밀스 이론에서 베타 함수의 부호를 확인한다는 목표는 같았다. 그러나 그때만 해도 재규격화 군론 방정식을 양-밀스 이론에 적용하는 것은 쉬운 일이 아니었다. 두 사람은 계산에서 실수하는 바람에 양-밀스 이론에는 점근적 자유성이 없다는 결론을 내릴 뻔하기도 했다.

한편, 두 사람보다 먼저 양-밀스 이론의 베타 함수 계산을 시작한 사람이 있었다. 하버드 대학의 대학원생이던 데이비드 폴리처(H. David Politzer)였다. 그의 지도교수는 시드니 콜먼이었다. 1970년 어느 날, 폴리처는 친구 에릭 와인버그와 뉴저지 호보켄에서 열리는 학회에 참석하러 가고 있었다. 운전해서 네 시간 남짓 걸리는 거리였다. 폴리처는 명칭만 들어봤을 뿐인 양-밀스 이론이 무엇이냐고 와인버그에게 물었다. 와인버그와 이야기를 나누며 폴리처는 양-밀스 이론이 무엇인지 조금은 알게 되었다. 이듬해에 엇호프트가 양-밀스 이론을 재규격화하자 스티븐 와인버그의 1967년 논문이 갑자기 논의되기 시작했다. 폴리처는 엇호프트의 재규격화 이론이 알고 싶었지만, 그의 논문은 워낙 어려워 이해하기 힘들었다. 다행히 이휘소와 진쥐스탱이 쓴 논문을 읽으며 양-밀스 이론이 어떻게 재규격화가 되었는지 따라갈 수 있었다.

1972년 가을, 지도교수가 프린스턴에서 연구년을 보내려고 떠나자, 폴리처는 박사 학위 논문을 끝내기 위해 혼자서 연구하기로 마음먹었다. 지도교수처럼 수준 높은 연구는 할 수 없지만, 재규격화군 이론을 사용해서 와인버그-살람 이론이 저에너지 영역에서는 어떻게 작동하는지 살펴보기로 했다. 이를 위해 가장 먼저 계산해야 하는 것은 베타 함수였다. 폴리처는 프린스턴에 내려가 지도교수에게 자신의 계획을 설명하고는 물었다.

"혹시 양-밀스 이론에서 베타 함수를 계산한 사람이 있나요?"

콜먼은 자기가 아는 바로는 아직 없다고 말했다. 그러면서 데이비드 그로스에게 물어보자고 했다. 그로스의 대답도 마찬가지였다. 폴리처는 안심했다. 양-밀스 이론이 무척 어렵긴 하지만, 베타 함수를 구하는 건 해볼 만한 일이라고 여겼다.

하버드로 돌아간 폴리처는 계산을 시작했다. 계산은 어려웠지만, 진척이 있었다. 워낙 복잡한 계산이라 매번 검산하며 부호도 여러 번 확인했다. 그리고 결과를 얻었는데, 놀랍게도 베타 함수의 부호가 음이 나오는 것이었다. 놀랐고, 또 한편으로는 실망스러웠다. 이걸 그대로 와인버그-살람 이론에 적용하면, 저에너지 영역에서는 입자들의 상호작용이 강해져 계산이 쉽지 않다는 의미였기 때문이었다. 그러나 곧 양-밀스 이론을 강력에 적용하면, 베타 함수가 음이라는 사실이 몹시 중요하다는 걸 깨달았다. 폴리처는 콜먼에게 전화를 걸어 자신이 얻은 결과를 찬찬히 설명했다. 콜먼은 끝까지 집중해서 듣고는 대답했다.

"흥미로운 결과인데, 아마 계산하면서 실수를 하지 않았을까. 여기서도 데이비드와 프랭크가 베타 함수를 계산했는데, 부호가 양이 나왔어."

콜먼은 당연히 그로스와 윌첵의 계산을 더 믿었다. 대학원생이 혼자서 계산한 결과보다 자신과 함께 연구한 적도 있는 노련한 이론물리학자 그로스 교수가 얻은 결과에 더 믿음이 갔다. 게다가 대학원생이지만 윌첵도 같은 결과를 얻었으니, 한 사람이 얻은 결과보다 두 사람이 동시에 얻은 결과에 믿음이 더 가는 건 당연했다. 폴리처는 다시 검산하며 몇 번이나 결과를 확인했지만, 베타 함수의 값은 여전히 음이었다. 일주일 후, 폴리처는 콜먼에게 다시 전화를 걸었다.

"베타 함수의 값은 몇 번을 계산해도 음이 나옵니다."

그러자 콜먼은 기다렸다는 듯이 대답했다.

"아, 그래? 데이비드와 프랭크의 계산도 음이 나왔다고 하네. 계산 과정에서 실수가 있었나봐. 이미 논문을 써서 《피지컬 리뷰 레터》에 투고했다는데."

낭패였다. 폴리처는 전화를 끊자마자 부랴부랴 논문을 쓰기 시작했다. 그리고 같은 논문집에 투고했다. 한 달 반 남짓 지난 1973년 6월 25일에 두 논문은 《피지컬 리뷰 레터》에 나란히 실렸다. 역사적인 순간이었다. 이날을 양자색역학(quantum chromodynamics, QCD)

의 탄생일로 정해도 될 만한 사건이었다. 그로스와 윌첵은 바로 자세한 논문을 써서《피지컬 리뷰 D》에 발표했다. 논문 제목은 "점근적으로 자유로운 게이지 이론"이었다. 논문에서 양자색역학이라는 표현은 쓰지 않았지만, 강력을 설명하는 근본 이론이 비로소 등장한 것이었다.

점근적 자유성과 쿼크 가둠

양-밀스 이론의 베타 함수가 음이라는 사실은 에너지가 높으면 높을수록 쿼크들 사이에 작용하는 강력이 점점 약해지는 것을 의미한다. 양자전기역학에서 두 개의 전자가 서로 가까이 다가갈 때와 달리 쿼크 두 개가 서로 가까이 다가가면 둘 사이의 힘은 점점 더 약해진다.* 그러니까 이건 마치 '밀당(밀고 당기기)'을 하는 연인 사이와 비슷하다. 두 사람이 아주 가까울 때는 사랑을 못 느끼지만, 두 사람이 멀리 떨어지면 서로 그리워하는 것과 비슷하다. 그러니까 쿼크 두 개가 아주 가까워지면, 서로의 존재를 점점 더 희미하게 느낀다는 말이다. 이것을 '점근적 자유성'라고 한다. 그러나 둘 사이가 멀어지면 멀어질수록 힘은 점점 커져서 둘을 서로 떼놓을 수 없게 된다. 이걸 '쿼크 가둠(quark confinement)'이라고 부른다. 쿼크로 이뤄진 강입자는 쿼크를 영원히 가둬두는, 깨려야 깰

* 두 입자가 점점 가까워진다는 것은 에너지가 점점 높아진다는 것과 같은 말이다.

두 개의 쿼크 사이의 거리가 가까워질수록 색전하(양자색역학의 결합상수)의 크기는 더 작아진다(점근적 자유성). 두 쿼크 사이의 거리가 멀어지면 멀어질수록 색전하의 크기는 커지고, 결국 두 쿼크는 서로 강하게 끌어당긴다.

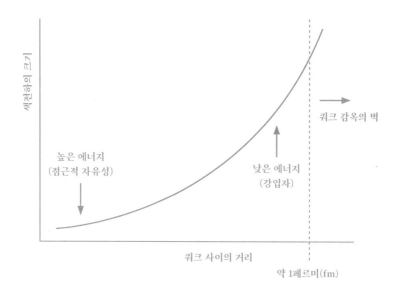

수 없는 감옥이었다. 자유로운 쿼크를 눈으로 볼 수 없는 이유이기도 했다.

점근적 자유성은 왜 파인먼이 MIT-SLAC의 실험 결과를 보고 기쁨에 차 무릎을 꿇고 기도했는지 말해준다. 그리고 파인먼이 말한 쪽입자는 쿼크만이 아니라 글루온과 양성자 속에서 끊임없이 생겼다 없어지는 쿼크와 반쿼크의 쌍을 통칭하는 용어가 되었다. 폴리처와 그로스, 윌첵은 그저 양자색역학의 베타 함수만을 계산한 것이 아니었다. 양자색역학이 강력을 설명하는 근본 이론이 될 완벽한 증거를 찾아낸 것이었다. 마침내 재에서 다시 태어나 하늘로 비상하는 불사조처럼 양자장론은 날개를 활짝 펴고 날아올랐다. 그렇다고 강력의 모든 걸 이해한 건 아니었다. 여전히 조건 하나가 양자색역학에 붙는다. 아주 높은 에너지에서만 쿼크가 서로 가까이 다가가므로, 양자색역학은 에너지가 매우 높은 영역에서만 엄밀하게 쓸 수 있었다.

그로스와 윌첵, 폴리처가 계산하기도 전에 베타 함수가 음이라는 사실을 엇호프트는 이미 알고 있었지만, 논문으로 이런 사실을 밝힌 적은 없었다. 엇호프트는 지도교수였던 펠트만의 뜻을 따라 중력 문제를 다루면서 논문을 쓸 시간이 부족했고, 베타 함수가 음이라는 사실을 논문으로 쓸 만큼 가치 있다고 여기지 않았다. 엇호프트는 그보다 훨씬 중요한 것은 쿼크 가둠이라고 여겼다.

점근적 자유성이 몹시 중요했지만, 그것만으로 강력을 설명하는 이론이 완성되었다고 말하기는 어렵다. 제대로 모습을 갖춘 강력의 게이지 이론이 나오려면, 쿼크와 그 사이를 이어주는 글루온의 정체를 확실히 밝혀야만 했다. 쿼크를 처음으로 제안한 겔만은 1970년대 초까지도 쿼크의 실재를 의심했다. 처음부터 수학적인 도구라고 여겼던 쿼크가 실존하는 입자라고 부르기에는 어쩌면 용기가 부족했을 수도 있고, 확신이 부족했을 수도 있다. 그런 그에게 젊은 이론물리학자가 나타났다. 그의 이름은 하랄트 프리치(Harald Fritzsch)였다. 그의 인생은 한 편의 드라마 같았다.

하랄트 프리치는 독일의 라이프치히에서 남쪽으로 80킬로미터 정도 떨어진 작은 도시 츠비카우에서 1943년에 태어났다. 1960년대 초에 동독은 공산주의 압제가 최고조에 달했다. 프리치가 김나지움을 다닐 때였다. 하루는 그를 가르치던 선생이 물었다.

"너는 앞으로 뭐가 되고 싶니?"

그는 거침없이 대답했다.

"물리학자나 수학자가 되고 싶습니다."

그러자 선생은 웃으며 말했다.

"그러면 너는 다른 아버지를 선택했어야지. 아버지가 개인 사업을 하는데, 네가 어떻게 교수가 될 수 있겠니? 우리나라에서 공부를 계속하려면 너는 노동자나 농부의 아들이어야만 하는데."

조지 오웰이 《동물농장》에서 했던 말이 맞았다. 모든 동물은 평등하다. 그러나 어떤 동물은 더 평등하다. 그 선생은 딱히 나쁜 사람이 아니었다. 그저 프리치에게 현실을 상기시켜 주었을 뿐이었다. 프리치는 그 말에 크게 충격을 받았다. 공산당원이 되려면 프롤레타리아 계급이어야만 했다. 물리학자가 되려면 동독에서 벗어나야 했다.

1964년이 되자 체코슬로바키아에서는 공산당 제1서기였던 알렉산데르 둡체크(Alexander Dubček)가 이끄는 민주주의의 바람이 일었다. '프라하의 봄'이라고도 알려진 민주화 운동이었다. 프리치는 프라하의 민주화 운동을 보면서 동독도 어쩌면 바뀔지 모르겠다고 생각했다. 그해 4월 말에 프리치는 친구와 함께 프라하에 가서 직접 민주화 운동을 눈으로 확인하기로 마음먹었다. 1968년 5월 1일 노동절에 수만 명의 프라하 시민들은 아침 일찍부터 거리로 나와 행진하며 환호했다. 그리고 오전 늦게 둡체크도 거리로 나와 앞장서 행진했다. 그 뒤를 따라 사람들은 행진을 시작했다. 그중에는 소련 붉은 군대 인형의 목을 매단 교수대를 들고 행진하는 모습도 보였다. 프리치는 심장이 멎는 듯했다. 소련 지도부에서 소련에 대한 저런 경멸과 모욕을 그냥 넘어가지 않을 것 같았다. 프리치는 프라하의 봄이 어떤 운명을 맞이할지 걱정하며 라이프치히로 돌아왔다.

라이프치히로 돌아온 지 얼마 지나지 않아 프리치는 끔찍한 뉴스를 들었다. 1968년 5월 23일, 라이프치히 공산당에서 일주일 후에 성 바울 교회 옆에 나란히 붙어있는 대학 건물을 부수고 그 앞에 있는 카를 마르크스 광장을 넓힌다고 공표했다. 라이프치히 공산당은 그 교회에서 반체제 인사들이 모인다는 사실을 알고 있었다. 동독 서기장이었던 발터 울브리히트(Walter Ulbricht)와 라이프치히 공산당 대표였던 파울 프뢸리히(Paul Fröhlich)의 결정은 확고했다. 라이프치히 시민들은 불만에 차 있었지만, 불만을 표시하면 비밀경찰 슈타지(STASI)에 잡혀가 곤욕을 치러야 해서 공공연히 그 불만을 드러낼 수 없었다.

성 바울 교회는 1231년에 라이프치히에 세워진 유서 깊은 교회였다. 라이프치히 대학이 설립되면서 대학 교회가 되었다. 종교개혁이 일어나고 1545년에는 마르틴 루터가 목사로 재직한 곳이기도 했다. 1723년에는 요한 제바스티안 바흐가 이곳에서 삼 년 동안 음악 축제를 열었던 곳이었다. 제1차 세계대전과 제2차 세계대전의 포화 속에서도 자신을 굳건히 지켜낸 교회이기도 했다. 그 옆에 나란히 붙어있는 대학 본부 건물인 아우구스토임(Augusteum)도 함께 사라질 운명이었다.

성 바울 교회를 중심으로 반경 300미터에 출입 금지선이 쳐졌고, 교회 곳곳에는 교회를 무너뜨릴 폭발물이 설치되었다. 1968년 5월 30일, 10시가 되자 라이프치히 시내에 있는 모든 교회에서 종을 울리기 시작했다. 첫 번째 폭발음이 들렸다. 교회는 회색 연기에 휩싸이며 기우뚱거렸다. 연이은 폭발음이 들리면서 완전히 무너져 내렸다. 라이프치히 시민들은 교회가 파괴되는 걸 보면서 눈물을 흘렸다. 동독 정부가 라이프치히에 가한 테러의 날이었다.

그해 6월 20일, 바흐 국제 콩쿠르가 시립회관에서 열릴 예정이었다. 프리치는 친하게 지내던 친구 슈테판 벨츠크(Stefan Welzk)와 함께 이날 폭파된 성 바울 교회에 대한 항의 표시로 커다란 현수막을 걸기로 계획을 세웠다. 그러나 누가 이 현수막을 걸었는지 알 수 없도록 해야만 했다. 그리고 정치적인 수사는 빼고 "우리는 복원을 요구한다!"라는 문구만 넣기로 했다. 프리치가 자동으로 현수막이 펴지도록 하는 시계 장치를 맡고 벨츠크가 현수막 제작을 맡기로 했다. 콩쿠르가 열리기 전, 두 사람은 폭 2.5미터의 현수막을 시립회의장에 몰래 설치했다.

콩쿠르는 정확하게 7시 반에 시작했다. 8시 8분이면 콩쿠르 수상식이 끝나고, 바로 음악회가 시작할 거라고 예상했는데, 일은 계획대로 돌아가지 않았다. 동독 문화부 장관의 연설은 생각보다 길게 이어졌다. 그리고 상은 수상자들에게만 주어지는 게 아니라 그보다 더 많은 사람에게 공로상이나 명예상 같은 걸 주어지느라 시간이 제법 걸렸다. 시계는 벌써 8시 3분을 가리켰다. 이제 미국인 오르간 연주자와 피아니스트가 상을 받을 차례였다. 두 사람은 며칠 전 라이프치히 성 바울 교회를 허문 걸 반대하는 시위를 했던 사람들이기도 했다. 두 사람이 무대에 오르자, 사람들은 손뼉을 치기 시작했다. 박수 소리는 곧 사그러들었다. 수상자들에게 상을 주던 교수가 축하 연설을 하려고 하는 순간, 시계는 8시 8분을 가리켰다. 그와 동시에 무대 뒤에서 현수막이 활짝 펼쳐졌다.

"우리는 복원을 요구한다!"

잠시 침묵이 흐르더니, 음악회를 보려고 온 사람들의 환호성과 박수 소리가 시립회관이 떠나갈 듯 크게 울렸다. 사람들은 환호를 지르고 휘파람을 불며 발을 굴렀다. "쿵, 쿵, 쿵!" 축하 연설을 하려고 연단에 섰던 교수는 영문도 모르는 채 앞만 멀뚱멀뚱 바라볼 뿐이었고, 라이프치히 시장과 베를린에서 내려온 장관들은 갑자기 현수막이 내려온 걸 보며 경악했다.

다음날부터 비밀경찰은 이 일을 모의한 사람을 잡으려고 눈이 벌게졌다. 라이프치히 공산당 당수였던 프뢸리히는 당장 범인을 잡으라고 호통쳤지만, 심장마비가 와서 병원에 실려 갔다. 동독 서기장 울브리히트는 범인을 체포하는 일을 최우선에 두라는 명령을 내렸다. 가장 먼저 수사망에 오른 건 라이프치히 대학의 신학과 학생들이었다. 프리치는 자기 대신 고초를 당하는 신학과 학생들에게 미안했다.

프리치는 벨츠크와 함께 불가리아까지 가서 흑해를 통해 튀르키예로 탈출하기로 마음먹었다. 이미 여러 번 확인해 둔 탈출로였다. 프리치는 6월 말까지 석사 시험을 보고 석사 학위증을 받았다. 서독에 가면 아무래도 학위 증명서가 필요할 것 같았고, 증명서가 있으면 은행에서 돈을 더 많이 찾을 수 있어서였다. 그런 다음 접이식 카누에 설치할 모터도 사들였다. 국경을 넘을 때 이 모터가 눈에 띄면 경찰에 잡힐 우려가 있었으므로 들고 다니는 가방 밑에 넣어두었다. 그런 뒤, 프리치는 츠비카우에 있는 부모님 집에 들러서 며칠 머물렀다. 이제 보면 정말이지 한참 동안 보지 못할 거라는 생각이 들었다. 부모와 형제들에게는 아무 말도 하지 않았다. 만약에 그들이 알면 비밀경찰에 붙잡혀 고초를 당할 수도 있었다. 프리치는 불가리아로 휴가를 떠난다는 말만 남기고 길을 나섰다. 벨츠크와는 프라하에서 만나기로 했다. 두 사람은 거기서 만나 불가리아로 향했다.

프리티와 벨츠크가 도착한 곳은 불가리아의 흑해 해변에 있는 작은 도시 바르나였다. 거기서 두 사람은 탈출을 위해 카누에 모터를 달고 여러 번 연습했다. 그리고 7월 26일, 두 사람은 점심을 든든히 먹고 밤이 되길 기다렸다. 바다는 칠흑처럼 어두웠다. 두 사람은 모터를 단 카누에 올라탔다. 벨츠크는 앞자리에 앉았고, 프리치가 뒷자리에서 튀르키예로 가는 방향을 잡기로 했다. 탈출 과정은 고난의 연속이었다. 불가리아 해안경비대의 탐조등을 피해야 했고, 파도가 들이쳐 카누 안으로 들어온 물을 쉴새없이 퍼내야 했다. 두 사람은 서른세 시간 동안 쉬지 않고 노를 저었다. 도착한 곳은 불가리아 국경에서 20킬로미터 떨어진 튀르키예의 해안가였다. 탈출에 성공한 것이었다.

쿼크와 색깔

1968년 10월, 프리치는 뮌헨의 막스플랑크 연구소에서 이론물리학을 다시 시작했다. 연구소장은 베르너 하이젠베르크였다. 라이프치히에 있을 때부터 프리치의 관심사는 양-밀스 이론이었다. 그는 겔만과 달리 쿼크가 실재하는 입자라는 것을 믿어 의심치 않았다. 그리고 언젠가는 양자장론이 강력을 설명하게 되리라는 사실도 굳게 믿었다.

1970년, 프리치는 스탠퍼드 선형 가속기 센터에 갈 기회를 얻었다. 가는 길에 아스펜 물리학 센터를 방문했다. 아스펜은 콜로라도 로키산맥에 있는 작은 마을인데, 1960년대 초에 몇몇 물리학자들이 워크숍과 학술회의를 열 수 있는 공간을 이곳에 마련했다. 프리치는 이곳에서 겔만을 만났다. 겔만과 쿼크에 관해 이야기하면서, 쿼크를 세상에 내놓은 사람이 정작 쿼크가 존재할 것이라는 사실에 대해서는 모호한 태도로 머뭇거리는 모습에 놀랐다. 겔만은 오히려 프리치가 한 톨의 의심도 없이 쿼크를 믿는다는 게 놀라웠다. 겔만보다 한참 어린 프리치는 겔만에게 MIT-SLAC의 실험을 좀 더 깊이 들여다보라고 말했다.

"전자의 심층 비탄성 충돌 결과를 좀 눈여겨보세요. 비요르켄 스케일링이 가리키는 건 쿼크예요. 파인먼이 쪽입자라고 부른 것도 쿼크예요!"

겔만이 건방지다고 여길 만한 말이었다. 겔만은 이마를 잔뜩 찌푸렸다. 그러나 프리치가 건방지다고 여겨서가 아니라 그놈의 쪽입자라는 말 때문이었다. 프리치의 말은 일리가 있었다. 노벨상을 받은 뒤, 한동안 쿼크에 관심이 없었는데 프리치의 굳건한 믿음과 말을 들으며 쿼크와 강력을 되돌아보기로 했다.

겔만은 프리치를 자신이 일하는 캘리포니아 공대로 초청했다. 다행히 프리치가 머물게 될 스탠퍼드 선형 가속기 센터는 캘리포니아 공대에서 그다지 멀지 않았다. 프리치가 샌프란시스코에 도착하던 1971년 2월 9일, 캘리포니아 산페르난도 밸리에서 큰 지진이 일어났다. 로스앤젤레스도 타격을 입은 터라 캘리포니아 공대가 있는 패서디나는 어수선했다. 1971년 가을까지 겔만과 함께 쿼크를 양-밀스 이론에 어떻게 접목할 건지 연구했지만, 진척은 느렸다. 두 사람은 우선 스탠퍼드 선형 가속기 센터에서 측정한 전자 심층 비탄성 충돌 실험 데이터를 꼼꼼히 살펴보았다. 비요르켄 스케일링은 쿼크들 사이의 상호작용을 무시해도 된다는 걸 암시했다. 쿼크들 사이의 거리가 정말 가까웠으므로, 글루온은 무시하기로 했다. 글루온은 쿼크 사이의 힘을 매개하는 입자로 도입되었지만, 아직 완전한 모습을 갖춘 입자가 아니었다. 이때만 해도 글루온은 마치 유카와의 파이온처럼 유사 스칼라 입자였다. 게다가 글루온이 벡터 입자가 되면 이론을 세우는 데 방해가 되었다. 결과는 만족스러웠다. 파

양자색역학

인먼의 쪽입자 이론에서 얻은 결과를 모두 재구성할 수 있었다. 논문은 쓰지 않았지만, 겔만은 프리치를 사람들에게 알리려 그해 4월에 이스라엘 텔아비브에서 열린 국제학회에서 결과를 발표했다.

그해 가을, 연구에 좀 더 집중하기 위해 겔만은 CERN에서 연구년을 보내기로 했다. 겔만의 지원을 받은 프리치도 따라나섰다. CERN에는 윌리엄 바딘(William Bardeen)도 와 있었다. 겔만은 1966년에 한무영과 요이치로 난부가 훗날 색깔이라고 부르게 될, 쿼크의 새로운 양자수를 제안했다는 걸 알고 있었지만, 두 사람은 쿼크의 전하를 분수가 아니라 정수로 두었다는 사실 때문에 난부와 한무영의 연구를 진지하게 고려하지 않았다. 그러나 같은 해 난부가 바이스코프의 환갑을 기념하며 열린 학회에서 발표한 논문은 모르고 있었다. 그 학회에 겔만도 참석했지만, 정작 논문은 쓰지 않아 학회 논문집을 읽지 않은 게 화근이었다. 그 논문만 읽었더라면, 양자색역학의 탄생을 훨씬 앞당길 수 있었을 것이다. 거기서 난부는 새로운 양자수에 근거해서 글루온도 팔중항으로 등장할 가능성을 언급했다. 난부의 주장은 양자색역학의 뼈대를 이룰 만큼 중요했다. 그러나 난부의 논문을 읽지 않은 겔만은 스스로 길을 찾아내야 했다.

CERN에 머무는 동안, 세 사람은 쿼크의 맛깔과 더불어 세 가지 색깔(color)을 도입했다. 이 색깔은 한무영과 난부가 도입한 양자수의 새로운 이름이었다. 겔만은 색깔의 이름을 빨강, 하양, 파랑으로 정했다. 하양은 나중에 초록으로 바뀐다. 쿼크의 세 가지 맛깔인 위, 아래, 기묘에 세 가지 색깔을 곱하니 모두 아홉 종류의 쿼크가 나왔다. 그리고 한 가지 조건을 더 주었다. 쿼크의 색깔은 절대로 눈으로 볼 수 없어야 했다. 그러니까 쿼크가 세 개로 이루어진 중입자는 세 개의 색깔을 더해 무색(colorless)이 되어야 했다. 중간자는 쿼크와 반쿼크의 색깔이 결합해 다시 무색이 되게끔 했다. 반쿼크의 색깔은 빨강, 초록, 파랑의 반대가 되는 청록(cyan), 자홍색(magenta), 노랑(yellow)이 되었다. 당시 전자-양전자 충돌 실험과 이론이 맞지 않아 문제가 되었던 양에 이 색깔을 도입하자 해결이 되었다.[*] 그리고 파이온이 두 개의 광자로 붕괴하는 과정에도 색깔을 도입하자, 실험과 완벽하게 들어맞았다. 그러나 CERN에 있던 이론 물리학자들의 반응은 싸늘하다 못해 냉소적이기까지 했다. 그들 중 한 사람은 이렇게 말할 정도였다.

"또 또 또, 겔만과 츠바이크의 쿼크예요?"

그래도 세 사람은 굴하지 않고 색깔 이론을 밀고 나갔다. 이번에도 논문은 쓰지 않았지만, 이탈리아 프라스카티에서 열린 학회에서 발표했다.

프리치와 겔만은 색깔을 표현하는 군을 게이지 군으로 표현할 수 있는지 고민했다. 그러려면, 색깔 게이지 군은 절대로 깨어지지 않는다는 가정이 필요했다. 이것은 쿼크는 영원히 강입자 안에 갇혀 있다는 걸 암시하는 말이었다. 그러자 글루온이 게이지 벡터 입자로 변신했다. 쿼크와 쿼크 사이의 상호작용은 색깔 사이에 주고받는 힘이었고, 그 힘은 쿼크와 마찬가지로 색깔을 지닌 글루온이 매개했다. 그리고 글루온은 한 종류가 아니라, 여덟 가지였다. 난부가

---

[*] R값이라고 부르는 양인데, 자세한 이야기는 13장에 나온다.

옳았던 것이었다.

이듬해인 1972년에 두 사람은 시카고에서 열린 제14회 고에너지 학회에서 "쿼크, 그리고 또 무엇?"이라는 논문을 발표했다. 드디어 양자색역학의 바탕이 되는 모형이 등장했다. 두 사람은 이것을 쿼크-글루온 모형이라고 불렀다. 글루온(gluon)은 쿼크들 사이에서 힘을 매개하는 게이지 입자를 칭하는 말이다. 이 이름에는 풀(glue)처럼 쿼크를 서로 붙여 놓는다는 뜻이 내포되어 있었다. 색깔이 있는 쿼크는 눈에 보이지 않으니 강입자 안에 영원히 갇혀 있다는 말도 이 논문에 나온다. 두 사람은 양-밀스 이론을 써서 글루온은 광자와 달리 여덟 종류가 있다는 말도 했다. 이 여덟 개의 글루온 중에서 쿼크의 색깔에 따라 가장 적당한 색을 띤 글루온이 힘을 매개한다. 그래서 이 힘은 색력(color force)이라고 불리기도 했다. 그러니까 양성자 안에는 쿼크만 들어 있는 게 아니라 글루온도 들어 있었다. 파인먼이 도입한 쪽입자는 쿼크만 지칭하는 게 아니었다. 양성자 속에는 쿼크뿐 아니라 글루온이 있었고, 진공에서 생겨나는 쿼크와 반쿼크도 있었다. 오늘날 쪽입자는 이 모두를 칭하는 말이 되었다.

마침내 1973년, 프리치와 겔만은 스위스에서 온 하인리히 로이트빌러(Heinrich Leutwyler)와 역사적인 논문을 발표한다. 《피직스 레터 B》에 실린 이 논문에서 처음으로 양자색역학(Quantum chromodynamics, QCD)이라는 말이 나온다. 이번에도 이름은 겔만이 지었다. 무척이나 잘 지은 이름이었다. 오직 색깔이 있는 입자들 사이에 작용하는 힘을 설명하는 이론을 뜻했다. 양자색역학은 양전닝과 밀스가 1954년에 내놓은 양-밀스 이론의 원형과 흡사했다. 다른 게 있다면, 양-밀스 이론에 나오는 핵자를 쿼크로 바꾸고, 로 중간자가 글루온이 되었다는 점 정도일 것이다. 글루온은 게이지 입자이므로, 로 중간자와 달리 질량이 없었다. 그리고 아이소스핀 대칭성이 아니라 색깔 대칭성이 게이지 이론의 중심이 되었다. 양-밀스 이론이 드디어 진짜 강력을 설명하는 게이지 이론이 된 것이었다. 게다가 그로스와 윌첵, 폴리처가 증명한 대로 양자색역학은 이미 점근적 자유성을 장착한 이론이었다. 더 놀라운 점은 전자기약이론도 양자색역학도 모두 양-밀스 이론에 기반을 두었다는 사실이었다.

쿼크 가둠과 강력의 진공

그러면 무엇이 달라진 걸까? 1935년, 유카와 히데키가 핵자들 사이에 힘을 전달하는 입자가 존재한다고 예언했다. 12년 후인 1947년에 브리스틀 대학교의 세실 파월 연구팀이 우주선에서 유카와가 예언한 입자, 파이온을 발견했다. 그리고 다시 26년이 지나서야 진짜 강력은 쿼크들 사이에 작용하는 힘이고 그 힘을 매개하는 입자는 글루온이라는 사실이 밝혀졌다. 쿼크로 이루어진 강입자는 색깔이 있어서는 안 되었다. 오직 쿼크와 글루온만이 색깔을 지닐 수 있었다. 이 색깔은 우리 눈으로 볼 수 없어야만 했다. 그러므로 쿼크와 글루온은 색깔을 지니고 있으니 영원히 강입자 속에서 갇혀 있어야만 했다. 이 쿼크 가둠 문제는 여전히 물리학의 난제로 남아있다. 이 문제를 해결하는 사람은, 어쩌면 노벨물리학상과 필즈 메달을 동시에 받을지도 모른다. 클레이 수학연구소에서는 쿼크 가둠 문제를 수학적으로 엄밀하게 푸는 사람에게 백만 불의 상금을 약속했다.

쿼크 사이의 힘은 서로 가까이할수록 약해진다는 점근적 자유성은 강력에서 진공의 모습이 전자기력의 경우와는 현저하게 다르다는 걸 의미한다. 양자전기역학에서는 전자를 멀리서 보면 진공에서 끊임없이 생겼다 사라지길 반복하는 가상 광자의 구름에 가려 있다. 이걸 물리학에서는 가리기 효과(screening effect)라고 부른다. 전자의 원래 모습을 보려면, 광자의 구름을 헤치고 나아가야 한다. 그러나 나아가면 갈수록 전자와 전자 사이의 상호작용은 점점 세진다. 두 전자 사이의 거리가 극단적으로 가까워지면, 란다우가 걱정한 대로 상호작용의 세기가 무한대가 되어 버린다. 그러나 워낙 그렇게 가까이 가려면 에너지가 비현실적으로 높아야 하므로, 실제로는 전혀 문제가 되지 않는다.

양자색역학에서는 상황이 거꾸로다. 그래서 이걸 반 가리기 효과(anti-screening effect)라고 한다. 이유는 글루온의 성질 때문이다. 글루온은 광자와는 달리 글루온끼리도 상호작용을 한다. 그래서 양자색역학이 양자전기역학보다 다루기 어렵다. 쿼크 사이의 거리가 가까워지면, 이런 글루온의 모습 때문에 상호작용이 점점 더 약해진다. 그러나 역으로 쿼크 사이의 거리가 멀어지면 멀어질수록 둘 사이에 끌어당기는 힘은 점점 세진다. 윌슨은 쿼크의 질량이 아주 무겁다고 가정하고 이 끌어당기는 힘의 본질을 연구했다. 그러나 쿼크의 질량이 매우 작은 경우에 쿼크 가둠은 여전히 난제로 남아있다.

Quantum Chromodynamics

양자색역학에는 이해하기 극히 힘든 미스터리가 또 있다. 겔만이 맨 처음 제안했던 쿼크와는 달리 양자색역학에서 쿼크의 질량은 아주 작고 글루온의 질량은 없다. 그러나 쿼크와 글루온으로 이뤄진 양성자는 전자보다 약 2000배 더 무겁다. 보이는 우주의 질량 대부분은 양성자와 중성자의 질량에서 온다. 도대체 양성자의 질량은 어디서 오는 걸까? 답은 양자색역학의 글루온과 진공에 있다. 진공은 그저 텅 비어 있는 데모크리토스의 공허가 아니다. 양자색역학의 진공은 훨씬 복잡하다. 그 진공은 양자 요동(quantum fluctuation)도 엄청나게 심하다. 진공에서 생겨난 글루온은 쿼크의 질량을 크게 바꾸고, 궁극적으로는 양성자의 질량이 왜 쿼크보다 엄청나게 큰지 설명한다. 그러나 양자색역학의 진공이 어떤 모습인지 아직 다 밝혀지진 않았다.

양자색역학의 탄생

데이비드 그로스, 프랭크 윌첵, 데이비드 폴리처는 점근적 자유성을 발견한 공로로 2004년에 노벨물리학상을 받았다. 그리고 세 사람이 점근적 자유성을 발견한 해인 1973년을 양자색역학이 탄생한 해라고 여긴다. 2023년에는 양자색역학 탄생 50주년을 기념하며 지난 50년 동안 양자색역학을 어떻게 이해해 왔는지 되돌아보는 기념 논문들도 나왔다. 1973년에 양자색역학이 세상에 나왔지만, 그렇다고 모든 문제가 다 풀린 건 아니었다. 여전히 이론과 실험 사이의 틈새가 있었고, 퍼즐 조각은 아직도 흩어져 있었다. 양자색역학이 탄생한 이듬해인 1974년에는 물리학자들을 깜짝 놀라게 할 만한 일이 다시 한 번 일어난다.

Charm Quark

Three Quarks

13

11월 혁명

November
Revolution

Samuel C. C. Ting
1936~

J/ψ meson

Burton Richter
1931~2018

벌써 삼 년 가까이 끌어온 전쟁이었다. 죽은 병사만 해도 사백만 명이 넘었다. 1917년 2월, 러시아에서 공산 혁명이 일어났다. 러시아의 황제 니콜라이 2세가 퇴위하며 300년 역사의 로마노프 왕가와 러시아 제국이 몰락했다. 러시아 2월 혁명의 충격이 온 유럽을 강타했다. 러시아 혁명에 가장 큰 위협을 느낀 사람들은 독일군 장교들이었다. 지금은 물러났지만, 혁명이 성공적으로 끝나면 소비에트의 붉은 군대가 독일의 등을 언제 칠지 몰랐다. 전황은 독일에 점점 불리하게 돌아갔다. 기점은 미국의 참전이었다. 막강한 영국 해군이 북해 항로를 봉쇄하면서 독일은 외부에서 식량 수급이 어려워졌고, 시민들은 굶주림에 시달려야 했다.

1917년 1월, 한동안 미국의 눈치를 보던 독일은 다시 무제한 잠수함 작전을 펼치기로 했다. 독일의 외무장관 아르투어 치머만(Arthur Zimmermann)은 꼼수를 하나 냈다. 미국과 협상하는 척하면서 잠수함을 동원해 영국 해군과 상선에 총공세를 퍼부을 계획을 세웠다. 그리고 막후에서는 멕시코 정부와 접촉해, 미국을 공격하면 잠수함을 보내 전쟁을 돕겠다는 전보를 쳤다. 이 계획이 성공하면 전쟁의 흐름을 바꿔 놓을 수 있을 것 같았다. 그러나 영국 첩보국에서 치머만의 전보를 가로채 미국에 보냈다. 치머만의 속셈을 안 미국 대통령 우드로 윌슨은 분노했다. 결국 1917년 4월 6일, 미국 의회는 독일을 향해 선전을 포고했다.

1918년 9월 말, 벨기에의 최전선에서 육군을 이끌고 있던 독일 황제 빌헬름 2세는 독일이 전쟁에서 승리하긴 힘들다고 판단했다. 그래서 자유주의자인 막시밀리언 폰 바덴 대공자(Prinz Maximilian von Baden)를 수상으로 임명하고 연합국과 평화 협상을 진행하도록 했다. 이 소문을 들은 해군 참모총장 라인하르트 쉬어(Reinhardt Scheer)는 평화 협상에 격렬하게 반대했다. 그에게 항복이란 참으로 치욕스러운 일이었다. 1918년 10월 24일, 쉬어 제독은 독일 북부의 항구 도시 킬에 정박하고 있는 해군에게 영국 해군과의 마지막 결전을 준비하라는 명령을 내렸다. 독일 해군은 유틀란트 해전 후 잠수함 외에는 영국 해군과 맞선 적이 없었다. 영국 해군은 그야말로 막강했다. 킬의 수병들은 사지로 들어가는 "죽음의 행진(Todesfahrt)"을 거부하고, 반란을 일으켰다. 수병들의 반란은 시민과 노동자의 뜨거운 지지를 받았다. 1918년 11월 4일 저녁, 킬은 혁명군에게 점령당했다. 혁명의 불길은 독일 전역으로 거세게 번져나갔다. 1918년 11월 9일, 베를린에서는 빌헬름 2세의 퇴위가 발표되었고, 독일이 민주 공화국임이 선포되었다. 빌헬름 2세는 분노했지만, 그렇다고 적을 눈앞에 두고 베를린을 향해 진격할 수도 없었다. 황제는 네덜란드로 망명했다. '11월 혁명'이라고도 부르는 이 무혈 혁명은 바이마르 공화국을 탄생시켰다.

당시 베를린의 카이저 빌헬름 물리 연구소(Kaiser-Wilhelm-Institut

für Physik)에 있던 아인슈타인은 11월 혁명을 두고 "놀랍고도 놀라운 일"이라고 말했다. 11월 혁명이 일어난 다음 날, 독일의 소설가 토마스 만은 따사로운 햇볕 아래 베를린을 산책하며 좀 더 생동감 있게 독일 혁명을 묘사했다.

"독일 혁명은 정말이지 독일다운 혁명이었다. 비록 합당한 혁명이었지만, 프랑스의 포악함도 없었고, 소련 공산당의 난폭함도 없었다."

제1차 세계대전은 11월 혁명이 일어난 지 이틀 만에 독일의 무조건 항복으로 끝을 맺었다. 그러나 이듬해 6월에 연합국은 독일과 베르사유 조약을 맺으며 무지막지한 전쟁 배상금을 독일에 요구했다. 이 배상금으로 독일은 경제적으로 궁지에 몰렸고, 히틀러에게 정권을 잡게 되는 구실을 내어주고 말았다. 11월 혁명은 독일에 민주주의를 안겼지만, 나치가 등장하면서 미완의 혁명으로 막을 내렸다.

독일 혁명이 일어난 지 오십육 년이 지난 1974년 11월 11일, 입자물리학에서도 11월 혁명이 일어났다. 네 번째 쿼크인 맵시쿼크가 발견된 것이다. 첫 번째도 아닌, 겨우 네 번째 쿼크를 발견했을 뿐인데, 11월 혁명에 빗댈 만큼 놀랄만한 일이었을까? 네 번째 쿼크의 발견을 일컬어 CERN의 존 엘리스(John Ellis)는 이렇게 선언했다.

"맵시쿼크는 세상을 바꾼 지렛대였다."

맵시쿼크는 표준 모형의 기틀을 잡고, 자연을 지배하는 힘의 구조를 명확하게 이해하려면 반드시 있어야 할 쿼크였다. 네 번째 쿼크는 우연히 발견된 입자가 아니라 존재할 당위성이 있는 입자였다. 여기에는 혁명이라고 부를 만큼 진한 물리학자들의 피땀이 서려 있었다. 숨막히는 경쟁도 있었다. 미국의 동쪽 끝에 있는 브룩헤이븐과 서쪽 끝에 있는 스탠퍼드 선형 가속기 센터의 실험물리학자들은 밤낮없이 데이터와 씨름했다. 과연 누가 승리를 쟁취했을까?

R의 위기

제2차 세계대전이 끝나고 육 년이 지난 1951년. 무솔리니 탓에 페르미를 잃었지만, 이탈리아 물리학자들은 페르미의 정신을 잊지 않았다. 페르미가 교수로 있던 로마에서 남동쪽으로 20킬로미터 남짓 내려가면 프라스카티라는 작은 도시가 있다. 그곳에 이탈리아의 국립 핵물리학 연구소(Istituto Nazionale di Fisca Nucleare, INFN) 소속 프라스카티 연구소(Laboratori Nazionali di Frascati)가 세워졌다. 1960년대 초에 이곳에 전자-양전자 충돌기(Anello Di Accumulazione, ADA)가 건설되었다. 1969년에는 이보다 더 큰 충돌기 ADONE이 가동되었다. 충돌기는 빔을 과녁에 쏴주는 가속기와는 달랐다. 충돌기에서는 싱크로트론에서 서로 반대 방향으로 가속시킨 전자와 양전자를 검출기가 있는 곳에서 충돌시킨다. ADONE에서 전자와 양전자가 충돌할 때 에너지는 30억 전자볼트에 이르렀다.

전자와 양전자가 충돌하면서 만들어 내는 입자는 다양했다. 뮤온과 반뮤온과 같은 렙톤이 나오기도 했지만, 로 중간자나 오메가 중간자 같은 벡터 중간자가 생성되기도 했다. 파인먼의 쪽입자 모형을 이용하면, 전자와 양전자가 충돌하면서 강입자가 나오는 과정은 쿼크와 반쿼크가 나오는 과정으로 해석할 수도 있었다. 이 두 과정의 산란단면적을 서로 나누면, 뮤온의 전하와 강입자 속에 든 쿼크의 전하 차이밖에 나지 않는다. 좀 더 정확하게 말하면, 위쿼크와 아래쿼크, 기묘쿼크의 전하를 각각 제곱해서 더한 다음, 여기에 쿼크의 색깔 개수인 3을 곱해주면 된다.* 물리학자들은 이 값을 "R"이라고 불렀다. 게다가 두 과정이 비슷하므로 R값은 에너지와 거의 상관이 없었다. 1972년에 ADONE 실험에서 전자와 양전자가 충돌해 뮤온과 반뮤온이 나오는 과정과 쿼크와 반쿼크가 생성되는 과정을 측정해 R값을 구했다. 예측한 대로 R값은 에너지와 상관없이 2에 가까웠다. 1973년에는 전자와 양전자의 충돌 에너지를 50억 전자볼트까지 높일 수 있는 케임브리지 전자 가속기(Cambridge Electron Accelerator)에서 이 값을 측정했다. 여기서 얻은 R값은 딱 두 개에 불과했지만, ADONE에서 얻은 값과 달리 5와 6이 나오는 것이었다. 이것은 실험값이 이론으로 예측한 값보다 세 배나 크다는 의미였다. 사람들은 불안했지만, 실험값이 달랑 두 개밖에 없어 크게 고민하지 않았다. 미국의 하버드 대학에서 운영한 케임브리지 전자 가속기는 이 연구를 끝으로 가동을 멈췄다. 이해하기 힘든 이 R값은 한동안 'R의 위기'라는 말로 불렸다.

* 14장에서 윌리엄 바딘, 하랄트 프리치, 머리 겔만은 쿼크의 색깔이 R값을 설명할 수 있음을 보인다.

네 번째 쿼크

1964년 초, 겔만이 쿼크 모형을 내놓으며 제안했던 쿼크는 세 종류였다. 위쿼크, 아래쿼크, 기묘쿼크. 이 세 개의 쿼크로 그때까지 발견된 입자들을 한눈에 볼 수 있게 정리할 수 있었다. 닐스보어 연구소에는 그해 봄부터 제임스 비요르켄이 머물고 있었다. 얼마 지나지 않아 셸던 글래쇼가 그곳으로 왔다. 두 사람은 새로 나온 겔만의 쿼크 이론을 함께 연구했다. 그러던 어느 날, 글래쇼가 잔뜩 흥분한 채 비요르켄의 연구실로 들어왔다. 왼손에 들고 있던 원고를 책상에 내려놓으며 말했다.

"놀라운 아이디어가 떠올랐어. 겔만은 쿼크를 세 종류라고 했지만, 우린 쿼크가 네 종류라고 가정하고 이론을 만들어 보는 거야. 이걸 한번 읽어보고 마음에 들면 함께 논문을 써보자."

글래쇼가 워낙 흥분한 상태라 비요르켄은 차마 거절하기 힘들었다. 네 번째 쿼크의 이름은 맵시(charm)라고 불렀다.

정작 비요르켄과 글래쇼의 논문을 본 사람들은 시큰둥한 반응이었다. 쿼크도 마뜩잖은데 거기에 쿼크를 하나 더 추가하다니, 상황을 더 복잡하게 만드는 것처럼 보였다. 아인슈타인은 이런 말을 했다.

"모든 이론의 최고 목표는 더는 줄일 수 없는 기본 요소를 가능한 단순하고 적게 만들어 실험 데이터를 적절하게 표현하는 것이다."

물리학자는 "단순할수록 아름답다"라는 말을 믿는다. 쿼크의 종류가 늘어날수록 쿼크 이론도 점점 꼬여가는 것처럼 보였다. 쿼크라는 입자도 의심스러운데 네 번째 쿼크라니 그런 입자가 존재할

리 없었다. 얼마 지나지 않아 네 번째 쿼크는 사람들의 뇌리에서 잊혔다. 그러나 육 년 후, 글래쇼는 빛바랜 기억 속에서 이 네 번째 쿼크를 끄집어낸다. 이번에는 네 번째 쿼크가 존재할 당당한 이유가 있었다.

GIM 메커니즘

어떤 만남은 우연처럼 보여도 필연적인 이유가 있다. 그리스인 이오아니스 일리오풀로스(John Iliopoulos), 이탈리아인 루치아노 마이아니(Luciano Maiani)가 글래쇼를 만난 것 역시 우연처럼 보였으나 결국에는 이루어질 만남이었다. 두 남부 유럽인의 뜨거운 성정은 글래쇼와 맞아떨어졌다. 세 사람이 모이자, 불꽃이 튀었다.

그 당시 약력에 관한 연구는 지나치게 현상에 치우쳐 있었다. 물리학에서 수학에 치우치는 것도 문제가 될 수 있지만, 현상에만 머무는 것도 바람직하지 않았다. 그리고 당시에 나온 약력에 의한 붕괴 과정은 많이 연구되어 있었다. 일리오풀로스는 좀 더 어려운 문제에 매달렸다. 역시 약력에서 고질적으로 드러나는 발산 문제는 너무 어려워 포기할 지경에 이르렀다. 돌파구가 필요했다. 그러던 어느 날, 글래쇼가 CERN을 방문했다. 글래쇼 역시 약력에서 나타나는 발산 문제를 고민하고 있었다. 같은 문제를 고민하던 두 사람은 금세 의기투합했다. 성정도 비슷했다. 글래쇼는 일리오풀로스를 박사후연구원으로 초청했다. 1969년 11월에는 이탈리아의 젊은 물리학자 마이아니가 글래쇼의 그룹에 합류했다. 세 사람은 매일 열띤 토론을 벌이며 1년 넘게 약력의 발산 문제에 매달렸지만, 해결하지 못해 완전히 지쳐버리고 말았다. 전자기약력에서 발산 문제는 1971년에 엇호프트가 양-밀스 이론을 재규격화하면서 해결되었다.

글래쇼, 일리오풀로스, 마이아니는 다른 문제로 눈을 돌렸다. 글래쇼는 문득 1964년에 비요르켄과 함께 제안했던 네 번째 쿼크가 떠올랐다. 기억 속에서 완전히 사라졌던 네 번째 쿼크였다. 렙톤도 네 종류가 있으니, 쿼크도 네 종류가 있다면 지금까지 고민했던 문제를 해결할 수 있을 것 같았다. 그때까지 알려진 렙톤은 전자와 전자 중성미자, 뮤온과 뮤온 중성미자, 이렇게 네 종류였지만 쿼크는 위쿼크, 아래쿼크, 기묘쿼크의 세 종류밖에 없었다. 세 사람은 네 번째 쿼크인 맵시쿼크를 도입하고는, 네 개의 쿼크를 다음과 같이 정리해 보았다. 전자와 전자 중성미자가 쌍을 이루고 뮤온과 뮤온 중성미자가 쌍을 이루듯이, 위쿼크와 아래쿼크를 기묘쿼크와 섞은 상태를 묶어 한 쌍이 되게 하고, 맵시쿼크와 아래쿼크를 기묘쿼크와 다른 방식으로 섞은 상태를 묶어 한 쌍으로 만들었다. 그렇게 배열하자, 렙톤과 쿼크 사이에 어떤 대칭성이 나타났다. 세 사람은 이 대칭성을 렙톤-쿼크 대칭성이라고 불렀다. 발산 문제는 여전히 남아 있었지만, 여러 항이 상쇄되면서 이론이 훨씬 깔끔해졌다.

그뿐만이 아니었다. 전자기약이론에서 중성 케이온은 두 개의 뮤온으로 붕괴할 수 있다고 알려져 있었지만, 당시 실험에서는 그런 붕괴가 발견된 적이 없었다. 맵시쿼크를 도입하자, 세 사람은 왜 실험에서 케이온이 두 개의 뮤온으로 붕괴하는 과정이 발견되지 않았는지 설명할 수 있었다. 전자기약이론에서는 중성 케이온이 위쿼크를 거쳐 두 개의 가상 W 입자를 내놓고 이 가상 W 입자가 다시 두 개의 뮤온으로 바뀌기 때문에 이런 붕괴가 존재하지 않을 리 없었지만, 맵시쿼크를 도입하니 위쿼크가 있는 과정과 상쇄되었다.[*] 네 번째 쿼크가 존재할 당위성이 하나 더 늘어난 것이었다. 세 사람은 이런 결과에 크게 고무되었다.

글래쇼와 일리오풀로스, 마이아니는 이 결과를 "렙톤-하드론(강입자) 대칭성과 약한 상호작용"이라는 논문에 발표했다. 이 연구는 세 사람 이름의 앞 글자를 따서 GIM 메커니즘이라고 부른다. 와인버그가 만든 렙톤 모형에 쿼크를 포함시켜 전자기약이론을 완성하려면 네 번째 쿼크가 반드시 존재해야 했다. 글래쇼는 자신의 연구가 훗날 교과서에 실리리라는 것을 확신했다.

이제 네 번째 쿼크를 찾도록 실험물리학자들을 설득하는 일이 남았다. 글래쇼는 우선 자기 이론을 이론물리학자들에게 소개하고 싶었다. 그는 일리오풀로스와 마이아니와 함께 MIT에 가서 프랜시스 로우 연구실에 들러 GIM 메커니즘을 설명했다. 마침 스티븐 와인버그가 로우의 연구실을 지나가고 있었다. 글래쇼는 설명하다 말고 복도로 나가 와인버그를 불렀다. 와인버그라면, 자기가 제안한 맵시쿼크의 중요성을 금방 알아차릴 것만 같았다. 글래쇼가 열정에

---

[*] 오늘날 실험에서는 케이온이 전하가 음인 뮤온과 양인 뮤온으로 붕괴하는 과정을 측정한다. 그러나 이 붕괴값은 극단적으로 작다. 그 이유는 맵시쿼크의 질량이 위쿼크보다 훨씬 커서 원래 알려진 가벼운 쿼크를 통한 붕괴와 무거운 쿼크의 기여가 완전히 상쇄되지 않아서다.

차 말했다.

"맵시쿼크야말로 네가 만든 렙톤 모형에 잘 들어맞을 거야."

글래쇼가 말한 논문은 1967년에 와인버그가 전자기약력을 렙톤에만 적용한 논문이었다. 지금은 1만 4000번이 넘게 인용된 논문이지만, 글래쇼가 맵시쿼크 이야기를 꺼내던 그날까지 딱 두 번 인용된 논문이었다. 와인버그 본인도 잠시 잊고 있던 논문이었다. 그가 보기에 글래쇼가 도입한 네 번째 쿼크는 그야말로 뜬금없었다. 와인버그가 깜짝 놀라 자기 이론을 반길 거라 기대했던 글래쇼는 그의 날카로운 반박만 들어야 했다.

며칠 후 세 사람은 하버드와 MIT가 공동으로 운영하는 케임브리지 전자 가속기 연구소에 가서 세미나를 했다. 글래쇼는 확신에 차서 네 번째 쿼크가 왜 존재해야 하는지 설명하고는 세미나실에 모인 사람들을 천천히 둘러보며 조금은 오만한 투로 말했다.

"이제 남은 건 화학이나 다름없어요. 세미나실에서 나가 중성 흐름과 맵시쿼크를 찾는 일만 남았어요. 그러면 모든 게 끝납니다."

실험물리학자들의 반응은 시큰둥했다. 아무도 입을 열지 않았지만, 그들의 표정을 보면 마치 '네 번째 쿼크? 아직 약력도 잘 모르는데 네 번째 쿼크를 찾으라고?' 말하는 것만 같았다. 그들이 보기에 네 번째 쿼크는 뜬구름 잡는 소리였다. 이번에도 설득하는 데 실패했다. 그러나 글래쇼는 여전히 자기가 옳다고 믿었다. 맵시쿼크는 반드시 존재해야만 했다.

그러던 어느 날, 마이아니는 아내의 건강이 점점 나빠지는 게 걱정되어 이탈리아로 돌아가기로 마음을 정했다. 글래쇼는 여러 사람을 초대해 마이아니의 환송회를 열기로 했다. 파티에는 MIT의 실험물리학자 새뮤얼 팅도 참가했다. 세 사람은 팅을 붙잡고 실험에서 맵시쿼크를 발견할 방법을 제안했다. 전자와 양전자를 충돌시키면, 맵시쿼크와 반맵시쿼크를 발견할 수 있을 거라고 팅을 설득했다. 팅은 웃기만 했다. 고개를 끄덕이지도 않았다. 그러자 글래쇼는 노벨물리학상 이야기까지 꺼냈다.

"맵시쿼크를 발견하기만 하면, 노벨물리학상은 따놓은 것이나 마찬가지라니까."

팅은 웃기만 했다. 글래쇼는 팅이 어떤 물리학자인지 잘 몰랐다. 팅은 이런 말을 한 적이 있다.

"세상에는 두 종류의 실험물리학자가 있지. 첫 번째 유형은 이론물리학자들이 시키는 대로 하는 사람이야. 두 번째 유형은 자기 생각을 추구하는 거야. 난 두 번째 유형이야. 이론물리학자들과 저녁때 중국 음식을 먹는 것은 좋지만, 그렇다고 그들이 시키는 대로 하는 건 시간 낭비일 뿐이야."

그런 팅이 글래쇼의 말에 설득 당할 리가 없었다. 게다가 내일 당장 가속기를 돌려 맵시쿼크를 발견할 수 있다면 좋으련만, 실험이란 말처럼 쉬운 게 아니었다. 그런 실험을 하려면 우선 돈과 사람이 필요했다. 게다가 듣도 보도 못한 네 번째 쿼크라니, 팅에게는 허황된 소리로 들렸다.

영원한 맞수

　　새뮤얼 팅(Samuel Chao Chung Ting, 丁肇中)은 야심만만한 실험물리학자였다. 어려서 국민당과 공산당 사이에 벌어진 전쟁을 피해 아버지를 따라 중국 본토에서 대만으로 이주했다. 대만에서 청소년기를 보내고, 미국으로 건너가 1959년에 앤아버에 있는 미시간 대학에서 박사 학위를 마쳤다. 그 후에는 CERN에서 연구원 생활을 했고, 컬럼비아 대학의 교수로도 있었고, 독일 전자 싱크로트론 연구소에서도 연구했다. 1967년에는 그의 능력을 알아본 바이스코프가 MIT에 와서 교수를 하지 않겠느냐고 제안했다.

　　팅의 맞수가 될 버턴 릭터(Burton Richter)는 파인먼처럼 뉴욕 토박이였고, 고등학교도 파인먼이 졸업한 파로커웨이 고등학교를 나왔다. 릭터는 MIT에서 박사 학위를 마치고 스탠퍼드 선형 가속기 센터에서 연구하다가 스탠퍼드 대학의 교수가 되었다. 그리고 1974년, 두 사람은 치열한 경쟁에 돌입한다.

　　팅은 연구에 혹독하게 매달린 사람이었다. 물리학자 중에는 일 중독자가 많지만, 팅은 극단적이었다. 그는 자신만 그토록 열심히 일한 게 아니라 자신과 함께 일하는 사람도 혹독하게 밀어붙였다. 팅의 연구실은 일주일 내내 박사후연구원과 대학원생으로 붐볐다. 그들은 일주일에 칠일을 일했고, 하루에 열여섯 시간을 연구했다. 그의 연구실에는 불이 꺼지는 법이 없었고, 시계가 멈춘 적도 없었다. 그는 박사후연구원이나 대학원생이 가속기에서 교대 근무를 할 때 뭘 먹거나 마시거나 잡담하는 것은 물론 논문을 읽는 것조차 엄격하게 금했다. 가속기에서 근무하는 동안에는 컴퓨터로 끊임없이 들어오는 데이터를 확인하는 것 외에 딴짓을 하는 건 금기였다. 또한 팅은 극도로 조심스러운 사람이었다. 박사후연구원이나 대학원생이 분석해서 가져온 결과를 단번에 받아들인 적이 없었다. 확인하고 또 확인하고 수십 번 확인하고 나서도 또 의심했다. 그는 아주 사소한 것조차 놓치지 않았다. 그는 자신의 결과에도 엄격했지만, 다른 실험물리학자들이 얻은 결과에도 똑같은 잣대를 들이대며 비판했다.

팅은 독일 전자 싱크로트론 연구소에서 연구할 때 전자와 양전자를 충돌시켜 벡터 중간자를 찾는 일에 매달렸다. 벡터 중간자 중 일부는 다른 강입자에 비해 붕괴폭이 매우 좁았다. 어떤 입자의 붕괴폭이 좁다는 말은 여러 해석이 가능하다. 우선 붕괴폭이 좁을수록 입자의 수명이 길다. 또 폭이 좁을수록 입자를 찾아내기가 어렵다. 그럴 때는 검출기의 해상도가 중요하다. 검출기의 해상도가 붕괴폭이 좁은 입자를 가려낼 수 없다면, 그 입자를 실험에서 찾아내는 것은 여간 어려운 일이 아니다. 하지만 이런 입자는 일단 한번 찾고 나면 붕괴폭이 넓은 입자보다 데이터 분석이 훨씬 수월하다. 붕괴폭이 좁으니 에너지를 아주 작게 나눠 들여다 볼 수 있기 때문이었다. 팅은 독일 전자 싱크로트론 연구소에서 이런 벡터 중간자를 찾거나 그 성질을 밝혀내는 연구를 했다. 붕괴폭이 좁은 입자를 찾는 일이니 검출기의 성능은 당연히 좋을 수밖에 없었다. 이렇게 기술적으로 어려운 일은 팅처럼 지독하게 꼼꼼한 물리학자에게 딱 어울리는 일이었다.

1970년이 되자 팅은 독일 전자 싱크로트론 연구소에서 할 수 있는 실험은 다 한 것 같다는 생각이 들었다. 게다가 1971년에는 CERN에 지금 있는 가속기보다 양성자를 훨씬 더 높은 에너지로 가속할 수 있는 슈퍼 양성자 싱크로트론(Super Proton Synchrotron)을 짓는 계획이 통과되어, 지하 40미터에 둘레가 7킬로미터나 되는 터널을 파는 공사가 진행 중이었다. 이듬해에는 미국의 국립 가속기 연구소에서 양성자를 1000억 전자볼트(100 GeV)까지 가속하는 데 성공했다. 팅은 CERN에서 건설하고 있는 싱크로트론이 완성되려면 아직 몇 해 더 기다려야 하니, 우선 로버트 윌슨이 소장으로 있는 국립 가속기 연구소에서 실험하기로 마음먹었다. 그래서 윌슨을 찾아가 낮은 에너지부터 수십억 전자볼트의 고에너지 영역까지 훑으며 새로운 입자를 찾는 가속기를 짓자고 제안했다. 그러나 윌슨은 팅의 성격을 잘 알고 있었다. 팅이 오면 연구소를 운영하는 데 방해가 될 게 뻔했다. 윌슨 역시 만만한 성격이 아니었다. 한 나라에 왕이 둘 있을 수는 없었다. 팅은 윌슨과 논쟁을 벌였지만 소장인 윌슨을 이길 수는 없었다. 실망이 컸지만, 다른 수를 찾아야 했다.

팅은 어쩔 수 없이 브룩헤이븐에서 실험할 수 있는지 알아보기로 했다. 브룩헤이븐에 있는 가속기는 전자 가속기가 아니라 양성자 가속기였다. 여기서는 양성자와 다른 핵이 충돌하면서 강입자가 많이 생겼다. 파이온은 그야말로 쏟아져 나올 것이고, 다른 강입자들도 엄청나게 많이 생성될 것이었다. 그 속에서 전자와 양전자를 찾아낸다는 것은 덤불에 숨겨놓은 바늘 두 개를 찾는 것과 다를 바가 없었다. 강입자가 만들어 내는 지저분한 잡음을 처리하는 것은 쉬운 일이 아니었다. 그럼에도 팅은 그곳에서 전자와 양전자를 검출해 독일의 전자 싱크로트론에서 찾을 수 있는 벡터 중간자보다 무거운, 새로운 벡터 중간자를 찾는 일을 제안하기로 했다.

팅은 급하게 자신의 실험 계획을 적어서 제안서를 완성했다. 1960년대 나온 입자들의 민주주의 이론과 사쿠라이가 제안한 벡터 중간자 우세 이론을 위주로 작성했고, 쿼크는 제안서 끄트머리에 짤막하게 언급했다. 그때만 해도 아직 양자색역학이 나오기 전이었고, 엇호프트와 펠트만이 양-밀스 이론을 재규격화하기 전이었다. 쿼크는 여전히 겔만이 주장한 수학적 도구에 불과했다.

버턴 릭터는 스탠퍼드 선형 가속기 센터에 차세대 가속기를 짓고 싶었다. 이번에는 선형 가속기가 아니라 양전자와 전자를 서로 충돌시키는 양전자-전자 충돌기(positron-electron collider)여야 했다. 그래야 훨씬 높은 에너지를 얻을 수 있기 때문이었다. 그러나 연구비를 책임진 원자력 위원회에서는 그의 계획에 퇴짜만 놓았다. 문제는 일리노이 바타비아에 건설 중인 국립가속기 시설이었다. 워낙 큰 사업이라 연구비를 진공청소기처럼 빨아들이고 있었다. 게다가 그곳 소장인 로버트 윌슨은 어니스트 로런스의 제자였고, 지도교수만큼이나 카리스마와 설득력을 장착한 물리학자였다.

1960년대 말부터 세계적으로 '전자 저장 링(electron storage ring)'을 짓는 게 유행처럼 번졌다. 저장 링이란 전자를 싱크로트론에서 계속 돌도록 유지해 주는 가속기였다. 입자가속기보다 다목적이라 쓰임새가 많았다. 릭터는 원래 계획보다 건설비를 줄여 연구비를 신청했지만, 이번에도 탈락했다. 그래서 다시 예산을 거의 절반으로 줄인 계획서를 작성했다. 그리고 이번에 짓고자 하는 것은 가속기가 아니라 저장 링임을 강조했다. 이름도 스탠퍼드 양전자-전자 비대칭 링(Stanford Positron-Electron Asymmetric Rings, SPEAR)이라고 지었다. 창(spear)이라니, 얼마나 멋진 이름인가! 창처럼 자연의 비밀 속으로 깊숙이 뚫고 들어갈 수 있는 기계였다. 그러나 이번에도 국립 가속기 연구소에 밀렸다. 윌슨을 이기기란 쉽지 않았다.

릭터는 거의 자포자기 상태였는데 구원의 손길이 뻗쳐 왔다. 원자력 위원회 소속의 감사 한 사람이 위원회 규정의 허점을 넌지시 짚어주었다. SPEAR를 새로 짓는 가속기라고 하지 말고 검출기라고 바꿔 말하면, 위원회에서 연구비를 통과시켜 줄 거라는 것이었다. 결국 허점을 틈타 SPEAR는 은밀하게 지어졌다. 돈이 절대적으로 부족해서 원래 계획한 비대칭적인 전자와 양전자 가속은 접어야 했지만, 저장 링은 건설할 수 있었다. 그래도 이름은 원래대로 SPEAR를 유지했다.

혁명의 전조

브룩헤이븐에는 리언 레더먼이 있었다. 레더먼의 실험 그룹에서 1970년에 발표한 논문에 흥미로운 그래프가 하나 있었다. 그것은 뮤온과 반뮤온 쌍을 생성해서 에너지가 증가하며 나오는 입자의 확률을 측정한 그래프였다. 30억 전자볼트(3 GeV)

정도 되는 에너지에서 그래프가 감소하지 않고 잠시 주춤 했다가 다시 내려갔다. 사람들은 이걸 "레더먼의 어깨"라고 불렀다. 그 이 상한 신호는 이 에너지 영역에 무언가 있을 것이라며 사람들을 유혹했다. 그러나 레더먼은 이 신호를 더 파고들지 않았고, 더 높은 에너지로 관심을 옮겼다. 만약에 조심스럽고 누구보다 치밀한 팅이 었다면, 이 신호를 더 깊이 파고 들어갔을지도 몰랐다.

여러 사람이 팅의 제안서에 반대했다. 실험을 직접 해본 사람이 라면 팅이 하려는 실험이 얼마나 어려운 실험인지 잘 알고 있었다. 지저분하기 짝이 없는 강입자들 속에서 전자와 양전자의 신호를 찾아내는 건 정말이지 어지간한 끈기와 투지가 아니면 할 수 없는 연구였다. 그러나 팅은 개의치 않았다. 위대한 실험을 하려면, 그만큼 어려움도 있기 마련이라 여겼다. 팅은 아랑곳하지 않고 브룩헤이븐에서 실험할 수 있는 빔 타임(beam time)*도 얻어냈고, 실험에 필요한 검출기를 개발할 연구비도 확보해 나갔다.

팅의 실험 그룹은 1974년 8월 말부터 브룩헤이븐에서 받은 데이터를 해석하기 시작했다. 9월 2일, 팅 그룹의 박사후연구원 테렌스 로즈(Terrence Roades)가 30억 전자볼트 조금 아래에서 그 조금 위까지 전자와 양전자가 나오는 이벤트를 차곡차곡 쌓아가며 히스토그램을 그리고 있었다. 그런데 30억 전자볼트 근처에 이벤트가 좀 더 많이 쌓이더니 다른 에너지 영역과 비교해 봐도 점점 더 뾰족하게 계속해서 올라가는 것이었다. 아무래도 30억 전자볼트 부근에서

---

* 가속기에서 나오는 빔을 사용할 수 있도록 허락받은 할당 시간.

뭔가 중요한 사건이 일어나고 있는 게 분명했다. 팅은 한 팀에서 데이터를 분석한 건 믿지 않았다. 그는 반드시 두 팀이 독립적으로 분석한 결과가 서로 일치해야만 그걸 받아들였다. 두 팀이 데이터를 분석하는 동안에는 서로 의견을 나눠도 안 되었다. 팅이 그러는 데는 이유가 있었다. 데이터를 분석한다는 건 쉬운 일이 아니었다. 가벼운 실수 하나가 결과를 망칠 수도 있었다.

버턴 릭터가 이끄는 실험 그룹의 원래 목적은 25억 전자볼트에서 48억 전자볼트 사이에 존재하는 입자가 있는지 스캔해 보는 것이었다. 우선 32억 전자볼트와 42억 전자볼트에서 약한 신호가 보여 두 에너지에 집중해서 신호를 탐색하기로 했다. 1974년 7월까지는 30억 전자볼트 근처에서 아무런 신호도 잡히지 않았다. 릭터는 에너지를 좀 더 촘촘히 나눠 신호를 받아볼 생각이었다. SPEAR에서 하는 실험은 팅이 하는 실험과는 정반대였다. 팅이 이끄는 실험은 양성자와 핵이 충돌하면서 생겨나는 벡터 중간자가 전자와 양전자로 붕괴하는 걸 관찰하는 것이었다면, SPEAR에서 릭터 그룹이 하는 실험은 반대로 전자와 양전자를 충돌시켰을 때 벡터 중간자가 생성되는지 확인하는 것이었다. 그래서 브룩헤이븐보다 SPEAR에서 측정한 데이터가 더 깔끔했다.

SPEAR에서는 1973년에 이미 24억 전자볼트에서 48억 전자볼트까지 2000만 전자볼트 간격으로 잘라가며 새로운 입자가 생겼는지 확인한 적이 있었다. 1974년 10월에는 다시 1000만 전자볼트 단위로 나눠가면서 확인하기도 했다. 아니나 다를까 30억 전자볼트 근방에 뭔가 있었다. 에너지 간격에 따라 입자가 데이터에 나타나기도 하고 사라지기도 하는 건 그만큼 발견하기 힘든 입자라는 의미였다.

1974년 9월, 팅은 두 팀에서 독립적으로 분석한 결과를 봤다. 두 결과 모두 30억 전자볼트 즈음에 뭔가 있다는 걸 가리켰다. 팅은 브룩헤이븐의 고에너지 담당 부장인 로널드 라우(Ronald Rau)에게 8주 정도 빔 타임을 더 달라고 요청했다. 그러나 다른 그룹에서도 빔 타임을 요청하고 있어서 6주 동안 쓸 수 있는 빔만 얻어냈다. 데이터를 분석하던 두 팀은 거의 동시에 30억 전자볼트 근처에 붕괴폭이 아주 좁은 입자가 있다는 걸 분석해 냈다. 분석 결과를 그래프로 그리자 31억 전자볼트에서 바늘 같은 피크가 뾰족하게 솟아올랐다.

1974년 10월 13일 일요일, 분석팀 중 하나를 이끌던 민 첸(Min Chen) 교수는 팅에게 전화를 걸어 폭이 아주 좁은 입자가 31억 전자볼트에서 발견되었다고 전했다. 그리고 또 다른 팀을 이끌던 울리히 베커(Uhlich Becker)도 똑같은 곳에서 뾰족한 입자를 발견했다고 보고했다. 독립적으로 분석하던 두 팀에서 똑같은 결과를 가져온 것이었다. 팅은 급히 그룹 미팅을 열었다. 그리고 이 입자가 발견된 건 철저히 비밀에 부치라고 팀원들에게 엄하게 명했다. 그런 뒤 컬럼비아 대학의 리정다오에게 전화를 걸어서 자신이 한 실험과 관련해서 이야기할 수 있겠느냐고 물었다. 팅은 전화로는 자기 실험 그룹에서 발견한 피크에 관해서는 한마디도 하지 않았다. 리정다오는 팅에게 그 주에 MIT에서 빅터 바이스코프 은퇴 기념 학술회의가 있으니, 거기서 만나 이야기하자고 말했다.

바이스코프의 은퇴를 기념하는 학술회의는 10월 17일과 18일, 이틀 동안 열렸다. 저녁때는 칵테일파티가 있었다. 팅은 거기서 리정다오에게 자기가 얻은 결과를 슬쩍 보여주었다. 그런데 리정다오의 반응은 시큰둥했다.

"그저 그런 입자를 또 하나 본 것 같은데요."

팅은 리정다오의 반응에 좀 놀랐다. 이건 그저 그런 입자가 아니었다.

1974년 10월, SPEAR에서도 30억 전자볼트 부근에서 전자와 양전자를 충돌시키는 실험을 계속하고 있었다. 지난 7월에 내린 결론과는 달리 이번에는 뭔가 보이기 시작했다. 주도적으로 실험하던 로이 슈비터스(Roy Schwitters)는 지난번에 내린 잠정적인 결론을 바탕으로 이미 논문을 쓰고 있었는데, 이 새로운 결과를 무시할 수 없었다. 10월 중순, 집에서 데이터를 분석하고 있던 슈비터스는 31억 전자볼트에서 피크가 갑자기 뾰족 솟는 걸 확인했다. 슈비터스는 10월 22일에 열린 그룹 미팅에서 자신이 발견한 피크를 그룹 사람들에게 보여줬다.

10월 27일, 팅의 분석팀을 이끄는 첸과 베커는 실험 데이터를 다시 분석했지만 뾰족한 피크는 여전히 살아 있었다. 두 사람은 팅에게 논문을 빨리 쓰자고 재촉했다. 그러나 팅은 여전히 망설였다. 그는 강박적으로 실험 결과를 완벽하게 확인하고 싶어 했다. 논문이 나가고 새롭게 발견된 벡터 중간자가 가짜로 판명되면, 그때는 자신의 명성에 금이 가고 자신이 비판했던 사람들의 역공에 시달릴게 분명했다. 그는 여전히 논문 쓰는 걸 미적거렸다.

11월 혁명

11월 초, 슈비터스는 SPEAR의 가속기를 담당한 사람들에게 전자빔이 중간에 갑자기 달라질 수 있는지 물었다. 그는 자신이 본 피크가 우연히 생겨난 게 아니라는 걸 확인하고 싶었다. 몇 번을 분석해 봐도 자신이 본 그 피크는 사라지질 않았다. 가속기에 아무런 문제가 없다면 이 피크는 새로 발견된 입자일 수 있었다. 가속기 물리학자와 엔지니어들은 가속기 때문에 그런 이상한 피크가 생기지는 않는다고 말했다. 그렇다면 이건 새로운 입자였다.

팅은 동료들에게 그 피크가 새로운 입자인지 한 번 더 확인하자고 말했다. 다음날 실험에서도 여전히 피크가 보였다. 팅은 그제야 자신들이 새로운 입자를 발견했다는 걸 확신했다. 이제 논문을 써야 했다. 새로운 입자가 발견되었을 거라는 소문은 이미 퍼져나가고 있었다. 팅에게는 해결해야 할 문제가 하나 있었다. 세상에 그 누구도 이런 입자가 있어야 한다는 걸 예측한 사람이 없었다. 이렇게 생긴 입자는 처음이었다. 지금까지 자신이 한 실험은 이론물리학자들의 제안을 따라 이미 존재하는 입자를 재확인하거나 이론물리학자들의 예측을 검증하는 일이었다. 그런데, 이번에는 그 누구도 이야기한 적이 없던, 완전히 새로운 입자를 발견한 것이었다. 걱정이 앞섰다. 이게 새로운 입자가 아니라 그저 잘못된 신호를 해석한 것이라면 어쩔 것인가. 팅은 자기가 이끄는 그룹 사람들에게 심정을 토로했다. 첸도 베커도 팅에게 말했다. "그렇게 붕괴폭이 좁은 입자를 이론적으로 예측하는 것도 힘든 일이고, 실험적으로 보는 것도 힘든 일입니다. 서두르지 않으면 스탠퍼드 선형 가속기 센터에서 이 입자를 찾아낼지 모릅니다." 팅은 릭터에게 전화해서 물어볼까 망설이다 그만뒀다. 두 사람은 이런 의견을 나눌 정도로 친하지 않았고, 릭터 역시 팅이 평소에 동료들을 지나치게 비판하는 걸 탐탁하게 여기지 않았다.

팅은 바이스코프에게 자신의 실험 그룹에서 얻은 그 뾰족한 피크를 보여주었다. 바이스코프는 "이런 결과를 얻고도 논문을 쓰지 않다니, 미친 짓"이라고 팅에게 말했다. 그제야 팅은 논문을 쓰기 시작했다. 1974년 11월 12일, 그는 며칠 만에 작성한 두 쪽 반짜리 논문을 들고 브룩헤이븐의 실험실 바로 옆에 있는《피지컬 리뷰 레터》사무실에 가져갔다. 팅은 이 새로 발견된 입자를 J라고 불렀다. 그의 성을 닮은 글자를 따다 붙인 이름이었다. 그의 성은 한자로 정(丁)이었다.

11월 4일, 슈비터스는 릭터에게 자신이 분석한 데이터를 보여주며, SPEAR의 에너지를 높여 실험하지 말고 지금 당장 31억 전자볼트의 에너지에 집중해야 한다고 말했다. MIT에서 박사 학위를 한 뒤, 릭터 밑에서 일하던 마르틴 브라이덴바흐(Martin Breidenbach)도 슈비터스와 마찬가지 주장을 했다. 릭터는 젊고 유능한 연구원의 의견을 듣는 걸 좋아했다. 결국, 릭터는 젊은 학자들의 의견에 동의했다. 11월 초, SPEAR에 전자와 양전자를 채워 넣은 뒤, 31억 전자볼트 부근에서 충돌시켰다. 그리고 거기서 나온 데이터를 분석했다. SPEAR에 붙어있는 MARK I 검출기도 붕괴폭이 아주 좁은 입자를 충분히 발견할 정도로 분해능이 좋았다. 그 뾰족한 피크가 다시 나타났다. 피크의 존재에 마침표를 찍으려면 좀 더 정밀하게 실험할 필요가 있었다. 릭터의 실험 팀은 에너지를 훨씬 잘게 나눠 가속기를 돌렸다.

31억 400만 전자볼트(3.104 GeV)에서 피크는 훨씬 깨끗하게 그 모습을 드러냈다. 새로운 입자의 발견이었다. 실험에 참여한 사람들은 이 피크를 보며 탄성을 질렀다. 11월 10일, 릭터는 일요일에 집에서 가족들과 쉬고 있는 제임스 비요르켄에게 전화를 걸어 자신이 새로운 입자를 발견했다는 사실을 알렸다. 전화를 끊고 비요르켄은 서둘러 연구소로 나왔다. 그는 릭터가 엄청난 걸 발견했음을 직감했다.

릭터는 논문을 쓰면서 이 입자의 이름을 SPEAR의 앞에 두 글자에서 따와서 'SP'라고 불렀다. 그런데 함께 실험했던 물리학자들은 하나 같이 그 이름이 마음에 들지 않는다고 했다. 릭터는 잘 알고 지내던 그리스 출신 물리학자에게 입자의 이름으로 적당한 그리스 문자를 정해달라고 부탁했다. 전통적으로 새로 발견된 입자의 이름은 그리스 문자로 정해졌다. 중입자에는 대문자가, 중간자에는 소문자를 붙여 왔으니, 이번에도 그리스어 소문자로 이 새롭게 발견된 벡터 중간자의 이름을 짓는 게 좋아 보였다. 그리스 물리학자는 처음에 이오타(ι)를 권했다. 그러나 릭터는 그 글자가 알파벳 아이(i)를 닮은 게 마음에 들지 않았다. 그다음 차례는 프시(psi, ψ)였다. 처음에 지은 'SP' 두 글자의 순서를 바꿔놓은 것과 닮아 마음에 들었다. 새로 발견된 입자의 이름으로는 안성맞춤이었다. 1974년 11월 13일, 릭터도 논문을 《피지컬 리뷰 레터》에 보냈다. 팅의 논문과는 하루 차이로 같은 논문집에 투고한 셈이었다.

두 논문은 나란히 《피지컬 리뷰 레터》에 실렸다. 그리고 이 새로운 입자에는 '제이-프시(J/ψ)'라는 이상한 이름이 붙여졌다. 팅이 제안한 '제이'와 릭터가 제안한 '프시' 중 어느 한쪽을 택할 수 없어서 두 이름을 나란히 붙여 부르기로 정한 것이었다. 그래서 이 새로운 벡터 중간자는 지금까지 발견된 입자 중에서 가장 괴이한 이름을 지니게 되었다.

얼마 지나지 않아 사람들은 이 새로운 입자의 발견을 11월 혁명이라고 불렀다. 1918년에서 1919년 사이에 독일에서 일어났던 11월 혁명에서 따온 말이었다. 제이-프시가 발견되자마자 토머스 애플퀴스트(Thomas Appelquist)와 데이비드 폴리처는 양자색역학을 이용해 이 입자가 맵시쿼크 한 개와 반맵시쿼크 한 개로 이루어진 중간자임을 보였다. 지금까지 알려진 쿼크로는 이렇게 무거운 중간자를 설명할 수 없었다. 네 번째 쿼크만이 제이-프시의 질량과 성질을 설명할 수 있었다.

맵시쿼크의 발견

제이-프시의 발견이 정말 혁명에 빗댈 만큼 엄청난 사건이었을까? 제이-프시는 네 번째 쿼크인 맵시쿼크가 존재함을 입증했다. 맵시쿼크가 존재한다면, 전자기약이론에 GIM 메커니즘을 자연스럽게 포함시킬 수 있었다. 렙톤에만 국한되었던 전자

기약이론에 이제는 쿼크까지 넣을 수 있게 되었으니 렙톤들의 약상
호작용뿐만 아니라 강입자들의 약붕괴(weak decay)와 약상호작용을
전자기약이론으로 설명할 길이 열린 것이었다. 게다가 한동안 양자
색역학에 대해 의심을 품게 했던 R값의 위기도 해결할 수 있었다.
맵시쿼크를 포함하게 되면 R값이 2보다 큰 값이 되었다. 제이-프시
의 발견으로 존재가 입증된 맵시쿼크는 전자기약이론과 양자색역
학의 입자를 굳혔고, 두 이론을 포함하는 표준 모형으로 나아가는
길을 연 것이었으니, 가히 이를 11월 혁명이라 부를 만했다. 무엇보
다도 제이-프시는 쿼크 자체가 더는 상상 속에서나 존재하는 입자
가 아니라 실존하는 입자라고 마침표를 찍은 거나 다름없었다.

그로부터 이 년 후, 새뮤얼 팅과 버턴 릭터는 제이-프시를 발견한
공을 인정받아 함께 노벨물리학상을 받았다. 물리학사에서 가장 치
열했던 경쟁이었지만, 이야기는 해피엔딩으로 막을 내렸다. 노벨상
은 팅과 릭터가 받았지만, 두 사람은 자신이 이끌던 실험 그룹을 대
표해서 받은 것이기도 했다. '레더먼의 어깨'를 먼저 봤던 리언 레더
먼은 입맛을 다셨지만, 에너지를 계속 높여가던 그는 1976년에 페르
미 연구소에 있는 극도로 높은 에너지로 양성자를 가속시킬 수 있
는 싱크로트론을 이용해 웁실론(upsilon, γ)이라는 벡터 중간자를 발
견했다. 웁실론의 질량은 제이-프시보다 세 배나 더 무거웠다. 양
성자의 질량보다는 무려 열 배나 더 무거웠다. 웁실론은 바닥쿼크
(bottom quark)와 반바닥쿼크(anti bottom quark)로 이뤄진 입자였다.

11월 혁명에 동참한 그룹이 또 하나 있었다. 이탈리아 프라스카
티의 ADONE에서도 같은 신호를 측정했다. ADONE의 논문도 브

룩헤이븐과 SPEAR의 논문에 이어 《피지컬 리뷰 레터》에 실렸다. ADONE의 분석은 앞선 두 실험 그룹보다 일주일 정도 늦었다. 딱 일주일 늦어서 노벨물리학상을 놓치고 말았다.

바네레 드 비고르 학술회의에서 중간자라는 이름을 정의할 때 원래는 질량이 파이온과 양성자 사이에 있는 입자들을 칭하려고 지은 이름이었다. 웁실론은 양성자보다 열 배나 더 무거웠으니, 중간자라는 명칭이 어울리지 않았다. 그때부터 중간자라는 호칭은 쿼크와 반쿼크로 이뤄진 입자를 일컫는 단어가 되었다. 제이-프시나 웁실론처럼 쿼크와 반쿼크로 된 무거운 중간자에는 쿼코니움(quarkonium)이라는 이름이 붙었다. 웁실론은 다섯 번째 쿼크가 존재한다는 걸 사람들에게 알렸다. 위쿼크, 아래쿼크, 기묘쿼크, 맵시쿼크에 이어 바닥쿼크가 쿼크의 맛깔 목록에 들게 되었다. 그리고 마지막 남은 하나, 꼭대기쿼크(top quark)는 1995년 페르미 연구소에서 발견된다. 그러나 꼭대기쿼크는 워낙 수명이 짧아서 강입자를 이루지 못한다. 이 여섯 개의 쿼크가 모두 발견되면서 여섯 개의 렙톤과 더불어 표준 모형의 기틀이 잡혔다.

빼놓을 수 없는 이야기가 있다. 맵시쿼크가 발견되기 이 년 전인 1972년에 교토대의 고바야시와 마스카와는 약력에서 대칭성 깨짐을 연구하며 여섯 개의 쿼크가 존재함을 예측했다. 이 업적으로 두 사람은 난부와 함께 2008년 노벨물리학상을 수상했다.

맵시쿼크가 발견되면서 전자기약이론과 양자색역학의 입지가 탄탄히 굳어졌다. 11월 혁명이 있던 해인 1974년, 아브라함 파이스와 샘 트레이먼은 전자기약이론과 양자색역학을 합쳐 '표준 모형(Standard Model)'이라고 불렀다. 중력, 전자기력, 약력, 강력, 이 네 가지 근본 힘 중에서 중력만 빼고 모든 힘은 양자장론으로 설명되었다. 바야흐로 양자장론의 시대가 활짝 열렸다. 그러나 양자색역학에서 쿼크 사이에 힘을 매개하는 글루온의 존재는 불투명했다. 과연 글루온도 실험으로 발견할 수 있을까? 다시 오 년의 세월이 필요했다.

Willibald Jentschke
1911~2002

절반의
성공

Three Quarks
14

Half Success

Gail Hanson
1947~

Sau Lan Wu
ca.1940~

Quark and
Gluon Jets

1943년 7월 24일부터 일주일 동안, 영국과 미국의 공군 폭격기 편대는 번갈아 가며 함부르크를 폭격했다. 밤에는 영국 공군이, 낮에는 미국 공군이 폭격을 감행했다. 작전명은 고모라였다. 고모라, 성경에 나오는 소돔과 고모라의 그 고모라, 신의 진노를 받아 유황과 불이 하늘에서 쏟아져 순식간에 지옥이 되어버린 그 곳. 이미 이틀간의 폭격으로 함부르크 서쪽 알토나 지역은 대부분 파괴되었다. 영국 공군은 여기서 멈추지 않았다. 7월 27일은 유난히 무더운 날이었다. 해안가 도시라 함부르크의 습도는 보통 높았지만, 이날따라 건조했다. 날씨도 청명했다. 영국 공군 폭격기들은 지도에서 함부르크를 지도에서 지워버리기로 작정한 듯, 평소와 달리 소이탄과 백린탄으로 무장했다. 50분 동안 함부르크 동쪽 시내에 2000톤이 넘는 폭탄을 쏟아부었다.

아스팔트가 녹아내렸고, 유리창이 흘러내렸다. 건물의 벽돌조차 재가 될 정도였다. 이미 이틀 동안의 폭격으로 함부르크 상공의 공기 온도는 높아져 있었다. 지상의 온도가 급격히 오르면서 화염 토네이도가 생겼고, 수백 미터까지 치솟은 불기둥은 지상의 산소를 미친 듯이 빨아들였다. 강풍이 불었다. 불기둥은 마치 살아있는 괴물처럼 용솟음치며, 화염 태풍으로 바뀌었다. 지옥 같은 화재는 다섯 시간 동안 지속되었고, 이날 하루 폭격으로 사망한 함부르크 시민의 수는 거의 4만 명에 달했다. 다친 사람은 십만 명이 넘었다. 인류 역사상 인간이 만들어 낸 최악의 화재였다. 백만 명의 시민이 도시를 떠나 뿔뿔이 흩어졌다.

빌리발트 옌츠케와 독일 전자 싱크로트론 연구소

그로부터 십 년 후, 독일 연방정부에서는 연합군의 폭격으로 잿더미가 되었던 바로 그곳, 함부르크 알토나 지역에 가속기를 지었다. 전쟁으로 망가진 과학을 다시 일으키는 것이야말로 나라의 기틀을 탄탄히 세우는 데 가장 중요한 일임을 독일 정부는 잘 알고 있었다. 알토나 지역에 독일 싱크로트론 연구소를 설립한 것은 빌리발트 옌츠케(Willibald Jentschke) 덕이었다. 그는 오스트리아 빈에서 태어나 그곳에서 교육받았다. 빈 대학을 다닐 때 오스트리아가 독일에 합병되었다. 그의 지도교수는 골수 나치 게오르그 슈테터(Georg Stetter)였다. 옌츠케는 박사 학위를 마치고 빈 대학의 제2 물리연구소에서 조교를 하며 지냈다. 나치였던 슈테터를 따라 나치에 가입했고, 그와 함께 나치의 우라늄 개발에 깊숙이 관여했다.

전쟁이 끝난 후, 옌츠케는 오스트리아의 인스부르크 대학 강사가 되었다. 그러나 전후 오스트리아에서는 연구를 계속할 수 없었다.

결국, 미국으로 건너가 일리노이 대학 전기공학과에 조교수로 취직했다. 얼마 지나지 않아 물리학과로 옮겼고, 몇 년 동안은 반도체를 연구했다. 그리고 일리노이 대학에 사이클로트론 연구소가 세워지면서 그곳 소장이 되었다. 거기서 빈에서 익힌 방법을 토대로 입자 검출기의 하나인 섬광 계수기에 알맞은 물질을 개발했다.

1955년, 독일 함부르크 대학에서 연락이 왔다. 그곳 물리연구소 소장으로 와줄 수 있느냐는 제안이었다. 히틀러가 통치하는 동안, 독일의 뛰어난 과학자들은 대부분 외국으로 망명했다. 한때 물리학의 중심이었던 독일은 이제 변방으로 밀려났다. 외국으로 떠난 과학자들의 도움이 간절히 필요했다. 제2차 세계대전 후 독일은 핵과 관련 있는 연구는 엄격하게 금지되어 있었지만, 함부르크 대학은 어떻게 해서든지 기초과학을 세계적인 수준으로 되돌리려고 애쓰고 있었다.

엔츠케가 함부르크 대학에서 일한 지 얼마 지나지 않았을 때, 연방정부로부터 천만 마르크의 연구비를 받게 되었다. 당시로서는 엄청나게 큰돈이었다. 연방정부에서는 엔츠케가 그 돈으로 현대적인 핵물리학 연구소를 세워 줬으면 했다. 엔츠케는 그렇게 받은 연구비를 개인 연구에 쓸 수도 있었지만, 그에게는 어떤 사명감 같은 것이 있었다. 어쩌면 한때 나치에 동조했다는 죄의식과 책임감의 발로 때문이었는지도 모른다. 엔츠케는 함부르크 대학의 연구 수준도 전쟁 전과 비교하면 형편없고, 교육 수준도 무척 낙후되었다는 걸 잘 알고 있었다. 나치는 독일을 폐허로 만든 것뿐만 아니라 독일의 교육도 망가뜨려 놓았다. 이 모든 걸 다시 회복해야 했다.

엔츠케는 여러 대학을 방문하며 물리학자들을 만나 세계적인 수준의 연구소를 만들자고 제안하며 다녔다. 그들 중에는 베르너 하이젠베르크도 있었다. 하이젠베르크 역시 독일의 기초과학을 다시세우는 게 무척 중요하다고 여겼다. 그래서 엔츠케의 제안에 적극적인 지지를 보냈다. 입자물리학 분야에서 연구를 제대로 하려면무엇보다 가속기가 있어야 했다. 엔츠케는 수십억 전자볼트의 싱크로트론을 만들고 싶었다. 그 정도면 다른 나라에서 만들고 있는 어지간한 가속기보다 높은 에너지의 싱크로트론이 될 수 있었다. 그러나 그런 가속기를 지으려면 함께 일할 사람이 필요했다. 그 당시독일에는 이런 일을 같이할 만한 물리학자들이 없었다. 그는 미국에 있는 독일 물리학자들에게 독일로 돌아와서 함께 연구하자고 간청했다. 미국에 있는 젊은 물리학자들에게도 함부르크에 와서 함께 일하자고 설득했다. 엔츠케는 장기적으로 이 싱크로트론을 이용하여 제대로 된 기초과학을 하려면 교육이 무척 중요하다는 사실도잘 알고 있었다.

엔츠케의 피나는 노력으로 1959년에 독일 전자 싱크로트론 연구소(Deutsches Elektronen-Synchrotron, DESY)가 함부르크에 세워졌다. 75억전자볼트(7.5 GeV)의 전자 싱크로트론은 1964년에 가동되었다. 이싱크로트론을 지을 때 반대도 많았다. 유럽에서는 이미 CERN에서높은 에너지의 양성자 가속기가 가동되고 있었다. 게다가 전자 싱크로트론은 고에너지 물리학에 적당하지 않다는 비판도 있었다. 그러나 엔츠케는 앞날을 내다볼 줄 알았다. 남들이 가지 않은 길을 가장 먼저 가는 것은 힘들지만 가치 있는 일이었다. 훗날 이 분야에서

DESY가 할 역할이 분명히 있으리라 믿었다.

쿼크 제트의 생성

1974년 11월 혁명 이후에도 스탠퍼드 선형 가속기 센터의 SPEAR에서는 양전자와 전자를 충돌시켜 새로운 강입자를 생성하는 연구를 계속했다. 제이-프시의 발견은 양전자와 전자가 충돌해서 소멸된 다음, 거기서 새로운 강입자를 생성해 낼 수 있다는 증거였다. 쪽입자 이론을 빌려 표현하면, 양전자와 전자가 소멸한 뒤, 광자가 튀어나올 수도 있지만, 쿼크와 반쿼크가 생겨날 수도 있다는 말이었다. 당구공 두 개가 서로를 향해 똑같은 속도로 다가오다가 비껴서 충돌하면, 왔던 방향으로 되돌아가지 않고, 어긋난 채 서로 반대 방향으로 되튀어 나간다. 양전자와 전자의 충돌도 비슷하다. 서로 충돌하면서 소멸하지만, 오던 방향의 흔적은 남아있어 쿼크와 반쿼크가 생성되면서 서로 어긋난 방향으로 날아간다. 물론 쿼크는 눈에 보이지 않지만, 쿼크와 반쿼크의 방향에서 강입자들이 소나기처럼 생겨나 전방으로 퍼져나가는 건 쿼크가 생성되었음을 방증한다. 그래서 이런 현상을 정반대 방향에서 두 개의 쿼크 제트(quark jets)가 생겨났다고 표현했다. 이 쿼크 제트는 쪽입자로서 쿼크가 실재함을 보여주는 신호이기도 했다.

당시에 이런 실험을 가장 잘할 수 있는 곳은 스탠퍼드 선형 가속기 센터의 SPEAR였다. 그리고 그렇게 힘든 분석을 할 수 있는 사람도 스탠퍼드 선형 가속기 센터에 있었다. 바로 게일 핸슨(Gail Hanson)이었다. 그녀의 목표는 과연 양전자와 전자가 충돌해서 두 줄기의 쿼크 제트를 만들어 내는가를 확인하는 것이었다. 말은 쉽지만, 쏟아져 나오는 강입자를 분석해서 제트의 흔적을 찾아내는 건 정말 어려운 문제였다. 핸슨은 컴퓨터 앞에 앉아 데이터를 분석하며 끈질기게 쿼크 제트를 찾으려고 애썼고, 마침내 찾아냈다. 컴퓨터 화면에 찍힌 쿼크 제트는 눈으로 보기에도 제트처럼 생겼다. CERN의 존 엘리스는 이 실험 결과를 일컬으며 세상에서 가장 아름다운 발견 중 하나라고 칭송했다. 11월 혁명이라고 명명할 만큼 제이-프시 입자의 의미는 컸지만, 쿼크 제트는 쿼크의 존재를 다시 한 번 사람들에게 각인시켰다. 겔만이 쿼크라는 개념을 도입할 때만 해도 아무도 그 분수 전하를 지닌 입자의 존재를 믿지 않았다. 겔만조차도 그저 수학적 편의를 위해 도입되었을 뿐이라고 변명할 만큼 물리학자들의 상식에 어긋난 입자였다. 이제 쿼크는 눈에 보이지 않으나 실재하는 입자였고, 전자와 마찬가지로 기본 입자의 자리를 당당히 차지하게 되었다.

절반의 성공

독일 전자 싱크로트론 연구소에서 실험한 쿼크와 반쿼크 제트의 모습

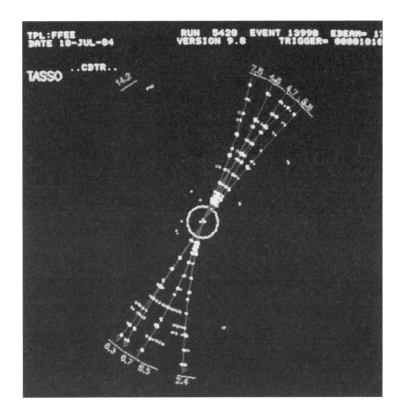

그림: TASSO Experiment, DESY

새로운 전자 링 가속기 PETRA

1974년 11월, 브룩헤이븐 연구소와 스탠퍼드 선형 가속기 센터에서 제이-프시가 발견될 즈음, 독일 전자 싱크로트론 연구소의 소장인 헤르비히 쇼퍼(Herwig Schopper)는 원래 있던 것보다 더 큰 싱크로트론을 만들자고 독일 연방정부에 제안했다. 이번에도 쇼퍼의 제안에 반대하는 사람이 많았다. 원래 있던 둘레 300미터의 싱크로트론에 거의 같은 크기의 싱크로트론을 겹쳐 양전자와 전자를 35억 전자볼트로 충돌시킬 수 있는 DORIS(Double-Ring Storage Facility)라는 장치가 막 가동하기 시작했는데, 다시 새로운 가속기를 짓는 것은 비용 낭비라고 여겨졌고, 무엇보다 새로 지을 가속기의 목적이 불분명했다. 그러나 쇼퍼의 생각은 달랐다. 스탠퍼드 선형 가속기 센터의 SPEAR의 에너지가 40억 전자볼트에 달하는데, 스탠퍼드를 넘어서려면, 우선 SPEAR를 능가하는 가속기가 있어야 했다. 지금까지 독일 전자 싱크로트론 연구소에서 한 실험 중, 스탠퍼드 선형 가속기 센터를 넘어설 만한 업적이 없었다는 것도 이유 중 하나였다. 더구나 스탠퍼드에서는 SPEAR를 업그레이드할 계획을 세우고 있었다. 제대로 경쟁하려면 그에 걸맞은 가속기가 필요했다. 다행히 독일 연방정부에서는 쇼퍼의 제안을 수용했다. 새로 짓게 될 가속기에는 PETRA(Positron-Electron Tandem Ring Accelerator)라는 이름이 붙었고, 둘레가 2킬로미터가 넘었다. 양전자와 전자가 충돌할 때 에너지는 최대 190억 전자볼트에 이르렀다.

190억 전자볼트가 높은 에너지이긴 했지만, 쿼크 제트를 넘어 글

절반의 성공

루온 제트를 관측하려면 270억 전자볼트가 넘어야 했다. 1979년 5월부터 PETRA에서는 마침내 270억 전자볼트 이상의 에너지를 얻을 수 있었다. PETRA에는 다섯 개의 검출기가 장착되어 있었다. 실험 그룹은 검출기의 이름으로 구분되었다. 이름은 각각 CELLO(첼로), JADE(제이드), MARK-J(마크-제이), TASSO(타소), PLUTO(플루토)였고, 각 그룹마다 60명에서 90명의 연구원이 있었다. 1970년대 초반의 실험 그룹과 비교하면, 실험 그룹의 규모도 커졌다. 러더퍼드는 공동연구원 한두 명을 데리고 실험했지만, 이제 입자물리학 실험은 더 이상 몇 명이 감당할 만한 규모를 훌쩍 넘어섰다. TASSO만 해도 아홉 개의 연구소가 참여하고 있었고, 연구원도 70명에 이르렀다. 검출기는 1978년 말에 모두 완성되었다.

글루온 제트의 발견

전자가 가속하거나 감속하면 광자를 방출한다. 아주 빠르게 움직이는 전자가 갑자기 감속하면 엑스선이나 감마선처럼 파장이 무척 짧은 광자가 생겨난다. 전자기 복사(electromagnetic radiation)라고 부르는 현상이다. 존 엘리스는 강력에서도 비슷한 일이 일어난다고 보았다. 쿼크의 속도가 갑자기 줄어들면, 마치 감속하는 전자가 감마선을 내뿜듯, 글루온을 발생시킬 것이라고 생각했다. 에너지가 낮으면 방사된 글루온이 휘어져서 나오는 쿼크 제트를 약간 평평하게 만드는 역할을 하지만, 에너지가 270억 전자볼트

정도로 높으면 거기서 떨어져 나와 글루온 제트를 형성할 것으로 내다봤다. 이 예측이 실험으로 확인되면, 글루온의 존재를 실험으로 확증하는 셈이 된다. 물론, 쿼크 제트처럼 글루온 제트도 결국은 강입자로 이루어져 있을 것이었다. 1977년에 독일 싱크로트론 연구소를 방문한 엘리스는 TASSO 실험을 책임지게 될 비요른 윅(Bjørn Wiik)과 귄터 볼프(Günter Wolf)를 만났다. 두 사람에게 양전자와 전자가 충돌해 소멸한 뒤에 쿼크 제트를 자세히 관찰하면 글루온의 자취가 보일 거라고 설명했다. 그렇지 않아도 SPEAR에서 발견한 쿼크 제트를 검증하는 실험은 PETRA에서 해야 할 목록 중 우선순위를 차지하고 있었다.

TASSO 그룹에는 위스콘신 대학의 조교수 우사우란(Sau Lan Wu, 吳秀蘭)이 있었다. 홍콩 출신인 그녀는 1960년에 뉴욕의 배서 대학(Vassar College)에 입학했다. 그녀의 꿈은 원래는 화가가 되는 것이었다. 대학을 다니며 마리 퀴리를 알게 되었고, 물리학에 관심이 생겼다. 그러다 브룩헤이븐에서 여름 학교를 보내며 입자물리학에 매료되었고, 결국 하버드에서 박사 학위를 받았다.

PETRA의 실험 그룹 중에서 글루온 제트를 최초로 확인한 사람은 TASSO 그룹의 우사우란이었다. 쿼크 제트와 달리 글루온 제트는 한 점에서 시작해서 세 갈래로 갈라져 나갔다. 컴퓨터 화면에 찍힌 모습이 마치 메르세데스 자동차의 로고처럼 보여 메르세데스 이벤트(Mercedes event)라고 불렀다. 1979년 6월까지 약 마흔 개의 이벤트를 얻었다.

그달에 노르웨이 베르겐에서 중성미자 학술회의가 열렸다. 엘리

독일 전자 싱크로트론 연구소에서 실험한 글루온 제트의 모습.
위와 아래로 나뉜 궤적(붉은색)은 쿼크와 반쿼크 제트를 나타내고, 오른쪽의 궤적(하얀색)
은 쿼크와 반쿼크에서 갈라져 나가는 글루온 제트를 의미한다.

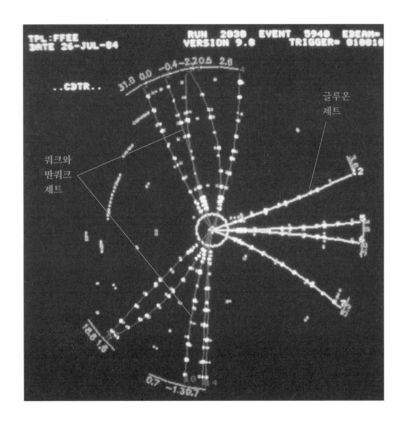

그림: TASSO Experiment, DESY

스는 회의에 참석할 겸 해서 회의 시작 전 주말에 윅을 방문했다. 해안가에 윅의 아버지 집이 있어서 윅과 함께 그곳에 머물렀다. 얼마 있지 않아 우사우란이 도착했다. 그녀는 글루온 제트 이벤트가 찍힌 출력물을 꺼내 놓았다. 그걸 본 엘리스는 '드디어 글루온을 보는구나'라는 생각에 몹시 흥분되었다. 회의에서 윅은 우사우란의 결과를 보여주었고, 엘리스도 발표를 하며 그녀의 결과를 언급했다. 그러자 영국에서 온 도널드 퍼킨스가 시큰둥한 표정을 지으며 질문했다.

"이벤트가 딱 하나 있는데, 그걸로 글루온이 존재한다고 말할 수 있겠어요?"

엘리스는 능청스럽게 대답했다.

"물론이죠. 글루온이 여덟 종류나 있는데, 하나 찾았다고 믿기는 어렵죠."

엘리스의 농담이었다. 글루온의 색깔 수는 여덟이지만, 그렇다고 글루온 제트 이벤트가 여덟 개나 될 필요는 없었다.

글루온 제트를 찾는 분석은 계속되었다. 데이터를 분석할수록 비슷한 궤적이 더 많이 나왔다. 증거가 쌓여 갔다. 7월에는 CERN에서 유럽물리학회가 열렸다. 거기서 TASSO 그룹의 귄터 볼프와 파울 죄딩(Paul Söding)이 발표했다. 죄딩은 TASSO 그룹이 얻은 글루온 제트 궤적을 보여주었을 뿐, "이것이 바로 글루온이다"라고 결론을 내리지 않았다. TASSO 실험에 자극받은 JADE, PLUTO, MARK-J 그룹에서도 글루온 제트를 찾아 나섰다. 이미 TASSO의 실험 결과가 있었으므로 세 그룹에서 글루온 제트를 찾는 데는 3주면 충분했다.

절반의 성공

1979년 8월 23일부터 페르미 연구소에서 렙톤-광자 국제 심포지엄이 열렸다. 학회에서 네 그룹 모두 세 개로 갈라지는 글루온 제트를 관측했다고 보고했다. 학회 마지막 날, 다섯 번째 쿼크와 여섯 번째 쿼크의 이름을 지어준 이론물리학자 하임 하라리(Haim Harari)는 학회의 가장 중요한 주제였던 글루온 제트를 언급하며 이렇게 정리했다.

"한동안 글루온을 발견하는 데 가장 직접적인 방법은 양전자와 전자를 충돌시켜 '글루온 제트'를 관측하는 것임이 분명했습니다. 그렇다면 정말 양전자-전자 충돌에서 세 가닥의 글루온 제트 이벤트를 본 것일까요? 만약에 보았다면, 그것은 글루온의 존재를 확인해 주는 것일까요? 신중하게 얘기하면, 두 질문에 대한 답은 모두 '그렇다'입니다. 여전히 중요한 몇 가지 확인 작업과 테스트가 남아 있기는 합니다. 하지만 오 년 후에 우리가 다시 만나면, 1979년 여름에 글루온이 발견되었다는 사실에 우리 모두 동의할 것이라고 믿습니다."

쿼크 사이의 힘을 매개하는 글루온도 광자처럼 실재하는 입자였다. 존재가 검증되었으니 글루온은 광자 다음으로 두 번째로 게이지 입자의 반열에 올라서게 되었다. 글루온 제트가 발견되던 날은 독일 전자 싱크로트론 연구소를 건설하며 엔츠케가 품었던 꿈이 이뤄지는 순간이었고, 제2차 세계대전으로 나락에 빠졌던 독일 물리학이 서서히 제자리를 찾아가는 원년이기도 했다.

MARK-J 그룹은 1976년에 제이-프시를 찾아내 노벨상을 받은 사무엘 팅이 이끌고 있었다. 그는 글루온 제트를 가장 먼저 발견한 것은 MARK-J 그룹이라고 주장했다. TASSO에서 먼저 발표했고, 그 중심에 우사우란이 있다는 것은 연구소 전체에 잘 알려져 있었다. 팅은 개의치 않았다. 팅은 TASSO 그룹에서 논문을 쓰기도 전에 글루온 제트를 발견했다는 논문을 CERN에서 관리하는 유럽 저널《피직스 레터 B》에 투고했다. 논문 제목은 거창했다. "PETRA에서 세 개의 제트 이벤트 발견과 양자색역학 테스트." 실험 논문에 '발견(discovery)'이라는 단어는 거의 쓰지 않는다. 보통 실험물리학에서는 입자나 현상을 실험으로 확인했을 때는 '증거(evidence)'라는 말을 쓰고, 발견하지 못한 경우에는 '탐색(search)'이라고 한다. '발견'이라는 말은 백 퍼센트 확인되었을 때 쓰던가, 아니면 콜럼버스가 신대륙을 찾았을 때나 쓰는 말이었다. 그게 끝이 아니었다. 논문에서는 TASSO의 실험 결과를 일언반구도 언급하지 않았다. 사람들이 불평하자 팅은 한 마디 덧붙였다.

"학회에서만 발표하고 논문에 실리지 않은 결과는 인용할 필요가 없어요. 대체로 학회에서 발표한 결과는 데이터 양도 부족해서 결론도 엉성하지요."

《피직스 레터 B》 편집인이었던 클라우스 빈터(Klaus Winter)가 팅에게 편지를 보내 논문에서 "발견"이라는 표현은 빼고 TASSO 실험을 인용하라고 요청한 건, 신중한 편집장이 해야 할 당연한 조치였다. 그러나 팅은 조금도 거리낌 없이 논문을 회수해서 미국 저널《피지컬 리뷰 레터》에 투고했다. 제목도 원래 제목 그대로였다. 팅은 TASSO의 결과를 완전히 무시했다. 인용된 논문이라고는 MARK-J에서 앞서 출판한 실험 논문과 엘리스와 동료들이 글루

절반의 성공

온 제트를 제안한 논문과 그 비슷한 논문이 전부였다. 논문에 적어 놓은 참고문헌은 1번에서 3번으로 끝나고 총 열 편이 되지 않았다. 논문 전체에서 대단한 발견을 오직 팅이 이끄는 그룹에서 해냈다는 분위기가 물씬 풍겼다. 《피지컬 리뷰 레터》에서 입자물리학 분야를 책임진 편집인은 휴가 중이어서 고체물리학자였던 유진 웰스 (Eugene Wells)가 팅의 논문을 대신 맡았다. 그는 논문의 내용에 크게 고무되었다. 그러나 그는 정작 TASSO 실험 결과가 먼저 발표되었다는 사실은 모르고 있었다. 논문은 편집인의 직권으로 심사를 거치지 않고 18일 만에 출판되어 나왔다. TASSO 그룹에서도 논문을 써서 팅보다 이틀 먼저 《피직스 레터 B》에 투고했지만, 논문은 일주일 늦게 출판되었다.

팅의 욕심은 여기서 끝나지 않았다. 논문을 투고하기 전부터 기자들을 불러 '자신의 발견'을 알렸다. 심지어 휴가 간 기자에게 사람을 보내 기사를 쓰라고 종용했다. 그는 "1976년에 노벨상을 받은 위대한 과학자가 또 한 번 위대한 발견을 했다"라고 선전하고 싶었을 것이다. 그와 달리 TASSO의 죄딩은 글루온 제트의 발견은 존 엘리스 덕이라며 그에게 공을 돌렸다. 이미 노벨상까지 받은 팅은 왜 TASSO 그룹과 우사우란에게 마땅히 돌아가야 할 공을 가로챘을까? 어쩌면 그는 정말 자신이 이끄는 MARK-J 그룹이 처음 발견했다고 믿었거나 아니면 자신을 속였을 것이다. 또 한편으로는 거대한 실험 그룹을 계속해서 성공적으로 이끌려면, 연구비가 필요했는지도 모른다. 더 많은 연구비를 정부로부터 계속해서 받아내려면, 눈에 띌 만한 업적이 필요했다. 오늘날에도 이런 일이 한 번씩 반복

된다. 물리학뿐 아니라 수학에서도 화학이나 생물학에서도 그렇다. 그러나 과학자들은 과학의 자정 기능을 믿는다. 욕심과 시기심이 때로는 문제를 일으키기도 하지만, 진리를 좇다 보면 진리만 남고 찌꺼기는 사라진다.

아직은 절반의 성공

쿼크와 글루온이 실재한다는 것이 실험으로 밝혀지면서, 양자색역학은 강력을 설명하는 근본 이론이 되었다. 유카와가 핵자들 사이의 힘을 매개하는 입자는 파이온이라며, 강력을 중력과 전자기력과 같은 반열에 올려놓았을 때, 사람들은 강력이 완성되었다고 믿었다. 그러나 가속기에서 공명 입자들이 쏟아져 나오면서 유카와의 이론은 설 자리를 잃었다. 이렇게 이를 데 없이 난해한 강력은 이십 년 넘게 물리학자를 괴롭혔다. 다이슨의 말마따나 백 년이 지나도 강력은 이해할 수 없을 것만 같았다. 그러나 게이지 이론이 재규격화가 가능하다는 사실이 증명되고, 1960년대 말에서 1970년대 초까지 전자의 심층 비탄성 충돌로 쿼크의 존재는 사실로 굳어졌다. 양-밀스 게이지 이론에 점근적 자유성이 있다는 게 알려지자 양자장론을 다시 쓸 수 있게 되었다. 그리고 1979년에 비로소 글루온의 존재가 검증되었다.

수많은 실험에 힘입어 전자기약이론과 양자색역학은 중력을 제외한 다른 모든 상호작용을 설명하는 근본 이론으로 자리 잡았다.

양자전기역학의 게이지 입자인 광자에 이어 글루온이 양자색역학의 게이지 입자로 확인되었고, 1960년대에 예측된 W와 Z 보손이 1983년 CERN에서 발견되면서 전자기약이론의 게이지 입자라는 것이 완전히 규명되었다. 그 외에도 중요한 발견이 있었다. 1973년에 고바야시 마코토와 마스카와 도시히데는 다섯 번째 쿼크와 여섯 번째 쿼크의 존재를 예측했다. 하라리는 이 쿼크들을 바닥쿼크와 꼭대기쿼크라고 불렀다. 바닥쿼크는 1977년에 페르미 연구소에서 발견되었고, 꼭대기쿼크는 1995년에 페르미 연구소에서 관측되었다. 전자의 두 번째 형제 타우 렙톤은 스탠퍼드 선형 가속기 센터의 마틴 펄(Martin Perl)이 이끄는 팀이 1975년에 발견했다. 타우와 쌍을 이루는 타우 중성미자는 2000년에 발견되었다. 드디어 여섯 개의 렙톤과 여섯 개의 쿼크가 대칭을 이루며 글래쇼와 일리오풀로스, 마이아니가 제안한 렙톤-쿼크 대칭성이 옳았음이 확인되었다. 네 종류의 게이지 입자와 가장 마지막에 발견된 힉스 입자를 포함해서 열일곱 종류의 입자가 표준 모형에 포함된다. 이들 모두는 기본 입자다.

양자색역학과 점근적 자유성으로 강력을 모두 이해한 것은 아니다. 글루온이 발견될 즈음해서 컴퓨터만 아주 빠르다면, 쿼크 가둠은 증명될 것으로 예측했다. 컴퓨터에서 양자색역학을 다루는 걸 격자 양자색역학(lattice quantum chromodynamics)이라고 부르고, 오늘날 강입자 물리학에서 몹시 중요한 분야이다. 그러나 격자 양자색역학조차도 양자색역학의 난해한 부분을 모두 풀어내진 못한다. 쿼크 가둠도 수학적으로 증명된 건 아니다. 양성자가 발견된 지 100

년이 지났지만, 아직도 양성자의 질량과 스핀과 내부 구조를 모두 이해하지 못했다. 양성자의 내부에서 쿼크와 글루온이 양성자의 구조에 어떻게 기여하는지 알기 위해 미국 브룩헤이븐 연구소에 새로운 가속기가 지어질 예정이다. 가속기의 이름은 전자-이온 충돌기(Electron-Ion Collider)다. 계획대로라면 2030년 즈음 본격적으로 가동할 것이다. 그러므로 지금까지 양자색역학은 절반의 성공을 한 셈이다.

이론 핵물리학자 제럴드 브라운(Gerald E. Brown)이 이런 말을 했다. "물리학자들은 뉴턴의 고전역학에서 물체가 두 개 있을 때는 완벽하게 풀 수 있지만, 물체가 세 개 있는 삼체 문제는 완벽하게 풀 수 없다는 걸 깨달았다. 그러나 양자역학이 도래하자, 물체가 두 개 있는 이체 문제도 완벽하게 풀 수 없다는 걸 알았다. 오직 수소 원자만을 완벽하게 풀 수 있었다. 그리고 양자전기역학에서는 입자가 하나 있는 것도 제대로 풀리지 않는다는 걸 깨달았다. 이제 양자색역학에서는 아무것도 없는 진공이 복잡하기 짝이 없어 아무것도 풀 수 없다는 사실을 알게 되었다."

데모크리토스는 세상을 이루는 건 아토모스(atomos)와 공허뿐이라고 주장했다. 물질을 이루는 아토모스와 원자가 숨 쉴 공간인 공허. 오늘날 진정한 아토모스는 쿼크이고, 공허는 양자색역학의 진공이었다. 진공이란 아무것도 없는 게 아니다. 진공 속에 전자 하나를 두면, 진공에서는 음전하와 양전하가 생겨났다 없어지길 끝없이 반복한다. 그래도 이건 양자전기역학에서 일어나는 일이니, 다루기가 까다롭지만 풀 수 있다. 그러나 양자색역학에서 진공은 그야말로 세상에서 가장 복잡하고 끔찍할 정도로 어렵다. 그리고 쿼크는 강입자 속에 영원히 갇혀 있고, 그 사실을 명징하게 증명할 수학적인 방법은 여전히 부재하다. 강력의 근본 이론을 찾았다고 해서 종착지에 도달한 건 아니다. 이제 절반을 이뤘고, 강력은 여전히 우리 앞에 놓인 문제다.

"지나간 것은 서막이다(What's past is prologue)."

셰익스피어의 희곡 〈템페스트〉 2막 1장에서 안토니오가 한 말이다. 이 묵직한 문장은 미국 워싱턴 디시에 있는 국립문서보관소 앞 동상 '현재(Present)'에 새겨져 있다. 국립문서보관소의 의미를 가장 잘 드러내는 말이기도 하지만, 과학의 본질을 꿰뚫는 말이기도 하다. 셰익스피어의 말은 "과거는 서막이다"라고도 할 수 있다. 과학에서 지나간 일은 기록으로 남아 있지만, 앞으로 벌어질 일의 서막이기도 하다. 모순 같지만, 과학은 늘 서막에서 출발해 또 다른 서막에 도달한다. 과학에서 종장이란 존재하지 않는다. 그러니까 이 책의 에필로그는 또 하나의 프롤로그다. 독일의 문학 평론가 하랄트 바인리히(Harald Weinrich)는 《망각의 강 레테》에서 인문학과 자연과학의 차이를 학문의 망각주의에서 찾았다. 자연과학에서는 오래된 논문을 기억하지 않는다고 했다. 다르게 표현하면, "정리되었다"라고 말할 수 있고, 정리된 것은 과학을 전공하지 않은 이들에게 알려도 될 만큼 확실하다고 말할 수 있다.

1895년 11월, 뢴트겐이 엑스선을 발견한 이래 숨 가쁘게 달려온

팔십여 년의 세월은 궁극적으로 폴 고갱이 던졌던 질문, "우리는 어디서 오는가? 우리는 무엇인가? 우리는 어디로 가는가?"와 맞닿아 있다. 우주는 어떻게 시작했는지, 물질의 근원은 무엇인지, 그리고 우주는 어떻게 끝을 맺을지 알기 위해서는 우선 네 가지 근본적인 힘의 정체를 알아야만 했다. 전자기력과 약력이 통일되고, 쿼크와 글루온의 존재가 확인되면서 전자기력과 약력, 강력은 표준 모형 아래 확실한 이론으로 자리 잡았다. 하지만 이 역시 서막에 불과했다. 물리학자들은 표준 모형과 볼 수 있는 우주를 넘어 암흑물질로 대표되는 보이지 않는 우주를 탐색하는 데 열정을 쏟고 있다. 중력과 표준 모형을 하나의 틀로 묶는 것 또한 물리학자들이 할 일로 남아 있다. 지금 강입자와 핵물리를 연구하는 사람들은 우주가 처음 시작할 때 생겨난 물질의 초기 상태와 별의 진화, 보이는 우주의 거의 전부라고 말할 수 있는 양성자와 중성자의 내부 구조, 세 개의 쿼크를 넘어 네 개의 쿼크와 다섯 개의 쿼크로 이루어진 테트라쿼크와 펜타쿼크의 구조와 생성 메커니즘을 밝히려 애쓰고 있다. 양자색역학에 문제를 풀 열쇠가 숨겨져 있지만, 그걸 찾아내는 것은 여전히 난제로 남아 있다. 그러므로 아직 끝나지 않은 이야기가 있다.

《세 개의 쿼크》를 잇는 다음 책에서는 다섯 개의 쿼크로 이뤄진 중입자를 둘러싸고 일어났던 이야기를 하고자 한다. 그러니까 1979년 이후 지금까지, 강력의 완전한 모습을 어디까지 이해하게 되었는지 우리 세대의 이야기를 펼쳐 보일 것이다.

참고한 책과 글

책 전체에서 참고한 자료는 다음과 같다.

Brandt, S., *Discovery of Modern Physics in 100 Episodes*, (Oxford Univ., 2009).

Brown, L. M. and Hoddeson, L., *The Birth of Particle Physics*, (Cambridge University Press, 1986).

Brown, L. M., Dresden, M., and Hoddeson, L., *Pions to Quarks: Particle Physics in the 1950s*, (Cambridge University Press, 2009).

Cahn, R. N., and Goldhaber, G., *The Experimental Foundations of Particle Physics*, 2nd ed. (Cambridge University Press, 2009).

Crease, R. P., and Mann, Ch. C., *The Second Creation: Makers of the Revolution in Twentieth-Century Physics*, (Rutgers Univ. Press, 1996).

Hoddeson, L., Brown, L., Riordan, M., and Dresden, M., Eds., *The Rise of the Standard Model: Particle Physics in the 1960s and 1970s*, (Cambridge University Press, 1997).

Johnson, G., *Strange Beauty: Murray Gell-Mann and the Revolution in Twentieth-Century Physics*, (Vintage Books, 1999) | 《스트레인지 뷰티: 머리 겔만과 20세기 물리학의 혁명》 (승산, 2004).

Newman, H. B. and Ypsilantis, T. (eds.), *Proceedings, International Conference on History of Original Ideas and Basic Discoveries in Particle Physics*, Erice, Italy, July 29-August 4, 1994, *NATO Science Series B* 352 (1996) 27.

Pais, A., *Inward Bound: Of Matters and Forces in Physical World*, (Oxford Univ. Press, 1986).

Pickering, A., *Constructing Quarks: A Sociological History of Particle Physics*, (The University of Chicago, 1984).

Riordan, M., *The Hunting of the Quark: A True Story of Modern Physics*, (Touchstone Books, 1987).

프롤로그

Joyce, J., *Finnegan's Wake* (Wordsworth Editions Limited, 2012).

Scruton, R., *Death-Devoted Heart: Sex and the Sacred in Wagner's Tristan and Isolde*, (Oxford Univ., 2004).

1장 낯선 입자들

Amaldi, E. et al., "Symbols of Fundamental Particles," *Nature* 173 (1954) 123.

Amaldi, E. et al., "Symbols of Fundamental Particles," *Die Naturwissenschaften* 41 (1954) 56.

Amaldi, E. et al., "Symbols of Fundamental Particles," *Il Nuovo Cimento* 11 (1954) 213.

Armenteros, R. et al., "Decay of V Particles," *Nature* 167 (1951) 501.

Armenteros, R. et al., "The Properties of neutral V-particles," *Philosophical Magazine* 42 (1951) 1113.

Armenteros, R. et al., "The Properties of charged V-particles," *Philosophical Magazine* 43 (1951) 597.

Bacher, R. F., "Photoproduction of mesons and hyperons," *Physics Today* 18 (1965) 40.

Bertolotti, M., *Celestial Messengers: Cosmic Rays: The Story of a Scientific Adventure*, (Springer, 2013).

Blackett, P. M. S., "V-Particles and the Cloud Chamber," *Il Nuovo Cimento* 11 (1953) 264.

Bonolis, L., "Walther Bothe and Bruno Rossi: The Birth and development of coincidence methods in cosmic-ray physics", *American Journal of Physics* 79 (2011) 1133.

Brown, R. et al., "Observations with Electron-Sensitive Plates exposed to Cosmic Radiation," *Nature* 163 (1949) 82.

Buskirk, A. V. et al., "The Disintegration of V^0 Particles", *Physical Review* 90 (1953) 329.

Butterworth, I., "Sir Clifford Charles Butler", *Biographical Memoirs of Fellows of the Royal Society* 47 (2001) 39.

Cowan, E. W., "A V-Decay Event with a Heavy Negative Secondary, and Identification of the Secondary V-Decay Event in a Cascade", *Physical Review* 94 (1954) 161.

Cronin, J. W., "The 1953 Cosmic Ray Conference at Bagnères-de-Bigorre: the Birth of Sub Atomic Physics", ArXiv:1111.5338 [physics.hist-ph](2011).

Dalitz, R., "Strange Particle Theory in the Cosmic Ray Period," *Journal de Physique Colloques* 43 (C8) (1982) C8-195-C8-205.

Danysz, M. and Pniewski, J., "Delayed Disintegration of a heavy nuclear fragment: I," *Philosophical Magazine* 44 (1953) 348.

Dilworth, C., Occhialini, G. P. S., and Scarsi, L., "Heavy Mesons," *Annual Review of Nuclear Science* 4 (1954) 271-314.

Fitch, V. and Motley, R., "Mean Life of K^+ mesons", *Physical Review* 101 (1956) 496.

Fitch, V. L., "Elementary particle physics: The origins," Review of Modern Physics 71 (1999) S25.

Hopper, V. D. and Biswas, S., "Evidence Concerning the Existence of the New Unstable Elementary Neutral Particle," *Physical Review* 80 (1950) 1099.

Jánossy, L. and Ingleby, P., "Penetrating Cosmic Ray Showers,", *Nature* 145 (1940) 511.

Jánossy, L.,.Mccusker, C. B., and Rochester, G. D., "Cloud Chamber Investigation of Penetrating Showers", *Nature* 148 (1941) 660.

Leprince-Ringuet, L., "Mesons and Heavy Unstable Particles in Cosmic Rays," *Annual Review of Nuclear Science* 3 (1953) 39.

Littlefield, T. A. et al., "W. E. Curtis," *Physics Bulletin* 20 (1969) 389.

Lovell, B., "Patrick Maynard Stuart Blackett, Baron Blackett, of Chelsea. 18 November 1897-13 July 1974," *Biographical Memoirs of Fellows of the Royal Society* 21 (1975) 1.

Marshak, M. E., *Meson Physics*, (Dover Publishing, 1952).

Massey, H. S. W., "Lord Blackett," *Physics Today* 27 (1974) 69.

Nye, M. J., "A Physicist in the Corridors of Power: P. M. S. Blackett's Opposition to Atomic Weapons Following the War," *Physics in Perspective* 1 (1999) 136.

Peyrou, Ch., "The Role of Cosmic Rays in the Development of Particle Physics," *Journal de Physique Colloques* 43 (C8) (1982) C8-7-C8-67.

참고한 책과 글

Rochester, G. D. and Butler, C. C., "Evidence for the Existence of New Unstable Elementary Particles," *Nature* 160 (1947) 855.

Rochester, G. D. and Butler, C. C., "The Penetrating Particles in Cosmic-Ray Showers: I. Heavily-ionizing Particles," *Proceedings of the Physical Society* 61 (1948) 307.

Rochester, G. D. and Butler, C. C., "The Penetrating Particles in Cosmic-Ray Showers: II. The Lightly-ionizing Penetrating Particles in Penetrating Showers," *Proceedings of the Physical Society* 61 (1948) 535.

Rochester, G. D. and Wilson, J. G., *"Cloud Chamber Photographs of the Cosmic Radiation,"* (Pergamon Press, 1952).

Rochester, G. D., "The Early History of the Strange Particles," in *Early History of Cosmic Ray Studies: Personal Reminiscences with Old Photographs,* pp. 299-321, edited by Sekido, Y. and Elliot, H., (D. Reidel Publishing, 1985).

Rossi, B., "Lectures on Fundamental Particles," *Il Nuovo Cimento* Supplement 2 (1955) 163.

Rossi, B., "High-Energy Cosmic Rays," *Scientific American* 1159 (1959) 134.

Seriff, A. J. et al., "Cloud-Chamber Observations of the New Unstable Cosmic-Ray Particles," *Physical Review* 78 (1950) 290.

Shapiro, M. M., "Mesons and Hyperons", *American Journal of Physics* 24 (1956) 196.

Wolfendale, A., "George Dixon Rochester," *Physics Today* 55 (2002) 63.

Wolfendale, A., "George Dixon Rochester," *Biographical Memoirs of Fellows of the Royal Society* London 49 (2003) 415.

Wróblewski, A. K., "Hypernuclei (and Strange Particles) - How it all began," Acta Physica Polonica, 35 (2004) 1.

Yagoda, H., "The Tracks of Nuclear Particles", *Scientific American*, 194 (1956) 40.

2장 가속기의 시대

Alvarez, L., "Ernest Orlando Lawrence August 1 1901 - August 27, 1958", *A Biographical Memoir,* (National Academy of Sciences, 1970).

Bethe, H. and Rose, M. E., "The Maximum Energy Obtainable from the Cyclotron," *Physical*

Review 52 (1937) 1254.

Chadwick, J. and Goldhaber, M., "A Nuclear Photoeffect : Disintegration of the Diplon by Y-Rays," *Nature* 134 (1934) 237.

Chadwick, J. and Goldhaber, M., "The Nuclear Photoelectric Effect," *Proceedings of the Royal Society of London* A151, 479(1935).

Chamberlain, O., Segrè, E. and Wiegand, C., "Observation of Antiprotons," *Physical Review* 100 (1955) 947.

Cockcroft, J. D. and Walton, E. T. S., "Disintegration of Lithium by Swift Protons", *Nature* 129 (1932) 649.

Cockcroft, J. D. and Walton, E. T. S., "Experiments with High Velocity Positive Ions. (I) Further Developments in the Method of Obtaining High Velocity Positive Ions," *Proceedings of Royal Society of London* A 136 (1932) 619.

Cockcroft, J.D., "Experiments on the Interaction of High-Speed Nucleons with Atomic Nuclei," *Nobel Lectures in Physics* (1951).

Courant, E. D., Livingstone, M. S. and Snyder, H. S., "The Strong-Focusing Synchrotron-A New High Energy Accelerator," *Physical Review* 88 (1952) 1190.

Courant, E. D., Livingstone, M. S., Snyder, H. S. and Blewett, J. P., "Origin of the "Strong-Focusing" Principle," *Physical Review* 91 (1953) 202.

Courant, E. D., "A 100-Billion-Volt Accelerator," *Scientific American* 188 (1953) 40.

Courant, E. D. and Snyder, H. S., "Theory of the Alternating-Gradient Synchrotron." *Annals of Physics* 281 (2000) 360.

Gamow, G., "Zur Quantentheorie des Atomkernes", *Zeitschrift für Physik* 51 (1928) 204.

Gamow, G., "Zur Quantentheorie der Atomzertrümmerung," *Zeitschrift für Physik* 52 (1928) 51.

Gurney, R. W. and Condon, E., "Wave Mechanics and Radioactive Disintegration", *Nature* 122 (1928) 439.

Gurney, R. W. and Condon, E., "Quantum Mechanics and Radioactive Disintegration", *Physical Review* 33 (1929) 127.

Hiltzik, M., Big Science: *Ernest Lawrence and the Invention That Launched the Military-Industrial Complex*, (Simon & Schuster, 2016).

Jackson, J. D. and Panofsky, W. K. H., "Edwin Mattison McMillan 1907-1991," *A*

참고한 책과 글

Biographical Memoir (National Academies Press, 1996).

Jayakumar, R., "*Particle Accelerators, Colliders, and the Story of High Energy Physics: Charming the Cosmic Snake,*" (Springer, 2012).

Kim, D.-W., "Yoshio Nishina and Two Cyclotrons," *Historical Studies in the Physical and Biological Sciences* 36 (2006) 243.

Lawrence, E. and Livingstone, M. S., "The Production of High Speed Protons Without the Use of High Voltages," *Physical Review* 38 (1931) 834.

Lawrence, E. and Livingstone, M. S., "The Production of High Speed Light Ions without the Use of High Voltages," *Physical Review* 40 (1932) 19.

Lawrence, E., Livingstone, M. S., and White, M., G., "The Disintegration of Lithium by Swiftly-Moving Protons," *Physical Review* 42 (1932) 150.

Lawrence, E., Livingstone, M. S., and Lewis, G. N., "The Emission of Protons from Various Targets Bombarded by Deutons of High Speed," *Physical Review* 44 (1933) 56.

Lawrence, E. and Livingstone, M. S., "The Emission of Protons and Neutrons from Various Targets Bombarded by Three Million Volt Deutons," *Physical Review* 45 (1934) 220.

Lawrence, E., "Transmutations of Sodium by Deutons," *Physical Review* 47 (1935) 17.

Lawrence, E., McMillan, E. and Henderson, M. C., "Transmutations of Nitrogen by Deutons," *Physical Review* 47 (1935) 273.

Lawrence, E., "The Transmutation Functions for Some Cases of Deuteron-Induced Radioactivity," *Physical Review* 48 (1935) 493.

Lawrence, J. H., "Nuclear Physics and Therapy: Preliminary Report on A New Method for the Treatment of Leukemia and Polycythemia," *Radiology* 35 (1940) 51.

Lewis, G., Livingstone, M. S., and Lawrence, E., "The Emission of Alpha-Particles from Various Targets Bombarded by Deutons of High Speed", *Physical Review* 44 (1933) 55.

Livingstone, M. S., "High Energy Accelerators: Synchrocyclotron," *Annual Review of Nuclear Science* 1 (1952) 163.

Livingstone, M. S., "Early History of Particle Accelerators," *Advances in Electronics and Electron Physics* 50 (1980) 1.

Oliphant, M. L. E., Kinsey, B. B., and Rutherford, E., "The Transmutation of Lithium by Protons and Ions of the Heavy Isotope of Hydrogen", *Proceedings of Royal Society of London* A 141 (1933) 722.

Oliphant, M. L. E., Hafteck, P., and Rutherford, E., "Transmutation Effects Observed with Heavy Hydrogen", *Proceedings of Royal Society of London* A 144 (1934) 692.

Oliphant, M. L. E., Kempton, A. R., and Rutherford, E., "The Accurate Determination of the Energy Released in Certain Nuclear Transformations," *Proceedings of Royal Society of London* A 149 (1935) 406.

Onishchenko, L. M., "Cylotrons: A Survey," *Physics of Particles and Nuclei* 39 (2008) 950.

Panofsky, W., "The Linear Accelerator," *Scientific American* 191 (1954) 40.

Penney, L., "John Douglas Cockcroft. 1897-1967." *Biographical Memoirs of Fellows of the Royal Society* 14 (1968) 139.

Segrè, E., "Nuclear Properties of Antinucleons," *Science* 132 (1960) 9.

Sessler, A. and Wilson, E., *Engines of Discovery: A Century of Particle Accelerators*, (World Scientific, 2007).

Sheppard, J. V., "Atom Smashing: Two Methods," *Scientific American* 164 (1941) 282.

Sheppard, J. V., "Physics Scores an Assist," *Scientific American* 165 (1941) 315.

Schuler, L. A., "Maestro of the Atom: Lawrence Had an Inspiration, So Science Now Has the Cyclotron for Smashing Atoms," *Scientific American* 163 (1941) 68.

Sloan, H. and Lawrence, E. O., "The Production of Heavy High Speed Ions without the Use of High Voltages," *Physical Review* 38 (1931) 2021.

Smith, L., "The Bevatron," *Scientific American* 184 (1951) 20.

Stuewer, R. H., *The Age of Innocence: Nuclear Physics between the First and Second World Wars*, (Oxford Univ. Press, 2018).

Tuve, M. and Hafstad, L. R., "The Emission of Disintegration-Particles from Targets Bombarded by Protons and by Deuterium Ions at 1200 Kilovolts," *Physical Review* 45 (1934) 651.

Urey, H. C., Brickwedde, F. G., and Murphy, G. M., "A Hydrogen Isotope of Mass 2 and its Concentration," *Physical Review* 40 (1932) 1.

Waloschek, P., *The Infancy of Particle Accelerators: Life and Work of Rolf Wideröe*, (Vieweg+Teubner Verlag, 1994).

Walton, E. T. S., "The artificial production of fast particles", Nobel Lectures in Physics (1951).

Wideröe, R., "Über ein neues Prinzip zur Herstellung hoher Spannungen", *Archiv für*

Elektrotechnik 21 (1928) 387.

Wilson, D., *Rutherford: Simple Genius*, (The MIT Press, 1984).

Wilson, R. R., "Particle Accelerators," *Scientific American* 198 (1958) 64.

CERN의 역사 https://timeline.web.cern.ch/timeline-header/89. (2024년 12월 17일 확인)

https://chancellor.berkeley.edu/chancellors/berdahl/speeches/the-lawrence-legacy.
(2024년 12월 17일 확인)

3장 머리가 다섯 달린 괴물

Feynman, R. P., *QED: The Strange Theory of Light and Matter*, (Princeton Univ. Press, 2006).

Gell-Mann, M., "Coupling Strength and Nuclear Reactions," Ph.D. Thesis, MIT (1951).

Gell-Mann, M. and Low, F., "Bound States in Quantum Field Theory," *Physical Review* 84 (1951) 350.

Gell-Mann, M. and Low, F., "Quantum Electrodynamics at Small Distances," *Physical Review* 84 (1951) 350.

Gell-Mann, M., "*Strangeness in International Colloquium on the History of.Particle Physics*", *Journal de Physique* 43 (C8), 395 (1982).

Gell-Mann, M., *The Quark and the Jaguar: Adventures in the Simple and the Complex*, (The Santa Fe Institute Press, 2023).

Jain, S. and Wadia, S. R., "The Science of Murray Gell-Mann," *ArXiv:1909.07354* [physics.hist-ph] (2019).

Kaiser, D., "Francis E. Low: Coming of Age as a Physicist in Postwar America," *MIT Annual* 2001 (2001).

Landau, L. D., Abrikosov, A. A., and Khalatnikov, I. M., "The Removal of Infinities in Quantum Electrodynamics," *Doklady Akademii Nauk SSSR* 95 (1954) 497.

Landau, L. D., Abrikosov, A. A., and Khalatnikov, I. M., "An Asymptotic Expression for the Electron Green Function in Quantum Electrodynamics," *Doklady Akademii Nauk SSSR* 95 (1954) 773.

Landau, L. D., Abrikosov, A. A., and Khalatnikov, I. M., "An Asymptotic Expression for the

Photon Green Function in Quantum Electrodynamics," *Doklady Akademii Nauk SSSR* 95 (1954) 1177.

Landau, L., "On the Quantum Theory of Fields," pp. 52–69, in *Niels Bohr and the Development of Physics*, edited by Pauli, W., (Pergamon Press, 1955).

Salpeter, E. E. and Bethe, H. A., "A Relativistic Equation for Bound-State Problems," *Physical Review* 84 (1951) 1232.

Weisskopf, V. F., "On the Self-Energy and the Electromagnetic Field of the Electron," *Physical Review* 56 (1939) 72.

4장 암흑 속에서

Breit, G. and Condon, E. U., "Theory of Scattering of Protons by Protons," *Physical Review* 50 (1936) 825.

Brown, L. M., "Valentine Louis Telegdi 1922–2006," *A Bibliographical Memoir, National Academy of Science* (2008).

Cassen, B. and Condon, E. U., "On Nuclear Forces," *Physical Review* 50 (1936) 846.

Fowler, W. B., Shutt, R. P., Thorndike, A. M., and Whitemore, W. L., "Production of V^0 Particles by Negative Pions in Hydrogen," *Physical Review* 91 (1953) 1287.

Fowler, W. B., Shutt, R. P., Thorndike, A. M., and Whitemore, W. L., "Production of Heavy Unstable Particles by Negative Pions," *Physical Review* 93 (1954) 861.

Gell-Mann, M., "Isotopic Spin and New Unstable Particles," *Physical Review* 92 (1953) 833.

Gell-Mann, M., "The Interpretation of the New Particles as Displaced Charge Multiples," *Il Nuovo Cimento* S2 (1956) 848.

Gell-Mann, M., "Strangeness," *Journal de Physique Colloques* 43 (C8) (1982) C8-395.

Gell-Mann, M. and Pais, "Behavior of Neutral Particles under Charge Conjugation," *Physical Review* 97 (1955) 1387.

Gell-Mann, M. and Rosenbaum, E. P., "Elementary Particles," *Scientific American* 197 (1) (1957) 72.

Heisenberg, W., "Über den Bau der Atomkerne I.," *Zeitschrift für Physik* 77 (1932) 1.

Marshak, R. E., "The Multiplicity of Particles," *Scientific American* 186 (1) (1952) 22.

Nakano, T. and Nishijima, K., "Charge Independence for V-particles," *Progress of Theoretical Physics* 10 (1953) 581.

Nambu, Y., "Kazuhiko Nishijima," *Physics Today* 62 (2009) 58.

Nishijima, K., "Charge Independence Theory of V-particles," *Progress of Theoretical Physics* 13 (1955) 285.

Pais, A., "Some Remarks on the V-Particles", *Physical Review* 86 (1952) 663.

Pais, A., "Isotopic Spin and Mass Quantization," *Physica* 19 (1953) 869.

Peaslee, D. C., " Particles and Isotopic Spin," *Physical Review* 86 (1952) 127.

Takeda, G., "Isotopic Spin and Strange Particles," *Progress of Theoretical Physics* 19 (1958) 631.

Wigner, E., "On the Consequence of the Symmetry of the Nuclear Hamiltonian on the Spectroscopy of Nuclei," *Physical Review* 51 (1937) 106.

Yagoda, H., "The Tracks of Nuclear Particles," *Scientific American* 194 (1956) 40.

5장 왼손잡이 신

박인규,《사라진 중성미자를 찾아서》, (계단, 2022).

Alvarez, L., Crawford, F. S., Good, M. L., and Stevenson, M. L., "Lifetime of K mesons," *Physical Review* 101 (1956) 503.

Bernstein, J., "A Question of Parity," *New Yorker* May 12 (1962).

Bethe, H. and Peierls, R., "The Neutrino," *Nature* 133 (1934) 532.

Birge, R. W., Perkins, D. H., Peterson, J. R., Stork, D. H., Whitehead, M. N., *Il Nuovo Cimento* 4 (1956) 834.

Cahn, R. N., and Goldhaber, G., *The Experimental Foundations of Particle Physics* (2nd ed.), (Cambridge University Press, 2009).

Cowan, C. L., Reines, F., Harrison, F. B., Kruse, H. W., and McGuire, A. D., "Detection of the Free Neutrino: a Confirmation," *Science* 124 (1956) 103.

Culligan, G., Frank, S. G. F., Holt, J. R., Kluyver, J. C., and Massam, T., "Longitudinal Polarization of the Positrons from the Decay of Unpolarized Positive Muons," *Nature* 180

(1957) 751.

Dalitz, R. H., "On the Analysis of τ-Meson Data and the *Nature* of the τ-Meson," *Philosophical Pagazine* 44 (1953) 1068.

Dalitz, R. H., "Decay of the τ-Meson," *Proceedings of the Physical Society* A 66 (1953) 710.

Dalitz, R. H., "Decay of τ-Mesons of Known Charge," *Physical Review* 94 (1954) 1046.

Das, A., "V-A theory: A View from the Outside," *Journal of Physics: Conference Series* 196 (2009) 012004.

Feynman, R. P. and Gell-Mann, M., "Theory of the Fermi Interaction," *Physical Review* 109 (1958) 193.

Feynman, R. P., and Leighton, R., "*Surely You're Joking, Mr. Feynman!*," (W. W. Norton, 1997) | 《파인먼씨, 농담도 잘하시네》, (사이언스북스, 2014).

Franklin, A., "The Neglect of Experiment," (Cambridge Univ. Press, 1986).

Gamow, G. and Teller, E., "Selectrion Rules for the β-Disintegration," *Physical Review* 49 (1936) 895.

Gamow, G. and Teller, E., "Some Generalizations of the β Transformation Theory," *Physical Review* 51 (1937) 289.

Garwin, R. L., Lederman, L. M., and Weinrich, M., "Observation of the Failure of Conservation of Parity and Charge Conjugation in Meson Decays: the Magnetic Moment of the Free Muon," *Physical Review* 105 (1957) 1415.

Goldhaber, M., Grodzins, L., and Sunyar, A. W., "Helicity of Neutrinos," *Physical Review* 109 (1958) 1015.

Good, M. L. and Lauer E. J., "Electron-Neutrino Angular Correlation in the Beta Decay of Neon-19," *Physical Review* 105 (1957) 213.

Harding, J.B., "Further Evidence for the Existence of τ-Mesons," *Philosophical Magazine* and Journal of Science 41 (1950) 405.

Harris, G., Orear, J., and Taylor, S., "Lifetimes of the τ^+ and K^+_{L}-Mesons," *Physical Review* 100 (1955) 932.

Hodgson, P. E., "Gap measurement as a method of analysing cosmic ray stars in photographic emulsions," *Philosophical Magazine* and Journal of Science 41 (1950) 725.

Hodgson, P. E., "The τ-meson," *Philosophical Magazine* and Journal of Science 42 (1951) 1060.

참고한 책과 글

Hudson, R. P., "Reversal of the Parity Conservation Law in Nuclear Physics," in Lide, D. R. (ed.).*A Century of Excellence in Measurements, Standards, and Technology. NIST Special Publication* 958 (2001).

Lee, T. D. and Yang, C. N., "Mass Degeneracy of the Heavy Mesons," *Physical Review* 102 (1956) 290.

Lee, T. D. and Yang, C. N., "Question of Parity Conservation in Weak Interactions," *Physical Review* 104 (1956) 254.

Leighton, R. B. and Wanlass, S. D., "The Occurrence of Heavy Mesons in Penetrating Showers," *Physical Review* 86 (1952) 426.

Leprince-Ringuet, L., "Photographic Evidence for the Existence of a Very Heavy Meson," *Reviews of Modern Physics* 21 (1949) 42.

Leprince-Ringuet, L., "Mesons and Heavy Untable Particles in Cosmic Rays," *Annual Review of Nuclear Science* 3 (1953) 39.

Leprince-Ringuet, L., "Summary of K-Meson Data," *Physical Review* 92 (1953) 722.

Maxson, D. R., Allen, J. S., and Jentschke, W. K., "Electron-Neutrino Angular Correlation in the Beta Decay of Neon-19," *Physical Review* 97 (1955) 109.

Michel, L., "Interaction between Four Half-Spin Particles and the Decay of the μ-Meson," *Proceedings of the Physical Society* A 63 (1950) 514.

Okun, L., "Strange Particles: Decays," *Annual Review of Nuclear Science* 9 (1959) 61.

Orear, J., Harris, G., and Taylor, S., "Spin and Parity Analysis of Bevatron τ Mesons," *Physical Review* 102 (1956) 1676.

Orear, J., Harris, G., and Taylor, S., "Heavy Meson Lifetimes," *Physical Review* 104 (1956) 1463.

Piccioni, O., "Search for Photons from Meson-Capture," *Physical Review* 74 (1948) 1754.

Pontecorvo, B., "Nuclear Capture of Mesons and the Meson Decay," *Physical Review* 72 (1947) 246.

Reines, F. and Cowan, C. L., Jr., "Detection of the Free Neutrino," *Physical Review* 92 (1953) 839.

Salam, A., "Non-Conservation of Parity," *Nature* 181 (1958) 447.

Sudarshan, E. C. G. and Marshak, R. E., "The Nature of the Four-Fermion Interaction", edited by N. Zanichelli, *Proceedings of the Conference on Mesons and Newly-Discovered*

Particles, Padua-Venice, Sept. 1957, Bologna (1958).

Sudarshan, E. C. G. and Marshak, R. E., "Chirality Invariance and the Universal Fermi Interaction," *Physical Review* 109 (1958) 1860.

Thompson, R. W. et al., "An Unusual Example of V^0 Decay," *Physical Review* 90 (1953) 1122.

Tiomno, J. and Wheeler, J. A., "Energy Spectrum of Electrons from Meson Decay," *Reviews of Modern Physics* 21 (1949) 144.

Weinberg, S., "V-A was The Key," *Journal of Physics: Conference Series* 196 (2009) 012002.

White, D. H. and Sullivan, D., "Social Currents in Weak Interactions," *Physics Today* 32 (1979) 40.

Winter, K. (Edited), *Neutrino Physics,* (Cambridge Univ. Press, 2000).

Wu, C. S., Ambler, E., Hayward, R. W., Hoppes, D. D., and Hudson, R. P., "Experimental Test of Parity Conservation in Beta Decay," *Physical Review* 105 (1957) 1413.

Yang, C. N., "Fermi's β-decay Theory," *Asia Pacific Physics News Letter* 1 (2012) 27.

Cohen, R., and Zelnik, R. E. (Eds), *"The Free Speech Movement: Reflections on Berkeley in the 1960s,"* (Univ. of California Press, Berkeley, 2008).

Gardner, D. P., *"The California Oath Controversy,"* (Univ. of California Press, 1967).

Herken, G., *"Brotherhood of the Bomb: the Tangled Lives and Loyalties of Robert Oppenheimer, Ernest Lawrence, and Edward Teller,"* (Holt, 2003).

Schrecker, E. W., "Academic Freedom and the Cold War," *The Antioch Review* 38 (1980) 313.

Schrecker, E. W., *"No Ivory Tower: McCarthyism and the Universities,"* (Oxford Univ. Press, 1986).

Thorpe, C., *"Oppenheimer: Tragic Intellect",* (The Univ. Press of Chicago, 2006).

6장 입자들의 민주주의

Alston, M. H., Alvarez, L. W., Eberhard, Ph., Good, M. L., "Resonance in the Λ-π System," *Physical Review Letters* 5 (1960) 520.

Alston, M. H. et al., "Resonance in the K–π System," *Physical Review Letters* 6 (1961) 300.

Alston, M. H., Alvarez, L. W., Eberhard, Ph., Good, M. L., "Study of Resonances of the Σ–π System," *Physical Review Letters* 6 (1961) 698.

Alvarez, L. et al., "1660–MeV Y_1^* Hyperon," *Physical Review Letters* 10 (1963) 184.

Alvarez, L., "Recent Developments in Particle Physics," *Science* 165 (1969) 1071.

Anderson, H. L., Fermi, E., Long, E. A., Martin, R., and Nagle, D. E., "Total Cross Sections of Negative Pions in Hydrogen," *Physical Review* 85 (1952) 934.

Anderson, H. L., Fermi, E., Long, and Nagle, D. E., "Total Cross Sections of Positive Pions in Hydrogen," *Physical Review* 85 (1952) 936.

Anderson, H. L., Fermi, Nagle, D. E., and Yodh, G. B., "Angular Distribution of Pions Scattered by Hydrogen," *Physical Review* 86 (1952) 793.

Anderson, H. L., Fermi, E., Martin, R., and Nagle, D. E., "Angular Distribution of Pions Scattered by Hydrogen," *Physical Review* 91 (1953) 155.

Badash, L., "Science and McCarthyism", *Minerva* 38 (2000) 53.

Baggot, J., *The First War of Physics: The Secret History of the Atom Bomb*, 1939–1949, (Pegasus Books, 2014).

Barger, V. D. and Cline, D. B., "High–Energy Scattering," *Scientific American* 217 (6) (1967) 76.

Blair J. S. and Chew, G. F., "Subnuclear Particles," *Annual Review of Nuclear Science* 2 (1953) 163.

Brown, J. L., Glaser, D. A., Perl, M. L., "Liquid Xenon Bubble Chamber," *Physical Review* 102 (1956) 586.

Brueckner, K. A., "Meson-Nucleon Scattering and Nucleon Isobars," *Physical Review* 86 (1952) 106.

Brueckner, K. A. and Case, K. M., "Neutral Photomeson Production and Nucleon Isobars," *Physical Review* 83 (1951) 1141.

Brueckner, K. A. and Watson, K. M., "Phenomenological Relationships between Photomeson Production and Meson-Nucleon Scattering," *Physical Review* 86 (1952) 923.

Cao, T. Y. (ed.), *Conceptual Foundations of Quantum Field Theory*, (Cambridge Univ. Press, 1999).

Chew, G. F., Karplus, R., Gasiorowicz, S., and Zachariasen, F., "Electromagnetic Structure of the Nucleon in Local-Field Theory," *Physical Review* 110 (1958) 265.

Chew, G. F., "The Pion-Nucleon Interaction and Dispersion Relations," *Annual Review of Nuclear Science* 9 (1959) 29.

Chew, G. F., "Three-Pion Resonance or Bound State," *Physical Review Letters* 4 (1960) 142.

Chew, G. F., "S-Matrix Theory of Strong Interactions without Elementary Particles," *Reviews of Modern Physics* 34 (1962) 394.

Chew, G. F., "Elementary Particles?" *Proceedings of the National Academy of Sciences* 51 (1964) 965.

Chew, G. F., "Elementary Particles," *Physics Today* 17 (1964) 30.

Chew, G. F., "Bootstrap: A Scientific Idea?" *Science* 161 (1968) 762.

Chew, G. F., "Hadron Bootstrap: Triumph or Frustration?", *Physics Today* 23 (1970) 23.

Chew, G. F., Goldberger, M. L., Low, F. E., and Nambu, Y., "Application of Dispersion Relations to Low-Energy Meson-Nucleon Scattering," *Physical Review* 106 (1957) 1337.

Chew, G. F., Goldberger, M. L., Low, F. E., and Nambu, Y., "Relativistic Dispersion Relation Approach to Photomeson Production," *Physical Review* 106 (1957) 1345.

Chew, G. F. and Frautschi, S. C., "Principle of Equivalence for All Strongly Interacting Particles within the S-Matrix Framework," *Physical Review Letters* 7 (1961) 394.

Chew, G. F. and Frautschi, S. C., "Regge Trajectories and the Principle of Maximum Strength for Strong Interactions," *Physical Review Letters* 8 (1962) 41.

Chew, G. F., Gell-Mann, M., and Rosenfeld, A. H., "Strongly Interacting Particles," *Scientific American* 210 (2) (1964) 74.

Chew, G. F. and Mandelstam, S., "Theory of the Low-Energy Pion-Pion Interaction," *Physical Review* 119 (1957) 467.

Chew, G. F. and Pignotti, "Multiperipheral Bootstrap Model," *Physical Review* 176 (1968) 2112.

Cohen, R., *Freedom's Orator: Mario Savio and the Radical Legacy of the 1960s,* (Oxford Univ. Press, 2009).

Cushing, J. T., *Theory Construction and Selection in Modern Physics: The S-Matrix,* (Cambridge Univ. Press, 1990).

Deter, C., Finkelstein, J., Tan, C.-I., Eds., *"A Passion for Physics: Essays in Honor of*

Geoffrey Chew Including an Interview with Chew", (World Scientific, 1985).

Erwin, A. R., March, R., Walker, W. D., and West, E., "Evidence for a π-π Resonance in the I=1, J=1 State," *Physical Review Letters* 6 (1961) 628.

Fermi, E., "Multiple Production of Pions in Nucleon-Nucleon Collisions at Cosmotron Energies," *Physical Review* 92 (1953) 452.

Fermi, E. and Yang, C. N., "Are Mesons Elementary Particles?" *Physical Review* 76 (1949) 1739.

Frazer, W. R. and Fulco, J. R., "Effect of a Pion-Pion Scattering Resonance on Nucleon Structure," *Physical Review Letters* 2 (1959) 365.

Frazer, W. R. and Fulco, J. R., "Partical-Wave Dispersion Relations for the Process π+π→N+N," *Physical Review* 117 (1960) 1603.

Fujimoto, Y. and Miyazawa, H., "Photo-Meson Production and Nucleon Isobar," *Progress of Theoretical Physics* 5 (1950) 1052.

Gales, K. E., "A Campus Revolution", *The British Journal of Sociology* 17 (1966) 1.

Galison, P. S., "*Image and Logic: A Material Culture of Microphysics,*" (Univ. of Chicago Press, 1997) |《상과 논리》(한길사, 2021).

Glaser, D. A., "Some Effects of Ionizing Radiation on the Formation of Bubbles in Liquids," *Physical Review* 87 (1952) 665.

Glaser, D. A., "Bubble Chamber Tracks of Penetrating Cosmic-Ray Particles," *Physical Review* 91 (1953) 762.

Glaser, D. A., "Elementary Particles and Bubble Chambers," Nobel Lecture (1960).

Glaser, D. A. and Rahm, D. C., "Characteristics of Bubble Chambers," *Physical Review* 97 (1955) 474.

Heisenberg, W., "Die beobachtbaren Größen in der Theorie der Elementarteilchen," *Zeitschrift für Physik* 120 (1943) 513.

Heisenberg, W., "Die beobachtbaren Größen in der Theorie der Elementarteilchen II," *Zeitschrift für Physik* 120 (1943) 673.

Hill, R. D., "Resonancs Particles," *Scientific American* 208 (1) (1963) 38.

Kaiser, D., "Nuclear Democracy: Political Engagement, Pedagogical Reform, and Particle Physics in Postwar America," Isis 93 (2002) 229.

Kenrick, F. B., Gilbert, C. S., and Wismer, K. L., "The Superheating of Liquids," *Journal of*

Physical Chemistry 28 (1923) 1297.

Lindley, D., "Landmarks-Lamb Shift Verifies New Quantum Concept," *Physics* 5 (2012)
83.

Low, M., "*Science and a Building of a New Japan*", (Palgrave Macmillan, 2005).

Low, M., "Shoichi Sakata: His Life, the Sakata Model and His Achievements," *Progress of
Theoretical Physics Supplement* 167 (2007) 1.

Maglić, B. C., Alvarez, L. W., Rosenfeld, A. H., and Stevenson, M. L., "Evidence for a T=0
Three-Pion Resonance," *Physical Review Letters* 7 (1961) 178.

Mandelstam, S., "Determination of the Pion-Nucleon Scattering Amplitude from
Dispersion Relations and Unitarity. General Theory," *Physical Review* 112 (1958) 1344.

Mandelstam, S., "Analytic Properties of Transition Amplitudes in Perturbation Theory,"
Physical Review 115 (1959) 1741.

마스카와 도시히데, 《과학자는 전쟁에서 무엇을 했나》, (동아시아, 2015).

Michaels, J., "*McCarthyism: The Realities, Delusions, and Politics Behind the 1950s Red
Care*", (Routeledge, 2017)

Morris, D. B., "Bootstrap Theory: Pope, Physics, and Interpretation," *The Eighteenth
Century* 29 (1988) 101.

Ogawa, S., "III. Sakata and Nagoya Group," *Progress of Theoretical Physics Supplement* 105
(1991) 181.

Pauli, W. and Dancoff, S. M., "The Pseudoscalar Meson Field with Strong Coupling,"
Physical Review 62 (1942) 85.

Pickup, E., Robinson, D. K., and Salant, E. O., "π-π Resonance in π^--p Interactions at 1.25
Bev," *Physical Review Letters* 7 (1961) 192.

Poggio, T., "Donald Arthur Glaser (1926-2013): Physicist and Biotechnologist who
invented the Bubble Chamber," *Nature* 496 (2013) 32.

Pietschmann, H., "The Early History of Current Algebra," *The European Journal* H 36
(2011) 75.

Rhodes, R., Dark Sun: *The Making of Hydrogen Bomb*, (Simon & Schuster, 1995) |
《수소폭탄 만들기》, (사이언스북스, 2016).

Rorabaugh, W. J., *Berkeley at Wars: The 1960s*, (Oxford Univ. Press, 1989).

Sakata, S., "On a Composite Model for the New Particles," *Progress of Theoretical Physics* 8

(1956) 686.

Maki, Z., Nakagawa, M., Ohnuki, Y., and Sakata, S., "A Unified Model for Elementary Particles," *Progress of Theoretical Physics* 23 (1960) 1174.

Scherk, J., "An Introduction to the Theory of Dual Models and Strings," *Reviews of Modern Physics* 47 (1975) 123.

Schwarz, J. H., "Dual-Resonance Models of Elementary Particles," *Scientific American* 232 (1975) 61.

Schweber, S., *QED, the Men Who Made It*, (Princeton Univ. 1994).

Steinberger, J. and Bishop, A. S., "The Production of Positive Mesons by Photons," *Physical Review* 86 (1952) 171.

Stern, A. W., "The Third Revolution in 20th Century Physics," *Physics Today* 17 (1964) 42.

Stevenson, M. L. et al., "Spin and Parity of the ω Meson," *Physical Review* 125 (1962) 687.

Taketani, M., Nakamura, S., and Sasaki, M., "On the Method of the Theory of Nuclear Forces," *Progress of Theoretical Physics* 6 (1951) 581.

Vecchia, P. D., "The Birth of String Theory," Lecture Notes in Physics 737 (2008) 59.

Veneziano, G., "Elementary Particles," *Physics Today* 22 (1969) 31.

Wentzel, G., "Pseudoscalar Coupling in Pseudoscalar Meson Theory," *Physical Review* 86 (1952) 802.

Wojcicki, S. G., "Meson Resonances," *Nuclear Physics* B (Proceedings Supplements) 36 (1994) 97.

Zachariasen, F. and Zemach, Ch., "Pion Resonances," *Physical Review* 128 (1962) 849.

7장 세 개의 퀴크

Alvarez, L. W. et al., "Neutral Cascade Hyperon Event," *Physical Review Letters* 2 (1959) 215.

Barnes, V. E. et al., "Observation of a Hyperon with Strangeness Minus Three," *Physical Review Letters* 12 (1964) 204.

Barnes, V. E. et al., "Confirmation of the Existence of the Hyperon," *Physics Letters* 12 (1964) 134.

Bewersdorff, J., *Galois Theory for Beginners: A Historical Perspective*, (Springer Nature, 2019).

Brown, G. E. and Lee, S., "Hans Albrecht Bethe 1906-2005, *Biographical Memoir, National Academy of Science* (2009).

Chew, G., Gell-Mann, M., and Rosenfeld, A. H., "Strongly Interacting Particles", *Scientific American* 264 (1964) 74.

Fritzsch, H. (Ed), *"Murray Gell-Mann: Selected Papers,"* (World Scientific, 2010).

Fritzsch, H. and Gell-Mann, M. (eds.), *"50 Years of Quarks"*, (World Scientific, 2015).

Fritzsche, B., "Sophus Lie: A Sketch of his Life and Work," *Journal of Lie Theory* 9 (1999) 1.

Gell-Mann, M. and Low, F., "Bound States in Quantum Field Theory," *Physical Review* 84 (1951) 350.

Gell-Mann, M., "Isotopic Spin and New Unstable Particles," *Physical Review* 92 (1953) 833.

Gell-Mann, M., "The Interpretation of the New Particles as Displaces Charge Multiplets," *Il Nuovo Cimento* 4 (1956) 848.

Gell-Mann, M., "The Eightfold Way: A Theory of Strong Interaction Symmetry," *Report CTSL-20*, California Institute of Technology (1961).

Gell-Mann, M., "Symmetries of Baryons and Mesons", *Physical Review* 125 (1962) 1067.

Gell-Mann, M., "A Schematic Model of Baryons and Mesons," *Physics Letters* 8 (1964) 151.

Gell-Mann, M., "The Symmetry Group of Vector and Axial Vector Currents," *Physics* 1 (1964) 63.

Gell-Mann, M., "Dick Feynman - The Guy in the Office Down the Hall," *Physics Today* 42 (1989) 50.

Gell-Mann, M., "Some Lessons from Sixty Years of Theorizing," *International Journal of Modern Physics A* 25 (2010) 3857.

Gell-Mann, M. and Goldberger, M. L., "Scattering of Low-Energy Photons by Particles of Spin 1/2," *Physical Review* 96 (1954) 1433.

Gell-Mann, M. Goldberger, M. L., and Thirring, W. E., "Use of Causality Conditions in Quantum Theory," *Physical Review* 95 (1954) 1612.

Gell-Mann, M. and Goldberger, M. L., "Elementary Particles of Conventional Field Theory as Regge Poles," *Physical Review Letters* 9 (1962) 275.

참고한 책과 글

Gell-Mann, M. and Goldberger, M. L., Low, F. E., and Zachariasen, F., "Elementary Particles of Conventional Field Theory as Regge Poles II," *Physics Letters* 4 (1963) 265.

Gell-Mann, M. and Goldberger, M. L., and Low, F. E., "Elementary Particles of Conventional Field Theory as Regge Poles III," *Physical Review* 133 (1964) B145.

Gell-Mann, M. and Goldberger, M. L., Low, F. E., Singh, V., and Zachariasen, F., "Elementary Particles of Conventional Field Theory as Regge Poles IV," *Physical Review* 133 (1964) B145.

Gell-Mann, M. and Low, F., "Quantum Electrodynamics at Small Distances," *Physical Review* 95 (1954) 1300.

Gell-Mann, M. and Pais, A., "Behavior of Neutral Particles under Charge Conjugation," *Physical Review* 97 (1955) 1387.

Gell-Mann, M. and Rosenbaum, E. P., "Elementary Particles," *Scientific American* 197 (1957) 72.

Gell-Mann, M. and Rosenfeld, A. H., "Hyperons and Heavy Mesons (Systematics and Decay)," *Annual Review of Nuclear Science* 7 (1957) 407.

Hara, Y., "Unitary Triplets and the Eightfold Way," *Physical Review* 134 (1964) B701.

Horgan, J., "The Lonely Odysseus of Particle Physics," *Scientific American* 392 (1992) 30.

Jackson, J. D. and Gottfried, K., "Victor Frederick Weisskopf 1908-2002", *A Biographical Memoir*, 80 (The National Academies Press, D.C. Washington, 2003).

James, I., "*Remarkable Mathematicians from Euler to von Neumann*," (Cambridge Uiv. Press, 2002).

Ikeda, M., Ogawa, S., and Ohnuki, Y., "A Possible Symmetry in Sakata's Model for Bosons-Baryons System," *Progress of Theoretical Physics* 22 (1959) 1174.

Ji, L and Papadopoulos, A. (Eds.) "*Sophus Lie and Felix Klein: The Erlangen Program and Its Impact in Mathematics and Physics*," (European Mathematical Society, 2015).

Lipkin, H., "Quark Models and Quark Phenomenology: Invited Talk at Third Symposium on the History of Particle Physics," *arXiv:hep-ph/9301246* (1993).

Maki, Z., Nakagawa, M., Ohnuki, Y., and Sakata, S., "A Unified Model for Elementary Particles," *Progress of Theoretical Physics* 23 (1960) 1174.

Maki, Z., "Part II. The Composite Model for Elementary Particles: Chapter 1 The Sakata Model," Supplement of the *Progress of Theoretical Physics* 19 (1960) 33.

457

Maki, Z., Nakagawa, and Sakata, S., "Remarks on the Unified Model of Elementary Particles," *Progress of Theoretical Physics* 28 (1962) 870.

Matsumoto, K., "The Sakata Model and the Progress of the Theory of Elementary Particles", *Progress of Theoretical Physics* 167 (2007) 36.

Ne'eman, Y., "Derivation of Strong Interactions from a Gauge Invariance," *Nuclear Physics* 26 (1961) 222.

Peaslee, D.C., "V0 Particles and Isotopic Spin", *Physical Review* 86 (1952) 127.

Roos, M., "Tables of Elementary Particles and Resonant States," *Reviews of Modern Physics* 35 (1963) 314.

Rosenfeld, A. H. et al., "Data on Elementary Particles and Resonant States," *Reviews of Modern Physics* 36 (1964) 977.

Rosenfeld, A. H., "The Particle Data Group: Growth and Operations - Eighteen Years of Particle Physics," *Annual Review of Nuclear Science* 25 (1975) 555.

Schwarz, J. H., (ed). *Elementary Particles and the Universe: Essays in Honor of Murray Gell-Mann*, (Cambridge University Press, 1991).

Schwinger, J., "Field Theory of Matter," *Physical Review* 135 (1964) B816.

Stewart, I., *Why Beauty is Truth: The History of Symmetry*, (Basic Books, 2007) | 《아름다움은 왜 진리인가》 (승산, 2010).

Stubhaug, A., *The Mathematician Sophus Lie: It was the Audacity of My Thinking*, (Springer-Verlag, 2002).

Workman, R.L. et al. (Particle Data Group), "The Review of Particle Physics (2003)," *Prog. Theor. Exp. Phys*. 2022 (2022) 083C01 and 2023 update.

Weyl, H., *Symmetry*, (Princeton Univ. Press, 1952).

Wigner, E. P., "Symmetry and Conservation Laws," *Proceedings of National Academy of Science* 51 (1964) 956.

Yaglom, I. M., *Felix Klein and Sophus Lie: Evolution of the Idea of Symmetry in the Nineteenth Century*, (Birkhäuser, 1988).

Yamaguchi, Y., "A Model of Strong Interactions," *Supplement of the Progress of Theoretical Physics* 11 (1959) 37.

Yang, C. N. and Mills, R. L., "Conservation of Isotopic Spin and Isotopic Gauge Invariance," *Physical Review* 96 (1954) 191.

참고한 책과 글

Zweig, G., "An SU(3) Model for Strong Interaction Symmetry and Its Breaking II", 8419/TH. 412 (1964).

Zweig, G., "Origins of the Quark Model", CALT-68-805 (1980).

Zweig, G., "Memories of Murray and the Quark Model," International Journal of Modern Physics A 25 (2010) 3863.

"Omega minus-Theory and Fact," Physics Today 17 (1964) 57.

https://www.symmetrymagazine.org/article/the-big-book-of-physics (2024년 12월 17일 확인)

8장 조용한 물리학자

Adler, S. L., "Gap Equation Models for Chiral Symmetry Breaking," *Progress of Theoretical Physics Supplement* 86 (1986) 12.

Baker, M. and Glashow, S. L., "Spontaneous Breakdown of Elementary Particle Symmetries," *Physical Review* 128 (1962) 2462.

Bardeen, J., Cooper, L. N., and Schrieffer, "Microscopic Theory of Superconductivity," *Physical Review* 106 (1957) 162.

Bardeen, J., Cooper, L. N., and Schrieffer, "Theory of Superconductivity," *Physical Review* 108 (1957) 1175.

Bether, H. A., "The Electromagnetic Shift of Energy Levels," *Physical Review* 72 (1947) 339.

Blundell, S., *Superconductivity: A Very Short Introduction*, (Oxford Univ. Press, 2009).

Bogoliubov, N. N., "A New Method in the Theory of Superconductivity. I," *Soviet Physics Journal of Experimental and Theoretical Physics* 34 (1958) 41.

Bogoliubov, N. N., "A New Method in the Theory of Superconductivity. III," *Soviet Physics Journal of Experimental and Theoretical Physics* 34 (1958) 51.

Brink, L., "Some reminiscences from a long friendship," *Progress of Theoretical and Experimental Physics* 2016 (2016) 07B106.

Brout, R., "The Pion," *Progress of Theoretical Physics Supplement* 86 (1986) 18.

Brown, L. M., "Yoichiro Nambu: The First Forty Years," *Progress of Theoretical Physics*

459

Supplement 86 (1986) 1.

Brown, L. M. and Nambu, Y., "Physicists in Wartime in Japan," *Scientific American*, 279 (6) (1998) 96.

Cao, T. A., *From Current Algebra to Quantum Chromodynamics: A Case for Structural Realism*, (Cambridge University Press, Cambridge, UK, 2010).

Cheng, T.-P. and Li L.-F., *"Gauge Theory of Elementary Particle Physics,"* (Oxford Univ. Press, 1984).

Chew, G. F., Goldberger, M. L., Low, F.E. and Nambu, Y., "Application of Dispersion Relations to Low Energy Meson-Nucleon Scattering", *Physical Review* 106 (1956) 1337.

Chew, G. F., Goldberger, M. L., Low, F.E. and Nambu, Y., "Relativistic Dispersion Relation Approach to Photomeson Production," *Physical Review* 106 (1956) 1345.

Chu, W. T., and Kim, K.-J., "Moo-Young Han", *Physics Today* 69 (2016) 70.

Cooper, L. N., "Bound Electron Pairs in a Degenerate Fermi Gas," *Physical Review* 104 (1956) 1189.

Das, S. R., "Old and New Scaling Laws in Quantum Quench," *Progress of Theoretical and Experimental Physics* 2016 (2016) 12C107.

Dyson, F. J., "The Radiation Theories of Tomonaga, Schwinger, and Feynman," *Physical Review* 75 (1949) 486.

Eguchi, T., "New Approach to Collective Phenomena in Superconductivity models," *Physical Review* D 14 (1976) 2755.

Eguchi, T., "Professor Nambu, string theory, and the moonshine phenomenon," *Progress of Theoretical and Experimental Physics* 2016 (2016) 12C108.

Eguchi, T. and Nishijima, K., *"Broken Symmetry: Selected Papers of Y. Nambu,"* (World Scientific, SIngapore, 1995).

Feynman, R. P., "A Relativistic Cut-Off for Classical Electrodynamics," *Physical Review* 74 (1948) 939.

Feynman, R. P., "Relativistic Cut-Off for Quantum Electrodynamics," *Physical Review* 74 (1948) 1430.

Feynman, R. P., "Mathematical Formulation of the Quantum Theory of Electromagnetic Interaction," *Physical Review* 80 (1950) 440.

French, J. B. and Weisskopf, V. F., "The Electromagnetic Shift of Energy Levels," *Physical*

Review 75 (1949) 1240.

Freund, P. G. O., *Passion for Discovery*, (World Scientific, 2007).

Freund, P. G. O., "Nambu at work", *Progress of Theoretical and Experimental Physics* 2016 (2016) 07B106.

Fujikawa, K., "BCS, Nambu-Jona-Lasinio, and Han-Nambu: A Sketch of Nambu's Works in 1960-1965," *Progress of Theoretical and Experimental Physics* 2016 (2016) 06A101.

Glashow, S. L., "Quarks with Color and Flavor", *Scientific American* 1075 (1975) 38.

Goldstone, J., "Field Theories with Superconductor Solutions," *Il Nuovo Cimento* 19 (1961) 154.

Greenberg, O. W., "Spin and Unitary-Spin Independence in a Paraquark Model of Baryons and Mesons," *Physical Review Letters* 13 (1964) 598.

Greenberg, O. W, "The Origin of Quark Color," *Physics Today* 68 (2015) 33.

Gürsey, F., "On the Symmetries of Strong and Weak Interactions," *Il Nuovo Cimento* 16 (1960) 230.

Han, M. Y., and Nambu, Y., "Three-Triplet Model with Double SU(3) Symmetry," *Physical Review* 139 (1965) B1006.

Jona-Lasinio, G., "Yoichiro Nambu: Remembering an Unusual Physicist, A Mentor, and A Friend," *Progress of Theoretical and Experimental Physics* 2016 (2016) 07B102.

Kanesawa, S., and Tomonaga, S., "On a Relativistically Invariant Formulation of the Quantum Theory of Wave Fields. V.," *Progress of Theoretical Physics* 3 (1947) 1.

Kanesawa, S., and Tomonaga, S., "On a Relativistically Invariant Formulation of the Quantum Theory of Wave Fields. V.: Case of Interacting Electromagnetic and Meson Fields," *Progress of Theoretical Physics* 3 (1948) 101.

Kikawa, K., "Quantum Corrections in Superconductor Models," *Progress of Theoretical Physics* 56 (1976) 947.

Kinoshita, T., "Personal Recollections, 1945-1960," *Progress of Theoretical and Experimental Physics* 2016 (2016) 07B107.

Kinoshita, T. and Nambu, Y., "The Collective Description of Many-Particle Systems (A Generalized Theory of Hartree Fields)," *Physical Review* 94 (1954) 598.

Koba, Z., Tati, T., and Tomonaga, S., "On a Relativistically Invariant Formulation of the Quantum Theory of Wave Fields. II.: Case of Interacting Electromagnetic and Electron

References

Fields," *Progress of Theoretical Physics* 2 (1947) 101.

Kobayashi, M., "Personal recollections on Chiral Symmetry Breaking," *Progress of Theoretical and Experimental Physics* 2016 (2016) 07B101.

Kugo, T., *Eichtheorie*, translated by S. Heusler, (Springer Verlag, 1997).

Maglić, B. C., Alvarez, L. W., Rosenfeld, A. H., and Stevenson, M. L., "Evidence for a T=0 Three-Pion Resonance," *Physical Review Letters* 7 (1961) 178.

Meissner W. and Ochsenfeld, R., "Ein neuer Effekt bei Eintritt der Supraleitfähigkeit," *Naturwissenschaften* 21 (1933) 787.

Mukerjee, M., "Strings and Gluons – The Seer Saw Them All," *Scientific American* 272 (1995) 37.

Nambu, Y., "On the Relativistic Formulation of the Perturbation Theory," *Progress of Theoretical Physics* 3 (1948) 444.

Nambu, Y., "The Level Shift and the Anomalous Magnetic Moment of the Electron," *Progress of Theoretical Physics* 4 (1949) 82.

Nambu, Y., "Structure of Green's Functions in Quantum Field Theory," *Physical Review* 100 (1955) 394.

Nambu, Y., "Possible Existence of a Heavy Neutral Meson," *Physical Review* 106 (1957) 1366.

Nambu, Y., "Quasi-Particles and Gauge Invariance in the Theory of Superconductivity," *Physical Review* 117 (1960) 648.

Nambu, Y., "*Quarks: Frontiers in Elementary Particle Physics*", (World Scientific, 1981) | 《쿼크: 소립자물리의 최전선》(전파과학사, 2019).

Nambu, Y., "Axial Vector Current Conservation in Weak Interactions," *Physical Review Letters* 7 (1960) 380.

Nambu, Y., and Han, M. Y., "Three Triplets, Paraquarks, Colored Quarks," *Physical Review* D 10 (1974) 674.

Nambu, Y. and Jona-Lasinio, G., "Dynamical Model of Elementary Particles Based on an Analogy with Superconductivity. I," *Physical Review* 122 (1961) 345.

Nambu, Y. and Jona-Lasinio, G., "Dynamical Model of Elementary Particles Based on an Analogy with Superconductivity. II," *Physical Review* 124 (1961) 246.

Maglic, B. C., Alvarez, L. W., Rosenfeld, A. H. and Stevenson, M. L., "Evidence for a T=0

Three-pion Resonance," *Physical Review Letters* 7 (1961) 178.

Ramond, P., "Travels with Nambu," *Progress of Theoretical and Experimental Physics* 2016 (2016) 07B105.

Schrieffer, J. R., "*Theory of Superconductivity*," (Westwiew Press, 1999).

Schweber, S. S., "*QED, and the Men Who Made It: Dyson, Feynman, Schwinger, and Tomonaga*", (Princeton Univ. Press, 1994).

Schwinger, J., "On Quantum-Electrodynamics and the Magnetic Moment of the Electron," *Physical Review* 73 (1948) 416.

Schwinger, J., "Quantum Electrodynamics. I. A Covariant Formulation," *Physical Review* 74 (1948) 1439.

Schwinger, J., "Quantum Electrodynamics. II. Vacuum Polarization and Self-Energy," *Physical Review* 75 (1949) 651.

Schwinger, J., "Quantum Electrodynamics. III. The Electromagnetic Properties of the Electron - Radiative Corrections to Scattering," *Physical Review* 76 (1949) 790.

Stevenson, M. L. et al., "Spin and Parity of the ω Meson," *Physical Review* 125 (1962) 687.

van Delft, D., "*Freezing Physics: Heike Kamerlingh Onnes and the Quest for Cold*", (Edita KNAW, 2007).

Volkov, M. K. and Radzhabov, A. E., "Forty-Fifth Anniversary of the Nambu-Jona-Lasinio Model," ArXiv: hep-ph/0508263 (2005).

Wadia, S. R., "Nambu-Jona-Lasinio Model: A Phenomenological Lagrangian for the Strong Interaction," *Progress of Theoretical Physics Supplement* 86 (1986) 26.

Weinberg, S., "Nambu at the Beginning," *Progress of Theoretical and Experimental Physics* 2016 (2016) 07B002.

Welton, T., "Some Observable Effects of the Quantum-Mechanical Fluctuations of the Electromagnetic Field," *Physical Review* 74 (1948) 1157.

Xuong, N. H. and Lynch, G. R., "Evidence Confirming the T=0 Three-Pion Resonance," *Physical Review Letters* 7 (1961) 327.

References

Abarbanel, H. D. L., Goldberger, M. L., and Treiman, S. B, "Asymptotic Properties of Electroproduction Structure Functions," *Physical Review Letters* 22 (1969) 500.

Alvarez, L. W., and Bloch, F., "A Quantitative Determination of the Neutron Moment in Absolute Nuclear Magnetons", *Physical Review* 57 (1940) 111.

Bander, M, and Bjorken, J. D., "Asymptotic Sum Rules," *Physical Review* 174 (1968) 1704.

Bjorken, J. D., "Applications of the Chiral U(6)⊗U(6) Algebra of Current Densities," *Physical Review* 148 (1966) 1467.

Bjorken, J. D., "Inequality for Backward Electron- and Muon-Nucleon Scattering at High Momentum Transfer," *Physical Review* 163 (1967) 1767.

Bjorken, J. D., "Current Algebra at Small Distances," Lecture given at International School of Physics "Enrico Fermi," *XLI Course, Varenna, Italy*, SLAC-PUB-338 (1967).

Bjorken, J. D., "Inelastic Electron-Proton and γ-Proton Scattering and the Structure of the Nucleon," *Physical Review* 185 (1969) 1975.

Bjorken, J. D., "Asymptotic Sum Rules at Infinite Momentum," *Physical Review* 179 (1969) 1547.

Bjorken, J. D., "Inelastic Scattering of Polarized Leptons from Polarized Nucleons," *Physical Review* D 1 (1970) 1376.

Bjorken, J. D., "Why Do we Do Physics? Because Physics Is Fun!," *Annual Review of Nuclear and Particle Science* 70 (2020) 1.

Bjorken, J. D. and Drell, S. D., *Relativistic Quantum Mechanics,* (McGraw-Hill College, 1965).

Bjorken, J. D. and Drell, S. D., *Relativistic Quantum Fields,* (McGraw-Hill College, 1965).

Bjorken, J.D. and Nauenberg, M., "Current Algebra," *Annual Review of Nuclear Science* 18 (1968) 229.

Bjorken, J.D. and Paschos, E. A., "Inelastic Electron-Proton and γ-Proton Scattering and the Structure of the Nucleon," *Physical Review* 185 (1969) 1975.

Bjorken, J.D. and Paschos, E. A., "High-Energy Inelastic Neutrino-Nucleon Interactions," *Physical Review* D 1 (1970) 3151.

Bloom, E. D. et al., "High-Energy inelastic electron-proton scattering at 6° and 10°,"

Physical Review Letters 23 (1969) 930.

Breidenbach, M. et al., "Observed Highly Inelastic Electron-Proton Scattering," *Physical Review Letters* 23 (1969) 935.

Callan, C. G., Jr,. and Gross, D. J., "Crucial Test of a Theory of Currents," *Physical Review Letters* 21 (1968) 311.

Chambers, E. E. and Hofstadter, R., "Structure of the Proton," *Physical Review* 103 (1956) 1454.

Cho, C. F., and Sakurai, J. J., "Domain of Validity of Vector-Meson Dominance in Inelastic Electron-Proton Scattering," *Physics Letters* B 31 (1970) 22.

Chodorow, M. et al., "Stanford High Energy Linear Electron Accelerator (Mark III)," *The Review of Scientific Instruments* 26 (1955) 134.

Coward, D. H. et al., "Electron-Proton Elastic Scattering at High Momentum Transfer," *Physical Review Letters* 20 (1968) 292.

Drell, S. D. and Walecka, J. D., "Electrodynamic Processes with Nuclear Target," *Annals of Physics* 28 (1964) 18.

Estermann, I. and Stern, O., "Über die magnetische Ablenkung von Wasserstoffmolekülen und das magnetische Moment des Protons. II," *Zetischrift für Physik* 85 (1933) 17 (U.z.M. Nr.27).

Estermann, I. and Stern, O., "Über die magnetische Ablenkung von isotopen Wasserstoffmolekülen und das magnetische Moment des Deutons," *Zetischrift für Physik* 86 (1933) 17 (U.z.M. Nr.29).

Estermann, I. and Stern, O., "Magnetic Moment of the Deuton," *Nature* 133 (1934) 911.

Estermann, I., Simpson, O. C., and Stern, O., "Magnetic Moment of the Proton," *Physical Review* 52 (1937) 535.

Feynman, R. P., "Very High-Energy Collisions of Hadrons," *Physical Review Letters* 23 (1969) 1415.

Feynman, R. P., *Photon-Hadron Interactions* (Benjamin, 1972).

Feynman, R. P., revised by Cline, J. M., "Feynman Lectures on the Strong Interactions", *ArXiv:2006.08594* [hep-ph] (2020).

Feynman, R. P., Gell-Mann, M., and Zweig, G., "Group U(6)⊗U(6) generated by Current Components," *Physical Review Letters* 13 (1964) 678.

465

Friedman J. I., "Deep Inelastic Scattering: Comparisons with the Quark Model," *Reviews of Modern Physics* 63 (1991) 615.

Friedman, J., and Kendall, H. W., "Deep Inelastic Electron Scattering," *Annual Review of Nuclear Science* 22 (1972) 203.

Frisch, R. and Stern, O., "Über die magnetische Ablenkung von Wasserstoffmolekülen und das magnetische Moment des Protons. I," *Zetischrift für Physik* 85 (1933) 4 (U.z.M. Nr.24).

Frisch, R., "Experimenteller Nachweis des Einsteinschen Strahlungsrückstoße," *Zetischrift für Physik* 86 (1933) 42 (U.z.M. Nr.30).

Fubini, S., and Furlan G., "Renormalization Effects for Partially Conserved Currents," *Physics* 1 (1965) 229.

Gell-Mann, M., "Symmetries of Baryons and Mesons," *Physical Review* 125 (1962) 1067.

Gerlach, W. and Stern, O. "Der experimentelle Nachweis des magnetischen Moments des Silberatoms," *Zeitschrift für Physik* 8 (1922) 110.

Ginzton, E. L., "The Klystron," *Scientific American*, 190 (1954) 84.

Ginzton, E. L. and Kirk, W., "The Two-Mile Electron Accelerator," *Scientific American*, 205 (1954) 49.

Hine, G. J., "The Inception of Photoelectric Scintillation Detection Commemorated after Three Decades," *Journal of Nuclear Medicine* 18 (1977) 867.

Hofstadter, R., "Alkali Halide Scintillation Counters," *Physical Review* 74 (1948) 100.

Hofstadter, R., "The Detection of Gemma-Rays with Thallium-Activated Sodium Iodide Crystals," *Physical Review* 75 (1949) 796.

Hofstadter, R., "Electron Scattering and Nuclear Structure," *Reviews of Modern Physics* 28 (1956) 214.

Hofstadter, R., "Nuclear and Nucleon Scattering of High-Energy Electrons," *Annual Review of Nuclear Science* 7 (1957) 231.

Hofstadter, R., "Twenty-Five Years of Scintillation Counting," *IEEE Transactions on Nuclear Science* 22 (1975) 13.

Hofstadter, R. and McIntyre, J. A., "Gamma-Ray Measurements with NaI(Tl)," *Physical Review* 79 (1950) 389.

Hofstadter, R., Fechter, H. R., and McIntyre, J. A., "High-Energy Electron Scattering and

Nuclear Structure Determinations," *Physical Review* 92 (1953) 978.

Hofstadter, R., Hahn, B., Knudsen, A. W., and McIntyre, J. A., "High-Energy Electron Scattering and Nuclear Structure Determinations II," *Physical Review* 95 (1954) 512.

Hofstadter, R. and McAllister, R. W., "Electron Scattering from the Proton," *Physical Review* 98 (1955) 217.

Kendall, H. W., "Deep Inelastic Scattering: Experiments on the Proton and the Observation of Scaling," *Reviews of Modern Physics* 63 (1991) 597.

Kendall, H. W. and Panofsky, W., "Structure of the Proton and the Neutron", *Scientific American*, 224 (1971) 60.

Knoll, G. F., *Radiation Detection and Measurement* (4th ed), (John Wiley and Sons, 2010).

Litke, A. M. and Wilson, R., "Electron-Positron Collisions," *Scientific American* 229 (1973) 104

Mo, L. W. and Tsai, Y. S., "Radiative Corrections to Elastic and Inelastic ep and vp Scattering," *Reviews of Modern Physics* 41 (1969) 205.

Panofsky, W., "The Linear Accelerator," *Scientific American*, 191 (1954) 40.

Peierls, R., "Otto Robert Frisch: 1 October 1904-22 September 1979," *A Biographical Memoir*, National Academy of Sciences 27 (1981) 283.

Ramsey, N. F., "Molecular Beams: Our Legacy from Otto Stern," *Zeitschrift für Physik* D - Atoms, Molecules and Clusters 10 (1988) 121.

Sakurai, J. J., "Vector-Meson Dominance and High-Energy Electron-Proton Inelastic Scattering," *Physical Review Letters* 22 (1969) 981.

Sakurai, J. J., *"Currents and Mesons,"* (The Univ. Chicago Press, Chicago, IL, USA, 1969).

Segre, E., "Otto Stern: 1888-1969," *A Biographical Memoir*, National Academy of Sciences, (1973).

Sessler, A. and Wilson, E., "Engines of Discovery: *A Century of Particle Accelerators*," (World Scientific Publishing Co., Singapore, 2007).

Stern, O., Nobel Lecture, (1947).

Steinberger, J., *"Learning about Particles - 50 Privileged Years,"* (Springer Verlag, Berling, Germany, 2005).

Steinberger, J., "The History of Neutrinos, 1930-1985. What have we learned about neutrinos? What have we learned using neutrinos?" *Annals of Physics* 327 (2012) 3182.

467

Taylor, R. E., "Deep Inelastic Scattering: The Early Years," *Reviews of Modern Physics* 63 (1991) 573.

Toennies, J. P. et al., "Otto Stern (1888-1969): The Founding Father of Experimental Atomic Physics," *Annalen der Physik (Berlin)* 523 (2011) 1045.

Treiman, S. B., Jackiw, R., Zumino, B., and Witten, E., *Current Algebra and Anomalies*, (Princeton Univ. Press, 1985).

Varian, R. H. and Varian, S. F., "A High Frequency Oscillator and Amplifier," *Journal of Applied Physics* 10 (1939) 321.

Yearian, M. R. and Hofstadter, R., "Magnetic Form Factor of the Neutron," *Physical Review* 110 (1958) 552.

Yennie, D. R., Lévy, M. M., and Ravenhall, D. G., "Electromagnetic Structure of Nucleons," *Reviews of Modern Physics* 29 (1957) 144.

10장 통일로 가는 길

에두아르도 사엔스 데 카베손, 아기돼지 삼형제,《에미 뇌터, 그녀의 좌표》, (세로북스, 2022).

All, A., Isham, C., Kibble, T., and Riazuddin (Eds.), *Selected Papers of Abdus Salam with Commentary*, (World Scientific, Singapore, 1994).

Anderson, P. W., "Plasmons, Gauge Invariance, and Mass," *Physical Review* 130 (1963) 439.

Anderson, P. W., "More Is Different", *Science* 177 (1972) 393.

Anderson, P. W., "Higgs, Anderson and All That," *Nature Physics* 11 (2015) 93.

Arnison, G. et al. [UA1 Collaboration], "Experimental Observation of Isolated Large Transverse Energy Electrons with Associated Missing Energy at $\sqrt{s} = 540$ GeV," *Physics Letters* B 122 (1983) 103.

Banner, M. et al. [UA2 Collaboration], "Observation of Single Isolated Electrons of High Transverse Momentum in Events with Missing Transverse Energy at the CERN pp Collider," *Physics Letters* B 122 (1983) 476.

Bludman, S. A., "On the Universal Fermi Interaction," *Il Nuovo Cimento* 9 (1958) 433.

Bludman, S. A., "The First Gauge Theory of Weak Interactions and the Prediction of Weak

참고한 책과 글

Neutral Currents," *ArXiv:hep-ph/9212232* (1992).

Bouchiat, C., Iliopoulos, J., and Meyer, Ph., "An Anomaly-Free Version of Weinberg's Model," *Physics Letters* B 38 (1972) 519.

Coleman, S.,"The 1979 Nobel Prize in Physics," *Science* 206 (1979) 1290.

Danby, G. et al., "Observation of High-Energy Neutrino Reactions and the Existence of Two Kinds of Neutrinos," *Physical Review Letters* 9 (1962) 36.

Deden, H. et al. [Gargamelle Neutrino Collaboration], "Experimental Study of Structure Functions and Sum Rules in Charge-Changing Interactions of Neutrinos and Antineutrinos on Nucleons," *Nuclear Physics* B 85 (1975) 269.

Eichten, T. et al., "High Energy Electronic Neutrino (ν_e) and Antineutrino (ν_e) Interactions," *Physics Letters* B 46 (1973) 138.

Englert, F., "Nobel Lecture: The BEH Mechanism and its Scalar Boson," *Reviews of Modern Physics* 86 (2014) 843.

Englert, F. and Brout, R. "Broken Symmetry and the Mass of Gauge Vector Mesons," *Physical Review Letters* 13 (1964) 321.

Feinberg, G., "Decays of the μ Meson in the Intermediate-Meson Theory," *Physical Review* 110 (1958) 1482.

Fock, V., "Über die invariante Form der Wellen- und der Bewegungsgleichungen für einen galadenen Massenpunkt," *Zeitschrift für Physik* 39 (1926) 226.

Frampton P. H., "Memories of Steven Weinberg (1933-2021)," *Symmetry* 2022 (14) (2022) 488.

Fraser, G., "*Cosmic Anger: Abdus Salam - The first Muslim Nobel scientist,*" (Oxford Univ. Press, 2008).

Gilbert, W., "Broken Symmetries and Massless Particles," *Physical Review Letters* 12 (1964) 713.

Glashow, S. L., "The Renormalizability of Vector Meson Interactions," *Nuclear Physics* 10 (1959) 107.

Glashow, S. L., "Partial-Symmetries of Weak Interactions," *Nuclear Physics* 20 (1961) 579.

Glashow, S., "Towards a United Theory - Threads in a Tapestry," *Nobel Lecture* (1979).

Glashow, S. L. and Gell-Mann, M. "Gauge Theories of Vector Particles," *Annals of Physics* 15 (1961) 437.

Goldstone, J., Salam, A., and Weinberg, S., "Broken Symmetries," *Physical Review* 127 (1962) 965.

Goldhaber, M. and Grodzins, L., and Sunyar, A. W., "Helicity of Neutrinos," *Physical Review* 109 (1958) 1015.

Greiner, W. and Müller, B., *"Gauge Theory of Weak Interactions,"* (Springer, Berlin, 2009).

Guralnik, G. S., "The History of the Guralnik, Hagen and Kibble Developement of the Theory of Spontaneous Symmetry Breaking and Gauge Particles," *International Journal of Modern Physics* A 24 (2009) 2601.

Guralnik, G. S. and Hagen, C. S., "Where Have All the Goldstone Bosons Gone?" *arXiv:1401.6924 [hep-ph]* (2014).

Guralnik, G. S., Hagen, C. S., and Kibble, T. W. B., "Global Conservation Laws and Massless Particles," *Physical Review Letters* 13 (1964) 585.

Higgs, P., "Broken Symmetries, and the Masses of Gauge Bosons," *Physical Review Letters* 13 (1964) 508.

Higgs, P., "Broken Symmetries, Massless Particles and Gauge Fields," *Physics Letters* 12 (1964) 132.

Higgs, P., "My Life as a Boson: The Story of "The Higgs"," *International Journal of Modern Physics* A 17 (2002) 86.

Higgs, P., "Nobel Lecture: Evading the Goldstone theorem," *Reviews of Modern Physics* 86 (2014) 851.

Jackson, J. D. and Okun, L. B., "Historical Roots of Gauge Invariance," *Reviews of Modern Physics* 73 (2001) 663.

Kibble, T. W. B., "Symmetry Breaking in Non-Abelian Gauge Theories," *Physical Review* 155 (1967) 1554.

Kibble, T. W. B., "Muhammad Abdus Salam," *Biographical Memoirs of Fellows of the Royal Society* 44 (1996) 387.

Klein, A. and Lee, B. W., "Does Spontaneous Breakdown of Symmetry Imply Zero-mass Particles?" *Physical Review Letters* 12 (1964) 266.

Kragh, H., "Ludvig Lorenz and Nineteenth Century Optical Theory: The Work of a Great Danish Scientist," *Applied Optics* 30 (1991) 4688.

Lederman, L. M. and Hill, C. T., *"Symmetry and the Beautiful Universe,"* (Pometheus

참고한 책과 글

Books, Amherst, NY, 2004).

Matthews, P. T. and Salam, A., "The Renormalization of Meson Theories," *Reviews of Modern Physics* 23 (1951) 311.

Matthews, P. T. and Salam, A., "Propagators of Quantized Field," *Il Nuovo Cimento* 11 (1955) 120.

Lederman, L. M., and Teresi, D., *The God Particle: If the Universe is the Answer, What is the Question?* (A Delta Book, NY, USA, 1993) |《신의 입자》, (휴머니스트, 2017).

Lederman, L. M., and Hill, C. T., *Symmetry and the Beautiful Universe*, (Prometheus Books, 2004 |《대칭과 아름다운 우주》, (승산, 2012)).

Lederman, L. M., and Hill, C. T., *"Beyond The God Particle,"* (Prometheus Books, 2013 |《힉스 입자 그리고 그 너머》, (지브레인, 2018)).

Mehra, J. and Milton, K. A., *Climbing the Mountain: The Scientific Biography of Julian Schwinger*, (Oxford Univ. Press, 2000).

Milton, K. A., "Julian Schwinger: *Nuclear Physics*, the Radiation Laboratory, Renormalized QED, Source Theory, and Beyond," *arXiv:physics/0610054 [physics.hist-ph]* (2006).

Ng, Y. J. (Ed.), Julian Schwinger: *The Physicist, the Teacher, and the Man*, (World Scientific, 1996).

Noether, E. A., "Invariant Variation Problems," *translated by M. Tavel, Transport Theory and Statistical Physics* 1 (1971) 186; ArXiv:physics/0503066 (2005).

Oppenheimer, J. R. and Schwinger, J. S., "On Pair Emission in the Proton Bombardment of Fluorine," *Physical Review* 56 (1939) 1066.

Pais, A. and Treiman, S. B., "How Many Charm Quantum Numbers are There?", *Physical Review Letters* 35 (1975) 1556.

Preskill, J., "Steven Weinberg (1933-2021): Titan of Theoretical Physics," *Science* 373 (2021) 1092.

Quigg, C., "Electroweak Symmetry Breaking in Historical Perspective," *Annual Review of Nuclear and Particle Science* 65 (2015) 25.

Salam, A., "On Parity Conservation and Neutrino Mass," *Il Nuovo Cimento* 5 (1957) 299.

Salam, A., "Weak and Electromagnetic Interactions" in Svartholm, N. (ed.): *Elementary Particle Theory*, p. 367. (Almqvist and Wiskell, Stockholm, 1968).

Salam, A., "Gauge Unification of Fundamental Forces," Nobel Lecture (1979).

Salam, A. and Ward, J. C., "Electromagnetic and Weak Interactions," *Il Nuovo Cimento* 11 (1959) 568.

Salam, A. and Ward, J. C., "Electromagnetic and Weak Interactions," *Physics Letters* 13 (1964) 168.

Schumm, B. A., *"Deep Down Things: The Breathtaking Beauty of Particle Physics,"* (The Johns Hopkins University Press, Baltimore, USA, 2004 | 《딥 다운 씽즈》, (승산, 2021)).

Schwinger, J. S., "On the Magnetic Scattering of Neutrons," *Physical Review* 51 (1937) 544.

Schwinger, J. S., "On the Spin of the Neutron," *Physical Review* 52 (1937) 1250.

Schwinger, J. S., "A Theory of the Fundamental Interactions," *Annals of Physics* 2 (1957) 407.

Schwinger, J., "Quantum Electrodynamics – An Individual View," *Journal de Physique Colloque C8, supplément* 12 (1982) C8-409.

Steinberger, J., *Learning about Particles – 50 Privileged Years,* (Springer Verlag, 2005).

't Hooft, G., in Duff, M. (ed.), *SALAM+50: Proceedings of the Conference*, p. 3 (World Scientific, Singapore, 2008).

Weinberg, S., "A Model of Leptons", *Physical Review Letters* 19 (1967) 1264.

Weinberg, S., "Unified Theories of Elementary-Particle Interaction," *Scientific American* 231 (1974) 50.

Weinberg, S., "Conceptual Foundations of the Unified Theory of Weak and Electromagnetic Interactions," Nobel Lecture (1979).

Weinberg, S., "V-A was the Key," *Journal of Physics: Conference Series* 196 (2009) 012002.

Weinberg, S., "Essay: Half a Century of the Standard Model," *Physical Review Letters* 121 (2018) 220001.

Weyl, H., "Gravitation and the Electron," *Proceedings of the National Academy of Sciences,* 15 (1929) 323.

11장 돌파구

Lindley, D., *Boltzmann's Atom*, (Free Press, 2016) | 《볼츠만의 원자》, (승산, 2003).

릴케, 라이너 마리아, 《두이노의 비가》, 김제혁 옮김, (민음사, 2023).

Abers, E. S. and Lee, B. W., "Gauge Theories," *Physics Report* 9 (1973) 1.

Adler, S. L., "Calculation of the Axial-Vector Coupling Constant Renormalization in ß decay," *Physical Review Letters* 14 (1965) 1051.

Barish, B. C. et al., "Neutral Currents in High-Energy Neutrino Collisions: An Experimental Search," *Physical Review Letters* 34 (1975) 538.

Bell, J. S., "Current Algebra and Gauge Variance," *Il Nuovo Cimento* A 50 (1967) 129.

Benvenuti, A. et al. "Observation of Muonless Neutrino-Induced Inelastic Interactions," *Physical Review Letters* 32 (1975) 800.

Bialas A., "My Encounter with Martinus Veltman," *Acta Physica Polonica* B 52 (2021) 499.

Bianchi, S. D. and Kiefer, C. (Eds.), *One Hundred Years of Gauge Theory: Past, Present and Future Perspectives*, (Springer, 2020).

Bogoliubov, N. N. and Parasiuk, "Über die Multiplikation der Kausalfunktionen in der Quantentheorie der Felder," *Acta Mathematica* 97 (1957) 227.

Bogoliubov, N. N. and Shirkov, D. V., *Introduction to the Theory of Quantized Fields* (3rd ed.), (John Wiley & Sons, 1980).

Bollini, C. and Giambiagi, J. J., "Dimensional Renormalization: The Number of Dimensions as a Regularizing Parameter," *Il Nuovo Cimento* B 12 (1972) 20.

Caianiello, E. R. (ed.), *Renormalization and Invariance in Quantum Field Theory*, (Plenum Press, 1974).

Dewitt, B. S., "Theory of Radiative Corrections for Non-Abelian Gauge Fields," *Physical Review Letters* 12 (1964) 742.

Dewitt, B. S., "Quantum Theory of Gravity. I. The Canonical Theory," *Physical Review* 160 (1967) 1113.

Dewitt, B. S., "Quantum Theory of Gravity. II. The Manifestly Covariant Theory," *Physical Review* 162 (1967) 1195.

Ellis, J., "Following in Tini's Giant Footsteps," *Acta Physica Polonica* B 52 (2021) 561.

Faddeev, L. D. and Popov, V. N., "Feynman Diagrams for the Yang-Mills Field," *Physics Letters* B 25 (1967) 29.

Feynman, R. P. "Quantum Theory of Gravitation," *Acta Physica Polonica* 24 (1963) 697.

Fradkin, E. S., Esposito, U., and Termini, "Functional Techniques in Physics," *Rivista Del*

References

Nuovo Cimento 2 (1970) 498.

Fradkin, E. S. and Tyutin, I. V., "Feynman Rules for the Massless Yang-Mills Field Renormalizability of the Theory of the Massive Yang-Mills Field," *Physics Letters* B 30 (1969) 562.

Gaillard, M. K., "Some Memories of Tini Veltman," *Acta Physica Polonica* B 52 (2021) 503.

Galison, P., "How the First Neutral-Current Experiments Ended," *Reviews of Modern Physics* 55 (1983) 477.

Gell-Mann, M. and Lévy, M., "The Axial Vector Current in Beta Decay," *Il Nuovo Cimento* 16 (1960) 705.

Georgi, H. and Glashow, S. L., "Unified Weak and Electromagnetic Interactions without Neutral Currents," *Physical Review Letters* 28 (1972) 1494.

Grozin, A., "Asymptotic Freedom: history and interpretation", arXiv: 0803.2589 (2008).

Hasert, F. J. et al., "Observation of Neutrino-like Interactions without Muon or Electron in the Gargamelle Neutrino Experiment," *Physics Letters* B 46 (1973) 138.

Hasert, F. J. et al., "Search for Elastic Muon-Neutrino Electron Scattering," *Physics Letters* B 46 (1973) 121.

Hasert, F. J. et al., "Observation of Neutrino-like Interactions without Muon or Electron in the Gargamelle Neutrino Experiment," *Nuclear Physics* B 73 (1974) 1.

Hepp, K., "Proof of the Bogoliubov-Parasiuk Theorem on Renormalization," *Communications in Mathematical Physics* 2 (1966) 301.

Heuer, R.-D., "Homage to Martinus Veltman and the Standard Model," *Acta Physica Polonica* B 52 (2021) 505.

Jackson, J. D. and Okun, L. B., "Historical Roots of Gauge Invariance," *Reviews of Modern Physics* 73 (2001) 663.

Komar, A. and Salam, A., "Renormalization Problem for Vector Meson Theories," *Nuclear Physics* 21 (1960) 624.

Lee, B. W., "Renormalization of the σ-Model," *Nuclear Physics* B 9 (1969) 649.

Lee, B. W., in Jackson, J.D. and Roberts, A. (eds). "*Proceedings of the XVI International Conference on High Energy Physics. National Accelerator Laboratory,*" Batavia, Illinois, 6-13 September 1972. Batavia: National Accelerator Laboratory. Vol. 4, 249-305 (1972).

Lee, B. W., "Renormalizable Massive Vector-Meson Theory - Perturbation Theory of the

참고한 책과 글

Higgs Phenomenon," *Physical Review* D 5 (1972) 823.

Lee, B. W., "Renormalization of Gauge Theories – Unbroken and Broken," *Physical Review* D 9 (1974) 933.

Lee, B. W. and Zinn-Justin, J., "Spontaneously Broken Gauge Symmetries. I. Preliminaries," *Physical Review* D 5 (1972) 3121.

Lee, B. W. and Zinn-Justin, J., "Spontaneously Broken Gauge Symmetries. II. Perturbative Theory and Renormalization," *Physical Review* D 5 (1972) 3137.

Lee, B. W. and Zinn-Justin, J., "Spontaneously Broken Gauge Symmetries. III. Equivalence," *Physical Review* D 5 (1972) 3155.

Lee, B. W. and Zinn-Justin, J., "Spontaneously Broken Gauge Symmetries. IV. General Gauge Formulation," *Physical Review* D 7 (1973) 1049.

Lee, B. W. and Zinn-Justin, J., "Erratum: Spontaneously Broken Gauge Symmetries. II. Perturbative Theory and Renormalization [Phys. Rev. D 5, 3137 (1972)]," *Physical Review* D 8 (1973) 4654.

Moriyasu, K., "*An Elementary Primer for Gauge Theory*," (World Scientific, 1983).

Musset P. and Vialle J.-P., "Neutrino Physics with Gargamelle," *Physics Report* 39 (1978) 1.

Okun, L. B., " V. A. Fock and Gauge Symmetry," *Physics Uspekhi* 53 (2010) 835.

O'Raifeartaigh, L. and Strautmann, N., "Gauge Theory: Historical Origins and Some Modern Developments," *Reviews of Modern Physics* 72 (2000) 1.

Passarino, G., "Veltman, Renormalizability, Calculability," *Acta Physica Polonica* B 52 (2021) 533.

Pauli, W., "Relativistic Field Theories of Elementary Particles," *Reviews of Modern Physics* 13 (1941) 203.

Salam, A., "Renormalizability of Gauge Theories," *Physical Review* 127 (1962) 331.

Taylor, J. C., "Ward Identities and Charge Renormalization of the Yang–Mills Field," *Nuclear Physics* B 33 (1971) 436.

't Hooft, G., "Renormalization of Massless Yang-Mills Fields," *Nuclear Physics* B 33 (1971) 173.

't Hooft, G., "Renormalizable Lagrangians for Massive Yang-Mills Fields," *Nuclear Physics* B 35 (1971) 167.

't Hooft, G., "Gauge Theories of the Forces between Elementary Particles," *Scientific*

References

American 242 (1980) 104.

't Hooft, G., "Proceedings, International Conference on History of Original Ideas and Basic Discoveries in Particle Physics," Edited by Newman, H. B. and Ypsilantis, T., Erice, Italy, July 29–August 4, 1994, *NATO Science Series* B 352 (1996) 37.

't Hooft, G., "The Big Questions in Elementary Particle Physics," *Acta Physica Polonica* B 52 (2021) 841.

't Hooft, G. and Veltman, M., "Regularization and Renormalization of Gauge Fields," *Nuclear Physics* B 44 (1972) 189.

van Dam, H. and Veltman, M., "Massive and Massless Yang-Mills and Gravitational Fields," *Nuclear Physics* B 22 (1970) 397.

Veltman, M., "Divergence Conditions and Sum Rules," *Physical Review Letters* 17 (1966) 553.

Veltman, M., "Perturbation Theory of Massive Yang-Mills Fields," *Nuclear Physics* B 7 (1968) 637.

Veltman, M., "Generalized Ward Identities and Yang-Mills Fields," *Nuclear Physics* B 21 (1970) 288.

Veltman, M., "Second Threshold in Weak Interactions," *Acta Physica Polonica* B 8 (1977) 475.

Weisberger, W. I., "Renormalization of the Weak Axial-Vector Coupling Constant," *Physical Review Letters* 14 (1965) 1047.

Zimmermann, W., "Convergence of Bogoliubov's Method of Renormalization in Momentum Space," *Communications in Mathematical Physics* 15 (1969) 208.

12장 양자색역학

Altarelli, G. and Parisi, G., "Asymptotic Freedom in Parton Language," *Nuclear Physics* B 126 (1977) 298.

Bardeen, W. A., Fritzsch, H., and Gell-Mann, M., "Ligh-Cone Current Algebra, π^0 Decay, and e^+e^- Annihilation," *Contribution to: Topical Meeting on the Outlook for Broken Conformal Symmetry in Elementary Particle Physics*, 4–5 May 1972. Frascati, Italy, hep-ph/0211388 (1972).

Bodek, A. et al., "The Ratio of Deep-Inelastic e-n to e-p Cross Sections in the Threshold Region," *Physics Letters* B 51 (1974) 417.

Bodek, A. et al., "Experimental Studies of the Neutron and Proton Electromagnetic Structure Functions," *Physical Review* D 20 (1979) 1471.

Brandt, R. A. and Preparata, G., "Lepton-Hadron Deep-Inelastic Scattering, Gluon Model, and Reggeized Symmetry Breaking," *Physical Review* D 1 (1970) 2577.

Cabibbo, N., Parisi, G., Testa, M., and Verganelakis, A., "Deep Inelastic Scattering and the Nature of Partons," *Lettere Al Nuovo Cimento* 4 (1970) 569.

Callan, C. G., "Broken Scale Invariance in Scalar Field Theory," *Physical Review* D 2 (1970) 1541.

Callan, C. G. and Gross, D. J., "Crucial Test of a Theory of Currents," *Physical Review Letters* 21 (1968) 311.

Callan, C. G. and Gross, D. J., "High-Energy Electroproduction and the Constitution of the Electric Current," *Physical Review Letters* 22 (1969) 156.

Cao, T.-Y., "From Current Algebra to Quantum Chromodynamics: *A Case for Structural Realism*," (Cambridge Univ. Press, 2010).

Cardy, J., "The Legacy of Ken Wilson," Journal of Statistical Mechanics: *Theory and Experiment* (2013) P10002.

Dissertori, G., "The Determination of the Strong Coupling Constant," *ArXiv:1506.05407 [hep-ex]* (2015).

Dokshitzer, Y. L., "Calculation of the Structure Functions for Deep Inelastic Scattering and e^+e Annihilation by Perturbation Theory in Quantum Chromodynamics," *Soviet Journal of Experimental and Theoretical Physics* 46 (1977) 641.

Dokshitzer, Yu. L., Dyakonov, D. I., and Troyan, S. I., "Hard Processes in Quantum Chromodynamics," *Physics Report* 58 (1980) 269.

Drell, S. D. and Lee, T. D., "Scaling Properties and the Bound-State Nature of the Physical Nucleon," *Physical Review* D 5 (1972) 1738.

Drell, S. D., Levy, D. J., and Yan, T.-M., "Theory of Deep Inelastic Lepton-Nucleon Scattering and Lepton-Pair Annihilation Processes. I," *Physical Review* 187 (1969) 2159.

Drell, S. D., Levy, D. J., and Yan, T.-M., "Theory of Deep Inelastic Lepton-Nucleon

Scattering and Lepton-Pair Annihilation Processes. II. Deep-Inelastic Electron Scattering," *Physical Review* D 1 (1970) 1035.

Drell, S. D., Levy, D. J., and Yan, T.-M., "Theory of Deep Inelastic Lepton-Nucleon Scattering and Lepton-Pair Annihilation Processes. III. Deep-Inelastic Electron-Positron Annihilation," *Physical Review* D 1 (1970) 1617.

Ecker, G., "The colourful world of quarks and gluons I: The shaping of quantum chromodynamics," *PoS Confinement* X, 344 (2012).

Fritzsch, H., *Flucht aus Leipzig*, (Piper, 1990).

Fritzsch, H. and Gell-Mann, M., "Light-Cone Current Algebra," *Proceedings, International conference on duality and symmetry in hadron physics : Tel Aviv, Israel, April 5-7,1971*, 317-374 (1971); arXiv:hep-ph/0301127.

Fritzsch, H. and Gell-Mann, M., "Current Algebra: Quarks and What Else?" In Jackson, J. D. and Roberts, A. (eds.): *Proceedings of the XVI International Conference of High Energy Physics, Chicago*, Vol. 2, p. 135. (1972); arXiv:hep-ph/0208010.

Fritzsch, H., Gell-Mann, M., Leutwyler, H., "Advantages of the Color Octet Gluon Picture," *Physics Letters* B 47 (1973) 365.

Gell-Mann, M. and Low, "Quantum Electrodynamics at Small Distances," *Phys. Rev.* 95 (1954) 1300.

Georgi, H. and Politzer, H. D., "Freedom at Moderate Energies: Masses in Color Dynamics," *Physical Review* D 14 (1976) 1829.

Ginsparg, P. H. and Wilson, K. G., "A Remnant of Chiral Symmetry on the Lattice," *Physical Review* D 25 (1982) 2649.

Glashow, S. L., "Quarks with Color and Flavor," *Scientific American* 233 (1975) 38.

Gribov, G. N. and Lipatov, L. N., "Deep inelastic e p scattering in perturbation theory," *Soviet Journal of Nuclear Physics* 15 (1972) 438.

Gross, D. J., "Proceedings, International Conference on History of Original Ideas and Basic Discoveries in Particle Physics," edited by Newman, H. B. and Ypsilantis, T., Erice, Italy, July 29-August 4, 1994, *NATO Science Series B* 352 (1996) 75.

Gross, D. J., "Twenty Five Years of Asymptotic Freedom", *Nuclear Physics* B (Proceeding Supplements) 74 (1999) 426.

Gross, D. J., "Nobel Lecture: The discovery of asymptotic freedom and the emergence of

QCD," *Reviews of Modern Physics* 77 (2005) 837.

Gross, D. J. and Wilczek, F., "Ultraviolet Behavior of Non-Abelian Gauge Theories," *Physical Review Letters* 30 (1973) 1343.

Gross, D. J. and Wilczek, F., "Asymptotically Free Gauge Theories. I," *Physical Review* D 8 (1973) 3633.

Harari, H., "Duality, Quarks, and Inelastic Electron-Hadron Scattering," *Physical Review Letters* 24 (1970) 286.

Kadanoff, L. P., "Kenneth Geddes Wilson, 1936-2013, an Appreciation," *Journal of Statistical Mechanics: Theory and Experiment* (2013) P10016.

Kadanoff, L. P., "Kenneth Geddes Wilson (1936-2013)," *Nature* 500 (2013) 30.

Kuti, J. and Weisskopf, V. F., "Inelastic Lepton-Nucleon Scattering and Lepton Pair Production in the Relativistic Quark-Parton Model," *Physical Review* D 4 (1971) 4.

Landau, L. D., Abrikosov, A. A., and Khalatnikov, I. M., "An Asymptotic Expression for the Photon Green Function in Quantum Electrodynamics," *Dokady Akademii Nauk SSSR* 95 (1954) 1177.

Leutwyler, H., "On the History of the Strong Interaction," Modern *Physics Letters* A 29 (2014) 1430023; *ArXiv:1211.6777 [physics.hist-ph]* (2012).

Marciano, W. and Pagels H., "Quantum Chromodynamics," *Physics Report* 36 (1978) 137.

Moffat, J. W. and Snell, C. G., "Regge Model with Scale-Invariance for Nucleon Compton Scattering, Electroproduction, and Electron-Positron Annihilation," *Physical Review* D 3 (1971) 2848.

Nambu, Y., "The Confinement of Quarks," *Scientific American* 235 (5) (1976) 48.

Nielsen, N. K., "Asymptotic Freedom as a Spin Effect," *American Journal of Physics* 49 (1981) 1171.

Pagel, H., "Regge Model for Inelastic Lepton-Nucleon Scattering," *Physical Review* D 3 (1971) 1217.

Perkins, D. H., "Inelastic Lepton-Nucleon Scattering," *Reports on Progress in Physics* 40 (1977) 409.

Politzer, H. D., "Reliable Perturbative Results for Strong Interactions," *Physical Review Letters* 30 (1973) 1346.

Politzer, H. D., "Asymptotic Freedom: An Approach to Strong Interactions," *Physics Report*

14 (1974) 129.

Politzer, H. D., "Nobel Lecture: The Dilemma of Attention," *Reviews of Modern Physics* 77
(2005) 851.

Riordan, E. M. et al., "Tests of Scaling of the Proton Electromagnetic Structure Functions,"
Physics Letters B 52 (1974) 249.

Riordan, E. M., "The Discovery of Quarks," *Science* 256 (1992) 1287.

Symanzik, K., "Small Distance Behaviour in Field Theory and Power Counting,"
Communications in Mathematical Physics 18 (1970) 227.

Symanzik, K., "Small Distance Behaviour Analysis and Wilson Expansions,"
Communications in Mathematical Physics 23 (1971) 49.

't Hooft, G., "When was Asymptotic Freedom Discovered? or The Rehabilitation of
Quantum Field Theory," ArXiv: hep-th/9808154 (1998).

't Hooft, G., "Asymptotic Freedom: History and Interpretation," *ArXiv:0803.2589
[physics.hist-ph]* (2008).

Vanyashin, V. S. and Terent'ev, M. V., "The Vacuum Polarization of a Charged Vector Field,"
Soviet Physics Journal of Experimental and Theoretical Physics 21 (1965) 375.

Watanabe, Y. et al., "Test of Scale Invariance in Ratios of Muon Scattering Cross Sections at
150 and 56 GeV," *Physical Review Letters* 35 (1975) 898.

Weinberg, S., "Current Algebra and Gauge Theories. I," *Physical Review* D 8 (1973) 605.

Weinberg, S., "Current Algebra and Gauge Theories. II. Non-Abelian Gluons," *Physical
Review* D 8 (1973) 4482.

Weinberg, S., "Non-Abelian Gauge Theories of the Strong Interactions," *Physical Review
Letters* 31 (1973) 494.

Weinberg, S., "Recent Progress in Gauge Theories of the Weak, Electromagnetic and Strong
Interactions," *Reviews of Modern Physics* 46 (1974) 255.

Wilczek, F., "Asymptotic Freedom," *ArXiv:hep-th/9609099* (1996).

Wilczek, F., "Nobel Lecture: Asymptotic Freedom: From Paradox to Paradigm," *Reviews of
Modern Physics* 77 (2005) 857.

Wilson, K. G., "Model Hamiltonian for Local Quantum Field Theory," *Physical Review* 140
(1965) B445.

Wilson, K. G., "Non-Lagrangian Models of Current Algebra," *Physical Review* 179 (1969)

참고한 책과 글

1499.

Wilson, K. G., "Anomalous Dimensions and the Breakdown of Scale Invariance in Perturbation Theory," *Physical Review* D 2 (1970) 1438.

Wilson, K. G., "Anomalous Dimensions and the Breakdown of Scale Invariance in Perturbation Theory," *Physical Review* D 2 (1970) 1478.

Wilson, K. G., "Renormalization Group and Strong Interactions," *Physical Review* D 3 (1971) 1818.

Wilson, K. G., "Renormalization Group and Critical Phenomena. I. Renormalization Group and the Kadanoff Scaling Picture," *Physical Review* B 4 (1971) 3174.

Wilson, K. G., "Partons and Deep-Inelastic Electron Scattering," *Physical Review Letters* 27 (1971) 690.

Wilson, K. G., "Critical Exponents in 3.99 Dimensions," *Physical Review Letters* 28 (1972) 240.

Wilson, K. G., "Feynman Graph Expansion for Critical Phenomena," *Physical Review Letters* 28 (1972) 548.

Wilson, K. G., "Confinement of Quarks," *Physical Review* D 10 (1974) 2445.

Wilson, K. G., "Problems in Physics with many Scales of Length", *Scientific American* 241 (1979) 158.

Wilson, K. G., "The Renormalization Group: Critical Phenomena and the Kondo Problem", *Reviews of Modern Physics* 47 (1975) 773.

Wilson, K. G., "Nobel Lecture: The Renormalization Group and Critical Phenomena", *Reviews of Modern Physics* 55 (1983) 583.

Wilson, K. G. and Zimmermann, W., "Operator Product Expansions and Composite Field Operators in the General Framework of Quantum Field Theory," *Communications in Mathematical Physics* 24 (1972) 87.

Wilson, K. G. and Kogut, J., "The Renormalization Group and the ε Expansion," *Physics Report* 12 (1974) 75.

Zee, A., "Light Cone as Seen in the Gluon Model," *Physical Review* D 3 (1971) 2432.

https://cerncourier.com/a/the-history-of-qcd/ (2024년 12월 17일 확인)

481

Alvensleben, H. et al., "Determination of the Photoproduction Phase of phi Mesons," *Physical Review Letters* 27 (1971) 444.

Alvensleben, H. et al., "Photoproduction and Forbidden Decays of ϕ Mesons," *Physical Review Letters* 28 (1971) 66.

Appelquist, T. and Politzer, H. D., "Heavy Quarks and e^+e^- Annihilation," *Physical Review Letters* 34 (1975) 43.

Appelquist, T., De Rújula, A., Politzer, H. D., and Glashow, S. L., "Spectroscopy of the New Mesons," *Physical Review Letters* 34 (1975) 365.

Artuso, M., Isidori, G., and Stone S., *New Physics in b Decays*, (World Scientific, 2022).

Aubert, B. et al., "Experimental Observation of a Heavy Particle J," *Physical Review Letters* 33 (1974) 1404.

Augustin, J.-E. et al., "Discovery of a Narrow Resonance in e^+e^- Annihilation," *Physical Review Letters* 33 (1974) 1406.

Bacci, C. et al., "Preliminary Result of Frascati (ADONE) on the Nature of a New 3.1-GeV Particle Produced in e^+e^- Annihilation," *Physical Review Letters* 33 (1974) 1408.

Bacci, C. et al., "Erratum: Preliminary Result of Frascati (ADONE) on the Nature of a New 3.1-GeV Particle Produced in Annihilation," *Physical Review Letters* 33 (1974) 1469.

Bjorken, B. J. and Glashow, S. L., "Elementary Particles and SU(4)," *Physics Letters* 11 (1964) 255.

Brandelik, R. et al., "Evidence for planar events in e+e− annihilation at high energies," *Physics Letters* B 86 (1979) 243.

Cabibbo, N., "Unitary Symmetry and Leptonic Decays," *Physical Review Letters* 10 (1963) 531.

Crease, R. P., and Mann, Ch. C., *The Second Creation: Makers of the Revolution in Twentieth-Century Physics*, (Rutgers Univ. Press, 1996).

Christenson, J. H. et al., "Observation of massive muon pairs in hadron collisions", *Physical Review Letters* 25 (1970) 1523.

Esposito, B. et al., "Measurement of the J/ψ(3100) Decay Widths into e^+e^- and $\mu^+\mu^-$ at Adone," *Lettere Al Nuovo Cimento* 14 (1975) 73.

Gaillard, M., Lee, B. W., and Rosner, J. L., "Search for Charm," *Reviews of Modern Physics* 47 (1975) 277.

Glashow, S. L., Iliopoulos, J., and Maiani, L., "Weak Interactions with Lepton-Hadron Symmetry," *Physical Review* D 2 (1970) 1285.

Herb, S. W. et al., "Observation of a Dimuon Resonance at 9.5 GeV in 400-GeV Proton-Nucleus Collisions," *Physical Review Letters* 39 (1977) 252.

Kets, G. and Muldoon, J. (Eds.), *The German Revolution and Political Theory*, (Springer, 2019).

Kobayashi, M. and Maskawa, T., "CP-Violation in the Renormalizable Theory of Weak Interaction," *Progress of Theoretical Physics* 49 (1973) 652.

Lederman, L. M., "Observations in Particle Physics from Two Neutrinos to the Standard Model", https://history.fnal.gov/GoldenBooks/gb_lederman.html (2024년 12월 17일 확인).

Maiani, L., Martinelli, and Parisi, G., "The Cabibbo angle, 60 years later," CERN Courier (https://cerncourier.com/a/the-cabibbo-angle-60-years-later/ (2024년 12월 17일 확인).

Novikov, V. A. et al., "Charmonium and Gluons," *Physics Report* 41 (1978) 1.

Planck, M., translated by Gaynor, F., *Scientific Autobiography and Other Papers*, (Williams & Norgates, 1950).

Politzer, H. D., "The Dilemma of Attribution", *Proceedings of the National Academy of Sciences of the United States of America* 102 (2005) 7789.

Richter, B., "From the Psi to Charm - The Experiments of 1974 and 1976," Nobel Lecture (1976).

Riordan, M., "The Discovery of Quarks," *Science* 256 (1992) 1287.

Robinson, A., "Einstein said that - didn't he?" *Nature* 557 (2018) 30.

Samuel, M. A. and Surguladze, L. R., "Perturbative QCD Prediction for the Ratio in τ-Lepton Decays," *Physical Review* D 44 (1991) 1602.

't Hooft, G., "Renormalizable Lagrangians for Massive Yang-Mills Fields," *Nuclear Physics* B 35 (1971) 167.

Ting, S. C. C., "The Discovery of the J Particle: A Personal Collection," Nobel Lecture (1976).

483

Ting, S. C. C., "Proceedings, International Conference on History of Original Ideas and Basic Discoveries in Particle Physics," Edited by Newman, H. B. and Ypsilantis, T., Erice, Italy, July 29–August 4, 1994, *NATO Science Series B* 352 (1996) 303.

Weinberg, S., "Physical Processes in a Convergent Theory of the Weak and Electromagnetic Interactions," *Physical Review Letters* 27 (1971) 1688.

Navas, S. et al. (Particle Data Group), *Phys. Rev. D* 110 (2024) 030001.

14장 절반의 성공

Abachi, S. et al. [D0 Collaboration], "Observation of the Top Quark," *Physical Review Letters* 74 (1995) 2632.

Abe, F. et al. [CDF Collaboration], "Observation of Top Quark Production in pp Collisions with the Collider Detector at Fermilab," *Physical Review Letters* 74 (1995) 2626.

Alexander, G. et al. [OPAL Collaboration], "Measurement of Three-Jet Distributions sensitive to the Gluon Spin in e^+e^- Annihilations at $\sqrt{s}$ =91 GeV," *Zeitschrift für Physik C* 52 (1991) 543.

Barber, D. P. et al. [MARK-J Collaboration], "Discovery of Three-Jet Events and a Test of Quantum Chromodynamics," *Physical Review Letters* 43 (1979) 830.

Bartel, W. et al. [JADE Collaboration], "Observation of Planar Three-Jet Events in e^+e^- Annihilation and Evidence for Gluon Bremsstrahlung," *Physics Letters* B 91 (1980) 142.

Berger, Ch. et al. [PLUTO Collaboration], "Evidence for Gluon Bremsstrahlung in e^+e^- Annihilations at High Energies," *Physics Letters* B 86 (1979) 418.

Berger, Ch. et al. [PLUTO Collaboration], "A Study of Multi-Jet Events in e^+e^- Annihilation," *Physics Letters* B 97 (1980) 459.

Bjorken, J. D. and Brodsky, S. J., "Statistical Model for Electron-Positron Annihilation into Hadrons," *Physical Review* D 1 (1970) 1416.

Brandelik, R. et al. [TASSO Collaboration], "Evidence for Planar Events in e^+e^- Annihilation at High Energies," *Physics Letters* B 86 (1979) 243.

Branson, J. B., "Proceedings, International Conference on History of Original Ideas and Basic Discoveries in Particle Physics," Edited by Newman, H. B. and Ypsilantis, T., Erice,

484

참고한 책과 글

Italy, July 29–August 4, 1994, *NATO Science Series B* 352 (1996) 101.

Cabibbo, N., "Unitary Symmetry and Leptonic Decays," *Physical Review Letters* 10 (1963) 531.

Cabibbo, N., Parisi, G. and Testa, M., "Hadron Production in e^+e^- Collisions," *Lettere Al Nuovo Cimento* 4 (1970) 35.

Denisov, D. and Vellidis, C., "The Top Quark, 20 Years after its Discovery," *Physics Today* 68 (2015) 46.

Drell S. D., Levy, D. J., and Yan, T.-W., "Theory of Deep-Inelastic Lepton-Nucleon Scattering and Lepton-Pair Annihilation Processes. I," *Physical Review* 187 (1969) 2159.

Drell S. D., Levy, D. J., and Yan, T.-W., "Theory of Deep-Inelastic Lepton-Nucleon Scattering and Lepton-Pair Annihilation Processes. III. Deep-Inelastic Electron-Positron Annihilation," *Physical Review* D 1 (1970) 1617.

Ellis, J., "The Discovery of the Gluon," *International Journal of Modern Physics* A 29 (2014) 1430072.

Ellis, J., Gaillard, M. K., and Ross, G., G., "Search for gluons in e^+e^- annihilation," *Nuclear Physics* B 111 (1977) 253.

Ellis, J. and Karliner, I., "Measuring the Spin of the Gluon in e^+e^- Annihilation," *Nuclear Physics* B 148 (1979) 141.

Ellis, R. K., Ross, D. A., and Terrano, A. E., "The Perturbative Calculation of Jet Structure in e^+e^- Annihilation," *Nuclear Physics* B 178 (1981) 421.

Feynman, R. P., *Photon-Hadron Interactions*, (Addison Wesley Longman, 1972).

Feynman, R. P., Field, R. D., and Fox, G. C., "Quantum-chromodynamic Approach for the Large-Transverse-Momentum Production of Particles and Jets," *Physical Review* D 18 (1978) 3320.

Field, R. D. and Feynman, R. P., "A Parametrization of the Properties of Quark Jets," *Nuclear Physics* B 136 (1978) 1.

Grotelüschen, F., *50 Years of DESY*, (DESY, 2009).

Hansen, R., *Fire and Fury: The Allied Bombing of Germany 1942-1945*, (NAL Caliber, 2009).

Hanson, G. et al., "Evidence for Jet Structure in Hadron Production by e^+e^- Annihilation," *Physical Review Letters* 35 (1975) 1609.

485

Harari, H., "A New Quark Model for Hadrons," *Physics Letters* B 57 (1975) 265.

Jacob, M. and Landshoff, P., "The Inner Structure of the Proton," *Scientific American* 242 (3) (1980) 66.

JADE Collaboration, talks by S. Orito, "First Results from JADE," 9th International Symposium on Lepton and Photon Interactions at High Energies (FNAL, August 23-29, 1979).

Koller, K. and Walsh, T. F., "Three Gluon Jets as a Test of QCD," *Physics Letters* B 72 (1977) 227.

Liss, T. M. and Tipton, P. L., "The Discovery of the Top Quark: Finding the sixth quark involved the World's most energetic Collisions and a Cast of Thousands," *Scientific American* 277 (3) (1997) 54.

Lohrmann, E. and Söding, P., *Von schnellen Teilchen und hellem Licht: 50 Jahre Deutsches Elektronen-Synchrotron DESY*, (DESY, 2013).

Lowe, K., Inferno: *The Devastation of Hamburg 1943*, (Penguin Books, 2007).

MARK J Collaboration, talk by H. Newman, 9th International Symposium on Lepton and Photon Interactions at High Energies (FNAL, August 23-29, 1979).

Nossack, H. E., Andres, E. (Photographer), and Agee, J. (Translator), *The End: Hamburg 1943*, (Univ. of Chicago Press, 2006).

Perl, M. L., "The tau Lepton," *Reports on Progress in Physics* 55 (1992) 653.

Perl, M. L., "Reflections on the Discovery of the tau Lepton," Nobel Lecture (1995).

Perl, M. L. et al., "Evidence for Anomalous Lepton Production in e^+e^- Annihilation," *Physical Review Letters* 35 (1975) 1489.

PLUTO Collaboration, talk by Ch. Berger, 9th International Symposium on Lepton and Photon Interactions at High Energies (FNAL, August 23-29, 1979).

Söding, P. and Wagner, A., "Willibald Jentschke," *Physics Today* 56 (2003) 62.

Söding, P., "On the Discovery of the Gluon," *European Physical Journal H* 35 (2010) 3.

Sterman, G. and Weinberg, S., "Jets from Quantum Chromodynamics," *Physical Review Letters* 39 (1977) 1436.

TASSO Collaboration, talks by R. Cashmere, "The Hadronic Final State in Annihilation at C.M. Energies of 13, 17 and 27.4 GeV," 1979 European Physical Society High-Energy Physics Conference (Geneva, June 27-July 4, 1979).

참고한 책과 글

TASSO Collaboration, talks by G. E. Wolf, "High-Energy Trends in e^+e^- Physics," 1979 European Physical Society High-Energy Physics Conference (Geneva, June 27-July 4, 1979).

TASSO Collaboration, talks by P. Söding, "The Jet Analysis," 1979 European Physical Society High-Energy Physics Conference (Geneva, June 27-July 4, 1979).

TASSO Collaboration, talks by G. Wolf, International Symposium on Lepton and Photon Interactions at High Energies (FNAL, August 23-29, 1979).

Wu, S. L., " Physics at PETRA - The First Five Years," *Physics Report* 107 (1984) 59.

Wu, S. L. and Zobernig, G., "A Method of Three-Jet Analysis in e^+e^- Annihilation," *Zeitschrift für Physik* C 2 (1979) 107.

https://cerncourier.com/a/those-were-the-days-discovering-the-gluon/ (2024년 12월 17일 확인).

찾아보기

309~310, 318, 343, 407~408

릭터, 버턴 283, 400, 403~404, 406,
410~412, 413

ㅁ

마샥, 로버트 166, 168~169, 309

마스카와 도시히데 258, 414, 433

마이아니, 루치아노 395~397, 398

만델스탐, 스탠리 230

맥밀런, 에드윈 65~67, 68~69

맵시쿼크 391, 396~399, 412~413, 414, 415

맵시쿼크 261, 391, 394, 396~399, 412~415

메존 → 중간자

뮈세, 폴 347, 348~350, 352~354

뮤온 22~23, 31~32, 36~37, 41~42, 68,
120, 122, 258, 317~318, 319~320, 322,
346~347, 350, 351, 352, 392~393,
396~397, 404

뮤온 중성미자 120, 122, 154, 158, 320,
346~348, 351, 396

밀스, 로버트 328, 357

ㅂ

바닥쿼크 413~414, 433

바리온 → 중입자

바이스코프, 빅터 93, 94~97, 98~99, 105,
124, 161, 230, 234, 346, 400, 408, 410

배타 원리 236~237, 260~262

버틀러, 클리포드 28~29, 31~33, 35, 37~38,
41, 179

베네치아노 가브리엘레 203

벡슬러, 블라디미르 66~67

분수 전하 224, 226, 230~231, 259, 288,
360, 422

브룩헤이븐 국립연구소 43, 73, 75~76,
77, 78~80, 109, 128, 144, 149~150, 189,
223~224, 231, 328, 402, 404~406, 410,
426, 434

비데뢰, 롤프 52~54

비요르켄 스케일링 285~286, 291, 358, 367,
380

비요르켄, 제임스 282~284, 285~286, 289,
291~292, 394, 396, 411

ㅅ

사미오스, 니콜라스 223

사카타 쇼이치 196~198, 213, 218, 258

산란 행렬 이론 202

살람, 압두스 170, 212, 217~218, 256~257,
303, 304~311, 312~313, 321~322, 331,
345~346, 349, 354~355, 369

서버, 로버트 193~194, 224~226

세그레, 에밀리오 302, 349~350

쇼퍼, 헤르비히 424

수다르샨, 조지 166~169, 261

슈위츠, 멜빈 158, 318~320, 346

슈위츠, 존 193, 203

슈윙거, 줄리언 161, 212, 243, 282~283,
296~302, 306, 309, 311, 314, 336, 345

슈테른, 오토 265, 266~267, 268

스타인버거, 잭 154, 158, 175~176, 318~320,
346

세 개의 쿼크

강력의 본질, 양자색역학은 어떻게 태어났는가

지은이 김현철

1판 1쇄 발행 2024년 10월 15일
1판 2쇄 발행 2024년 12월 26일

펴낸곳 계단
출판등록 제 25100-2011-283호
주소 (04085) 서울시 마포구 토정로4길 40-10, 2층
전화 070-4533-7064
팩스 02-6280-7342
이메일 paper.stairs1@gmail.com
페이스북 facebook.com/gyedanbooks

값은 뒤표지에 있습니다.

ISBN 978-89-98243-32-6 03420